F. DOUMERGUE

ESSAI

SUR LA

FAUNE ERPÉTOLOGIQUE

DE L'ORANIE

AVEC DES TABLEAUX ANALYTIQUES ET DES NOTIONS

POUR LA DÉTERMINATION DE TOUS LES REPTILES & BATRACIENS

DU MAROC, DE L'ALGÉRIE ET DE LA TUNISIE

et 27 planches comprenant 217 figures

ORAN

IMPRIMERIE TYPOGRAPHIQUE ET LITHOGRAPHIQUE L. FOUQUE

Rue Thuillier, 4 (Place Kléber)

1901

Extrait du Bulletin de la *Société de Géographie et d'Archéologie d'Oran*
T. XIX à XXI

F. DOUMERGUE

ESSAI

SUR LA

FAUNE ERPÉTOLOGIQUE

DE L'ORANIE

AVEC DES TABLEAUX ANALYTIQUES ET DES NOTIONS

POUR LA DÉTERMINATION DE TOUS LES REPTILES & BATRACIENS

DU MAROC, DE L'ALGÉRIE ET DE LA TUNISIE

et 27 planches comprenant 217 figures

ORAN
IMPRIMERIE TYPOGRAPHIQUE ET LITHOGRAPHIQUE L. FOUQUE
Rue Thuillier, 4 (Place Kléber)
1901

ERRATA

Page 89, 5ᵉ ligne : supprimer von den Herren et von Fritsch, mettre : Drs. C. von Fritsch et J. J. Rein.

Pages 112 et suivantes : au lieu de 9ᵉ, 10ᵉ, 11ᵉ famille, *lire* 8ᵉ, 9ᵉ, 10ᵉ famille.

Page 118, 2ᵉ alinéa : mettre occipital, interpariétal et frontal au féminin.

Page 125 : remplacer variété **fusca** *par* variété **brunnea**.

Page 247 : supprimer le 1ᵉʳ alinéa (9 lignes). Les corps en forme de graines de melon étaient des parasites.

Page 267: Il faut écrire Lythorynchus au lieu de Lithorynchus (Blg., *in litt.*)
Dans le tableau mettre *variété* **Hirouxii** à la place de **L. diadema** et réciproquement.

Page 288, avant-dernière ligne : au lieu de ventrales, mettre rangées dorsales.

Planches XXVI et XXVII : les figures 3 *b, c, d, e,* sont grossies $\frac{3}{2}$; toutes les autres sont de grandeur naturelle.

ESSAI SUR LA FAUNE ERPÉTOLOGIQUE

DE L'ORANIE

AVEC DES TABLEAUX ANALYTIQUES ET DES NOTIONS

POUR LA DÉTERMINATION DE TOUS LES REPTILES & BATRACIENS

du Maroc, de l'Algérie et de la Tunisie

AVANT-PROPOS

Ce travail paraît avant l'heure ; je le publie quand même. J'ai hâte de mettre entre les mains des modestes chercheurs un ouvrage qui, résumant les connaissances acquises, leur permettra de s'initier, sans perte de temps, à l'étude d'une des branches les plus négligées de l'Histoire Naturelle.

Combien d'amateurs deviendraient d'utiles auxiliaires de la Science si, à l'aide de livres simples, ils pouvaient dénommer les êtres de la Nature auxquels ils s'intéressent !

C'est pour ces « irréguliers de la Science » plutôt que pour les initiés que j'ai écrit ce livre. Toutefois l'œuvre de vulgarisation que j'ai entreprise ne m'a pas fait négliger le côté purement spéculatif ; les erpétologistes trouveront à glaner dans les détails scientifiques que je donne.

Tout en tenant le plus grand compte des travaux de mes devanciers, je me suis efforcé de faire œuvre personnelle. Étudiant plus souvent la Nature que les livres, j'ai, sans nul doute, commis des erreurs ; j'espère me les faire pardonner en présentant des observations inédites.

Oran, le 4 avril 1899.

F. D.

INTRODUCTION

Je ne sais trop comment je m'adonnai à l'étude des lézards et des serpents.... Dans mes longs voyages botaniques à travers l'Oranie, je recueillais toujours, pour le Musée d'Oran, les espèces intéressantes. Faute de livres, je ne pouvais que rarement nommer les animaux que je rapportais. La monographie algérienne de Strauch, sur les reptiles, et celle de M. F. Lataste, sur les mammifères, me furent seules de quelque secours (1). Bientôt je m'intéressai plus particulièrement aux reptiles qui sont plus faciles à obtenir que les mammifères. Grâce à l'ouvrage de Strauch, je fus vite au courant. Sans ce livre, il est fort probable que je ne me serais jamais occupé d'erpétologie.

Mes premières études ne tardèrent pas à me convaincre que, malgré sa valeur, l'œuvre du savant naturaliste russe avait besoin d'être mise à jour. Je résolus dès lors d'apporter ma pierre à l'édifice dont Strauch avait établi les fondements.

Manquant de livres et de matériaux, je tâtonnai pendant les premières années. En 1891, le travail de M. G. A. Boulenger, l'éminent erpétologiste du *British Museum de Londres*, parut à point pour m'aider à débrouiller le chaos qui s'était fait dans mon esprit. Il n'en fallut pas davantage pour m'encourager ; je redoublai d'ardeur, j'entrepris de longs voyages dans le Sud Oranais, je fis faire des recherches, j'eus recours à l'obligeance d'amis complaisants, et j'arrivai à posséder des matériaux suffisants pour ce modeste Essai.

***

Je ne voulais d'abord publier qu'un simple catalogue raisonné. Mais un pareil travail n'aurait été d'aucune utilité pour les débutants. Aussi est-ce surtout à leur intention que j'en ai élargi le cadre.

---

(1) F. Lataste : *Étude de la Faune des vertébrés de Barbarie*, 1885.

L'ouvrage comprend :

1° L'historique de l'erpétologie oranaise ;

2° La bibliographie de la Berbérie ;

3° Des notions sur l'anatomie, la recherche et la conservation des reptiles ;

Un chapitre spécial y est consacré au traitement des morsures venimeuses.

4° Des tableaux dichotomiques permettant de déterminer facilement toutes les espèces du Maroc, de l'Algérie et de la Tunisie ;

J'ai étendu ces tableaux à toute la Berbérie, persuadé que sur les 77 espèces signalées dans cette contrée, près de 70 se rencontreront en Oranie.

5° Les diagnoses de toutes les espèces de la province d'Oran et les descriptions des espèces litigieuses ;

J'ai aussi étudié en détail quelques espèces critiques de la Berbérie.

6° Des indications sur la dispersion géographique des espèces ;

Cette partie de mon travail est loin d'être complète; je n'ai pu tout voir. Des recherches restent à faire principalement dans la vallée de la Tafna, le long de la frontière marocaine et dans l'arrondissement de Mostaganem. La région saharienne devra être revue.

7° Des notes sur les mœurs des espèces que j'ai pu observer.

Les amateurs et les colons eux-mêmes pourront en tirer des enseignements utiles.

En résumé, je n'ai négligé ni le côté pratique, ni le côté purement scientifique. Sachant d'avance où l'on buttera, j'ai fait tout mon possible pour supprimer les écueils. Aussi j'espère que les débutants s'initieront vite à l'étude de nos reptiles. S'ils veulent ensuite étendre leurs connaissances, ils trouveront dans le travail de M. Boulenger, une œuvre d'une précision scientifique incontestablement supérieure (1).

* *

Avant de terminer cette introduction je tiens à déclarer que les résultats que je publie sont dus pour une grande partie au précieux concours de tous ceux qui ont bien voulu recueillir, dans la province, des reptiles à mon intention. Je dois citer

____

(1) Voir Bibliographie. — Boulenger : *Catalogue of Barbary*........
Cette œuvre magistrale est écrite en anglais.

tout particulièrement MM. Hiroux, de Méchéria ; Pouplier, d'El-Abiod-Sidi-Cheikh ; P. Pallary et de Lariolle, d'Oran, qui ont fait pour moi d'importantes récoltes. MM. Lafosse, administrateur-adjoint de la Mékerra et Brunel, géomètre, m'ont aussi envoyé des spécimens. J'ai trouvé de précieux matériaux d'étude dans la collection de M. Paul Mathieu, d'Oran, et aussi dans celle de M. Moisson qui est aujourd'hui au Musée d'Oran.

Je me fais un devoir de renouveler à tous mes plus sincères remerciements.

Il me reste encore à rendre un public hommage à l'illustre Maître dont la science erpétologique fait autorité dans le monde. M. G.-A. Boulenger, du *British Museum de Londres*, a bien voulu s'intéresser à mes humbles recherches, m'encourager, me fournir les matériaux dont j'ai eu besoin et m'aider de ses précieux conseils. Avec un désintéressement, que je me plais à signaler, il m'a donné loyalement son avis sur toutes les difficultés que je lui ai soumises. Je ne saurais donc trop lui exprimer ma reconnaissance pour la bienveillante sollicitude dont il m'a honoré et m'honore encore.

Je dois aussi des remerciements à la *Société de Géographie* qui, élargissant le cadre de ses études, a donné asile à mon travail dans son *Bulletin*.

Enfin il me faut rendre particulièrement hommage à la bienveillante attention dont M. le Ministre de l'Instruction publique et M. le Gouverneur général de l'Algérie ont bien voulu m'honorer. En encourageant ce modeste travail, ils ont tenu à témoigner de l'intérêt qu'ils portent aux études scientifiques concernant l'Algérie.

HISTORIQUE

Au point de vue erpétologique la province d'Oran a été très négligée. C'est à peine si, depuis 1862, quelques voyageurs l'ont parcourue.

Pourtant c'est surtout sur des matériaux recueillis en Oranie que Guichenot, en 1850, décrivit les reptiles dans « l'*Exploration scientifique de l'Algérie* ». Les quatre planches de son travail représentent des espèces oranaises.

C'est aussi dans notre province que Strauch, en 1862, trouva le plus d'éléments pour son « *Essai d'une erpétologie de l'Algérie* ». Depuis lors il n'a été publié que quelques notes sur l'Oranie. C'est à peine, même, si quelques amateurs se sont intéressés à nos reptiles.

Il est d'ailleurs regrettable d'avoir à constater que ce sont surtout des Allemands, des Anglais, des Italiens et des Russes qui ont le plus étudié l'histoire naturelle de la Berbérie.

Pendant trente ans l'ouvrage de Strauch a été le seul guide des rares naturalistes qui se sont occupés d'erpétologie algérienne. Certes, l'œuvre n'est pas parfaite; mais elle eut, en son temps, une grande valeur. Elle reflète l'esprit d'un homme, qui, fortement épris de la Nature, n'a d'autre but que de faire profiter les autres des connaissances qu'il a acquises.

Le travail de Strauch comprend des tableaux synoptiques et les descriptions de toutes les espèces signalées jusqu'alors en Algérie. Malheureusement ces descriptions laissent à désirer car elles n'ont pas toujours été faites sur le vif. D'importantes indications de géographie zoologique, concernant surtout la province d'Oran, y font suite.

Mais si à Strauch revient le mérite d'avoir publié son remarquable ouvrage, à d'autres, plus humbles, revient l'honneur de lui en avoir facilité les moyens.

Le savant erpétologiste russe avait trouvé en Algérie de précieux matériaux d'étude. Il avait pu étudier les collections de Loche et de Prophette père, d'Alger, et celles de Gaston et de Prophette fils, d'Oran. Dans son travail, il attribua loyalement à chacun d'eux le mérite de ses découvertes.

A mon tour, je m'empresse de saluer la mémoire du naturaliste Loche qui, le premier, réunit à Alger les spécimens zoologiques de l'Algérie. Ces magnifiques collections qui faisaient partie du Musée de l'Exposition permanente, sont aujourd'hui dispersées. Ceux qui ne s'opposèrent pas à la mise en vente du Musée, péchèrent par une coupable ignorance ; mais bien plus lourde fut la faute de ceux qui, directement intéressés, ne surent pas conserver à l'Algérie des collections d'une inestimable valeur.

Je me fais aussi un devoir de rendre hommage à la mémoire de Prophette père et fils et de Gaston, à celle de ce dernier surtout qui fut le premier erpétologiste de l'Oranie. Tous les trois ont rendu service à la Science en rassemblant des matériaux dont un savant naturaliste a tiré parti. Ils ont contribué, par leurs modestes recherches, à faire connaître la faune des reptiles des provinces d'Alger et d'Oran. Ces exemples prouvent donc, une fois de plus, que de simples amateurs peuvent rendre de grands services à la Science. Pour être utiles, ils n'ont qu'à conserver soigneusement les animaux ou les objets qu'ils collectionnent. Tout ce que demande la Science, c'est que chaque échantillon soit accompagné d'une étiquette portant le lieu de provenance et la date de la récolte.

En 1867, Lallemant publia son « *Erpétologie de l'Algérie* », qui n'est qu'un abrégé du travail de Strauch. C'est à peine s'il y est fait mention de quelques localités nouvelles pour l'Oranie.

En 1891, le savant travail de M. G. A. Boulenger vint réléguer au second plan celui de Strauch. Depuis 1862, la Science avait marché. Aussi, l'éminent savant du *British Museum* a-t-il apporté dans la rédaction de son étude toute l'autorité de son savoir incontesté. Il est toutefois utile de rappeler — et M. Boulanger se plaît à le reconnaître — que c'est grâce aux matériaux recueillis en Algérie et en Tunisie par M. F. Lataste, que ce travail a pu être mené à bonne fin.

Ce qui fait la valeur de l'œuvre de M. Boulanger c'est que toutes les dénominations que ce savant a adoptées ont été soùmises par lui à une minutieuse critique. Les descriptions y sont aussi d'une précision irréprochable. Seule la partie concernant la géographie zoologique est incomplète : il n'en pouvait être autrement, car c'est aux naturalistes locaux à combler cette lacune.

C'est surtout sur le Maroc et sur la Tunisie que l'ouvrage de M. Boulanger renferme de précieux documents. Ceux qui concernent l'Oranie sont rares. Seules les quelques découvertes de Böttger et celles de Maury et de M. Lataste sont venues grossir le catalogue déjà dressé par Strauch pour notre province.

Ces légères et inévitables imperfections ne diminuent en rien la valeur d'une œuvre qui fait époque dans l'histoire de l'erpétologie algérienne.

D'après M. Boulanger, sur les 76 espèces barbaresques qu'il énumère, 48 existent en Oranie.

En 1894, M. Ernest Olivier a publié aussi une « *Herpétologie algérienne* ». Cet excellent travail est malheureusement trop écourté. Des tableaux dichotomiques, très utiles pour la détermination des espèces, en forment le fond. Les descriptions, quoique bonnes, sont un peu trop brèves. M. E. Olivier n'a rien ajouté à la faune de l'Oranie. En revanche, il a fait de nombreuses additions à la géographie zoologique de la province de Constantine. Il a depuis étudié la Tunisie. Ce savant zoologiste est un de ceux auxquels l'erpétologie de la Berbérie orientale doit le plus.

En résumé, depuis 1862, l'étude des reptiles, dans la province d'Oran, a été très négligée.

BIBLIOGRAPHIE DE LA BERBÉRIE

Voici la liste des ouvrages qui ont été publiés sur l'erpétologie de la Berbérie :

SHAW J. — *Voyage en Barbarie et au Levant*. Traduction française. La Haye, 1743.

POIRET. — *Voyage en Barbarie*. Paris, 1802.

?. — *Esquisse historique et médicale de l'expédition d'Alger, en 1830*. Paris, 1831.

ROZET. — *Voyage dans la Régence d'Alger*. Paris, 1833.

GERVAIS. — *Enumération de quelques reptiles provenant de Barbarie*. Ann. Sc. nat., 1836.

WAGNER. — *Reisen in der Regentschaft Algier*. Leipzig, 1841.

GERVAIS. — *Sur les Animaux vertébrés de l'Algérie*. (2° liste). Ann. Sc. nat., 1848.

GUICHENOT. — *Exploration scientifique de l'Algérie*. Paris, 1850.

EICHWALD. — *Naturhistorische Bemerkungen über Algiers und den Atlas*. Nouv. mém. Soc. nat. Moscou, 1851.

GERVAIS. — *Sur quelques ophidiens d'Algérie*. Mém. Ac. Sc. Montpellier, 1857.

LABOUYSSE. — *Sur les Tortues d'eau douce et terrestres de l'Algérie*. Ann. de la Soc. imp. d'agr., d'hist. nat. et des arts utiles de Lyon, 1857.

GUNTHER A. — *On the reptiles and Fishes collected by the Rev. H. B. Tristam in Northem Africa*. Proc. zool. Soc. London, 1859.

TRISTAM H. B. — *The Great Sahara : Wanderings South of the Atlas Mountains*. London, 1860.

STRAUCH. — *Essai d'une Erpétologie de l'Algérie*. Mém. Acad. Sc. Saint-Pétersbourg, 1862.

LALLEMANT. — *Erpétologie de l'Algérie*. Paris, 1867.

BÖTTGER O. — *Reptilien von Morocco und von den Canarischen Inseln. Abh. Senckenb Ges.* Frankfurt, 1874 et 1877.

CAMERANO. — *Osservazioni intorno agli anfibi anuri del Marocco*. Atti Ac. Turin, 1878.

LATASTE. — *Description de reptiles nouveaux de l'Algérie.* Le Naturaliste, 1880-1881.

LATASTE. — *Liste des Vertébrés recueillis par le docteur André pendant l'expédition des Chotts.* Arch. miss. scient., 1881.

BÖTTGER O. — *Liste der von Herm. Dr W. Kobelt in der Prov. d'Oran, Algérien, gesammelten Krierhthiere.* Ber. Senckenb. Ges. 1880-1881.

GOLL. — *Sur le fouette-queue.* Lausanne, 1882.

BÖTTGER O. — *Die Reptilien und Amphibien von Marocco.* II. Abh. Senckenb. Ges. Frankfurt, 1883.

CHASTEIGNER (DE). — *Un lézard algérien destructeur de serpents.* 1883.

BÖTTGER O. — *Liste der von Herm. Dr. W. Kobelt in Algerien und Tunisien.* Frankfurt, 1885.

LATASTE. — *Les Acanthodactyles de Barbarie et les autres espèces du genre.* Ann. Mus. de Gênes, 1885.

BOULENGER G. A. — *On the Reptiles and Batrachians obtained Marocco in by M. Henry Vaucher.* Ann. et Mag. N. H., 1889.

BOULENGER G. A. — *Catalogue of the Reptiles and Batrachians of Barbary (Marocco, Algeria, Tunisia), based chiefly upon the Notes and Collections made in 1880-1884 by M. Fernand Lataste* (in Trans. of the Zoological Soc. of London vol. XIII ; part 3 ; oct. 1891 ; in. 4, 70 pages, 5 planches.

ANDERSON John. — *On a small Collection of Mammals, Reptiles, and Batrachians from Barbary.* (From the Procedings of the Zool. Soc. of London, Jannuary 5, 1892).

OLIVIER Ernest. — *Herpétologie algérienne.* Mém. Soc. Zool. de France 1894, in.-8°, 36 pages.

OLIVIER Ernest. — *Les Serpents de la Tunisie.* Bull. Ass. franç. pour l'av. des sc. Tunis, 1896.

DOUMERGUE. — *Contributions à la faune erpétologique de la province d'Oran* (loc. cit.) Tunis, 1896.

OLIVIER Ern. — *Matériaux pour la faune de Tunisie.* Rev. sc. du Bourbonnais. Clermont 1896.

On consultera avec grand profit :

Dumeril et Bibron. — *Erpétologie générale.* Paris 1834-1854.

Toutes les espèces recueillies par les membres de l'Exploration scientifique ont été décrites dans cet ouvrage.

Audouin et Savigny. — *Exploration scientifique de l'Egypte et Supplément.* Paris, 1818-1820.

Cet ouvrage contient un magnifique atlas de 13 planches où sont figurées de nombreuses espèces existant en Algérie.

Boulenger G. A. — *Catalogue des Reptiles du British Museum.* London 1885.

C'est le plus grand monument élevé à la science erpétologique.

NOTIONS GÉNÉRALES SUR LES REPTILES

Caractères. — Les reptiles sont des animaux à sang froid ou plutôt à température variable. Presque tous, au moins à l'âge adulte, respirent par des poumons. Leur organisation est intermédiaire entre celle des oiseaux et celle des poissons. Les types des reptiles sont : la tortue, le lézard, le serpent, la grenouille, la salamandre. Les reptiles ont été divisés en deux grandes catégories : les reptiles proprement dits et les batraciens.

Reproduction. — Sauf chez les batraciens anoures (*crapauds, grenouilles*) il y a, chez les reptiles, un véritable accouplement des sexes. Le pénis est simple chez les tortues et les serpents ; il est double chez les lézards. Chez les urodèles (*salamandres, tritons*) le pénis existe mais il est très modifié.

Chez le mâle des reptiles proprement dits, l'organe copulateur est logé à la base de la queue ; il en résulte un renflement caractérisant bien le sexe. Lorsque ce renflement n'est pas saillant, il suffit de presser la base de la queue avec les doigts pour en faire sortir le ou les pénis.

Presque tous les reptiles sont ovipares, c'est-à-dire que les femelles pondent des œufs. Quelques-uns mettent au monde des petits éclos dans le ventre de la mère ; on les dit ovovivipares. Certaines espèces pondent au printemps et en automne. La dernière ponte peut être stérile. Les œufs ne sont pas couvés par la mère. Ils éclosent sous l'action de la chaleur naturelle. Les petits des reptiles proprement dits, naissent semblables aux parents ; ceux des batraciens subissent des métamorphoses.

Locomotion. — Les tortues marchent ; les lézards marchent, courent et grimpent ; quelques-uns avancent par une demi-reptation à cause de leur organisation serpentiforme ; les serpents rampent et grimpent ; les batraciens nagent, marchent et sautent.

Chez les serpents, la reptation est produite par des ondulations bilatérales du corps combinées avec le redressement des plaques ventrales qui servent de points d'appui. Ils grimpent aux arbres pour y chasser les oiseaux et détruire les nichées. Chose plus curieuse, ils peuvent monter le long d'un mur finement crépi.

Mue. — Tous les reptiles jouissent de la propriété de changer de peau une ou plusieurs fois par an. C'est ce qu'on appelle la mue. La première mue se produit peu de temps après le réveil printanier. Ensuite, selon les espèces, elle se reproduit tous les mois ou à des intervalles de deux à trois mois. Elle est fréquente chez les têtards.

A l'approche de la mue les reptiles ne mangent pas. En revanche, quand ce laborieux travail est accompli, ils absorbent une grand quantité de nourriture. La mue commence par les lèvres. Seule cette première partie de l'opération offre quelque difficulté. Mais, lorsque la tête est dégagée, le reste du corps est vite débarrassé de la vieille défroque.

Chez les batraciens elle s'enlève d'une seule pièce. Il est curieux de voir une grenouille enlever sa peau comme elle ferait d'une chemise et l'avaler ensuite pour ne pas la laisser perdre.

Les serpents accrochent à un buisson leur dépouille entière et retournée.

Chez les lézards, la peau se détache par morceaux.

Régénération des organes amputés. — Les lacertiens et les batraciens jouissent de la singulière propriété de voir se régénérer certains organes amputés. C'est ainsi que chez les lézards la queue coupée repousse assez vite. Cet organe étant très fragile, est rarement intact chez beaucoup d'espèces. Comme le renard de la fable, les lézards perdent la queue à la bataille. Lorsqu'ils se querellent ils se poursuivent et le plus fort attrape le fuyard le plus souvent par la queue. Celui-ci se sauve en laissant une partie de son appendice caudal entre les mâchoires de son agresseur.

C'est au moment des amours que ces amputations sont le plus fréquentes. Le mâle qui court après une femelle la saisit par la queue et se fait traîner. Si la femelle résiste, elle risque fort de voir sa queue coupée. Cet organe se reconstitue petit à petit. Toutefois la partie remplaçante ne ressemble pas absolument à la partie remplacée. La forme des écailles n'est plus la même.

Un cas curieux est celui de la queue fourchue. Il se produit lorsque l'organe au lieu d'être complètement coupé n'a été qu'en partie brisé. Si une vertèbre caudale est écrasée et fendue, il pousse, sur l'esquille libre, une nouvelle queue qui se greffe sur l'ancienne. Chaque branche peut, à son tour, se bifurquer dans les mêmes conditions.

Chez les batraciens anoures, la queue des têtards repousse si elle a été amputée.

Mais c'est chez les batraciens urodèles que la régénération est vraiment extraordinaire. Des membres entiers peuvent se reproduire. Des yeux dont on a fait partiellement la résection se reconstituent.

Hibernation, repos estival. — En Algérie, l'hibernation n'est régulière que dans la région montagneuse élevée. Partout ailleurs il suffit que le soleil échauffe modérément le sol pour voir apparaître quelques espèces. Ce n'est que lorsque la terre est mouillée par les pluies que la vie active des reptiles s'arrête complètement. Alors les batraciens sortent.

L'état léthargique est donc tout à fait intermittent pour certaines espèces. Pour les autres, il est en général de peu de durée. Rares sont les espèces qui, comme le caméléon, hibernent pendant de longs mois.

Un phénomène plus curieux et plus régulier est celui du repos estival. On croit généralement que les reptiles recherchent les fortes chaleurs : grande erreur. C'est en juillet et août que les reptiles sont le plus rares. Ils ne sortent aux heures les plus chaudes de la journée que s'ils peuvent se mettre à l'ombre.

Il est difficile d'établir les règles du repos estival ; mais voici ce qui se produit en général.

Dès le premier printemps, dans le dernier mois de l'hiver même, on voit courir les jeunes, nés l'année précédente.

Un mois après les adultes apparaissent et remplacent les jeunes que l'on ne revoit généralement que bien plus tard. Les adultes s'accouplent et les mâles deviennent rares. En juin, juillet, août, les femelles pondent; elles ne disparaissent à leur tour que lorsqu'elles ont repris l'embonpoint perdu à la suite de la gestation. Les petits naissent en plein été; ils sortent aussitôt. Dès lors on ne voit presque plus les adultes. Chose curieuse, ces nouveaunés affrontent les plus fortes chaleurs tandis que leurs parents se cachent pour se soustraire aux ardeurs du soleil.

En septembre, lorsque la température est moins élevée, tous reviennent à la vie active ; jeunes et vieux jouissent des douceurs de l'automne. Plusieurs espèces s'accouplent de nouveau. Les premières pluies les font disparaître ; mais il n'est pas rare de voir quelques espèces pendant les beaux jours de l'hiver.

On trouvera plus loin des renseignements plus détaillés sur la vie active des espèces que j'ai pu étudier.

Les serpents craignent encore beaucoup plus la chaleur que les lacertiens. Dès qu'il fait trop chaud, ils ne sortent qu'à la tombée de la nuit. Les vipères sont essentiellement nocturnes.

Les batraciens hibernent longuement dans les régions froides. Sur le littoral, si l'hiver est pluvieux, ils apparaissent dès le mois de janvier.

La durée de l'hibernation varie d'ailleurs pour chaque espèce; seule, la grenouille hiberne pendant plusieurs mois.

Habitat. — Chaque espèce a son habitat spécial. Tandis que certaines recherchent les terrains découverts, bien aérés, d'autres préfèrent les bois et les broussailles. Tandis que les unes se plaisent dans les endroits rocailleux ou rocheux, les autres vivent dans les sables.

Toutefois, on ne peut poser des règles précises sur l'habitat que pour une région restreinte. Les influences de lieu et de climat le modifient presque toujours pour les espèces qui ont une aire de dispersion très étendue.

En général, les lézards recherchent les surfaces nues ou peu broussailleuses où ils peuvent s'ébattre et fuir à leur aise. Les terrains plats, parsemés de grosses pierres, leur conviennent à merveille.

Les couleuvres habitent des galeries souterraines. Dans les terrains pierreux l'entrée en est toujours cachée sous une grosse pierre un peu enterrée et le plus souvent plate.

Les vipères lebetines recherchent les lieux très rocheux et très broussailleux. On les voit rarement en terrain nu. La vipère à cornes habite les sables et les touffes d'alfa, de sparte ou de drinn de la région désertique.

En été les serpents se plaisent dans les lieux frais. Dans le Sahara, ils vont se réfugier dans les oasis. Ils sont alors communs sous toutes les pierres des palmeraies.

Les batraciens habitent les régions où ils peuvent trouver de l'eau pour se reproduire. Partout ailleurs ils sont rares. Le discoglosse et la rainette ne quittent guère les lieux humides. La grenouille ne s'écarte jamais de l'eau. Enfin, les crapauds se dispersent partout et vivent sous des pierres ou dans des trous.

Distribution géographique. — Au point de vue de leur dispersion, les reptiles de la Berbérie peuvent être répartis dans deux zones bien distinctes : la zone atlantique et la zone saharienne. Celle-ci est la mieux définie car elle ne s'avance guère vers le nord ; l'autre, qui comprend surtout le Tell, descend sur les Hauts-Plateaux et a de nombreux rapports avec la faune circumméditerranéenne.

Les Hauts-Plateaux n'offrent donc pas, comme pour la flore, une zone spéciale. Certaines espèces atlantiques et sahariennes viennent s'y rejoindre. Sous l'influence du milieu elles s'y modifient et produisent des variétés qui en rendent l'étude difficile.

Jusqu'ici l'*Ophiops occidentalis* paraît être la seule espèce propre aux Hauts-Plateaux oranais. Cette exception n'est que momentanée, car l'*ophiops* qui a été signalé à Biskra, se rencontrera probablement un jour dans la région saharienne de la province d'Oran. Il est à Mécheria.

La région des Chotts constitue à peu près la ligne de démarcation des deux zones. Mais cette ligne n'est pas infranchissable et plusieurs espèces comme le caméléon, la tarente, l'acanthodactyle vulgaire, le fer à cheval, le crapaud vert, etc., se rencontrent depuis le littoral jusqu'aux oasis.

Alimentation. — Les sauriens et les batraciens se nourrissent surtout d'insectes. Seul le lézard de palmier est herbivore, les serpents sont carnivores ; ils font leurs victimes préférées des petits mammifères et des oiseaux et ne dédaignent pas non plus les lézards et les batraciens. Les tortues, quoique herbivores, se nourrissent aussi d'invertébrés.

Utilité des reptiles. — En général, les reptiles sont de précieux auxiliaires pour l'agriculture. Quelques-uns sont malfaisants.

Voici un aperçu du rôle utile ou nuisible de chaque groupe :

Les tortues terrestres produisent quelques dégâts dans les jardins et dans les récoltes. En revanche, elles se nourrissent de mollusques, d'insectes et de vers. Leur chair est estimée.

Les tortues aquatiques sont nuisibles dans les viviers.

La tortue de mer ou caouanne est souvent vendue sur les marchés et consommée.

Tous les lézards sont essentiellement insectivores. Dans les champs, ils débarrassent les plantes de nombreux parasites. Ils sont surtout friands de sauterelles.

Dans les maisons, les tarentes chassent les araignées et tous les petits insectes. On pourrait y employer, plus qu'on ne le fait, le caméléon qui est un grand destructeur de mouches.

Les couleuvres sont à la fois utiles et nuisibles. Elles détruisent les campagnols, les souris et les rats. Elles peuvent, dans les maisons, remplacer avec avantage les chats. Malheureusement, elles sont friandes des oiseaux et des jeunes couvées. Tout compte fait, elles sont plus utiles que nuisibles.

La couleuvre d'eau (vipérine) détruit les jeunes poissons et les batraciens dans les viviers et les cours d'eau.

Les vipères doivent être impitoyablement détruites. Il serait bon que l'on distribuât des primes aux ksouriens pour les engager à faire une guerre acharnée à cette affreuse engeance qu'est la vipère à cornes.

Les batraciens et les urodèles sont encore plus utiles que les lézards et les couleuvres. Ils consomment d'immenses quantités d'insectes de toutes sortes. Aussi devrait-on multiplier, surtout dans les jardins, les crapauds, les discoglosses et les rainettes, Toutefois il faut éloigner les batraciens des viviers où l'on élève de jeunes poissons.

Quelques-uns de nos reptiles sont comestibles. Les Arabes du Sahara consomment le varan, le scinque ou poisson de sable et le fouette-queue. L'Européen mange parfois les couleuvres, les tortues et surtout les grenouilles. Ces dernières lui offrent un mets délicieux dont il ne doit pas cependant abuser.

Nécessité de l'étude des reptiles. — Puisque les reptiles sont les uns utiles, les autres nuisibles, il faut pouvoir les distinguer. Pour cela il est indispensable de posséder des notions d'erpétologie. Malheureusement l'étude de cette science a été très négligée. Si elle a tenté des savants éminents elle n'a jamais eu autant d'adeptes que les autres branches de l'histoire naturelle. Cela tient beaucoup plus à l'impression de dégoût qu'inspirent les reptiles, qu'au danger souvent imaginaire qu'ils font courir : la preuve en est qu'on s'habitue assez vite à manier un élégant lézard ou une gentille rainette. On peut d'ailleurs se faire la main en négligeant d'abord l'étude des serpents.

L'appréhension du début étant vaincue, il n'y a aucune raison pour ne pas admettre que l'étude des reptiles est tout aussi intéressante et tout aussi utile que celle des fleurs, par exemple. Tout s'enchaîne dans la Nature : l'homme, le mammifère, l'oiseau, le reptile, le poisson, l'insecte, la plante, la roche sont les unités d'un tout dont la synthèse n'a de valeur que par la précision et l'étendue de l'analyse. Pour connaître le tout, il est nécessaire d'étudier les éléments qui le composent. Nier l'utilité de l'étude d'un groupe, c'est nier l'utilité de l'étude de la Nature elle-même. Or nul ne s'avisera aujourd'hui de soutenir que les sciences naturelles n'ont pas été fécondes en résultats pratiques. Elles sont devenues une des conditions essentielles du progrès humain ; c'est sur elles que reposent en partie nos idées philosophiques et nos principes d'organisation sociale.

Il devait forcément en être ainsi, car l'homme, en étudiant la Nature, s'est découvert lui-même. C'est en observant les mœurs, les conditions d'existence, les moyens mis en œuvre dans la lutte pour la vie chez les animaux qu'il est arrivé à se connaître. En arrachant à la matière organique les secrets des phénomènes qui l'animent, il s'est enfin aperçu qu'il n'était lui-même qu'un chaînon de la série animale. Il a compris alors que, soumis aux mêmes lois que les êtres qui l'entourent, il devait travailler à son propre bonheur et ne pas l'attendre d'une puissance surnaturelle qui ne peut rien changer à un ordre de choses établi.

L'homme, pour se développer et pour s'améliorer n'a donc qu'à étudier la Nature : partout il trouvera des tableaux à admirer, des exemples à suivre, des spectacles à fuir.

RECHERCHE ET CONSERVATION DES REPTILES

Il y a des reptiles partout ; mais, en général, les espèces sont localisées. On trouvera plus loin, pour chaque espèce, les renseignements concernant son habitat. Pour le moment, je me bornerai à donner quelques indications sur les époques les plus propices pour la recherche de ces animaux.

Dès le mois de décembre, après les pluies d'automne, si la température est douce, on devra rechercher les batraciens urodèles. On visitera les flaques d'eau des vieilles carrières, les mares, les puits, les bassins, les citernes, les galeries souterraines, etc. Il serait très intéressant de trouver les têtards et les adultes des animaux de ce groupe ; ils sont à peu près inconnus en Algérie. L'époque de leur apparition est loin d'être établie. Il est même fort probable que ce n'est qu'en février ou en mars qu'ils se montrent dans les eaux exposées à la lumière du jour.

Si l'hiver est tiède et humide, certains batraciens anoures se recherchent de bonne heure. Dès la fin de janvier, le discoglosse jette le premier, dans le calme de la nuit, son timide chant d'amour. En même temps, la rainette remplit l'air de ses cris assourdissants. Normalement ces deux espèces ne commencent guère à pondre qu'à partir du 15 février.

Les crapauds sortent aussi en hiver, mais ils ne s'accouplent que lorsque les rayons du printemps ont échauffé les nappes d'eau.

La grenouille apparaît la dernière.

L'époque de l'accouplement pour chaque espèce de batracien varie avec le régime des pluies.

Pendant les années sèches, les pontes sont tardives, très irrégulières et très réduites. Il n'est pas rare alors de rencontrer des têtards presque toute l'année, même en juillet.

C'est surtout pendant la période des amours qu'il faut rechercher les batraciens. On trouvera alors les mâles et les femelles accouplés, ce qui permettra de les distinguer facilement. On pourra aussi recueillir des têtards, les élever et faire des observations intéressantes.

C'est pendant les mois d'avril, mai, juin, septembre et octobre, que les sauriens et les serpents sont le plus communs. La température de ces mois convient à merveille à presque toutes les espèces ; et rares sont celles qui affrontent les chaleurs torrides de l'été. Quelques-unes se trouvent aussi en automne et en hiver si ces saisons ne sont pas pluvieuses.

Chaque espèce ayant son habitat particulier, il faut, pour en recueillir plusieurs dans une région, visiter les divers points qui diffèrent soit par la constitution géologique du sol, soit par l'exposition, soit par l'altitude, soit par la nature de la végétation, etc.

Ustensiles de chasse. — L'énumération des ustensiles de chasse ne sera pas longue : des petits sacs en toile suffisent. Il est pourtant nécessaire de compléter l'outillage avec une badine, un léger piochon et un flacon d'alcool. De longues pinces peuvent aussi être employées ; je n'en suis pas partisan. Si l'on doit explorer une localité habitée par les vipères, il est prudent de se munir d'une bonne paire de guêtres et des objets nécessaires à un premier pansement. Il faut avoir toujours sur soi un flacon d'alcali, ne serait-ce qu'en prévision de la piqûre des scorpions si communs sous les pierres.

La confection des sacs demande quelques soins. Ils devront être en toile aussi mince et aussi solide que possible ; les coutures devront en être soigneusement rabattues de peur que les lézards ne les effilochent avec leurs griffes. Il faut éviter avec soin de mouiller les sacs, la toile en se resserrant empêcherait l'air de pénétrer à travers les mailles du tissu, et les animaux pourraient être asphyxiés. Pour les batraciens, il est nécessaire d'employer des sacs faits avec un tissu en réseau.

Des sacs en cuir seront utiles pour les vipères. On peut les remplacer par deux sacs en toile forte et solidement cousue, l'un contenant l'autre.

Chasse. — La capture des reptiles n'est pas difficile ; un peu d'agilité et quelque dextérité suffisent. L'arme la plus employée pour la chasse est la main. Elle permet de mesurer la pression à exercer, sans abîmer l'animal. On prend les batraciens à pleine main ; on saisit les serpents et les lézards par le cou.

Il est absolument nécessaire d'apporter beaucoup d'attention à la recherche des reptiles, et l'on ne doit jamais négliger les règles d'élémentaire prudence que cette chasse impose. Lorsqu'on soulève une pierre, il faut examiner rapidement et avec soin le sol qu'elle recouvrait, afin de ne pas lancer la main sur un scorpion ou sur une vipère. S'il n'y a rien à craindre, on saisit vite l'animal par le cou pour éviter d'être mordu. D'ailleurs, la morsure, même d'un gros lézard, n'offre aucun danger. Il est toutefois désagréable d'être pincé par ses solides mâchoires.

Il ne faut pas se frotter les yeux avec les doigts lorsqu'on a manié des batraciens anoures ou des urodèles. Leur peau visqueuse secrète un liquide qui peut produire une grave irritation de l'organe visuel. Le mieux est de se laver les mains aussitôt qu'on trouvera de l'eau.

La chasse des serpents est celle qui demande le plus d'attention. Si on ne sait pas distinguer une couleuvre d'un reptile venimeux, il faut bien se garder de saisir l'animal avec la main ; on l'abat d'un coup de badine appliqué sur le milieu du corps. On peut alors l'examiner tout à son aise et prendre les précautions nécessaires si on se trouve en présence d'une vipère.

Il faut éviter le plus possible de meurtrir la tête des reptiles.

Voici maintenant quelques notions plus détaillées sur la chasse des animaux de chaque groupe :

Tortues. — Il n'y a qu'à ramasser les tortues terrestres dans les prairies, les champs, les broussailles ; communes au printemps, elles deviennent rares en été.

Les tortues aquatiques sont assez difficiles à obtenir. Il faut les rechercher dans les canaux d'irrigation lorsqu'ils sont momentanément à sec. On peut les pêcher dans l'eau avec un troubleau. A bout d'expédients, on pourrait les prendre à la ligne. Les tortues aquatiques sont abondantes en été. Les jeunes naissent de très bonne heure.

Lézards. — Presque tous les lézards habitent dans des trous ou sous des amoncellements de cailloux. Lorsqu'ils circulent ils se réfugient sous de grosses pierres isolées. Il n'y a donc qu'à soulever celles-ci pour les trouver. Avec un peu de dextérité, on peut profiter du premier moment de frayeur qui paralyse leurs mouvements pour les saisir. Hélas ! cet instant est bien court ; l'animal s'échappe et se précipite à la recherche de son trou. S'il rencontre sur son chemin une grosse pierre, il s'y cache, et, toujours alerte, il fuit dès que le chasseur touche à son abri. La poursuite continue, et si le trou sauveur ne peut être atteint, l'animal exténué finit par se laisser prendre sous un dernier refuge, où il se blottit immobile.

Il est souvent utile, lorsqu'on soulève une pierre de tourner le dos à la broussaille afin d'obliger l'animal à fuir dans le sens opposé.

Dans les terrains nus, dans les champs par exemple, il est difficile de capturer les lézards. Un bon moyen est de les poursuivre à la course ; le plus souvent, dans leur fuite effrénée, ils ne peuvent pénétrer dans les trous ; à bout de forces, ils s'arrêtent et se laissent prendre. Si l'animal se réfugie dans un trou, quelques coups de piochon suffisent pour le déloger.

Une bonne précaution à prendre lorsqu'on sait qu'un lézard est sous une pierre, c'est, avant de soulever celle-ci, de boucher d'un coup de talon ou de piochon les trous où pourrait se réfugier l'animal.

Dans les terrains présentant quelques touffes de palmiers nains, les lézards vont se cacher entre les racines. Leur capture est alors bien difficile.

Lorsqu'on chasse dans un terrain sablonneux ou meuble sur lequel sont parsemées des pierres, il faut avoir soin, lorsqu'on soulève l'une d'elles, de gratter le sable avec le piochon ou avec un grappin. On déterrera ainsi certaines espèces qui vivent à quelques centimètres sous terre : *Gongylus, Trogonophis, Heteromeles, Eryx.*

Les espèces les plus difficiles à obtenir sont celles qui habitent les broussailles ou les rochers. Pour arriver à les capturer, il est indispensable de connaître leurs mœurs. Dans les petites broussailles la chasse à la course peut donner de bons résultats ; on oblige ainsi l'animal à se réfugier dans une touffe où on le saisit. Dans les grandes broussailles, la capture est plutôt soumise aux caprices du hasard. Le meilleur moyen est alors de rechercher les animaux sous les pierres, de bon matin, en été ; on les trouvera engourdis.

Au printemps, lorsque le soleil est bien chaud, on pourra surprendre le lézard ocellé et le grand agame endormis, en plein midi, sur un angle de rocher.

Les espèces rupestres sont encore plus difficiles à atteindre. A la moindre alerte, elles se réfugient dans les trous et les fentes de rocher d'où il est impossible de les déloger. Il faut beaucoup de patience pour arriver à faire quelques captures. L'expérience seule permet d'augmenter les chances de succès. Voici un procédé qui me réussit assez bien. Si je veux chasser par exemple le lézard à paupières transparentes (*L. perspicillata*) je cherche un point où le rocher offre une muraille avec quelques petits trous. Ce point propice trouvé je me mets en observation. Les petits lézards ne tardent pas à reprendre leur promenade. Chaque fois que l'un d'eux se rapproche d'un trou je l'effraie et le résultat désiré est presque toujours atteint; l'animal se réfugie dans la pierre. Je m'approche aussitôt et, tandis que je bouche l'ouverture avec une main, avec l'autre j'applique sur l'orifice un sac de chasse assez grand. L'animal est prisonnier ; reste à le déloger. Pour cela, je suis muni d'un fil de fer souple ; je l'introduis dans le trou en le faisant d'abord passer par une petite ouverture pratiquée dans la toile. Le lézard effrayé quitte précipitamment sa retraite et souvent plonge dans le sac.

Sur les rochers escarpés on peut prendre les lézards avec un nœud coulant. Ce procédé, bon pour les grosses espèces, m'a toujours donné de mauvais résultats avec les petites. Il est plus avantageux de prendre celles-ci à l'hameçon avec amorce.

Enfin, si on ne tient pas à avoir des animaux vivants, la carabine à petits plombs et l'hameçon à trois branches permettront de faire des chasses plus fructueuses. Dans ce cas on doit plonger immédiatement les victimes dans l'alcool.

Lorsqu'on prend un lézard il faut éviter de le saisir par la queue car, l'appendice caudal étant très fragile, l'animal le laisserait le plus souvent dans la main du chasseur. Il faut prendre l'animal par le milieu du corps, à pleine main, aussi près du cou que possible, tout en évitant de meurtrir le ventre sous la pression des doigts. L'animal capturé est aussitôt logé dans un sac de grandeur convenable.

Dans le cas d'extrême nécessité on peut mettre plusieurs individus de la même espèce dans un seul sac ; on ne doit jamais y loger des espèces différentes. Les petits sacs sont placés au fur et à mesure dans une musette. On prendra bien soin de ne pas les comprimer.

C'est surtout au printemps et en automne qu'il faut chasser les lézards. On les trouve alors toute la journée. En été, ils deviennent rares et n'apparaissent que le matin et le soir. Peu de reptiles affrontent les chaleurs torrides du milieu du jour. En juillet et août, certaines espèces passent la nuit sous les pierres où elles se laissent facilement capturer de bon matin.

Ophidiens. — Avant de prendre les serpents à la main il faudra pendant longtemps les chasser à la badine. Une étude préalable des espèces en collection sera de la plus grande utilité. Ce sont les bêtes fraîchement tuées que l'on étudiera avec le plus de fruit. On devra se méfier du caractère offert par la coloration ; il peut donner lieu à de cruelles méprises.

Le dessus de la tête et le faciès d'ensemble présentent les plus sûres garanties pour la détermination. Tandis que chez les couleuvres la face supérieure du crâne est recouverte de grandes plaques symétriques, comme chez les lézards, elle ne porte, chez les vipères, que des écailles de forme à peu près identique à celles de leur dos, mais plus petites. La queue courte et brusquement rétrécie des vipères communes offre aussi un caractère de première valeur.

En Algérie, deux ophidiens seuls ne présentent pas ces caractères généraux : l'un, l'*Eryx javelot,* serpent tout à fait inoffensif, n'a, sur la tête, que de très petites plaques carrées semblables à des écailles ; sa queue est très courte et obtuse ; l'autre, le terrible *Naja,* a la tête plaquée comme une couleuvre ; sa queue est effilée. On ne trouve d'ailleurs ces deux espèces ensemble que dans le Sahara.

C'est surtout au printemps qu'il faut rechercher les serpents ; on peut alors les trouver à toute heure de la journée. Lorsqu'il fait chaud ils ne sortent guère que vers le soir pour circuler la nuit. Souvent le froid du matin les surprend et il n'est pas rare de les trouver engourdis aux bords des sentiers.

Les vipères sont essentiellement nocturnes ; c'est ce qui explique la rareté des captures. Ce n'est que par extraordinaire qu'on en rencontre dans le jour. Il n'y a donc pas à s'inquiéter d'elles outre mesure pendant la chasse.

Lorsqu'on recherche les serpents et surtout les vipères il faut être chaussé de forts souliers et de bonnes guêtres; il est aussi indispensable de s'armer d'une baguette pour pouvoir, le cas échéant, abattre un animal On trouve ces reptiles sous les grosses pierres. Ils sont plus faciles à saisir que les lézards car ils mettent un certain temps pour se dérouler. Toutefois il ne faut pas tarder à mettre la main dessus, car, aussitôt que le corps est développé, ils fuient avec une rapidité extraordinaire. Un coup de baguette lestement envoyé peut seul les arrêter.

Si, lorsqu'un serpent est mis à découvert, on n'ose le saisir à la main, on peut le capturer en appliquant dessus vivement, et délicatement le pied guêtré. Il sera ensuite facile d'examiner la tête. La baguette est d'ailleurs d'une grande utilité en cette circonstance : on la fait glisser le long du corps jusqu'au cou qu'on presse contre le sol. Lorsque la bête est immobilisée, on peut la saisir sans crainte derrière la tête, avec les doigts, ou à pleine main.

Un procédé moins dangereux est celui qui consiste à passer un nœud solide autour du cou du serpent. On plonge ensuite l'animal dans l'alcool. Aussitôt qu'on peut opérer sans danger on délivre le cou qui reprend sa forme naturelle.

Lorsque les petits serpents se réfugient dans des trous, on les déloge au moyen du piochon. Les individus de très grande taille sont plus difficiles à capturer, car ils habitent des fentes de rocher ou des trous très profonds. On les prend rarement à la main ; on les tue au fusil.

Batraciens.— 1º ADULTES. — En général on chasse les batraciens à la main. Seules, les grenouilles qui ne quittent pas le bord des eaux, se laissent difficilement approcher ; à la moindre alerte, elles plongent. Si on ne peut aller les saisir dans leur retraite, il faut s'ingénier pour les prendre à l'épuisette. On peut aussi, lorsque les échantillons sont destinés à être mis dans l'eau-de-vie, les pêcher à la ligne. Celle-ci est armée d'un hameçon à trois branches ou d'un hameçon simple.

Voici comment on opère avec le premier. La ligne étant attachée à l'extrémité d'une longue canne ou d'un roseau, on la porte au-dessus de l'animal à capturer, puis, délicatement, on dépose l'hameçon contre l'un des côtés du ventre. On donne alors un petit coup sec en tirant du côté opposé à l'hameçon ; celui-ci accroche la grenouille qui se trouve suspendue à l'extrémité de la ligne.

Lorsqu'on emploie l'hameçon simple, il faut l'amorcer avec un insecte, un ver rouge ou un morceau de drap écarlate. Ce procédé ne donne pas d'aussi bons résultats que le premier.

C'est surtout la nuit qu'on peut capturer une grande quantité de batraciens. Il suffit pour cela d'aller se promener avec une lanterne dans les lieux qu'ils fréquentent. Eblouis par la lumière, les animaux s'arrêtent et se laissent prendre sans bouger. On peut les attirer sur les bords des pièces d'eau en allumant du feu ; ils viennent en foule faire cercle autour du brasier.

Les crapauds, le discoglosse et la rainette ne sont communs qu'au moment des amours. Ils abondent alors autour des points d'eau. Lorsque les pontes sont effectuées, ils deviennent rares. Les uns se retirent sous les pierres dans les lieux humides, les autres s'enfoncent dans des trous profonds. Le discoglosse réapparaît en automne.

2º ŒUFS ET TÊTARDS. — Il faut avoir grand soin de recueillir les œufs et les têtards des batraciens. En les élevant on fera des observations du plus haut intérêt. Les œufs peuvent être transportés dans des algues d'eau douce humides ou mieux, comme les têtards, dans un flacon à moitié plein d'eau.

Urodèles. — Passé la période des amours, les urodèles vivent hors de l'eau, sous les pierres, dans les lieux très humides et obscurs. Il est donc facile, le cas échéant, de les prendre à la main. Jusqu'à maintenant on n'en a pas pris beaucoup dans ces conditions en Algérie. C'est dans l'eau, en hiver et au printemps, qu'il faut les pêcher. On se sert

pour cela, de l'épuisette à mailles très étroites, du troubleau
ou de la ligne à hameçon simple, amorcée d'un ver rouge. La
pêche à la ligne se pratique surtout dans les puits et les grandes mares. Les urodèles étant ovovivipares on n'aura pas à
rechercher les œufs, mais on devra emporter des femelles
pleines et des têtards pour les élever.

Les tritons signalés dans l Oranie par Guichenot (*Expl.
scient.*) n'ont pas été retrouvés depuis. Il y a donc d'utiles
recherches et d'importantes études à faire sur ces urodèles.

Utilité de recueillir de nombreux échantillons. — Il est
absolument nécessaire de recueillir plusieurs échantillons de
la même espèce et surtout dans des localités éloignées les unes
des autres. Plus l'aire de dispersion d'une espèce est grande,
plus celle-ci varie. Ce n'est qu'en ayant sous les yeux les
diverses variations qu'on arrive à bien saisir les caractères de
l'espèce.

Observation importante. — La recherche des reptiles ne
doit pas avoir pour but unique de les réunir en collections. Il
faut, avant tout, faire sur le vif la description de leurs caractères. L'on décrira soigneusement le dessin de la coloration de
la robe chez les jeunes, chez le mâle, chez la femelle, au
ment de l'accouplement, pendant la gestation et après. Le
degré d'adhérence du collier et la profondeur du pli gulaire
chez les sauriens, devront aussi être observés. On prendra les
mesures des diverses parties du corps dès que l'animal aura
été asphyxié. Pour certaines espèces on notera la forme de la
pupille, la coloration de l'iris, etc.

Chez les batraciens on observera, en outre, le plus ou moins
d'apparence de la membrane tympanique.

L'étude des métamorphoses offre un très grand intérêt.

Chaque fois que l'occasion s'en présentera, on consi-
gnera les traits de mœurs de chaque espèce : l'habitat, l'apparition et la disparition des jeunes et des adultes, les époques
des mues, de l'accouplement et de la ponte, la-durée des
périodes de gestation, le nombre d'ovaires et d'œufs ; on notera

la taille, les variations spécifiques, les éléments de la nourriture etc.

On **fera**, surtout, de précieuses observations en s'asseyant dans la campagne sur une grosse pierre et en suivant des yeux les allées et venues de tout le monde rampant.

Enfin tout animal capturé sera accompagné d'une étiquette qui ne le quittera plus et qui portera la date et le lieu de la récolte.

Morsures des Serpents venimeux

En Algérie, les serpents venimeux sont excessivement dangereux; sauf la vipère il n'y a pas d'animaux réfractaires à leur venin. En quelques minutes le venin de la vipère à cornes peut rendre tout traitement inutile. Celui de la vipère lebetine est tout aussi terrible, car, quoique moins actif, il est secrété en plus grande abondance par des animaux atteignant une taille colossale. En général; quelle que soit l'origine du venin, toute morsure est suivie d'effets redoutables si elle n'est pas immédiatement traitée. Le danger est d'autant plus grave que l'organe atteint est plus délicat et plus rapproché du cœur.

Les cas de morsures sur le tronc ou à la face sont rares; le plus souvent les piqûres atteignent les mains ou les jambes.

Le traitement d'une piqûre ne doit pas être différé; il faut faire un premier pansement et, sans perdre de temps, aller se confier à un médecin. Les Européens, qui se font soigner, meurent rarement des suites d'une morsure; en revanche les indigènes qui sont rebelles à notre médecine, succombent presque toujours. L'effet du venin, quoique neutralisé, laisse souvent, lorsqu'il a été combattu trop tard, une paralysie du membre atteint qui persiste longtemps.

Traitement des morsures. — Le chasseur de reptiles doit avoir toujours dans sa musette un cautérisant quelconque : acide chromique, nitrate d'argent, acide phénique ou alcali. S'il est piqué, il doit traiter la blessure avec rapidité et énergie.

Son premier soin sera de ligaturer fortement le membre au-dessus de la plaie. Pour plus de sûreté il pourra doubler les ligatures en les distançant. Il recherchera ensuite le point où il a été mordu; une légère rougeur le lui indiquera. Si les crochets sont restés dans les chairs il les enlèvera avec la pointe d'un canif et de préférence avec des pinces. Cela fait, il débridera la plaie avec un instrument tranchant, bistouri ou canif, et la fera saigner en la pressant avec les doigts. Le plus tôt possible, sans perdre de temps, il cautérisera vigoureusement la blessure.

Dans le cas où l'on serait dépourvu de tout cautérisant, on pourrait y suppléer en brûlant la plaie débridée au moyen d'une allumette carbonisée, ou d'un charbon ardent, ou, mieux encore, avec de la poudre qu'on enflammerait sur place. Enfin, le traitement par le fer rouge donne les meilleurs résultats.

La succion de la plaie faite par un chien, ou mieux par une personne, a été recommandée. Il serait imprudent d'employer ce procédé en Algérie où la chaleur dessèche et gerce souvent les lèvres. Je ne crois pas d'ailleurs que ce procédé permette d'éviter de fâcheux résultats ; le venin manifestant son action par des désordres trop rapides, il faut s'occuper avant tout de cautériser la plaie. Lorsqu'on est dépourvu d'un cautérisant, si on a la chance de n'être piqué qu'à un doigt, le plus court et le plus sûr moyen d'éviter les complications, c'est de faire l'ablation d'une ou deux phalanges sans perdre une seconde. L'enlèvement immédiat de la partie charnue au-dessous de la piqûre avec un couteau bien effilé suffit dans bien des cas. C'est ainsi que procèdent les soldats dans le Sahara.

La plaie étant soignée, le malade devra prendre quelque réconfortant.

Les cas de guérison sont très nombreux lorsque les morsures sont traitées immédiatement. Hélas ! il n'en est pas de même lorsque le venin a été introduit par une veine dans la circulation. Jusqu'à ces dernières années la Science a été à peu près impuissante à lutter contre les effets du venin diffusé dans le sang. De nombreux remèdes ont été préconisés ; pas un seul n'a donné les résultats qu'on en attendait. Mais la Science n'a pas fait faillite ; les théories de notre immortel

Pasteur, en ouvrant à la Médecine moderne des horizons immenses, ont étendu le champ d'exploration des savants ; des découvertes importantes, prémisses de découvertes futures, encore plus fécondes en résultats, ont déjà permis de soulager cette Humanité à laquelle philosophes et savants ne cessent de consacrer leurs efforts.

L'étude du venin ne devait pas échapper aux investigations des adeptes de l'école nouvelle. M. le docteur Calmette, directeur de l'Institut Pasteur de Lille fut un de ceux qui étudièrent le venin et recherchèrent le moyen d'en combattre les effets. L'éminent savant vit, le premier, ses efforts couronnés de succès. De nombreux essais faits dans l'Inde et à l'Institut de Lille, par lui-même ou par ses disciples, ont démontré l'efficacité de sa méthode.

Voici un extrait des instructions de M. le docteur Calmette sur l'emploi du sérum antivenimeux (1) :

Instruction pour l'emploi du Sérum antivenimeux

« Le sérum antivenimeux est du sérum de cheval immunisé contre le venin des serpents. Il conserve ses propriétés indéfiniment, si on prend soin de ne jamais déboucher le flacon qui le renferme et de le maintenir à l'abri de la lumière. Il n'est altéré par la chaleur, qu'au-dessus de 50 degrés centigrades.

« On l'emploie en injections hypodermiques dans tous les cas de morsures de serpents venimeux ou de scorpions. Le sérum empêche les effets des venins provenant de toutes les espèces de serpents de l'Europe, de l'Asie, de l'Afrique, de l'Océanie et de l'Amérique.

« La dose à employer est de 10 c. c., c'est-à-dire un flacon entier, pour les enfants et pour les adultes, lorsqu'il s'agit d'une morsure de vipère d'Europe ou d'un serpent de petite espèce des pays chauds.

« Dans les cas de morsures par des serpents de grande taille, tels que le *cobra capel* de l'Inde, le *naja haye* d'Egypte, les *bothrops* de la Martinique et de l'Amérique du Sud, les *crotales* de l'Amérique Centrale et de l'Amérique du Nord, il sera

______

(1) Docteur A. Calmette : *Le venin des serpents*. Paris, 1896.

préférable d'injecter simultanément deux doses et de pratiquer ces injections, si on le peut, par voie intra-veineuse, dans la veine du pli du coude, ou dans toute autre veine superficielle.

« Il faut intervenir le plus tôt possible après la morsure, car certains serpents, dans les pays chauds, tuent l'homme en deux ou trois heures. Même dans les cas les plus graves, on pourra toujours empêcher la mort et arrrêter l'envenimation si on injecte le sérum dans les veines au plus tard une heure et demie après la morsure. Quand les accidents d'intoxication ne sont pas très menaçants, on peut se contenter d'injecter le sérum sous la peau. Il n'y a aucun danger à en injecter de grandes quantités : *le sérum ne renferme aucune substance toxique et ne cause jamais d'accidents.*

« Les injections sous-cutanées de sérum doivent être faites dans le tissu cellulaire du flanc droit ou gauche de préférence, parce qu'elles ne sont pas douloureuses à cet endroit.

« On doit les pratiquer avec une seringue stérilisable, à piston de caoutchouc ou d'amiante, de 10 ou 20 c. c. de capacité. Avant l'injection, on fait bouillir la seringue pendant cinq minutes dans de l'eau additionnée d'une petite quantité de borax. (Cette substance empêche les aiguilles d'être attaquées par la rouille). On lave avec soin la peau du blessé avec du savon et de l'eau, puis avec une solution antiseptique. On introduit alors l'aiguille profondément dans le tissu cellulaire, on pousse l'injection en une ou deux minutes et on retire brusquement l'aiguille. Le sérum se résorbe en quelques instants.

« Ces précautions de propreté sont utiles pour ne pas produire d'abcès. On peut s'en dispenser si le temps presse et que la vie de la personne mordue soit en danger immédiat.

« Le sérum antivenimeux préparé à l'Institut Pasteur de Lille ne renferme pas d'acide phénique. Son pouvoir antitoxique préventif correspond à 250,000 d'après la notation de Roux. Si on en injecte 2 c. c. dans les veines d'un lapin pesant environ deux kilogrammes, ce lapin doit pouvoir résister, un quart d'heure après, à une dose d'un venin quelconque calculée pour tuer en vingt minutes les lapins témoins.

« Un léger précipité albumineux dans les flacons n'est pas un indice d'altération. Mais si le sérum est complètement trouble, d'apparence laiteuse, il faut le rejeter, parce qu'alors il a été envahi par des germes de l'air qui peuvent provoquer des abcès.

« La première précaution à prendre, aussitôt que l'on est mordu par un reptile, est de serrer le membre mordu à l'aide d'un lien ou d'un mouchoir, le plus près possible de la morsure, entre celle-ci et la racine du membre.

« On doit laver abondamment la plaie produite par les crochets du serpent en la faisant saigner, et l'arroser ensuite avec une solution récente de chlorure de chaux à 1 gr. pour 60 d'eau distillée, ou avec une solution de chlorure d'or pur à 1 gr. pour 100. Ces deux substances détruisent très bien le venin qui reste dans la plaie. On peut faire ensuite un pansement antiseptique ordinaire.

« Il est inutile de cautériser le membre mordu avec un fer rouge ou avec des substances chimiques, et on doit éviter d'administrer de l'ammoniaque ou de l'alcool qui ne pourraient qu'être nuisibles au malade et au traitement par le sérum.

« *Traitement des morsures venimeuses chez les animaux domestiques.* — Dans certains pays, beaucoup d'animaux domestiques (bœufs, moutons, chevaux, chiens) sont tués chaque année par les reptiles venimeux et occasionnent ainsi des pertes considérables aux agriculteurs. L'emploi du sérum antivenimeux permet d'éviter ces pertes. On en fait usage exactement comme pour l'homme et aux mêmes doses. Les injections aux animaux doivent être faites de préférence sous la peau du dos, entre les deux épaules. »

Si on n'a pas de sérum, on peut injecter dans la plaie du permanganate de potasse en solution, 1 pour 100. Mais on doit agir immédiatement. Une solution à 1/60 de chlorure de chaux sec est préférable (1).

Ce sombre tableau des accidents produit par le venin ne doit pas effrayer le chasseur de reptiles. Prudent par nécessité, il

____

(1) Docteur A. Calmette (Loc. cit., p. 36).

risque bien moins d'être piqué que le travailleur des champs ou que le simple promeneur. D'ailleurs, comme tous les animaux, la vipère craint l'homme. Elle fuit à son approche et ne se défend que si elle est piétinée. Si l'on a pu signaler des cas d'agression de la part des vipères, ils sont rares.

Préparation et Conservation des Reptiles

L'alcool est le liquide par excellence pour la conservation des reptiles. Lorsqu'on rentre de la chasse, il faut séparer les animaux blessés ou morts et les plonger dans l'alcool. Il est même préférable de faire cette opération pendant la chasse. On peut agir de même avec les animaux intacts, mais il vaux mieux les conserver vivants un jour ou deux dans les petits sacs : là, ils rejettent les détritus de leur digestion. Le ventre étant vide l'alcool n'aura qu'à imbiber les chairs.

Le temps nécessaire à la digestion étant écoulé, on retire les reptiles des sacs et on les plonge dans l'alcool. Lorsqu'ils ne donnent plus signe de vie, on les retire pour leur fendre le ventre. Cette incision a pour but de faire pénétrer l'alcool plus directement dans la région intestinale; elle empêche la fermentation des matières organiques non encore digérées. Pour la pratiquer, on couche l'animal sur le dos et, un peu au-dessus des membres postérieurs, on fait, avec de bons ciseaux à pointes égales, suivant la ligne de partage des écailles ventrales, une incision longitudinale de longueur proportionnelle à la taille de l'animal. Chez un petit lézard, elle doit être de 1 à 2 centimètres au plus, chez un gros, de 3 à 5. Chez un serpent, il faut en faire plusieurs de 4 à 5 centimètres; il est même prudent, si l'on a une espèce rare, de fendre le ventre dans toute la longueur, ou de faire deux ou trois fentes très longues.

L'incision est à peu près inutile chez les batraciens.

Chez les serpents, il est nécessaire de vider le ventre lorsqu'il est distendu par les animaux qu'ils ont avalé.

Il est bon d'introduire, par les incisions, une mèche de coton ou un peu de coton cardé pour assurer l'imbibition des parties internes par l'alcool.

Lorsqu'un serpent est vidé, on peut le bourrer avec du coton. On rapproche ensuite les bords des fentes au moyen d'une couture.

Si on a de nombreux échantillons d'une espèce, l'incision n'est pas nécessaire. Sur le nombre on finit par obtenir un exemplaire intact pour la collection. Pour les espèces rares et pour celles recueillies en voyage, l'incision est indispensable.. Sans cette précaution on s'exposerait à perdre de nombreux individus ou à n'avoir que des préparations défectueuses.

Les lézards et les serpents doivent être plongés dans l'alcool fort (90 à 95°). Les bocaux ou les flacons destinés à les contenir devront être assez hauts et assez larges pour que le corps de l'animal ballotte librement dans le liquide. On ne doit jamais bourrer un bocal. Si on est forcé de mettre plusieurs exemplaires dans le même récipient, il faut en réduire le plus possible le nombre. On évitera ainsi les altérations qui se produisent sur les points en contact.

Les serpents, à cause de leur longueur, ne peuvent être suspendus dans un bocal. On est obligé de les enrouler en spirale. Pour cela on les place d'abord dans un récipient assez étroit. Aussitôt que l'animal est raidi, on le retire pour le placer dans un bocal plus grand, dans lequel, plus tard, on pourra le suspendre.

Les reptiles peuvent rester dans le premier bain jusqu'à ce que le liquide soit coloré. Toutefois, il faut surveiller les animaux, et, s'ils restent mous, changer l'alcool.

Un ou deux bains suffisent pour les petites espèces. Pour les gros lézards et les serpents il est nécessaire le plus souvent de renouveler l'alcool au bout de quatre à huit jours. Si dans le deuxième bain l'échantillon devient raide, une troisième immersion est inutile.

Il faut laisser les reptiles dans le dernier bain plusieurs semaines ou plusieurs mois. Avant de les mettre en collection on les lave dans un bain d'alcool pour enlever la matière colorante.

Les batraciens et les urodèles doivent être préparés dans l'eau-de-vie à 45° environ. L'alcool fort les momifie. Je me sers avec avantage et économie du vieil alcool assez hydraté. Les batraciens rejetant beaucoup d'eau, le liquide doit être renouvelé deux ou trois fois à de courts intervalles. Rien n'empêche de conserver ensuite ces animaux en collection dans de l'alcool à 85° et même à 90° pour les urodèles.

Les têtards doivent être préparés dans de l'eau-de-vie très faible ; on en augmente insensiblement le degré.

Voyons maintenant comment on organise une collection de reptiles :

On choisit d'abord des bocaux de capacité suffisante. Leur goulot doit être régulièrement cylindrique et assez large pour permettre l'entrée et la sortie de l'animal, sans frottement.

Le bocal convenable étant trouvé on y place l'animal que l'on couvre d'alcool. On bouche ensuite avec un excellent bouchon et on lute avec un ciment spécial. Il est préférable de ne pas luter si la collection est destinée à l'étude.

Il est bon de suspendre les reptiles dans les bocaux. On peut pour cela les attacher par un fil ou un crin à des crochets implantés dans le bouchon. Ce procédé est mauvais car, par capillarité, l'alcool arrive au bouchon et le pourrit. Il est préférable d'employer des boules de verre creuses auxquelles on suspend les échantillons. La boule surnage et fait l'effet du ludion.

Dans les collections publiques on emploie des bocaux unis et cylindriques sans goulot. On les ferme au moyen d'une plaque de verre bien ajustée. Cette plaque est fixée par une enveloppe de parchemin que l'on applique humide et que l'on attache solidement. Le parchemin en se desséchant forme une fermeture hermétique.

Les serpents, lorsqu'ils ne sont pas trop longs, sont conservés dans des tubes fermés à la lampe. Ce procédé a l'inconvénient de rendre l'étude de l'animal difficile.

Les flacons étant bouchés, on colle sur chacun d'eux une étiquette portant le nom de l'animal, le lieu et la date de la capture. Il est prudent de placer aussi les mêmes indications sur une étiquette en parchemin que l'on glisse dans le bocal.

Les collections doivent être rangées et classées dans un appartement peu éclairé. La lumière fait pâlir les couleurs.

Pour conserver plus longtemps les couleurs on ajoute quelques gouttes d'essence de térébenthine à l'alcool. Quelques gouttes de glycérine ramollissent les échantillons sans les endommager.

On peut aussi conserver les reptiles par l'empaillage ou par diverses préparations taxidermiques. Ces procédés ne sont employés que pour les grosses espèces. Je ne m'y arrêterai pas.

Voyages erpétologiques. — Lorsqu'on est à demeure, la préparation des reptiles est facile. Avec un peu d'attention on évite tous les mécomptes. Il n'en est pas de même en voyage. Là, de grands soins sont indispensables pour préserver de la putréfaction des récoltes abondantes et préparées trop rapidement.

Si le voyage ne doit durer que huit jours au plus, le meilleur procédé consiste à conserver les animaux vivants dans des petits sacs. On se contente de mettre en alcool les animaux blessés. Quelques lézards arrivent à percer les sacs avec leurs griffes. On remédie à cet inconvénient en logeant plusieurs petits sacs dans un grand. Il est toutefois préférable de placer directement les petits sacs dans une boite sans issue, mais dans laquelle l'air pénètre bien par les joints. Lorsqu'on l'ouvre il suffit de prendre quelques précautions pour capturer les lézards en liberté.

Mais si l'on entreprend un long voyage, les difficultés surgissent nombreuses. Voici comment j'opère dans ce cas : j'emporte des flacons solides aussi petits que possible et je les emballe soigneusement. Avec cela j'ai un ou deux bocaux assez grands qui me servent de réservoirs.

En général, je séjourne plus ou moins longtemps dans une localité. Lorsque je rentre de la chasse, je retire les reptiles des petits sacs et je les plonge dans un grand bocal contenant de l'alcool en quantité suffisante pour les noyer. Si j'en ai le loisir, je ne fais cette opération qu'un ou deux jours après. Aussitôt que les reptiles sont morts, je les retire un à un, je fais sous le ventre les incisions nécessaires et j'attache autour du corps ou à une patte une étiquette en parchemin portant le lieu de capture et la date de la récolte. Les animaux ainsi préparés sont placés dans l'autre bocal réservoir. Ils restent là le temps nécessaire ou, tout au moins, jusqu'à mon départ pour une autre localité. Je change l'alcool lorsque c'est utile. Avant de partir je loge les animaux par localité dans les flacons ad hoc. Dans l'intérieur ou à l'extérieur je place une étiquette portant encore le lieu de la capture et la date. J'emballe et je fais suivre pour les garder sous ma surveillance.

L'emploi du verre permet d'observer la marche de la préparation. Si on constate des traces de fermentation, on change l'alcool. Lorsqu'on est sûr que les collections sont en bon état, on les expédie par petites caisses à son domicile.

Ce procédé entraîne une grande dépense d'alcool, mais, en revanche, on ne perd presque rien. Le seul inconvénient réside dans la fragilité du verre. En emballant soigneusement chaque flacon et en exerçant une surveillance constante sur mes colis, je n'ai jamais eu trop à m'en plaindre.

La question du bouchage des flacons doit réclamer tous les soins. Les goulots doivent être aussi étroits que possible. Au retour, pour ne pas abîmer les animaux, on brise les flacons si c'est nécessaire.

Si l'on avait à explorer des régions désertes pour le parcours desquelles il faut réduire le volume et le poids des bagages, il faudrait adopter le système des récipients en métal. Ces récipients sont ordinairement en cuivre étamé. Le fond a la forme d'une ellipse allongée. Le haut porte une ouverture d'un diamètre assez large pour laisser passer les plus gros animaux et la main. Une fermeture vissée la clot hermétiquement. L'un des récipients sert de réservoir à alcool ; l'autre de réservoir à reptiles. Un troisième petit réservoir est utile pour asphyxier les animaux et opérer comme je l'ai dit plus haut. Chaque échantillon, pourvu d'une étiquette, est glissé dans le réservoir où l'on augmente au fur et à mesure la quantité d'alcool.

J'avais adopté ce procédé dans mes premiers voyages. Je l'ai abandonné car il a le grand inconvénient de loger les animaux dans un trop vaste espace. Sur le dos des chameaux tout est ballotté et les échantillons s'abîment. On peut, il est vrai, lorsque les animaux sont bien raides, les rouler dans des chiffons et en faire de petits paquets.

Conservation des animaux vivants. — Les reptiles peuvent rester — en dehors de la période de gestation pour les femelles — des semaines, et certains même des mois, sans prendre de nourriture. On peut donc les transporter vivants pendant un voyage de quelques jours. Il est toutefois évident que les petites espèces supportent l'abstinence moins longtemps que les grandes.

L'élevage des animaux vivants est de la plus grande utilité pour l'étude de leurs mœurs. A cette fin les reptiles sont installés dans un terrarium. C'est un petit aménagement de briques creuses, de pierres, de terre, de sable, etc., où chaque espèce trouve des conditions appropriées à sa manière de vivre. Au milieu est installé un bassin très peu profond où les reptiles peuvent se baigner et boire. Cette eau doit être renouvelée souvent. Un petit filet la purifierait sans cesse.

On nourrit les lézards d'insectes de toutes sortes : coléoptères, sauterelles, fourmis, etc. On emploie de préférence les vers de farine que l'on trouve en quantité dans les minoteries. Les sauterelles fournissent un mets de choix. La nourriture doit être abondante.

Les serpents sont nourris de souris, de petits lapins, etc. Ils ne mangent que des proies vivantes. On doit les séparer des lézards car ils en feraient souvent leur nourriture.

Les batraciens sont élevés dans des aquariums. Les têtards demandent une installation particulière. Il faut qu'ils puissent aisément sortir de l'eau à la fin de la dernière métamorphose.

Quand on ne peut installer un terrarium on peut élever les reptiles en plein air dans des caisses fermées avec de la toile métallique. A l'intérieur, on dispose des briques creuses où les animaux iront se réfugier. Il faut, autant que possible, séparer les espèces.

Expédition des reptiles. — Les reptiles vivants sont les plus faciles à expédier. Il suffit pour cela de mettre l'animal dans un petit sac qu'on expédie dans une boîte en bois.

Malheureusement, en France, les animaux vivants ne peuvent voyager par les voies postales. Toutefois une sage tolérance de la part de certains employés permet de faire des envois qui, somme toute, sont bien moins gênants que les envois de liquides par exemple. Il en est de même pour les colis postaux. Pourtant en Angleterre, en Allemagne, en Autriche, etc., les envois de reptiles se font librement. Je ne comprends donc pas pourquoi on n'accorde pas aux naturalistes français les mêmes facilités.

Seule l'expédition des vipères pourrait être interdite, surtout sans déclaration.

Si on fait un envoi de reptiles soit par la poste, soit par colis postal, il faut éviter de bourrer les boîtes de sacs. On doit placer ces derniers verticalement, de façon à ce qu'ils se soutiennent les uns les autres sans se presser. La boîte, tout en étant close, doit laisser entrer l'air par les joints qu'on rend irréguliers en enlevant quelques fragments de bois.

Les batraciens s'expédient dans des boîtes en fer blanc percées de quelques petits trous et dans lesquelles on a placé des feuilles de salade ou de l'herbe fraîche.

Les urodèles peuvent être expédiés dans les mêmes conditions mais sur une couche de mousse assez humide.

Tous ces animaux doivent avoir le plus d'air possible.

Les reptiles en alcool, surtout lorsqu'ils sont petits, s'expédient dans les flacons ou les tubes qui les renferment. On met dans chaque flacon un peu de coton pour éviter le ballottement. Le bouchage doit être parfait.

Lorsqu'on veut faire un envoi important, comprenant de grosses pièces, on met le tout dans une vessie de porc. Voici comment l'on opère :

On se procure une grande vessie ; on la souffle et on la laisse sécher à l'air pendant trois ou quatre jours. Quand elle est assez sèche on coupe l'extrémité et on y ménage une ouverture assez large pour laisser passer les plus gros paquets qu'on doit y introduire. Au fond de la vessie on place une couche de coton cardé qu'on imbibe d'alcool. Après avoir attaché autour du corps de chaque animal une étiquette portant le nom, l'origine, la date de la capture et l'habitat, on procède à un premier emballage. On enroule chaque échantillon dans un linge blanc que l'on ficelle sans le serrer et on glisse chaque petit paquet dans la vessie. On fait de même pour les tubes. Quand ce travail est terminé on ajoute de l'alcool jusqu'à ce que tous les paquets soient bien imbibés. Une réserve de liquide doit rester au fond de la vessie. Enfin on ferme celle-ci, en réduisant le plus possible son volume et on ficelle solidement l'ouverture.

La vessie peut voyager dans une boîte en bois renfermant un emballage moëlleux. Il est préférable de la loger dans une boîte en fer blanc que l'on fait souder.

Lorsque l'envoi doit rester longtemps en route il faut remplacer la vessie par une boîte soudée qu'on expédie dans une caisse en bois.

DESCRIPTION DE LA FAUNE

OBSERVATIONS

Avant d'entreprendre la description de la faune, je vais donner quelques indications préliminaires indispensables.

J'adopte la classification de Duméril et Bibron un peu modifiée.

Dans les tableaux, les noms des espèces existant en Oranie sont suivis de l'initiale O (*Oranie*); ceux des espèces barbaresques non encore signalées en Oranie, de B. (*Berbérie*).

J'ai fait aussi entrer dans les tableaux les espèces qui ont été signalées en Berbérie mais dont la présence y est très douteuse. Les noms de ces espèces sont en italique.

Je ne donne qu'une courte description des espèces bien connues et je m'étends sur les espèces critiques que j'ai pu étudier.

Toutes les notes et descriptions qui ne se rapportent pas à des espèces existant en Oranie sont imprimées en caractères de dimension moindre.

L'aire de dispersion géographique est indiquée par les abréviations suivantes : B. (*Berbérie*); M. *Maroc*); Al. (*Algérie*); T. (*Tunisie*); O. (*province d'Oran*); A. (*province d'Alger*); C. (*province de Constantine*). T. (*Tell*); H.-P. (*Hauts-Plateaux*); S. (*Sahara*).

Un numéro d'ordre est affecté à chaque espèce oranaise.

CLASSE DES REPTILES

CARACTÈRES. — *Animaux vertébrés à sang froid ou plutôt à température variable. Circulation plus ou moins incomplète. Quelques-uns respirent par des branchies pendant le jeune âge ; tous ont des poumons à l'âge adulte. Corps dépourvu de poils et de plumes. Peau écailleuse ou nue. Ovipares ou ovovivipares.*

La classe des reptiles se subdivise en deux sous-classes :

TABLEAU DES SOUS-CLASSES

Animaux généralement terrestres, les uns recouverts d'une carapace, les autres écailleux au moins sur la tête. (*Tortues, lézards, serpents*).

Sous-classe des **Reptiles.**

Animaux amphibies, peau lisse ou pustuleuse absolument dépourvue d'écailles, même sur la tête. (*Grenouilles, salamandres*).

Sous-classe des **Amphibiens.**

SOUS-CLASSE DES REPTILES (de Blainville)

CARACTÈRES. — *Pas de métamorphoses. Des poumons à tout âge. Quatre pattes, deux ou pas. Corps lacertiforme ou serpentiforme (lézards, serpents), parfois ramassé et renfermé dans une carapace (tortues). Peau apparente recouverte d'écailles sur tout le corps ou au moins sur la tête ou sur les pattes. Ovipares ou ovovivipares.*

Cette sous-classe est représentée en Berbérie par trois ordres :

Reptiles. — TABLEAU DES ORDRES

1.
Animaux à corps ramassé et enfermé dans une forte cuirasse. (*Tortues*).
Ordre des **Cheloniens.**

Animaux à corps étroit, allongé, non enfermé dans une cuirasse. (*Lézards, serpents*).   2

2.
Corps vermiforme, à peau lisse, annelée; seule la tête est couverte de plaques symétriques; pas de pattes. (Famille des Amphisbéniens) *Ordre des* **Sauriens.**

Corps lacertiforme ou serpentiforme ; peau écailleuse, tuberculeuse, granuleuse ou chagrinée; des pattes ou pas.   3

3.
Corps serpentiforme. Pas de pattes apparentes. Ecailles ventrales sur un seul rang, bien plus larges que les latérales et montant (sauf chez *Eryx*) sur la base des flancs. (*Serpents*).
Ordre des **Ophidiens.**

Corps lacertiforme ou serpentiforme. Quatre pattes, *rarement pas*. Ecailles ventrales sur plusieurs rangs, les médianes semblables aux latérales ou peu différentes. (*Lézards, orvet*).
Ordre des **Sauriens.**

Ordre des Chéloniens

CARACTÈRES DE L'ORDRE.— *Corps ramassé, enfermé dans une boîte osseuse (carapace) recouverte de plaques d'écaille. Máchoires dépourvues de dents ; celles-ci sont remplacées par des lèvres cornées et tranchantes. Respiration pulmonaire à tous les âges. Cloaque en fente longitudinale. Pénis simple. Ovipares.*

Les animaux de cet ordre sont connus vulgairement sous le nom de tortues. On les divise en tortues terrestres, tortues d'eau douce et tortues de mer, selon l'élément qu'elles habitent.

Caractères de classification des chéloniens. — Les principaux caractères sur lesquels repose la classification, sont : l'habitat ; la conformation de la cuirasse qui peut être entière ou incomplète, d'une seule pièce ou de deux ; la mobilité ou l'immobilité de la partie postérieure du plastron ; la forme des doigts et leur nombre ; le nombre d'ongles ; celui des plaques des diverses parties de la carapace, etc.

Généralités. — La classification reposant surtout sur les caractères présentés par la cuirasse, je donnerai une description et des figures de celle-ci :

La boîte osseuse se compose de deux parties : la partie supérieure ou bouclier et la partie inférieure ou plastron (Pl. I.)

Le bouclier comprend aussi deux parties : l'une, intérieure, le disque, et l'autre, extérieure, le limbe.

Le disque est formé de trois séries longitudinales de grandes plaques : l'une, médiane, porte le nom de série médiane, rachidienne ou vertébrale ; les deux autres, latérales, sont appelées séries costales. La dernière plaque postérieure de la série médiane, se nomme plaque pygale.

Le limbe se compose de deux séries de plaques symétriques qui bordent le bouclier. Elles sont séparées en avant par la nuchale et, en arrière, par la sus-caudale. Celle-ci peut être double. Elle varie de forme avec le sexe.

Le plastron est formé de grandes plaques disposées en deux

séries symétriques. Les antérieures portent le nom de collaires. Les autres, à la suite, se nomment brachiales, pectorales, abdominales, fémorales, sous-caudales.

La tête est recouverte de plaques cornées ou d'une peau coriace. La peau apparente du corps est chagrinée. Les pattes, plus ou moins écailleuses, sont terminées par des doigts de formes diverses. Chez les tortues terrestres les doigts sont soudés en moignons ; chez les aquatiques ils sont parfaitement palmés et onguiculés ; chez les marines, enfin, ils sont réunis en forme de rames peu onguiculées. Chez toutes, les ongles, en nombre variable, sont forts et saillants.

Sexes. -- Le mâle se reconnaît généralement à ce que le plastron est concave dans le sens de la longueur. Chez la femelle il est plat ou légèrement convexe.

L'ordre des chéloniens est représenté en Berbérie par rois familles dont voici le tableau :

Chéloniens. — TABLEAU DES FAMILLES

Doigts réunis en un moignon portant les ongles.
    Carapace très bombée, ossifiée sur les côtés,
    réunie au plastron sur une longueur égale à
    la moitié de celle du bouclier. Sus-caudale
    simple. (*Tortues terrestres*).
                  Famille des **Chersites.**

Doigts palmés ; 4-5 ongles. Carapace oblongue,
    peu élevée ou déprimée, réunie au plastron
    sur une longueur égale au tiers de celle du
    bouclier. Sus-caudale double. (*Tortues d'eau*
    douce).
                  Famille des **Paludines.**

Doigts non apparents assemblés en forme de
    rame. Deux ongles au plus. Carapace cordi-
    forme. Animaux de grande taille. (*Tortues*
    marines).
                  Famille des **Thalassites.**

Iʳᵉ Famille. — CHERSITES

Tortues terrestres [1]

CARACTÈRES DE LA FAMILLE. — *Carapace très bombée formée de plaques symétriques bien distinctes. Doigts et orteils soudés en moignons portant les ongles. La tête, les pattes et la queue peuvent se retirer ou se replier sous la bordure marginale.*

En Berbérie, cette famille n'est représentée que par un seul genre.

Genre TESTUDO L.

CARACTÈRES DU GENRE. — *Tête couverte de plaques cornées. Carapace d'une seule pièce très bombée ; plastron non mobile à l'arrière ou très peu. Cinq ongles aux pattes de devant, quatre aux postérieures. Queue courte et épaisse.*

Deux espèces de ce genre ont été signalées en Berbérie. La présence de l'une d'elles (T. *campanulata*) est plus que douteuse. En voici le tableau :

G. *Testudo*. — TABLEAU DES ESPÈCES

Un tubercule corné, très saillant, conique, placé à la base interne de chaque cuisse, de chaque côté de la queue ; profil du bout du museau vertical ; carapace ovale, à bords peu dentelés, relevés seulement chez les vieux individus.

T. ibera. O.

Pas de tubercule corné ; profil du bout du museau oblique, rentrant ; carapace adulte nettement oblongue, dentelée sur son pourtour, à bords postérieurs très élargis, étalés horizontalement.

T. marginata. O.?

---

(1) Sur les tortues terrestres et d'eau douce du bassin méditerranéen, consulter la belle monographie de M. Lortet. (*Arch. Museum de Lyon,* 1886.

1.   *Testudo ibera* Pallas

Fig. L. Lortet (*loc. cit.*) Pl. 1

La tortue ibérique *ou maurétanique.*   Arabe : *Fakroun.*

Testudo ibera *Pallas, Gervais, Lortet, Boulanger.*
T. pusilla *Shaw, Strauch, Lallemant.*
T. grœca *Poiret* non *Linné.*
T. mauritanica *Guichenot, Ernest Olivier.*

CARACTÈRES PRINCIPAUX. — *Animal terrestre ; carapace très bombée ; un tubercule corné conique à la base interne de chaque cuisse.*

La tortue terrestre a la carapace très bombée et complètement ossifiée sur les côtés. Le disque est formé de 13 plaques ; le limbe, de 22 marginales, d'une nuchale et **d'une** suscaudale. La nuchale est petite, très étroite, en forme de triangle isocèle. La sus-caudale est simple (très rarement double). Le plastron se compose de six paires de plaques symétriques. La tète et les membres peuvent se retirer sous le bouclier. La tète est recouverte de plaques comme chez les sauriens. Les pattes présentent d'épaisses et grandes écailles cornées triangulaires, subaiguës, imbriquées, à pointes libres. Les doigts et les orteils sont réunis en moignons portant cinq et quatre ongles. A la base interne des cuisses se trouve un fort tubercule corné, conique, aigu qui distingue l'espèce.

COLORATION. — Variable, mais ordinairement à fond d'un jaune nacré. Les plaques de la série médiane du bouclier sont largement bordées de noir. Celles des latérales portent, antérieurement, une tache de même couleur en forme de triangle à pointe tournée en bas. Ces taches présentent dans leur ensemble une certaine symétrie. De même celles des marginales qui ont la pointe du triangle noir dirigée en haut. Les plaques du disque portent en outre une tache noire sur leur point le plus saillant.

Le plastron est jaune, plus tâché de noir chez le mâle que chez la femelle.

Sexes.— *Mâle.*—Sus-caudale très bombée en dehors. Plastron visiblement concave dans le sens de la longueur. Sous-caudales bien distantes de la sus-caudale. Coloration du plastron plus noire que chez la femelle.

Femelle. — Sus-caudale non bombée, presque plane. Plastron plan, ou très légèrement convexe. Sous-caudales plus rapprochées de la sus-caudale que chez le mâle. Coloration du plastron assez claire. Partie postérieure assez mobile, ce qui facilite la ponte.

Taille : Carapace 0ᵐ 18. 0ᵐ 24 (*Lortet*) (1). — Mars à juin, automne (2).

Variations. — La carapace est plus ou moins bombée et plus ou moins ovale. La forme de la plaque pygale surtout est très variable. Je ne m'arrêterai pas à décrire toutes ces variations qui ne présentent même pas des caractères constants.

Observations.— La *T. ibera* a été longtemps confondue avec la *T. grœca L.* dont elle a toutes les apparences. Le gros tubercule de la cuisse l'en distingue pourtant nettement, car il manque chez la tortue grecque.

Distribution géographique (B : *T., H.-P.*) — Cette espèce est très commune dans le Tell oranais. On la trouve aussi sur les Hauts-Plateaux. Elle devient de plus en plus rare lorsqu'on se rapproche du Sahara. Les points extrêmes de la province où j'ai constaté sa présence, sont: El-Aricha, le djebel Beguira, Géryville. Quoique rare, elle est donc disséminée sur toute l'étendue des Hauts-Plateaux et dans la région montagneuse. Elle ne paraît pas vivre dans les oasis. Les indigènes d'Arba Tahtani et d'El Abiod-Sidi-Cheikh m'ont déclaré qu'elle n'existait pas dans ces régions.

Ethologie. — La tortue maurétanique apparaît dès le milieu de février dans les lieux chauds du Tell. Les individus

---

(1) Pour la taille, je donne généralement la plus grande que j'ai observée. Elle peut donc être moindre que celle donnée par les auteurs.

(2) Pour la période de la vie active, je donne les mois pendant lesquels les espèces se trouvent en nombre.

des deux sexes ne tardent pas à se rechercher. Dans les premiers jours du printemps il n'est pas rare d'entendre, dans la broussaille, un bruit insolite : on dirait le choc de deux sabots. Si on s'approche on ne tarde pas à apercevoir deux tortues, deux mâles, qui se battent pour une femelle qui, de loin, assiste à ce combat singulier.

Un bruit plus léger est perçu lorsqu'un mâle poursuit une femelle. Chaque fois qu'il l'atteint il la frappe, d'un ou deux coups, avec sa nuchale. Il continue ce jeu jusqu'à ce que la femelle s'arrête. Alors il s'arc-boute sur ses pattes postérieures et l'accouplement a lieu, le mâle se maintenant dans la position verticale. J'ai constaté le fait le 12 mars. Je n'ai jamais pu déterminer la durée de la gestation, pas plus que celle de l'incubation chez cette espèce.

Une vieille femelle capturée à la Macta le 19 mai 1890 a pondu un œuf le 25 juin. Le 4 juillet j'en ai trouvé deux autres. La ponte a continué et j'ai eu en tout sept œufs. Ces œufs, de forme elliptique, mesuraient 0^m036 de longueur et 0^m028 de diamètre. Leur coque, d'un beau blanc, était aussi épaisse et plus dure que celle d'un œuf de poule (1).

En été les tortues deviennent rares. Elles craignent l'ardeur du soleil et s'enterrent. Elles apparaissent de nouveau en septembre pour disparaître aux approches de l'hiver. Elles s'enfouissent dans la terre ou se cachent sous une grosse pierre. Il n'est pas rare de trouver des tortues en plein hiver lorsque le soleil échauffe la terre.

Ces apparitions, exceptionnelles il est vrai, démontrent que le sommeil hibernal est intermittent chez cette espèce.

UTILITÉ ET NOCUITÉ. — Les tortues terrestres sont herbivores, mais elles se nourrissent aussi, surtout pendant la saison sèche, d'insectes, de mollusques et de vers. Quoiqu'elles puissent commettre des dégâts dans les jeunes plantations, je les crois plus utiles que nuisibles. Il n'y a donc pas lieu de les détruire. Toutefois si elles étaient trop abondantes dans les cultures il serait préférable d'en diminuer le nombre.

---

(1) Une femelle élevée à Bordeaux par M. le comte Kercado a pondu 17 œufs. A la fin de novembre ces œufs n'étaient pas éclos. (*Act. soc. lin. Bordeaux*, t. XXX. — 3ᵉ série t. X, p. XXXV).

Leur chair est bonne à manger. Le bouillon de tortue est recommandé aux personnes faibles. Les œufs frais peuvent aussi être consommés. Ils sont moins riches en albumine que ceux des oiseaux.

La tortue maurétanique vit facilement en domesticité. On la nourrit de feuilles de salade, de légumes verts, de mie de pain, etc.

Sur certains points de l'Algérie les tortues terrestres font l'objet d'un commerce d'exportation.

Testudo marginata Schœpffer.

Fig. Lortet (*loc. cit.*) Pl. III et IV

La tortue bordée.

Testudo marginata *Schœpffer, Gervais, D. et B., Lall., Lortet.* T. campanulata *Walb., Strauch.*

La présence de cette espèce en Berbérie n'est pas admise par MM. Lortet, Boulanger, Ernest Olivier. Je n'ai pu obtenir des tortues de Pélissier où Lallemant dit *T. marginata* commune. Je ne crois pas qu'elle y existe. Toutefois il sera bon d'observer avec attention les tortues à carapace oblongue, à marginales postérieures relevées. L'absence du tubercule de la cuisse ferait reconnaître, le cas échéant, la *T. marginata.*

2me Famille. — **PALUDINES**

Tortues d'eau douce

CARACTÈRES DE LA FAMILLE. — *Animaux fluviatiles; tête non écailleuse; carapace peu élevée, déprimée, surtout dan la région médiane; sutures des plaques peu profondes; doigts distincts mais réunis par une membrane comme chez les palmipèdes ; ongles longs et aigus. Tête, membres et queue se retirant sous le limbe. Queue longue. Espèces habitant les eaux douces, vives ou dormantes.*

Cette famille est représentée en Berbérie par deux genres

Paludines. — TABLEAU DES GENRES

Plastron solidement anastomosé de chaque côté
avec le bouclier.

Genre **Emys.**

Plastron uni de chaque côté au bouclier par une
bande cartilagineuse.

Genre **Cistudo.**

Genre EMYS Merr.

CARACTÈRES DU GENRE. — *Tête nue ; plastron solidement
uni, sur les côtés, avec le bouclier, fixe à l'arrière ; pattes antérieures à 5 ongles ; les postérieures à 4, le cinquième orteil en
étant dépourvu ; doigts palmés. Queue longue et fine.*

Une seule espèce en Berbérie :

2. *Emys leprosa* Schweigger (Pl. 1)

Fig. L. Lortet *(loc. cit.)* Pl. VIII

L'émyde lépreuse   Arabe : *Fakroun-el-má*

Emys leprosa *Schw., Strauch, Lall., Ern. Olivier.*
Clemmys leprosa *Schw., Boulanger.*
Emys Sigriz *D. et B., Guichenot.*

CARACTÈRES PRINCIPAUX. — *Animal aquatique ; carapace
déprimée, à contour variant de forme avec l'âge ; plastron
solidement uni de chaque côté au bouclier par un tissu osseux
de même nature ; sus-caudale double ; doigts et orteils régulièrement palmés ; tête et membres se retirant sous le limbe.*

L'émyde lépreuse se reconnaît à son caractère générique
« plastron solidement uni au bouclier ». Néanmoins la forme
variable de sa carapace peut faire naître des doutes au sujet de
la valeur spécifique de certains échantillons.

Quand l'émyde naît les côtés de son bouclier sont régulièrement curvilignes ; mais, au fur et à mesure que l'animal gran-

dit, la ligne transversale de la carapace, à la hauteur des cuisses, s'allonge ; il en résulte que le contour devient pentagonal. Lorsque la longueur du bouclier dépasse 11-12 centimètres, les angles de la ligne transversale postérieure ne sont plus aussi saillants, et les côtés de la carapace sont presque parallèles sur toute leur longueur chez les individus de 16-18 centimètres.

Un autre caractère présenté par les plaques du disque, subit aussi, d'après l'âge, d'importantes modifications :

A la naissance, les plaques de la série médiane sont pliées en dos d'âne, tandis que celles des séries latérales portent chacune, en leur milieu, une arête obtuse qui n'atteint pas les bords de chaque plaque. Les arêtes sont placées sur une ligne longitudinale. Elles ne tardent pas à s'élargir ; avec l'âge elles se transforment en un tubercule large et peu saillant qui finit par disparaître ou à peu près.

La carène de la série médiane obéit à la même loi, mais plus lentement. Elle existe encore chez des individus de 12 à 13 centimètres. Ensuite elle disparaît et la série médiane devient plane.

La coloration, comme nous le verrons plus loin, varie aussi avec l'âge.

La tête de l'émyde est dépourvue de plaques cornées; elle est recouverte d'une peau épaisse et unie.

Les doigts, au nombre de 5, sont palmés et tous pourvus d'un ongle long et aigu. Les orteils sont aussi au nombre de 5, le cinquième seul est dépourvu d'ongle. La queue est longue et effilée.

COLORATION.— 1° *Carapace.*— La coloration varie avec l'âge et surtout avec le plus ou moins de pureté des eaux que les tortues habitent. Dans les eaux sales, dormantes ou stagnantes les tortues sont invariablement d'un brun vert-jaunâtre tirant sur le noir. La coloration naturelle ne se trouve que chez les individus des eaux claires et courantes. Voici les observations que j'ai faites à ce sujet :

A la naissance, les jeunes tortues sont brunâtres. Bientôt elles deviennent d'un brun verdâtre. Les arêtes des écailles du disque passent à l'ocre claire. L'année suivante les arêtes s'effacent davantage en s'élargissant. La couleur ocre claire les recouvre et apparaît sur les bords des plaques latérales du disque. Peu à peu cette coloration gagne les plaques médianes.

Pendant quatre ou cinq ans, le bouclier continue à se marbrer d'ocre claire qui, petit à petit, passe au rouge feu.

Lorsque les tortues dépassent 0^{m}12 le fond devient olivâtre et s'unifie de plus en plus. Sur les vieux individus il ne reste plus que des traces tout à fait ternes des premières taches.

A tous les âges le plastron est à fond blanc jaunâtre fortement taché de noir. Les plaques marginales sont noires en dessous. Il y a aussi deux taches noires sur les côtés du plastron.

2° *Tête et membres*. — Le dessous de la tête, la gaine du cou et les membres sont à fond noir grisâtre parcouru par de nombreuses lignes parallèles de couleur jaune citron ou orangé d'un bel effet. Chez les vieux individus, la gaine devient d'un gris uniforme et les lignes des pattes et de la gorge prennent la couleur claire du plastron.

Sexes. — *Mâle*. — Le mâle a le plastron concave dans le sens de la longueur et fortement taché de noir dans la partie moyenne.

Femelle. — La femelle a le plastron plan ; sa partie noire est généralement moins étendue que chez le mâle ; elle disparaît presque chez les adultes.

Taille. — Du bout du museau à l'extrémité de la queue : 0^{m}30. Carapace : 0^{m}19 de longueur sur 0^{m}35 de largeur au milieu. — Presque toute l'année dans le Tell.

Observations. — L'*Emys leprosa* ressemble beaucoup à l'*E. Caspica Gmel.* Certains auteurs ne la considèrent que comme une variété de cette dernière. Les matériaux me manquent pour donner mon opinion. J'avoue toutefois que je ne saisis pas bien la valeur des caractères que M. Lortet (*loc. cit.*) admet pour distinguer les deux espèces. Seule la figure qu'il donne d'*E. caspica* (Pl. VIII) semble en offrir un de sérieux ; de chaque côté de la plaque pygale, la dernière plaque latérale se distingue en effet par ses petites dimensions ; sa surface n'est égale qu'au quart de la troisième latérale. Chez *E. leprosa* elle est égale aux trois quarts.

Les émydes de 18 centimètres sont abondantes en Oranie.

DISTRIBUTION GÉOGRAPHIQUE. — (**B** : *T., H.-P., S.*) — Cette espèce est très abondante dans presque tous les cours d'eau du Tell et des Hauts-Plateaux de la province d'Oran. Non loin d'Oran, elle se trouve dans l'oued des Andalouses, à Brédéah, dans l'oued Tlélat. Elle abonde au Sig, à Perrégaux, à la Macta, à Aïn-Témouchent, Arlal, etc. Plus au sud, j'ai constaté sa présence dans l'oued Safsaf à Tlemcen, dans la Tafna à Sebdou, dans la Mékerra à Bedeau, dans l'oued Saïda à Aïn-el-Hadjar, dans l'oued El-Biodh à Géryville. J'ignore si dans la province d'Oran elle atteint la région saharienne. Je ne l'ai pas vue à Arba Foukani et à Arba Tahtani où les indigènes m'ont affirmé qu'elle n'existait pas. Il y a pourtant de l'eau toute l'année dans la rivière.

ETHOLOGIE. — L'émyde lépreuse est bien connue par son odeur repoussante. Cette odeur provient de la vase dans laquelle s'enfouit l'animal. Les émydes des eaux limpides sentent bien moins. Ces émanations nauséabondes disparaissent lorsqu'on laisse séjourner les tortues dans l'eau claire. En hiver et au premier printemps l'odeur est très peu prononcée. La nourriture contribue donc aussi à la faire naître.

L'influence de l'eau claire se fait aussi sentir sur la coloration. De jeunes émydes noirâtres se colorent en rouge vif au bout de quelques mois de séjour dans l'eau limpide et ensoleillée.

Comme les tortues terrestres, les émydes peuvent rester longtemps sans prendre de nourriture. Leur sommeil hibernal est intermittent.

En été, lorsque les oueds se dessèchent, les émydes s'enterrent dans les berges et attendent là le retour de la période pluvieuse. Elles sont donc soumises accidentellement au repos estival.

Les émydes s'accouplent soit hors de l'eau, soit au fond. La femelle pond des œufs allongés qu'elle dépose dans la terre non loin du bord de l'eau. Je ne sais à quelle époque a lieu l'accouplement. M. Lortet (*loc. cit.*) le fixe au printemps.

Je le crois aussi. Toutefois, j'ai observé le fait suivant : Une grosse femelle, rapportée depuis peu du Sig, a pondu neuf beaux œufs dans la nuit du 2 au 3 septembre et le matin.

Ces œufs étaient d'un beau blanc, de forme cylindro-elliptique, à bouts largement arrondis ; le plus gros avait 38 millimètres de longueur et 21 de diamètre ; le plus petit, 34,5 millimètres de longueur et 21 d'épaisseur.

Ces œufs étaient-ils stériles ou devaient-ils éclore au printemps suivant ? Je l'ignore.

Les jeunes émydes naissent vers la fin du mois de mars ou au commencement d'avril.

Le 8 avril 1899, une émyde vue à Arlal mesurait 0m025. Elle paraissait être seule.

Le 13 avril 1898, au Sig, la carapace de nombreux exemplaires mesurait 0m003.

Si l'accouplement a lieu de bonne heure, on doit donc admettre qu'il a lieu en janvier.

Au mois d'août, les émydes, nées en avril, ont atteint la taille de 0m 045, celles des années précédentes avaient 0m 006.

L'émyde est surtout carnivore. Elle se nourrit d'insectes, de batraciens, de poissons, de matières animales en putréfaction. Dans les mares et les lacs elle détruit le poisson. Les grosses émydes mangent les petites. Faute de nourriture animale, les émydes se contentent de produits végétaux. En captivité, je les nourris de légumes frais, de feuilles de salade, de mie de pain ; de temps en temps je leur donne du poisson.

Cette espèce est assez difficile à capturer. Plus méfiante que la grenouille, elle plonge au moindre bruit. Il faut la pêcher avec un troubleau ou une épuisette. Dans les lacs on la prend à la ligne que l'on amorce avec une petite grenouille. C'est dans les canaux à sec et dans les trous des vannes qu'on les capture le plus facilement.

Les tortues d'eau ne sont donc nuisibles que dans les viviers et dans les rivières poissonneuses.

———————

Genre CISTUDO Flem.

CARACTÈRES DU GENRE. — *Tête nue. Plastron mobile en avant et en arrière, réunie à la carapace par un cartilage. Carapace bombée mais peu élevée. Pattes de devant à 5 doigts onguiculés; celles de derrière à 4 ongles seulement, le cinquième orteil en étant dépourvu. Doigts et orteils palmés.*

Une seule espèce a été signalée en Tunisie et dans les provinces d'Alger et de Constantine :

Cistudo europœa Guich

Fig. L. Lortet (*loc. cit.*) (Pl. VI).

La tortue bourbeuse.

Emys orbicularis L. *Boulanger.*
Testudo lutaria *Rondelet.*
Cistudo lutaria *Strauch, Lall., Ern. Olivier.*

La cistude d'Europe ou tortue bourbeuse existe dans l'est de l'Algérie et en Tunisie. M. Hagemmueller l'a prise à Bône. Lallemant l'a signalée à l'Harrach, au lac Fetzara et dans l'oued Sebaou. Guichenot dit qu'elle est commune dans tous les fleuves de l'Algérie. C'est là une grosse erreur. Si toutefois on considère que les tortues d'eau ont été peu observées jusqu'ici, on pourrait peut-être, en faisant des recherches, découvrir la cistude dans la province d'Oran. La charnière cartilagineuse qui unit le plastron au bouclier permettra, le cas échéant, de reconnaître la cistude.

3me Famille. — THALASSITES

Tortues marines

CARACTÈRES DE LA FAMILLE. — *Animaux marins de grande taille. Carapace fortement atténuée en pointe à l'arrière. Pattes à extrémité transformée en rame. Doigts indistincts. Deux ongles au plus ou pas. Tête et membres ne pouvant pas se retirer sous le limbe. Queue très courte.*

Dans la mer Méditerranée cette famille est représentée par deux genres, dont voici le tableau :

Thalassites. — TABLEAU DES GENRES

Carapace recouverte, comme chez les tortues
   aquatiques, d'écailles distinctes, symétriques non imbriquées. Deux ongles.

Genre **Chelonia**.

Carapace recouverte d'une peau coriace et
   creusée de profondes et larges gouttières
   longitudinales. Pas d'ongles.

Genre **Sphargis**.

Genre CHELONIA Brong.

CARACTÈRES DU GENRE. — *Carapace cordiforme recouverte
d'écailles cornées, non imbriquées. Disque à 13 ou 15 plaques;
15 chez notre espèce. Un ou deux ongles.*

Ce genre est représenté dans la mer Méditerranée par une
seule espèce :

3. *Chelonia Caouanna* Schweigger

La caouanne. Arabe : *Fakroun-el-bahar*

Chelonia corticata *Rond., Strauch, Lallemant.*
Thalassochelys cortica *Rond.* (Testudo), *Ern. Olivier.*

CARACTÈRES PRINCIPAUX. — *Disque à 15 plaques. Deux
forts ongles dont un seul est saillant.*

La caouanne est la grosse tortue de mer que l'on voit assez
souvent au printemps sur les marchés du littoral. Voici la description succinte d'un individu adulte vivant :

Dessus de la tête, des lèvres à l'occiput, entièrement recouvert
de grandes plaques cornées. Lèvre inférieure bordée d'une
seule ligne de plaques. Mentonnière très développée. Le reste
de la gorge, les épaules et tout le cou non écailleux, à peau
chagrinée, molle et grasse. Yeux à paupières noires, saillantes.

Carapace cordiforme, atténuée en pointe dans les deux tiers
inférieurs. Disque à 15 plaques ; limbe à 27. Une nuchale,
deux sus-caudales.

Les plaques marginales ont leur bord inférieur large et horizontal et sur le même plan que le plastron. La nuchale est rectangulaire, bien plus large que longue ; son bord antérieur est un peu concave. Les deux sus-caudales forment entre elles un angle assez profond. Le pourtour du limbe est denté par suite de la saillie d'un angle de chaque marginale.

Plastron très remarquable par la forme de sa partie libre postérieure qui est très étroite. Il est formé par deux séries de six grandes plaques symétriques, dont deux, les abdominales et les pectorales, sont unies aux marginales médianes par trois plaques bien plus petites. En outre les pectorales et les brachiales sont bordées en avant de quatre ou cinq plaques plus petites.

La partie postérieure (sous-caudales et fémorales) est presque en forme de languette élargie à la base. Ses bords sont très distants des marginales postérieures.

Les aines sont très profondes et largement entaillées.

Les aisselles sont bien moins marquées que chez les autres tortues, les épaules étant convexes en dessous.

Pattes en forme de rames portant chacune deux ongles dont un seul est libre ; l'autre est enchâssé horizontalement.

Queue très courte, épaisse, conique, molle, à peau un peu chagrinée, grisâtre en dessus, portant plusieurs plis longitudinaux bien marqués. Distance de l'anus au bout de la queue 2 à 3 centimètres.

Les jeunes caouannes diffèrent des adultes par les plaques de la série médiane qui sont pourvues d'une forte épine. Ces épines disparaissent avec l'âge.

Coloration.— Les plaques de la tête sont d'un fauve clair ; celles du bouclier, d'un brun rougeâtre mêlé de grisâtre. Tout le dessous est d'un beau jaune blanchâtre.

Taille. — A Oran la carapace des individus capturés ne dépasse que rarement 0ᵐ70. Mais d'après les auteurs cette espèce peut atteindre 1ᵐ50. — Avril, mai, juin.

Observation. — La caouanne ne peut être confondue qu'avec la tortue franche (*Ch. midas* Schw.) Mais, chez celle-ci, le disque est formé de treize plaques seulement.

DISTRIBUTION GÉOGRAPHIQUE. — La caouanne se trouve sur toute l'étendue du littoral barbaresque. Les grandes plages oranaises sont très fréquentées par ce chélonien.

ÉTHOLOGIE. — La caouanne vit en pleine mer ; elle ne s'approche des côtes qu'au printemps, au moment de la ponte. La nuit elle débarque sur les plages où elle enfouit ses œufs.

Pendant le jour la caouanne se tient en pleine mer où, aux heures de forte chaleur, elle s'endort en se laissant doucement flotter sur les eaux. Lorsque les pêcheurs la surprennent, ils la saisissent par une des pattes de derrière et la précipitent dans leur barque en la retournant vivement sur le dos.

UTILITÉ. — La chair de la caouanne est bonne à manger. Avant de la faire cuire il faut la débarrasser de l'huile qui l'imprègne en pressurant la viande découpée en tranches.

Genre **SPHARGIS** Merr.

CARACTÈRES DU GENRE. — *Carapace très allongée non écailleuse, recouverte d'une peau coriace, tuberculeuse chez les jeunes sujets, lisse chez les adultes. Pattes sans ongles. Dos parcouru par sept carènes qui le divisent en six larges gouttières longitudinales.*

Ce genre ne renferme qu'une seule espèce :

4.   *Sphargis coriacea* Gray

La tortue luth

Sphargis coriacea (*Testudo*) *Rond., Strauch, Lall., Ern. Oliv.*

CARACTÈRES. — *Les mêmes que ceux du genre.*

Cette espèce, facilement reconnaissable aux caractères énumérés ci-dessus, habite la Méditerranée où elle a été très rarement capturée. Aussi est-elle peu connue des naturalistes. Sa taille est colossale. Un exemplaire a été pris sur la plage de la baie d'Arzew vers 1885. Sa carapace, d'après Monsieur Bouty, contrôleur des Mines qui a vu l'animal, mesurait 2^{m}50 de long sur 2 mètres de large.

Ordre des Sauriens

CARACTÈRES DE L'ORDRE. — *Corps allongé, lacertiforme, serpentiforme ou même vermiforme. Peau écailleuse ou tuber- culeuse, parfois chagrinée, rarement lisse. Toujours des plaques ou des granulations écailleuses sur la tête. Quatre pattes ; quelquefois deux ou pas. Pénis généralement double. Animaux ovipares ou ovovivipares.*

La bouche non dilatable et l'existence d'un sternum articulé distinguent nettement les sauriens des ophidiens.

Caractères de classification des sauriens. — Les prin- cipaux caractères dont on tire parti pour la classification des sauriens sont : le nombre de membres ou leur absence ; la forme des doigts et celle de la langue; la nature de l'écaillure; la forme, le nombre et la disposition des plaques ou des tuber- cules de la tête; etc.

Généralités. — Les lézards ont ordinairement quatre pattes bien conformées : on dit alors que leurs corps est lacertiforme. Si les pattes sont atrophiées, si leur nombre est réduit à deux ou si elles manquent, le corps tend à devenir et devient cylindrique : on le dit alors serpentiforme.

Il est parfois difficile de séparer un lézard serpentiforme d'un serpent. Les lézards se distinguent par les séries multi- ples d'écailles ventrales, par leur langue épaisse, par leur bouche non dilatable et enfin par la présence d'un sternum.

Les amphisbéniens font exception, car ils ne présentent pas tous ces caractères : ils manquent de pattes et de sternum ; leur peau est nue. Seules les plaques de la tête et la bouche non dilatable les font ranger dans les sauriens.

Les sauriens n'ont généralement pas de dents au palais. Les dents maxillaires varient dans leur forme et dans leur mode de fixation.

On appelle *acrodontes* les lézards dont les dents sont implantées sur la crête des mâchoires. Dans ce cas les dents sont le plus souvent triangulaires, contiguës et peu épaisses dans le sens transversal. (*Caméléon, agame, tarente*).

On appelle *pleurodontes* ceux dont les dents sont logées dans une large rainure de la mâchoire et appliquées par le côté externe contre le maxillaire. Ces dents qui sont cylindriques ou cylindro-coniques, ou irrégulièrement épaissies, ont leur extrémité arrondie obtuse. (*Gongylus, Eumeces*).

On appelle *cœlodontes* ceux dont les dents sont logées dans une étroite rainure de la mâchoire et appliquées par le côté sans trop d'adhérence. Ces dents sont canaliculées et le plus souvent aiguës. (*Lézard ocellé, tropidosaure, acanthodactyle*).

D'autres subdivisions ont été basées sur la forme de la langue. Les *Crassilingues* ont la langue large et épaisse ; les *Brévilingues* l'ont courte, étroite et échancrée ; les *Fissilingues* l'ont mince, longue, fourchue, comme chez les serpents, mais non protractile ; les *Vermilingues* enfin l'ont très longue, fine, renflée, visqueuse à son extrémité, très protractile.

Ce sont surtout les téguments qui fournissent les principaux caractères pour la distinction des espèces. On peut les diviser en trois catégories : 1º ceux de la tête ; 2º ceux du dos ; 3º ceux du ventre.

1º *La tête*. — La tête est presque toujours couverte de plaques cornées larges et symétriques. Chez les crassilingues et les brévilingues ces plaques sont remplacées par des tubercules écailleux disposés avec plus ou moins de symétrie. Les plaques de la tête ont reçu des noms particuliers. Du bout du museau à l'arrière on y distingue : la rostrale, les nasales, les préfrontales, la frontale, les fronto-pariétales, les pariétales, l'occipitale, etc. On trouvera dans la Pl. II des figures qui suppléeront avec avantage à toute description.

2º *Le dos*. — Le dos est recouvert d'écailles appelées dorsales, qui sont plates ou carénées, de dimensions variables, souvent entuilées. Chez certaines espèces, ces écailles sont réduites à des granulations contiguës.

3º *Le ventre*. — Les plaques du ventre, appelées ventrales, sont presque toujours plus grandes que celles du dos. Elles sont unies. Plus larges que longues, elles affectent le plus souvent la forme d'un rectangle ou d'un parallélogramme à angles abattus. Parfois le bord est arrondi. Leur disposition est caractéristique : elles forment des lignes droites, longitudinales et parallèles dont le nombre varie avec les espèces.

Doigts. — On a établi plusieurs coupes génériques d'après la forme des doigts et d'après celle de leur écaillure inférieure. Les doigts sont ronds, plats, bordés, marginés, dentelés, etc.

Sexes. — Le mâle se reconnaît souvent au renflement plus ou moins prononcé de la base de la queue. Chez les lacertiens ce caractère est très visible. Il l'est peu chez les scincoïdiens. Chez le caméléon il est assez sensible, mais seulement en dessous. Au moment du rut les pénis sont gonflés et la grosseur est bien plus accentuée.

Pour reconnaître un mâle dont le renflement n'est pas caractérisé il suffit de presser entre les doigts la base de la queue. Toutefois chez les scincoïdiens ce résultat ne s'obtient pas facilement. Dans cette famille la base de la queue n'offre pas de grandes différences chez les deux sexes.

La femelle a la base de la queue arrondie, s'amincissant insensiblement jusqu'à la pointe.

Pour l'accouplement, le mâle saisit avec sa gueule la femelle, le plus souvent par la ceinture à l'angle de la cuisse ; ensuite il replie la moitié postérieure du tronc de façon à mettre les cloaques en contact. La femelle en facilite le rapprochement par un mouvement de torsion.

Les lacertiens sont ovipares ; les scincoïdiens, ovovipipares en général. Les œufs sont enfouis ou déposés dans un endroit sec, abrité, mais chauffé par les rayons du soleil. Leur coque est parcheminée.

La ponte et l'éclosion ont souvent lieu la nuit. Aussitôt que les petits sont éclos ils sont libres de toute tutelle et courent à la recherche de leur nourriture.

L'ordre des sauriens est représenté en Berbérie par huit familles, dont voici le tableau :

Sauriens. — TABLEAU DES FAMILLES

1.
 Dessus de la tête couvert de grandes plaques symétriques semblables à celles des couleuvres. (Type: *lézard ocellé*). Pl. II.   2

 Dessus de la tête dépourvu de grandes plaques symétriques, mais portant généralement des tubercules écailleux. (Type : *tarente*).   6

2.
 Corps vermiforme à peau nue, divisée en anneaux. Pas de pattes.   *Famille des* **Amphisbéniens.**

 Corps recouvert d'écailles.   3

3.
 Corps lacertiforme.   4

 Corps serpentiforme. Des pattes ou pas.   5

4.
 Écailles ventrales semblables par leur forme aux dorsales ; toutes nettement imbriquées. Cou non distinct. (Type: *gongyle*).   *Famille des* **Scincoïdiens** (*ex p.*)

 Écailles ventrales bien différentes par leur forme des dorsales. Cou nettement marqué par un rétrécissement, et souvent, en dessous, par un collier. (Types : *lézard ocellé, tropidosaure*).   *Famille des* **Lacertiens.**

5.
 Écailles disposées en anneaux faisant paraître le corps comme cerclé, les ventrales plus larges que longues ; un pli ou un sillon longitudinal au milieu de chaque flanc. Pas de membres ou membres réduits à des appendices peu visibles.   *Famille des* **Chalcidiens.**

Écailles ventrales semblables aux dorsales, imbriquées. Pas de sillon ou
de pli longitudinal. Des pattes ou
pas. (Types : *seps, orvet*).

Famille des **Scincoïdiens** (*ex p*).

6. Yeux très saillants, enchâssés dans une
paupière unique, conique, ne présentant qu'un petit trou. (Type :
caméléon).

Famille des **Caméléoniens.**

Yeux de forme ordinaire.   7

7. Paupières rudimentaires ; œil toujours
ouvert (Type : *tarente*).

Famille des **Geckotiens.**

Paupières bien conformées, recouvrant
l'œil.   8

8. Animaux de très grande taille à tronc
fusiforme, à tête allongée pyramidale, à queue deux fois aussi longue que le tronc. Peau cerclée
par des écailles granuleuses non
imbriquées.

Famille des **Varaniens.**

Animaux de taille variable ; à corps
aplati, à tête à contour triangulaire ou pentagonal. Peau recouverte d'écailles imbriquées.

Famille des **Iguaniens.**

4me Famille. — CAMÉLÉONIENS

Caractères de la famille. — *Tête étroite et haute, relevée en casque, pourvue en dessus, chez les adultes, de trois fortes carènes, la médiane plus haute. Gorge en forme de jabot. Corps très aplati sur les côtés ; peau couverte de fines granulations qui la font paraître comme chagrinée. Yeux enfermés dans une paupière unique, conique, percée d'un petit trou au sommet. Cette paupière est mobile et permet à l'animal de voir dans tous les sens. Langue protractile, très longue. Doigts au nombre de cinq, réunis en deux groupes opposables et préhensiles. Queue prenante.*

Cette famille ne renferme que le genre *Chamœleo* dont les caractères sont ceux de la famille.

Ce genre est représenté en Berbérie par une seule espèce :

5.   *Chamœleo vulgaris* Daud.

Le caméléon.   Arabe : *Tata-bouf.*

Chamœleo cinereus *Aldr., Strauch, Lallemant.*
Chamœleo vulgaris *Cuv., D. et B., Ern. Olivier.*
Chamœleo vulgaris *Daud., Boulenger.*

Caractères principaux. — *Museau non prolongé en pointe. Capuchon profond se rabattant bien sur le cou et bordé par une ligne de tubercules larges et convexes. Gorge pendante parcourue par une ligne médiane de tubercules coniques, saillants, toujours blancs. La ligne blanche se continue jusqu'à l'anus, mais sans faire saillie. Tubercules de la ligne dorsale plus forts que les latéraux et ne formant une ligne dentelée que chez les individus très adultes.*

Je ne décrirai pas cette espèce qui est bien connue. Seuls les jeunes individus présentent quelque intérêt ; ils se distinguent de leurs parents par leur tête arrondie, dépourvue de crêtes

COLORATION. — Le caméléon jouit de la singulière propriété de pouvoir changer de couleur et prendre celle de l'objet sur lequel il se trouve. Cette faculté lui permet d'échapper à la vue de ses ennemis.

SEXES. — *Mâle.* — Carène occipitale bien détachée et très saillante. Renflements des pénis, allongés, cylindriques, parallèles et bien visibles.

Femelle. — Carène occipitale peu saillante. Pas de renflements à la base de la queue. Anus large et en forme de croissant.

TAILLE. — $0^m 163 + 0^m 142 = 0^m 305$. — Avril à octobre, surtout en été.

DISTRIBUTION GÉOGRAPHIQUE. — (**B** : *T., H. P., S.*). — Le caméléon se trouve partout en Oranie. Il est commun dans le Tell, rare sur les Hauts-Plateaux et abondant dans les oasis. Hors du Tell, je l'ai rencontré à El Aricha (mai), Bedeau (septembre), Géryville (juillet), Arba-Tahtani (août).

ETHOLOGIE. — Le caméléon est un des lézards les plus hibernants de l'Oranie. Il n'apparaît guère qu'en mai et ne devient commun qu'à la fin de juin. On peut pourtant rencontrer quelques rares individus en automne et dès les premières journées chaudes du mois de février.

C'est surtout pendant l'été qu'il est abondant. Néanmoins il craint les fortes chaleurs et ne circule jamais aux heures les plus chaudes de la journée. Il sort le matin et de préférence vers le soir.

Les caméléons s'accouplent en août-septembre. J'ai eu l'occasion de suivre les diverses périodes de la reproduction chez ces animaux. Voici quelques notes à ce sujet :

Le 31 août 1896, je pris deux caméléons ; je les mis en cage. Le lendemain matin, à huit heures et demie, ils s'accouplèrent. La femelle se tenait verticalement aux barreaux. Le mâle grimpa sur elle et s'y maintint en se cramponnant au milieu du ventre avec les pattes de devant ; puis il ramena la partie postérieure de son corps sous le cloaque de la femelle. L'accouplement eut lieu aussitôt. Il dura deux minutes. Le mâle resta sur la femelle encore huit minutes. Sa coloration était d'un beau gris clair jaunâtre, taché de noir. Celle de la femelle était d'un brun noir, taché de jaune orangé. Chose curieuse, la coloration de la femelle a persisté pendant toute la durée de la gestation. La ponte eut lieu le 7 octobre. Elle ne fut que de 17 œufs, la femelle étant de petite taille. Ces œufs cylindro-oblongs, arrondis aux deux bouts, mesuraient 16 millimètres de longueur et 8 d'épaisseur.

En général, la ponte a lieu du 15 septembre au 15 octobre. Le nombre d'œufs dépasse souvent 40.

Les œufs sont déposés dans la terre au pied d'une touffe ou d'une broussaille. Ils ne semblent éclore qu'au mois d'août ou, au plus tôt, à la fin du mois de juillet de l'année suivante. Je n'ai, en effet, jamais rencontré de jeunes caméléons avant le milieu d'août. Des exemplaires pris le 19 août mesuraient, du museau au bout de la queue, 6 centimètres.

Je dois toutefois signaler une observation de M. Michaud qui a vu de jeunes caméléons à Kléber en janvier 1899. L'hiver ayant été très sec et chaud, il a dû se produire une éclosion anormale.

Le caméléon se nourrit de sauterelles, de diptères, etc. Il prend ces insectes avec sa langue qu'il lance jusqu'à une distance de 10 à 20 centimètres. Il ne dédaigne pas les jeunes lézards. En captivité on peut le gaver avec des lanières de cœur de bœuf.

Utilité. — Le caméléon est un grand chasseur de mouches. Aussi, rend-il des services dans les maisons où pullulent ces désagréables diptères. Il serait utile de le répandre dans les jardins et dans les vergers où il débarrasserait les plantes et les arbres d'une multitude de parasites.

5ᵐᵉ Famille. — GECKOTIENS

Caractères de la famille. — *Animaux à corps souvent déprimé, surtout en dessous ; tête presque toujours large et plate, dépourvue de grandes plaques lisses symétriques, lesquelles sont remplacées par des écailles tuberculeuses subpolygonales planes ou convexes. (Pl. III). Peau couverte, au moins sur le dos, de petites granulations souvent inégales, parfois entremêlées de tubercules très saillants. Rarement des écailles imbriquées sur le dos (Tropiocolotes). Yeux toujours ouverts, les paupières étant rudimentaires. Langue épaisse, peu échancrée. Queue très fragile et divisée en anneaux chez plusieurs espèces. Pattes à cinq doigts dont la forme, très variable, offre d'excellents caractères génériques.*

Les geckotiens sont des animaux qui ne quittent généralement leur retraite qu'à la tombée de la nuit. Il faut donc les rechercher au coucher du soleil ou de bon matin. Ils sont tous très utiles car ils font la chasse aux insectes nocturnes : moustiques, papillons, araignées, etc.

Cette famille est représentée en Berbérie par huit genres, dont voici le tableau :

Geckotiens. — TABLEAU DES GENRES

1.
Doigts nettement élargis sur tout ou partie de leur longueur. (Pl. IV, fig. 2, 6, 6 a.) (Pl. V, fig. 1 c, 2 a, 4 a.) — 2

Doigts sans expansions latérales, arrondis, comprimés, grêles ou effilés. (Pl. V, fig. 3, 5, 6, 7, 7 a.) — 5

2.
Expansions digitales nettement terminales. (Pl. V, fig. 1, 2 a, 4 a.) — 3

Expansions digitales occupant toute la longueur des doigts ou les deux tiers inférieurs. — 4

Expansions digitales terminales, très petites (1 mill. au plus), arrondies-tronquées, légèrement émarginées en avant ; présentant en dessous deux plaques semi-elliptiques, symétriques, rugueuses, séparées par un sillon angulaire médian,

3. { ayant, dans leur ensemble, l'aspect
de la plante des pieds d'un rumi-
nant. (Pl. V, fig. 4 *a*.)

Genre **Phyllodactylus.**

Expansions digitales présentant en
dessous des lamelles parallèles
disposées en éventail (Pl. V,
fig. 2 *a*.)

Genre **Ptyodactylus.**

Doigts largement spatulés, présentant
en dessous des lamelles transversales, parallè'es, sans sillon médian. (Pl. IV, fig. 2.)

Genre **Tarentola.**

4. { Doigts élargis seulement dans les
deux tiers inférieurs ; phalanges
supérieures rétrécies en forme de
griffe. (Pl. IV, fig. 6.) Face inférieure de l'expansion recouverte
par des écailles, plates, imbriquées
et. divisées en deux séries symétriques par un étroit sillon longitudinal. (Fig. 6 *a*.)

Genre **Hemidactylus.**

Corps recouvert, même en dessous, de
petites écailles visiblement en dos
d'âne et imbriquées ; carènes disposées en lignes longitudinales et
parallèles.

Genre **Tropiocolotes.**

5. { Pas d'écailles carénées et imbriquées
sur le dos dont l'écaillure est
granuleuse.   6

6.
> Écaillure du ventre formée de granulations uniformes non imbriquées et semblables ou à peu près à celles des flancs et du dos.
>
> Genre **Stenodactylus**.
>
> Écailles ventrales plates, imbriquées, bien différentes par leur forme des fines granulations du dos.   7

7.
> Doigts de forme régulière, très petits, fins et cylindriques. (Pl. V, fig. 5.)
>
> Genre **Saurodactylus**.
>
> Doigts de forme anormale, comprimés par les côtés en forme de longue griffe à leur extrémité, de dimensions exagérées pour la taille de l'animal. (Pl. V, fig. 3, 3 a).
>
> Genre **Gymnodactylus**.

Genre TARENTOLA Gray.

CARACTÈRES DU GENRE. — *Doigts spatulés, s'élargissant de la base au sommet et présentant en dessous des lamelles transversales, parallèles. Troisième et quatrième doigts onguiculés. Dos portant des lignes de tubercules pyramidaux ou ovalaires. Queue annelée, rendue épineuse par des tubercules bien développés.*

Ce genre est représenté en Berbérie par deux espèces affines bien variables et dont les diverses formes mal connues semblent présenter certains caractères constants. Une étude sérieuse de nombreux échantillons barbaresques recueillis dans les trois zones, dans les maisons, sur les rochers et sur les arbres, permettra seule de débrouiller le groupe du *T. mauritanica* (*Auct.*) Il faudrait surtout bien connaître les *T. neglecta* et *T. angusticeps* de Strauch.

Manquant de matériaux, je n'ai pu étudier ce genre à fond. D'autres seront plus heureux. Pour faciliter leurs recherches, je joins aux résultats de mes études, les figures originales des formes litigieuses que j'ai pu me procurer.

G. Tarentola. — TABLEAU DES ESPÈCES [1]

1. Tubercules du dos et des flancs, lisses, tous isolés, petits (0,5 millimètre) ; les dorsaux un peu oblongs, ceux des flancs légèrement coniques, tous à peine saillants et très distants, sur un fond finement granuleux, très régulier, à éléments très petits, lisses et convexes. (Pl. IV, fig. 5.) Narines touchant nettement la rostrale.

T. Delalandii Canaries.

Tubercules du dos et des flancs, tous nettement carénés.   2

2. Tubercules tous isolés, les médians carénés, les autres trièdres, plus saillants, tous très rapprochés dans le sens de la longueur et formant ensemble 12 – 14 rangées longitudinales presque régulières. (Pl. IV, fig. 3, 4.)

T. neglecta et var. **B.**

Tubercules des flancs et du dos, en majeure partie, accompagnés de deux ou plusieurs tubercules secondaires, les principaux étant trièdres ou pyramidaux. Sur la ligne ou sur une bande médiane du dos il existe une à six lignes de tubercules isolés, oblongs, peu saillants, convexes ou carénés.

T. mauritanica et var. **O.**

____

(1) Il est nécessaire d'avoir des sujets adultes.

6.   *Tarentola mauritanica L.* et var.

Fig. Bonaparte *Fauna Italica*

La tarente.   Arabe, Oran : *Tadjdamet, Aïch el guerdat.*

Platydactylus facetanus *Aldr., Strauch.*
Pl. muralis *D.* et *B., Gerv., Lallemant.*
Tarentola mauritanica *L. Gunth., Blg., Ern. Olivier.*

CARACTÈRES PRINCIPAUX. — *Tubercules, au moins ceux des flancs, entourés de tubercules secondaires.*
La *T. mauritanica L.* est une espèce très variable.
Voici un tableau des principales variations que j'ai observées :

T. mauritanica. — TABLEAU DES VARIÉTÉS

1. {

Dos portant sur la ligne médiane une rangée de tubercules plus petits et de forme un peu différente de celle des tubercules principaux de la 2ᵉ rangée lesquels ressemblent à ceux des rangées suivantes.   2

Dos portant en arrière des épaules 3 à 5 lignes de tubercules isolés, peu saillants, formant une bande qui tranche nettement entre les bandes latérales du dos. Ces dernières présentent des rangées de tubercules dont les principaux, obscurément trièdres, dépassent peu les secondaires.   3

Coude et bras entièrement recouverts d'écailles imbriquées. Ligne médiane de tubercules simples se bifurquant nettement sur le cou et irrégulièrement sur la moitié inférieure du dos. Tubercules des

2. autres rangées trièdres, aigus, très saillants, accompagnés de deux tubercules aussi trièdres, bien plus petits ; ceux du bas des flancs, sur deux rangées, entourés d'une rosette. Prénasale rectangulaire à la base, séparant nettement la rostrale de la narine et reposant contre la première suslabiale. Doigts spatulés.

Animaux atteignant une assez forte taille et habitant les maisons et les murs.

Variété **facetana.**

Coude et bras dépourvus d'écailles imbriquées, portant, surtout sur le bras, de gros tubercules aigus, distants. Prénasale généralement en forme d'accent, la pointe inférieure atteignant ou non la première suslabiale.

Animaux de la région saharienne.   4

3. Tubercules dorsaux, gros, trièdres, aigus, saillants sur les secondaires et donnant à l'animal un aspect fortement épineux.

Animaux habitant les murs des ksours.

Variété **deserti.**

Tubercules principaux surbaissés dépassant peu les secondaires ; aspect simplement tuberculeux.

Animaux habitant les oasis, hors des maisons.

Variété **Saharœ.**

4. — Bras, coude et avant-bras dépourvus d'écailles imbriquées, portant des tubercules distincts, obtusément coniques. Tubercules de la bande médiane du dos longs et étroits, la longueur égalant deux fois la largeur, obtusément carénés, très peu saillants et disposés sur plusieurs rangées longitudinales. Écaillure du fond à éléments légèrement pyramidaux et présentant, comme les tubercules, des stries rayonnantes. Tubercules secondaires très rapprochés latéralement, se touchant souvent. (Pl. IV, fig. 1.) *Variété* **lissoïde.**

Coude et bras recouverts d'écailles imbriquées, plates, à carène linéaire, presque visible à l'œil nu. Parfois le bras porte quelques tubercules. Tubercules secondaires du dos nettement séparés des voisins par 3-4 écailles fines du fond. Écaillure du fond à éléments plats, lisses ou à peu près comme les tubercules principaux.
Variété **mauritanica.** 5

Taille grêle, 3 lignes de tubercules simples et carénés sur la bande médiane du dos, celle du milieu se bifurquant sur le cou et dans la moitié inférieure du dos. Bras couverts d'écailles imbriquées.
Sous-variété **gracilis**

5. — Taille massive, cou large, 4 lignes de tubercules simples, élargis, à

carène marquée mais peu élevée.
Fourches non distinctes. Bras
portant quelques écailles proéminentes ou parfois des tubercules
chez les sujets adultes.

Sous-variété **atlantica.**

Variété **FACETANA**

Böttger : in *Rept. von Marocco,* fig. 1, donne la disposition
exacte des plaques nasales.

Tête, à la hauteur des oreilles, plus étroite que longue,
17 sur 19 millimètres, couverte, du museau à l'occiput, de
petites plaques granuleuses. Les plaques qui se trouvent en
avant de la ligne postérieure des yeux sont polygonales ;
beaucoup ont leur surface convexe, presque plane. Celles de
l'occiput, quoique surbaissées, sont plutôt de forme conique.
A l'œil nu elles ne se distinguent pas. Il y a 15 à 17 écailles dans une ligne transversale entre les yeux. Narine
entièrement séparée de la rostrale par une prénasale qui
touche largement la labiale. Bord antérieur du trou de
l'oreille non dentelé. Les tubercules du dessus du corps sont
disposés comme il suit : sur le cou, de la partie supérieure du
trou auditif jusqu'à l'épaule, il y a de chaque côté une rangée
de rosettes dont le tubercule central est peu saillant, conique.
Une ou deux rosettes se voient encore en arrière du trou
auditif. Sur le dos et sur la région moyenne des flancs il existe
en tout une quinzaine de rangées longitudinales de tubercules.
Dans le sens transversal ces tubercules forment des lignes
courbes, parallèles, assez régulières. Tous les tubercules sont
pyramidaux, trièdres, aigus. Les plus petits se trouvent sur la
ligne médiane ; ils sont isolés, plus courts que ceux de la ligne
suivante ; la carène quoique bien marquée est peu saillante.
De chaque côté de la ligne médiane, la deuxième rangée est
formée de tubercules plus ou moins isolés, plus forts et plus
saillants. Sur la troisième rangée la forme pyramidale s'accuse
davantage ; les tubercules secondaires se montrent à la

base du tubercule central et deviennent plus nombreux au fur et à mesure qu'on se rapproche des flancs où ils forment un cercle complet. Écaillure du fond formée d'éléments peu inégaux, trapézoïdes, à peu près plans. Base des flancs parcourue par un fort pli. Doigts nettement spatulés, à lames transversales présentant parfois une dépression médiane peu marquée. Queue annelée portant en dessus et sur les côtés six rangées de tubercules placés sur le bord postérieur des anneaux. Ces tubercules sont plus grands que ceux du tronc et très aigus. Le dessous de la queue est couvert d'écailles planes irrégulières, imbriquées, sur 2 à 6 rangs.

COLORATION. — La coloration varie avec l'habitat. Elle ne présente jamais les couleurs éclatantes des reptiles en général. Le ventre est toujours d'un blanc très sale. Le dos est gris, gris cendré, gris brunâtre ou gris noirâtre tacheté de blanc. Il porte souvent des bandes transversales d'un brun foncé. Les individus qui vivent dans les endroits bien exposés au soleil sont d'un gris jaunâtre uniforme. Ceux qui habitent les lieux ombragés sont d'un gris noirâtre. Tous les jeunes ont la queue alternativement annelée de blanc sale et de gris noirâtre.

SEXES. — *Mâle.* — Deux protubérances peu marquées contre la ligne anale et formant par leur réunion un mamelon transversal qui dépasse nettement le plan du reste de la queue. Côtés de la base de la queue droits.

Femelle. — Tout le dessous de la queue sur le même plan. Base visiblement plus étroite que la suite.

TAILLE.— $0^m07 + 0^m075 = 0,145$. Printemps, été, automne.

OBSERVATION. — Cette variété a les plus grands rapports avec celle d'Italie à laquelle on peut l'identifier.

Variété **DESERTI** Lat. in *litt.* à Blg. *(loc. cit.)*

Boulanger *(loc. cit.)* Pl. XIII, fig. 3 *a, b, c* donne, en grandeur naturelle, cette variété.

« Se distingue par sa taille plus grande mesurant jusqu'à 103 mill. depuis le museau jusqu'à l'anus, par la tête un peu plus.longue et plus pointue, par les granulations plus fines entre les tubercules, par la coloration très pâle d'un blanc jaunâtre sans ou avec des taches d'un clair brunâtre très indistinctes. »

La variété *deserti* n'est qu'une exagération du type. C'est plutôt une forme qu'une variété. Les tubercules dorsaux, sauf ceux de la rangée médiane, d'ailleurs peu apparente, sont très gros et à peu près tous de même dimension. Les flancs portent de grosses rosettes.

TAILLE. – $0^m08 + 0^m093 = 0,173$.

Variété **SAHARŒ** *Nob* (Pl. III, fig. 1)

Cette variété se distingue aux caractères suivants :

Une seule ligne médiane de tubercules isolés. Les principaux des rangées latérales ne les dépassent guère en hauteur ; ils sont tous très distincts et accompagnés de tubercules secondaires formant des rosettes déjà assez apparentes sur les premières rangées. L'écaillure du fond est irrégulière sur une large bande dorsale qui tranche sur l'écaillure du fond par ses éléments 2 à 4 fois plus grands que ceux des flancs. L'ensemble du dos a un aspect tuberculeux et non épineux comme chez la variété *deserti*.

Cette variété se rapproche beaucoup de la sous-var. *atlantica*.

Variété **MAURITANICA**

Se distingue à ses 3-5 lignes de tubercules isolés qui forment sur la région médiane du dos une bande bien distincte. Les tubercules principaux des côtés du dos et ceux des flancs sont peu saillants et accompagnés de tubercules secondaires, en rosettes sur les flancs. Expansion des doigts à bords presque parallèles. Cette variété présente deux sous-variétés.

Sous-variété **GRACILIS**

C'est la forme que l'on trouve dans le Tell hors des maisons, dans les carrières, sous les pierres isolées, sur les arbres.

Les caractères donnés dans le tableau la distinguent parfaitement.

Sous-variété **ATLANTICA** *Nob.* (Pl. III, fig. 2)

Cette variété présente des caractères très saillants. En voici la description :

Tête plus large que longue, 20 $^m/^m$ sur 18. La largeur entre les tempes est égale à la distance du pli du cou au bout du museau. Plaques tuberculeuses du dessus de la tête proéminentes, subpyramidales, toutes à peu près de même forme. Cou large et court, peu marqué. Tronc plus massif, surtout plus ramassé que chez les variétés *facetana* et *gracilis*.

Tubercules dorsaux bien différents de ceux de la var. *facetana*; ceux de forme trièdre, très saillants, manquent ou à peu près; il n'y en a qu'une rangée, plus ou moins marquée, de chaque côté de la base du dos. (Chez un individu très vieux l'écaillure est forte, les carènes sont très nettes, mais le trièdre reste plus long que haut.) Dans la région médiane du dos, il y a, le plus souvent, 4 rangées de tubercules isolés, ovalo-rectangulaires, convexes, lisses, parfois plus ou moins nettement carénés. Il est à remarquer que ces rangées sont paires et qu'il n'existe pas de ligne médiane dorsale nettement fourchue sur le cou comme chez la var. *gracilis*. Ce caractère a une grande valeur et pourrait faire élever la variété au rang d'espèce, s'il était commun à tous les individus. Les cinq individus que j'ai eus en ma possession le présentaient nettement. Les tubercules des bandes latérales sont accompagnés de tubercules secondaires, mais ils sont allongés, peu saillants et peu tranchants. Les rosettes complètes sont peu nombreuses sur les flancs.

COLORATION. — Gris noirâtre, soumise aux effets du mimétisme.

OBSERVATIONS. — Quoique la mentonnière ne présente généralement que des caractères assez fugaces, on peut néanmoins en tirer parti si on s'en tient à la forme dominante dans chaque variété. Aussi, faut-il l'observer sur un grand nombre d'individus. Chez mes *atlantica* la plus grande largeur de la mentonnière égale la longueur. Les bords latéraux sont formés de deux lignes droites qui font un angle obtus. Chez *facetana* la longueur de la mentonnière est ordinairement plus grande que la largeur. Le côté supérieur de l'angle latéral est concave et non droit, la première souslabiale s'avançant dans la mentonnière.

La forme de la prénasale à laquelle Strauch a accordé une certaine valeur est loin de présenter un caractère spécifique ; mais elle offre un bon caractère de race.

Le nombre de labiales est variable et de peu de valeur.

Chez *atlantica* je compte $\frac{8}{7}$, $\frac{9}{8}$ labiales ; une de plus en haut.

Chez *facetana* je compte $\frac{9}{6}$, $\frac{9}{7}$, $\frac{10}{8}$; deux de plus en haut.

Je signale tout simplement ces caractères à l'attention des naturalistes.

Taille. — 0,06 + 0,067 = 0,127 ; 0,075 + (queue).

Variété **LISSOÏDE** *Nob.* (Pl. IV, fig. 1)

Tête longue et étroite, 18 sur 15, couverte de plaques tuberculeuses, convexes, subpyramidales ; celles de l'occiput entremêlées d'éléments plus petits. Il y a 15 plaques sur la ligne transversale des yeux. Prénasales en forme d'accent court et séparées par une internasale presque aussi grande qu'elles. Trou des narines ne touchant que l'angle de la rostrale à la suture qui la réunit avec la suslabiale. Trou auditif très petit (1, 2 millimètre sur 1 de largeur).

Cou étroit, portant de chaque côté deux rangées de rosettes peu proéminentes et, en dessus, des tubercules carénés accompagnés de tubercules secondaires même sur les deux lignes médianes. Les tubercules isolés ne commencent qu'en arrière du cou.

Tubercules dorsaux isolés sur quatre rangées, obtusément carénés, très peu saillants, deux fois plus longs que larges (1 millimètre sur 0,5) à bords parallèles et à extrémités un peu arrondies. Carènes non relevées en arrière.

Tubercules latéraux obtusément trièdres, à carène peu relevée en arrière, pas plus saillants que ceux des rangées médianes et de même dimension. Tubercules secondaires moitié plus courts que les principaux, mais aussi élevés, réduits à deux sur deux rangées de chaque côté, chacun d'eux se rapprochant beaucoup du voisin, le touchant même assez souvent. Deux rangées de rosettes sur les flancs, peu saillantes, à tubercule principal petit, subconique. En tout 14 rangées longitudinales. Membre antérieur entièrement tuberculeux, à tubercules presque obtus. Bords de l'expansion des doitgs presque parallèles. Queue relativement longue, à tubercules peu saillants, épineux, couchés en arrière.

Cette variété, qui présente de sérieux caractères distinctifs, est remarquable par sa forme grêle et allongée. Son ventre n'est guère plus large que la tête.

COLORATION. — D'un jaune très pâle, presque blanche.

TAILLE. — 0,065 + 0,083 = 0,148.

DISTRIBUTION GÉOGRAPHIQUE (**B** : *T.*, *H.-P.*, *S.*) — La tarente est commune partout. On la trouve depuis le bord de la mer jusque dans le Sahara.

Ayant confondu dans mes notes diverses variétés, il m'est difficile d'établir l'aire de dispersion de celles que je viens de décrire.

Je ne donnerai que les localités d'où j'ai pu examiner des échantillons en collection :

1° Variété *facetana*.— Oran (remparts, maisons); Aïn-el-Turck.

2° variété *deserti*. — Je l'ai reçue d'Aïn-Sefra (Hiroux), juin; d'El-Abiod-Sidi-Cheikh (Pouplier), octobre. Je l'ai capturée à Arba-Tahtani (août). Cette variété abonde dans les habitations des oasis.

3° Variété *Saharæ*. — Aïn-Sefra (Hiroux).

4° Sous-variété *gracilis*. — Oran (rochers, arbres) ; îles Habibas ; Arlal.

M. Pallary me l'a rapportée du cap Spartel (Maroc). M. G. Buchet l'a recueillie au cap Sim, près Mogador.

5° Sous-variété *atlantica*. — Saïda : dj. Aïat (Pallary); gorges de l'oued Saïda ; Bedeau. Méchéria (Hiroux).

6° Variété *lissoïde*. — Stitten : ravin du barrage, dans les rochers.

ETHOLOGIE. — La tarente se trouve partout, dans les maisons, sur les remparts, dans les carrières, dans les souterrains, sur les arbres, etc. Elle court avec agilité et, grâce à l'épanouissement de ses doigts qui forme ventouse, elle poursuit les insectes même sur les surfaces les plus lisses. Dans les maisons on la voit traverser le plafond et scruter les angles qu'elle débarrasse des araignées.

Comme la plupart des geckotiens, la tarente est plutôt nocturne que diurne. On ne l'aperçoit que rarement dans le milieu du jour. Elle se tient alors toujours à l'ombre, sous un rocher ou sur un arbre. Elle sort à l'approche de la nuit et après le lever du soleil. Elle ne s'éloigne guère de la fente qu'elle habite avec toute la famille. La recherche de sa nourriture l'oblige pourtant à s'en écarter. C'est ce moment qu'il faut choisir pour la prendre. On bouche prestement le trou et on capture l'animal lorsqu'il revient vers sa demeure. Lorsqu'on le saisit, il pousse un petit cri aigu.

La tarente est très rare en hiver; elle hiberne sous les toits, dans les tuyaux de gouttière d'où les fortes pluies la chassent.

La femelle pond en juin-juillet. Les œufs, à coquille dure, sont ordinairement au nombre de deux. Ils sont ovales, longs de 14 millimètres, épais de 11. Ils sont déposés sur le sol, sous une pierre ou à l'ombre dans une lézarde d'un mur exposé au soleil.

UTILITÉ. — La tarente se nourrit d'insectes. Elle devrait être multipliée dans les maisons qu'elle débarrasse des araignées et autres vermines. C'est un animal tout à fait inoffensif.

Tarentola neglecta Blg. (Pl. IV, fig. 3, 4)

La tarente dédaignée.

Tarentola neglecta *Strauch*, 1887 (in *Bemerk, ü. d. Geck.*), p. 21. (Pl., fig. 3, 4.)
Tarentola angusticeps *Strauch (loc.cit.)*, p. 22. (Pl., fig. 1, 2).
T. neglecta *Blg. (Cat. of Barb.)*, *Ern. Olivier.*

CARACTÈRES PRINCIPAUX. — *Tous les tubercules principaux isolés, carénés, presque trièdres, très rapprochés sur le milieu du du dos.*

M. Boulenger réunit les deux espèces de Strauch en une seule
(T. neglecta), la *T. angusticeps* n'étant considérée par le savant
erpétologiste que comme une simple variation du type. Le tableau
ci dessous donne les différences établies par Strauch.

T. neglecta Blg. — TABLEAU DES ESPÈCES DE *STRAUCH*

Plaques tuberculeuses de la surface
de la tête convexes, lisses ou vaguement carénées. Tubercules sur
14 rangées. (Pl. IV, fig. 3, 3 *a*.)

T. neglecta *Strauch*.

Plaques tuberculeuses de la surface de la
tête plates, mais à carène bien saillante. Tubercules sur 12 rangées.
(Pl. IV, fig. 4, 4 *a*.)

T. angusticeps *Strauch*.

Les deux espèces ont été recueillies à Batna par H. Deyrolle
(ex Strauch).

Tarentola Delalandii D. et B. (Pl. IV, fig. 5.)

Fig. Gervais. *Reptiles des Canaries*. (Pl., fig. 8-10)

Le platydactyle de Delalande.

Platydactylus Delalandii *D. et B., Gervais, Strauch*.

Cette espèce des Canaries a été signalée à Boghar par Strauch,
d'après un échantillon de l'exposition permanente. Aucune
découverte n'est venue confirmer la présence de cette espèce en
Algérie ; rien n'y fait présumer son existence. Peut-être la
rencontrera-t-on au sud du Maroc, dans le versant atlantique.

Genre HEMIDACTYLUS Gray.

CARACTÈRE DU GENRE. — *Doigts tous onguiculés, bien **plus**
larges dans les deux tiers inférieurs que dans le tiers supérieur.
Cette dernière partie est formée de deux phalanges, très grêles
ressemblant à une forte griffe que termine un petit ongle.
Face inférieure de la partie élargie couverte par deux séries
parallèles d'écailles lamelleuses séparées par un sillon médian.*

Une seule espèce de ce genre a été signalée en Algérie et en Tunisie.

7.   *Hemidactylus turcicus* L. (Pl. IV, fig. 6, 6 a)

Fig. Bory de Saint-Vincent *(Expéd. en Morée)* rept. Pl. XI, fig. 2.

L'hémidactyle verruculeux de Cuvier.

Hemidactylus cyanodactylus *Raf., Strauch.*
H. verruculatus *Cuv., Gerv., Guich.; D. et B.*
H. turcicus (Lacerta) *L., Blg., Ern. Olivier.*

CARACTÈRES PRINCIPAUX. — *Corps subcylindrique à dos parcouru par 14 lignes de tubercules saillants, blancs, isolés, trièdres, à carène obtuse. Doigts élargis dans les deux tiers inférieurs, terminés par une sorte de longue griffe.*

COLORATION. — Dessus du corps d'un gris cendré assez foncé, parsemé de taches brunes sur le dos et de lignes sinueuses de même couleur sur la tête. Tubercules blancs.

SEXES — Deux petits renflements à la base de la queue chez le mâle.

TAILLE. — $0^m045 + 0^m050 = 0^m095$; $0^m048 +$ queue. 0^m12 (*Strauch*). — Février à décembre.

DISTRIBUTION GÉOGRAPHIQUE. — (**B** : *T., H. Pl., S.*) — Cet animal est assez rare. Lataste (ex *Blg.*) l'a signalé à Oran, où je l'ai trouvé plusieurs fois dans les environs : carrières et ravins autour du Polygone, pic d'Aïdour, falaises de Gambetta et Batterie espagnole. Je l'ai recueilli aussi dans le ravin Sainte-Anne, près de Misserghin, et à Arlal. On le trouvera certainement ailleurs. Je ne le connais pas des Hauts-Plateaux et du Sahara oranais.

ETHOLOGIE. — L'hémidactyle vit de préférence dans les ravins rocheux sous les grosses pierres en partie enterrées. On le trouve aussi sous les tas de moëllons dans les vieilles carrières, dans les vieux murs et dans les drains abandonnés.

Il ne sort qu'à la tombée de la nuit. C'est un animal inoffensif et aussi utile que la tarente.

La femelle pond en juin 2 ou 3 œufs subsphériques de de 9 mill. sur 10. La coquille est dure, grise et marbrée de violet par places. L'éclosion a lieu en juillet.

Genre **PTYODACTYLUS** Gray.

CARACTÈRES DU GENRE. — *Doigts assez longs, cylindro-coniques, terminés par une expansion semi-circulaire ou trapézoïde, légèrement échancrée en avant. La face inférieure de l'expansion est recouverte de lamelles obliques et parallèles disposées en éventail et divisées en deux séries symétriques par un sillon médian. Un ongle microscopique est logé dans chaque échancrure.*

Ce genre est représenté en Algérie par une seule espèce, *Pt. oudrii Lat.* que M. Boulenger ne sépare pas du *Pt. lobatus Geoffroy* d'Egypte. L'étude que j'ai faite des exemplaires du Sud Oranais m'a amené à maintenir au rang d'espèce le *Pt. oudrii* de M. F. Lataste.

Le tableau ci-après fait ressortir les différences spécifiques sur lesquelles je base mon opinion :

G. Ptyodactylus. — TABLEAU DES ESPÈCES

Tête renflée, front sur un plan bien plus élevé que celui du museau ; corps arrondi ; diamètre de l'œil atteignant presque 5 mill. ; cuisses dépourvues de petits tubercules saillants semblables à ceux du dos ; expansions des doigts semi-circulaires ; ouverture tympanique, étroite et longue, 2 à 3 fois plus haute que large ; narines très saillantes en forme de bourrelet bien distinct.(Pl. V, fig. 2, 2 a.)

Pt. lobatus Geoff. — Egypte.

Tête plate : tronc déprimé ; diamètre de l'œil
dépassant à peine 3 mill. ; cuisses et avant-
bras pourvus de nombreux tubercules
saillants semblables à ceux du dos ; expansions des doigts à bords souvent repliés
en dessus, ce qui donne à l'ensemble la
forme d'un losange ; ouverture tympanique
petite, à peine plus haute que large, en
forme de demi-cercle ; bourrelet des narines
peu saillant. (Pl. V, fig. 1, 1 *a*, *b*, *c*.)

Pt. Oudrii *Lat.* **— O.**

8.   *Ptyodactylus oudrii* Lat. (Pl. V, fig. 1, 1 *a*, *b*, *c*)

Fig. Blg. *Cat. Barb.* (Pl. XIII, f. 2, a, b, c.)

Le type est figuré : *Description de l'Egypte*, suppl. (Pl. i, fig. 2.)

Le gecko d'Oudri.

Ptyodactylus Oudrii *Lataste,* in journal le *Naturaliste*, 1880,
p. 299.
Pt. lobatus *Geoffr.* var. Oudrii *Blg.*, *Ern. Olivier.*

CARACTÈRES PRINCIPAUX. — (*Voir le tableau ci-dessus.*)

Tête ressemblant à celle de *Tarentola mauritanica*, mais plus
plate. Ses dimensions sont : largeur entre les oreilles 0^{m}013 ;
distance du bout du museau à la ligne des oreilles 0^{m}015, au
pli du cou 0^{m}018 ; hauteur 0^{m}007. (Chez *Pt. lobatus* d'Egypte
la tête est renflée comme chez *Stenodactylus guttatus* : elle
est haute de 0^{m}010, le front étant sur un plan bien plus élevé
que celui du museau.) Yeux petits, un peu plus larges (0^{m}0031)
que hauts, à arcade sourcilière presque droite, à angles supérieurs un peu arrondis mais bien marqués. (Chez *Pt. lobatus*
les yeux sont presque circulaires et le diamètre du globe est
de 0^{m}0044.) Narines peu saillantes. (Chez *Pt. lobatus* elles
forment un bourrelet très proéminent bien détaché.) Granulations de la partie antérieure de la surface de la tête plus
grandes que celles de la région frontale et plus encore que

celles de l'occiput. Labiales en nombre variable ($\frac{11}{10} \frac{12}{11}\cdots$), difficiles à compter ; les supérieures ne correspondent pas exactement aux inférieures. (Chez *Pt. lobatus* elles sont très symétriquement placées.) Mentonnière très étroite (0^m0008) et longue, la pointe atteignant presque la ligne inférieure des inframaxillaires. Ces dernières, très contiguës entre elles, sont deux fois plus longues que larges. (Chez *Pt. lobatus* les inframaxillaires sont aussi larges que hautes.) Trou auditif petit, en forme de demi-cercle : la corde, en avant, mesure 0^m0012 de haut, la flèche 0,001. (Chez *Pt. lobatus* les dimensions sont 0^m003 sur 0^m001.) Corps couvert de fines granulations à peu près semblables à celles de l'occiput. Sur ce fond, font saillie de petits tubercules arrondis, peu proéminents, mais bien visibles, distants les uns des autres de 1 à 2 millimètres et disposés sur une douzaine de lignes irrégulièrement parallèles.

Des tubercules semblables existent aussi en assez grand nombre sur les cuisses et sur les jambes. Ils sont rares sur les bras, assez nombreux sur les avant-bras. On en voit encore de plus petits sur le bord postérieur des anneaux de la queue. Le dessous de la queue est couvert de petites écailles à peu près semblables à celles du dessus. Membres plus ramassés que chez *Pt. lobatus*. Avant-bras plus court que le bras. (Chez *Pt. lobatus* il est au moins aussi long.) Chez les deux espèces, la différence est encore plus sensible dans les membres postérieurs. Extrémité de chaque doigt élargie, à expansion formée en dessous par des lamelles parallèles obliques, disposées en éventail ; bords relevés, ce qui donne au contour de l'expansion (sur le vif) une forme losangique ; bords antérieurs blancs.

Je dois faire observer que, lorsque la mue se produit au moment de la mise en alcool, si on enlève le vieil épiderme, on voit que les expansions des doigts ont une tendance à devenir semi-circulaires comme chez les *Pt. lobatus* d'Egypte que j'ai en collection ou que j'ai vus figurés. Il y aura lieu de bien fixer la forme de l'expansion de l'animal égyptien.

Les membres de *Pt. oudrii* ayant des proportions moindres, la distance entre les coudes et les genoux ramenés sur le tronc, est plus grande que chez *Pt. lobatus*. Elle égale, en moyenne, le tiers de la distance de l'aisselle à l'aine. (Chez *Pt. lobatus* elle n'est égale qu'au quart.)

COLORATION. — D'un gris brunâtre assez foncé avec des taches éparses plus sombres, mais peu distinctes. Ventre d'un blanc sale.

SEXES. — Le mâle est pourvu, à la base de la queue, de deux petits mamelons, portant sur le côté deux tubercules saillants.

TAILLE. — 0^m058 + 0^m056 ; 0^m060 + 0^m058 = 0^m118. Un jeune (12 août) : 0^m028 + (queue).

DISTRIBUTION GÉOGRAPHIQUE. — (**Ai** : *H.-Pl.*, *S.*) — Cette espèce n'était connue, dans la province d'Oran, que par un exemplaire recueilli à Djenien-bou-Resq par mon regretté ami Maury et donné par lui à M. Lataste. J'ai été assez heureux pour retrouver ce gecko. Je l'ai vu à Géryville, vers les Gorges. (20 juillet 1897). Je l'ai capturé en nombre à Stitten le 28. Enfin, j'en ai pris deux jeunes individus au sommet du Djebel-bou-Derga (poste optique près de Géryville), le 12 août. M. Pic (in litt.) me dit avoir capturé le Ptyodactyle à Méchéria et à Aïn-Sefra.

ETHOLOGIE. — Cette espèce vit dans les amas de rochers, comme *Tarentola mauritanica*. Elle a d'ailleurs l'aspect de la variété noirâtre de cette dernière. Elle cohabite à Stitten avec la var. *lissoïde* laquelle s'en distingue, de loin, à première vue, par sa coloration très pâle.

Pt. oudrii paraît avoir des mœurs identiques à celles de la tarente ; il ne semble sortir que le matin et le soir. A Géryville, j'ai aperçu cette espèce à la tombée de la nuit, sur des rochers à pic où je n'ai pu l'atteindre. A Stitten, je l'ai vue en abondance le matin, de neuf heures à onze heures, dans les grands amas de rochers, peu exposés au soleil, qui se trouvent vers le barrage. Je l'ai chassée en la délogeant des anfractuosités horizontales, avec un bâton. Très agile, elle est difficile à prendre. Ce n'est qu'avec l'aide de petits arabes que j'ai pu en capturer une dizaine d'individus. Les deux jeunes que j'ai pris au Djebel-bou-Derga, sous une grosse pierre à moitié enterrée, mè laissent à penser que, pendant le jeune âge, les mœurs de cette espèce se rapprochent de celles de l'*Hemidactylus turcicus*.

Genre PHYLLODACTYLUS Gray.

CARACTÈRES DU GENRE. — *Tous les doigts onguiculés, portant à leur extrémité une expansion subtriangulaire à face inférieure unie ou finement chagrinée rugueuse et divisée en deux par un sillon médian.*

Ce genre est représenté en Tunisie par une seule espèce :

Phyllodactylus europœus Gené. (Pl. V, fig. 4, 4 a)

Fig. Bonaparte *(Fauna italica).*

Le phyllodactyle d'Europe.

Phyllodactylus europœus *Gené; Boulenger.*

M. Doria a signalé cette petite espèce à l'île Galita (T.)

Genre GYMNODACTYLUS G. Cuvier

CARACTÈRES DU GENRE. — *Doigts onguiculés, dépourvus d'expansions, arrondis ou un peu aplatis dans la moitié inférieure, généralement comprimés par les côtés dans la partie supérieure; pas de dentelures sur les bords. Le mâle a ordinairement des pores fémoraux.*

Ce genre est représenté au Maroc par une espèce :

Gymnodactylus trachyblepharus Böttg. (Pl. V, fig. 3, 3 a, b)

Description et *fig.* Böttg. *Abh. Senck. Ges.* 1871. (Pl. X, fig. 3, a, b, c, d.)

Le gymnodactyle à paupières hérissées.

Gymnodactylus trachyblepharus *Böttg.* in *Rept. von Maroc*...1874
G.   —   —   *Boulenger.*

Espèce de petite taille, grêle, à queue fine, bien reconnaissable à ses paupières supérieures fortement dentées en scie et à ses doigts comprimés latéralement dans le tiers supérieur et de longueur un peu exagérée. Dos couvert de fines granulations. Ventrales plates, assez larges, imbriquées.

Cette espèce a été recueillie au Djebel Hadib, près Mogador (Maroc), par *von* den Herren et *von* Fritsch (ex Böttger.)

Genre SAURODACTYLUS Fitz.

CARACTÈRES DU GENRE. — *Doigts presque filiformes, tous onguiculés, semblables à ceux des petits lacertiens ; face inférieure striée par des replis transversaux s'étendant sur toute la largeur ; côtés très peu dentelés. Orteil interne s'écartant à angle droit. Corps couvert d'écailles symétriques ; celles du dos très petites, granuleuses ; celles du ventre bien plus grandes, plates, imbriquées.*

Une seule espèce au Maroc et en Algérie.

9. *Saurodactylus mauritanicus* D. et B. (Pl. V, fig. 5, 5 a)

Fig. Blg. *(loc. cit.)* Pl. XIII, f. 1, a, b, c.

Le saurodactyle de Maurétanie.

Gymnodactylus mauritanicus *D. et B., Strauch, Lallemant.*
Saurodactylus mauritanicus *D. et B., Blg., Ern. Olivier.*

Ce saurodactyle est le plus petit de nos sauriens. Il est très rare et peu connu. Voici la description du seul individu que je possède :

Aspect d'un petit *Lacerta perspicillata*, à dos bronzé. Tête dépourvue de plaques symétriques, un peu plus longue que large : ligne des oreilles 5 mill., distance au bout du museau 0^m006. Museau court ; œil circulaire (0^m0012) à arcade sourcilière non saillante ; tempes assez proéminentes ; labiales nettement élargies $\frac{6}{5}$. Narine entre la rostrale, la 1re labiale et trois nasales. Les deux supranasales grandes, larges, contiguës entre elles et à la rostrale ; les deux autres nasales sont formées par deux granulations semblables à celles de la tête, mais plus grandes. Ecaillure de la surface de la tête fine, très régulière, imbriquée, les plus grandes écailles se trouvant sur le museau. Peau du dos recouverte d'écailles paraissant régulières, très finement granuleuses, absolument semblables à celles d'un petit Lacerta, lisse à l'œil nu. En dessous, les écailles, très fines sous la gorge, s'agrandissent au-delà. Sur le ventre, elles sont à peu près toutes de même grandeur, visiblement imbriquées et régulièrement disposées. Toutes sont très plates, anguleuses, mais à angles très arrondis. Queue couverte en dessus et sur les côtés d'écailles carrées ou un peu rectangulaires, à bords droits et épais, toutes semblables, à peu près régulièrement disposées en verticilles. En dessous et sur le milieu, se trouve une ligne de plaques trapézoïdes à grande base convexe. Cette ligne atteint le bout de la queue. Elle est bordée de chaque côté de deux lignes de plaques semblables à celles du ventre. Les premières plaques, les plus grandes, ont 0^m00125 de largeur et 0^m0005 de longueur. Membres très écailleux. Doigts très fins (le plus long mesure 22 mill.), très obtusément denticulés sur les côtés, portant en dessous des plaques larges, courtes, carénées dans le sens de la largeur. 2e, 3e et 4e doigts à peu près égaux, s'étalant en éventail. Orteils inégaux ; le 4e, qui est le plus long (3 mill.), dépasse à peine le 3e.

COLORATION. — Dessus brun, presque bronzé, uni, tacheté de points de couleur rouge de brique, distants, disposés en lignes peu régulières. Quelques écailles noires touchent ces points. Queue plus colorée, portant de nombreuses taches orangées, irrégulières, grandes, élargies. Ventre d'un blanc très sale. Dessous de la queue rosé orangé.

TAILLE — 0^m027 + 0^m032 = 0^m059 ; largeur du corps 6 à 7 millimètres.

OBSERVATION. — Le seul échantillon que je possède et qui provient de Sebdou semble différer des échantillons recueillis à Mogador par M. Gaston Buchet. Les exemplaires marocains ont le corps moins grêle et l'écaillure de leur queue diffère nettement de celle de l'exemplaire de Sebdou ; la ligne inférieure et régulière de plaques larges et contiguës n'existe pas. Les écailles supérieures des anneaux ne sont pas disposées en verticilles réguliers; elles sont de dimensions inégales et leur bord libre est arrondi en pointe. N'ayant qu'un seul échantillon oranais, je me contente de signaler les différences constatées. La figure de *Blg.* (*loc. cit.*) représente aussi un animal plus ramassé semblable à ceux de Mogador.

DISTRIBUTION GÉOGRAPHIQUE. — (**M.**, **Ai** : *T., H. P., S.*) — M. Lataste a reçu de Nemours deux individus de cette espèce, récoltés par M. Gazagnaire en 1888 (*ex Blg.*). C'est la seule localité de la province d'Oran où cette espèce ait été signalée. Je l'ai retrouvée en septembre 1896 dans le djebel Mizab, à 14 kilomètres de Sebdou, non loin de la maison forestière. J'ai vu deux individus, mais je n'ai pu en capturer qu'un seul. Depuis, je n'ai plus revu cette espèce que sa petitesse et peut-être aussi des mœurs spéciales soustraient aux recherches.

Dans la province d'Alger elle a été signalée au Sersou (Müller). Strauch l'a vue dans la collection Loche, provenant du Sahara.

ETHOLOGIE. — Cette espèce m'a paru vivre comme l'hemidactyle. J'ai trouvé l'exemplaire que je possède sous un amoncellement de grosses pierres en partie enterrées.

Un autre individu que je ne pus prendre se trouvait sous une pierre isolée qui recouvrait un trou vertical dans lequel il disparut.

Cet animal ne doit sortir qu'à la tombée de la nuit. Je l'ai pris, vers les cinq heures, dans un endroit très ombragé, dans une forêt pierreuse.

Genre TROPIOCOLOTES Peters.

CARACTÈRES DU GENRE. — *Taille petite. Tête petite et plate. Doigts fins, courts, non dilatés. Dos et ventre couverts d'écailles imbriquées, carénées, les carènes formant des lignes continues et parallèles. Ecaillure de la queue semblable à celle du corps.*

Une espèce de ce genre existe dans le Sahara tunisien :

Tropiocolotes tripolitanus Peters. (Pl. V, fig. 6)

Fig. Peters *Mon. Berl. Ac.* 1880. (Pl. X, fig. 1)

Le tropiocolotes de la Tripolitaine.

Tropiocolotes tripolitanus *Peters, Boulenger.*

Cette espèce du Sud tunisien est inconnue en Algérie. On pourra la rencontrer dans le Sahara constantinois.

M. M. Blanc m'a envoyé de Foum Tatahouine (Tunisie) deux échantillons de cette espèce remarquables par leur corps grêle. (Fig. 6.)

Genre STENODACTYLUS Fitz.

CARACTÈRES DU GENRE. — *Doigts cylindriques à écailles latérales les faisant paraître dentelés en scie à la loupe ; face inférieure portant plusieurs rangées longitudinales d'écailles subépineuses. Ventre couvert de fines granulations de même facture que celles du dos.*

Ce genre est représenté en Algérie et en Tunisie par une seule espèce :

10.   *Stenodactylus guttatus* Cuv.

Le type : *Fig. Expédition d'Egypte, rept.* (Pl. V, fig. 2.)

Le stenodactyle tacheté.

Stenodactylus guttatus *Cuv., Aud.* et *Sav., Boulenger.*

CARACTÈRES PRINCIPAUX. — (*Voir ceux du genre*).

Le *St. guttatus* Cuv. est bien variable. Le type, qui es égyptien, ne paraît pas avoir encore été rencontré en Berbérie.

La forme algérienne diffère tellement du type que Guichenot n'a pas hésité à élever au rang d'espèce (*St. mauritanicus*) l'animal d'Oran. Sans admettre l'opinion de Guichenot, je suis loin de la repousser. Mon indécision vient de ce que *St. mauritanicus* varie dans notre province et, dans ces conditions, je préfère ne le considérer, momentanément, que comme une variété. L'étude de matériaux suffisants permettra, plus tard, d'être affirmatif. En attendant, voici un tableau présentant les différences observées :

St. guttatus. — TABLEAU DES VARIÉTÉS

1. {
« Extrémité des membres postérieurs appliqués le long du corps atteignant presque le trou auditif. Écaillure du dos à éléments bombés. » (Strauch.)

Variété **Wilkinsonnii.**

Extrémité des membres postérieurs atteignant à peine l'aisselle.   2

2. {
Plaques nasales formant autour des narines un bourrelet très saillant. Ecaillure du dos égale, à éléments lisses, plans convexes. Un sillon dorsal.

Variété **guttatus** (St. *Cuv.*) — Egypte.

Plaques nasales ne formant pas un bourrelet saillant. Écaillure supérieure plus ou moins inégale à éléments striés nettement convexes, subpyramidaux.   3

3. {
Écaillure peu inégale.

Variété **mauritanicus.**

Écaillure formée d'éléments de grandeur variable : les plus grands égalant 4 fois les plus petits, bien visibles à l'œil nu et ressortant comme des tubercules.

Variété **Hirouxii.**

Variété **MAURITANICUS**

Fig. Guich., *Explor. sc. de l'Algérie* (Pl. 1, fig. 1)

St. mauritanicus *Guich., Strauch, Lallemant.*
St. guttatus *Blg., Ern. Olivier.*

Tête épaisse (8 à 9 mill.), aussi large que longue ; ligne des tempes : 11 mill. ; de la ligne des oreilles au museau : 11-12 millimètres. Museau court. Narines très peu saillantes. Labiales $\frac{10}{9}$-, $\frac{9}{8}$.... (Ce caractère est sans valeur). Écaillure assez fine, granuleuse. Granules subécailleux, épais, subconiques sur le dos, ceux de la tête assez plats, tous striés par des rayons irréguliers qui partent du centre. Tous ces granules sont à peu près de même grandeur ; leur contour est irrégulier. Ventre à granulations plus fines, convexes, arrondies, régulièrement disposées. Celles de la gorge encore plus fines. Queue grosse. Écaillure supérieure exagérant celle du dos. L'inférieure plus fine que celle du dessus. Membres courts et forts. Doigts et orteils assez gros (0,0008 de diamètre). Le doigt du milieu est le plus long, mais il dépasse à peine les latéraux.

COLORATION. — Robe à couleur changeante sous l'effet du mimétisme. Lorsqu'on prend l'animal, il est généralement d'un gris noirâtre, lorsqu'on le retire du sac de chasse on le trouve avec une robe gris clair ornée de bandes plus apparentes. Parfois on le trouve de couleur roussâtre.

Voici la coloration la plus commune que l'on constate à Oran :

Fond d'un gris noirâtre. Sur le dos et sur la tête de larges bandes transversales de même couleur, bien plus foncées, bordées de noir, tranchent vivement sur le fond de la robe. La première de ces bandes forme, sur la tête, un grand fer à cheval qui, des yeux, contourne l'occiput. Son épaisseur est de deux millimètres. Elle est bordée par une ligne sinueuse d'écailles noires. Les extrémités du fer à cheval montent souvent sur les arcades sourcilières pour descendre sur les côtés du museau. La rostrale et la mentonnière sont aussi entourées d'un cercle presque fermé. Un deuxième fer à cheval se trouve sur le cou ; chaque branche atteint le milieu de l'espace compris entre l'épaule et l'oreille.

En arrière, à une distance égale à celle qui sépare les deux fers à cheval, se trouve une troisième bande de 3 mill. qui barre le haut du dos. Cette bande est parfois sectionnée en trois taches, les latérales étant les plus petites. Jusqu'à la naissance de la queue peuvent exister trois ou quatre autres grandes taches semblables à la grande de la troisième bande. On trouve aussi de petites bandes plus ou moins apparentes sur les membres. Tout le dessus du corps et des membres est semé d'un grand nombre de gouttelettes d'un brun clair ou d'un blanc sale.

Les flancs, les pattes et la queue sont, assez souvent, latéralement, lavés de jaune crème réticulé par le brun du dos. Le museau est plus clair que la partie frontale. Ventre blanc. La queue porte des anneaux mal définis de taches alternativement claires et sombres.

OBSERVATION. — Je n'ai jamais constaté les taches bleues que l'on voit dans la figure de Guichenot.

SEXES. – Le mâle présente sous la queue deux mamelons bien distincts séparés par un sillon profond.

TAILLE. — $0^m052 + 0^m033 = 0^m085$.

DISTRIBUTION GÉOGRAPHIQUE.— (**Ai, T** : *T., H. P., S.*)— Ne possédant de l'Algérie que des échantillons de la province d'Oran, je ne puis dire jusqu'où s'étend, à l'est, la var. *mauritanica*, telle que je viens de la délimiter.

C'est d'Oran que Guichenot l'a décrite et figurée. On la rencontre presque toute l'année sur le plateau qui s'étend d'Oran à la montagne des Lions. Elle y est rare. Aussi, à la Batterie espagnole (très rare). Je l'ai recueillie (var. gris perle) à Kralfallah (20 août), au Khreider (15 juillet). J'ai pr s aussi un exemplaire à Géryville le 10 août. Ayant donné cet échantillon, je ne sais s'il appartient à la var. *mauritanica* ou à la var. *Hirouxii*. Il était à fond roussâtre.

M. M. Blanc m'a envoyé la variété *mauritanica* de Foum Tatahouine (Tunisie).

Un échantillon du même pays, sans localité précise, présente une écaillure bien curieuse : les écailles sont inégales et allongées, comme imbriquées. Malheureusement l'exemplaire est en mauvais état, l'épiderme manque.

Variété **HIROUXII** *Nob.* (Pl. V, fig. 7, 7 a)

Se sépare de la variété précédente par l'écaillure du dos qui est inégale. On distingue nettement, sur le dos, des granulations 2 à 4 fois plus grandes que les autres. Ces granulations sont blanches ou brunes. Les plus grandes ressortent comme les tubercules du *Ptyodactylus oudrii*.

La coloration est à fond roussâtre, les bandes et les taches, d'un brun roussâtre plus foncé. J'ai reçu cette variété de Méchéria (Hiroux).

ETHOLOGIE. — Le stenodactyle est comme tous les geckotiens un animal nocturne. Il commence à circuler vers le soir. Il se blottit sous les pierres isolées où on le capture facilement, mais rarement. Si le temps est frais, on peut le trouver dans la journée. Enroulé en cercle, il ne fait pas un mouvement. C'est certainement le lézard le plus facile à prendre. Il doit être la proie des couleuvres. C'est là une des causes de sa rareté. Il habite dans la terre, dans un trou caché sous un petit moëllon.

L'immobilité qu'il manifeste lorsqu'on le surprend n'est que voulue. Si on laisse un moment l'animal libre sur la main, il s'élance comme une sauterelle et disparait assez vite. Quand on le saisit, il pousse un petit cri aigü.

On trouve cette espèce presque toute l'année. Je l'ai prise à Oran le 2 février, le 10 mars, le 14 juin, le 5 octobre, le 8 décembre. Je n'ai pu faire aucune remarque sur la période de gestation. Les jeunes naissent après le 15 août. Le 28, un nouveau-né mesurait $29 + 19 = 48$ mill. Ses pattes étaient très longues ; sa coloration, identique à celle des adultes.

Variété **WILKINSONNII**

Stenodactylus Wilkinsonnii *Strauch* (*Bermek., Gekonidem, loc. cit.*, page 67.)

Strauch a décrit et cité son espèce de Batna d'après deux exemplaires recueillis par M. H. Deyrolle.

OBSERVATION. — Je ferai remarquer que les *jeunes* geckotiens ont souvent les membres de longueur anormale.

6ᵐᵉ Famille. — **VARANIENS**

CARACTÈRES DE LA FAMILLE. — *Espèces de très grande taille. Queue au moins deux fois aussi longue que le tronc. Tête allongée, conique ou pyramidale, dépourvue de grandes plaques. Cou très distinct comprenant cinq ou six vertèbres. Langue longue, protactile, rentrant dans un fourreau, bilobée comme chez les serpents. Peau épaisse, couverte d'écailles granuleuses disposées en cercles et entourées de granulations. Pattes relativement longues.*

Cette famille ne comprend qu'un seul genre :

Genre **VARANUS** Merr.

CARACTÈRES DU GENRE. — *Les mêmes que ceux de la famille.*

Ce genre est représenté en Algérie et en Tunisie par une seule espèce.

11.   *Varanus griseus* Daud.

Fig. Description de l'Egypte, rept. Pl. i i i, fig. 2.

Le varan du désert.

Le crocodile terrestre d'Hérodote.

Arabe : *Ouaran, Ouaran-el-ard.*

Varanus scincus *Merr., Strauch.*

V. arenaceus *Gervais.*

V. arenarius *D. et B., Lall., Ern. Olivier.*

V. griseus *Daud., Boulenger.*

CARACTÈRES PRINCIPAUX. — *Animal terrestre de grande taille à corps arrondi, fusiforme et étroit. Tête pyramidale. Narines obliques placées près des yeux. Pas de carène dorsale. Queue très longue.*

COLORATION. — Couleur de sable avec quelques grandes réticulations plus foncées.

Cette espèce étant bien caractérisée je n'en donne pas la description.

TAILLE. — Dépasse 1 mètre. 0,56 + 0,71 = 1m27 (Blg.)

DISTRIBUTION GÉOGRAPHIQUE. — (**Ai.**, **T.** : *S.*). — Cette espèce qui abonde dans le Sahara oriental n'a jamais été citée dans notre province. Quoique rare, elle y existe pourtant. On la trouve dans les environs d'Aïn-Sefra et d'El-Abiod-Sidi-Cheikh.

ETHOLOGIE. — Le varan habite les berges des oueds sahariens. On le trouve aussi sous les grandes dalles que forme la roche dans la région saharienne. Il se nourrit abondamment de sauterelles et de gros insectes. Il mange aussi les petits mammifères. En captivité on le nourrit avec des souris. Les indigènes prétendent qu'il dévore la vipère à cornes.

UTILITÉ. — Si réellement le varan est un ennemi de la vipère, il serait nécessaire de le protéger.

Cet animal est consommé par les Sahariens. Ils le recherchent de grand matin, et le trouvent engourdi sous les dalles qu'ils soulèvent avec un levier.

7me Famille. — **IGUANIENS**

CARACTÈRES DE LA FAMILLE. — Les caractères de cette famille sont très difficiles à résumer car elle renferme les plus bizarres de tous les sauriens. En outre les espèces sont très nombreuses. Voici les seuls caractères communs :

Tête large dépourvue de plaques symétriques mais recouverte d'écailles irrégulières. Écaillure du corps plus ou moins nettement imbriquée. Langue non protactile, épaisse, courte, fendue. Yeux pourvus de paupières normales. Doigts cylindriques. Dents pleurodontes ou acrodontes.

Les espèces algériennes peuvent être rangées dans la *sous-famille* des AGAMIENS dont les caractères sont :

Animaux acrodontes ; incisives saillantes ; tête triangulaire, large et aplatie, recouverte d'écailles irrégulières, imbriquées ou non. Écailles dorsales et ventrales imbriquées. Langue assez large, épaisse.

Les Agamiens sont représentés en Berbérie par deux **genres** dont voici le tableau :

Agamiens. — TABLEAU DES GENRES

Queue effilée, grêle, de forme ordinaire, non
    divisée en anneaux.

Genre **Agama.**

Queue aussi large que la moitié du corps,
    aplatie, divisée en anneaux couverts en dessus
    par des écailles munies de grosses épines.

Genre **Uromastix.**

Genre AGAMA Daudin

CARACTÈRES DU GENRE. — *Tête large à contour triangulaire ou pentagonal. Narines plus rapprochées du bout du museau que des yeux. Langue épaisse plus ou moins échancrée. Dents acrodontes disposées comme celles d'une scie ; en avant, des incisives cylindro-coniques, 5/4, saillantes, les latérales plus grandes et ressemblant à des canines. Corps déprimé, parfois caréné sur la ligne médiane du dos. Écailles de la tête tuber-culeuses, polygonales, contiguës ou un peu imbriquées. Cou marqué en dessous par un sillon très profond. Doigts et orteils longs et très inégaux. Pas de pores fémoraux. Des pores préanaux chez les mâles.*

Ce genre est représenté en Berbérie par trois espèces dont voici le tableau :

G. *Agama*. — TABLEAU DES ESPÈCES

1. Cou pourvu de chaque côté de gros paquets d'épines dont on trouve les rudiments même chez les plus jeunes individus. 3me et 4me orteils à peu près égaux. Écaillure du dos très régulière ; carènes en lignes parallèles. (Pl. VI, fig. 1, 2.) **A. Bibronii.**

Cou nu, dépourvu de paquets d'épines à tout âge. 4me orteil plus long que le 3me. (Pl. VI, fig. 2, 3, 4, 4 *a*.)   2

2. Queue ronde. Ventrales planes. Tête triangulaire à peine plus longue que large. Écaillure du dos irrégulière, inégale ; pas de carènes. (Pl. VI, fig. 2, 3.) **A. inermis** *Reuss.*

Queue comprimée. Ventrales fortement carénées. Tête allongée à côtés parallèles. (Pl. VI, fig. 4.) **A. Tournevillei. C.**

12. *Agama Bibronii*. A. Dum. (Pl. VI, fig. 1, 1 *a*.)

Fig. Blg. (*Cat. Barb.*) Pl. XIV, fig. 1.

L'agame de Bibron.   Arabe : *Boulam*. [1]

Agama colonorum. *Auct. alg.* non *Daudin*.
A. Bibronii A. *Dum.* 1851. — *Blg., Ern. Olivier.*

CARACTÈRES PRINCIPAUX. — *Des paquets d'épines de chaque côté du cou. Écaillure du dos très régulière, à écailles caré-*

---

[1] Les indigènes appliquent le nom de *boulam* à plusieurs gros lézards. Ils désignent sous le nom de *zermoumia* les petites espèces de la famille des lacertiens.

nées et épineuses, les carènes formant des lignes parallèles. 3ᵐᵉ et 4ᵐᵉ orteils à peu près égaux. Queue ronde, effilée. Animal de forte taille.

Cette espèce est très facile à distinguer. Même pendant le plus jeune âge, les paquets d'épines réduits à des boules de tubercules apparaissent nettement. Ces paquets d'épines sont au nombre de 3 à 8 de chaque côté de la partie postérieure de la tête, de l'oreille à l'épaule. Les épines, au nombre de 8 à 12 dans chaque paquet, s'allongent avec l'âge et deviennent de plus en plus aiguës ; les centrales sont les plus grandes. Les individus adultes portent sur la ligne médiane supérieure du cou et sur une longueur de 10 à 15 millimètres une série d'écailles simples aiguës disposées en scie.

Coloration. — *Mâle.* — Tout le dessous du corps bleu de ciel. Gorge gris tendre légèrement bleuté violacé, avec des lignes violettes bien apparentes. Membres et queue d'un bleu verdâtre avec des écailles dorées. Dos entièrement violacé, uni, à reflets dorés très vifs ; une ligne médiane blanche, bleutée et dorée, le parcourt. Dessus de la tête gris tendre, parfois un peu rouge comme dans la région des épines. Pourtour de l'œil coloré d'ocre rouge. Au soleil l'animal paraît tout bleu.

Femelle. — Ventre d'un beau blanc à reflets dorés. Gorge d'un blanc bleuté avec des bandes gris pigeon ou violacées peu apparentes. Membres et queue d'un gris doré. Dos à fond d'un gris plus ou moins olivâtre coupé par cinq larges bandes transversales, irrégulières, de couleur vermillon. Des taches de même couleur se voient sur les épaules et sur la ceinture. La tête est diversement colorée ; la région frontale est d'un gris olivâtre, celle de la crête est vermillonnée, celle des épines, bleu de ciel. Au soleil la femelle paraît couleur de feu.

Ces colorations ne sont apparentes qu'au moment de la mue. L'épiderme devient gris olivâtre ou brunâtre en vieillissant et se macule de noirâtre, ou de brun très foncé.

Sexes. — *Mâle.* — Une ligne préanale d'écailles calleuses ressemblant à des pores. (Blg.)

Femelle. — Pas d'écailles calleuses préanales. Taille plus petite que celle du mâle.

TAILLE. — $0^m 13 + 0^m 19 = 0^m 32$. Printemps, été, automne.

DISTRIBUTION GÉOGRAPHIQUE. — (**M.**, **O.**, **A** : *T., H.-P., S.*) — Cette espèce a été signalée dans la province d'Oran à Tlemcen (Strauch), à Saïda (Guichenot), dans le « Chott » (Gervais). Elle est répandue dans le Haut-Tell, les Hauts-Plateaux et le Sud-Oranais. Au nord elle se rapproche du littoral en suivant les berges des oueds. Je l'ai vue, reçue ou récoltée des localités suivantes : Saint-Lucien : (oued entre la Remonte et le douar Ourhani (8 avril) ; Saint-Denis-du-Sig (berges de la rivière) ; Rar-el-Maden, Nemours, Aïn-Fékan (Pallary) ; Arlal (jeune), 8 avril ; Tlemcen (6 octobre) ; Sebdou (de Lariolle) ; Beni-Snous (Brunel) ; Dj. Beguirat ; Saïda ; mont Aïad (Pallary) ; Aïn-el-Hadjar ; Dj. Masser (Pallary) ; Méchéria (Hiroux) ; Aïn-Sefra, 20 avril, 29 décembre (Pallary, Hiroux) ; de Bou-Ktoub à Géryville, partout ; Stitten ; de Géryville à El-Abiod-Sidi-Cheikh, où elle abonde hors des dunes (juillet-août).

ÉTHOLOGIE. — Cette espèce est très agile. Elle est difficile à capturer car elle ne se laisse pas approcher et fuit avec une grande rapidité. Elle habite généralement les collines rocheuses, les amas de grosses pierres ou les berges argileuses des oueds. Elle aime à se placer sur la pointe d'un rocher d'où elle surveille les environs. Aussitôt qu'elle a quelque crainte, elle fuit et va se réfugier sous quelque gros bloc d'où il est impossible de la déloger. Elle aime la chaleur et s'endort souvent dans un endroit abrité bien exposé aux rayons du soleil printanier. On la capture parfois dans ces conditions. Avec un peu de patience on peut aussi, dans certains terrains, principalement dans les berges, prendre l'agame. On épie le moment où l'animal s'éloigne de son trou. Lorsqu'on juge qu'il est assez loin, on va lestement enfoncer dans le trou un bouchon d'herbe. A son retour l'agame pénètre dans le trou mais il ne peut s'y enfoncer. On s'empresse de le prendre.

La femelle pond deux fois : la première en mai-juin, la deuxième en août-septembre. Voici les observations que j'ai faites à ce sujet :

Le 3 mai j'ai reçu de Méchéria plusieurs femelles pleines. Le 25 l'une d'elles est morte n'ayant pu pondre. Elle avait dans l'abdomen 18 œufs elliptiques, atténués aux deux bouts ; ils mesuraient 17,5 mill. sur 10. Il restait deux groupes de chacun 8 œufs sphériques, jaunes, de 2 mill. de diamètre, plus une dizaine de tout petits, clairs. Une femelle de Nédroma avait, le 15 mai, 13 œufs bien développés. Nul doute que la première ponte a lieu à la fin de mai ou en juin.

Une femelle de Saïda, prise le 10 août, avait de gros œufs. Une autre de Méchéria (8 septembre) m'a donné 10 œufs mûrs mesurant 20 millimètres sur 10.

L'enveloppe des œufs est parcheminée.

L'éclosion des œufs de la première ponte a lieu en juillet.

Le 28 juillet, j'ai pris à Stitten deux jeunes individus nés depuis quelques jours à peine. L'un mesurait $31 + 38 = 69$ millimètres ; l'autre $33 + 42 = 75$ millimètres.

Les jeunes sont faciles à prendre, car ils se réfugient sous le premier caillou qu'ils rencontrent.
Je ne saurais dire quand éclosent les œufs de la deuxième ponte. Peut-être au printemps suivant.

L'*agame* se nourrit d'insectes mous, surtout de sauterelles.

Agama Tournevillei Lat. (Pl. VI, fig. 4, 4 *a*)

Fig. Blg. (*loc. cit.*) Pl. XIII, fig. 4

L'agame de Tourneville.

Agama Tournevillei *Lataste* in journal *le Naturaliste* 1880, p. 325.
Agama Tournevillei *Lat. -- Blg. ; Ern. Olivier.*

Cette espèce, bien reconnaissable aux caractères énumérés dans le tableau, a été recueillie à Ouargla par M. Lataste. Elle doit exister dans d'autres localités du Sahara. A rechercher dans l'extrême Sud.

13. *Agama inermis* Reuss. — (Pl. VI, fig. 2, 3.)

Fig. Reuss. Descript. Mus. Senckenb. i. 1834

L'agame inerme.

Agama inermis *Reuss., Boulanger.*
A. agilis *Eichw., Strauch.*
A. ruderata *Strauch.*
A. mutabilis *Lataste.*

CARACTÈRES PRINCIPAUX. — *Cou dépourvu de faisceaux d'épines. Écaillure du dos irrégulière. Ventrales non carénées. 4*^{me} *orteil plus long que le 3*^{me}*. Animal de taille relativement petite.*

L'*Agama inermis* est une espèce variable aux dépens de laquelle on a créé plusieurs espèces. Il y a certainement en Berbérie deux formes correspondant aux *A. ruderata* et *A. agilis* de Strauch (*Erp. de l'Algérie*). Dans la province d'Oran l'*A. ruderata* est commun. L'*A. agilis* y paraît plus rare ; je n'en possède qu'un seul exemplaire d'Arba Tahtani. Un échantillon de Tunisie lui ressemble beaucoup. J'avoue toutefois qu'il m'a été impossible de trouver des différences spécifiques entre les *ruderata* et les *agilis* que je possède. Le résultat eût été peut-être tout autre si j'avais eu de nombreux échantillons vivants de la forme *agilis*.

Aussi, pour le moment, je ne puis que me ranger à l'avis de M. Boulanger qui réunit toutes les variations et adopte le nom d'*A. inermis* Reuss.

Variété INERMIS (Pl. VI, fig. 2)

A. ruderata *Strauch.*

Voici la description d'une belle femelle de Kralfallah, appartenant à la forme la plus commune dans l'Oranie :

Corps lourd, à tronc plus large que la tête. Tête grosse aussi large que longue (22 mill. sur 23), haute de 17. Museau court à courbure prononcée se raccordant avec la courbe frontale.

Mentonnière légèrement proéminente sur la rostrale. Régions sus-oculaires et pariétales renflées et séparées en long et en travers par des dépressions. Nasale grande à ouverture percée à la partie supérieure. Écailles temporales imbriquées. Ouverture tympanique petite 1,5 mill. souvent à moitié cachée par une ligne supérieure de 4-6 écailles très aiguës, longues de 1 millimètre. Cou marqué en dessous par un profond sillon ; bas de la gorge fortement plié et recouvrant le cou.

Écaillure du dos sans symétrie et formée d'éléments imbriqués, de forme et de dimensions irrégulières. Ordinairement les plus grandes écailles ressemblent à des expansions cutanées vaguement carénées, tuberculeuses à leur extrémité Les petites sont lisses. Sur les flancs l'écaillure est plus petite, plus régulière, disposée en lignes distinctes ; mais on y voit encore quelques écailles isolées, plus grandes, bien apparentes. Écaillure de la queue très régulière, carénée, imbriquée. Ventrales lisses, petites, régulières. Toute l'écaillure du dos et du ventre est rude. Seule celle de la gorge est lisse.

Membres forts à écailles de la face supérieure régulières, imbriquées, carénées sur toute leur longueur, à carènes formant des lignes parallèles.

Doigts et orteils épais. 4ᵉ doigt dépassant peu le 3ᵉ ; 4ᵉ orteil dépassant le 3ᵉ de toute la longueur de la phalange terminale.

Queue ronde, légèrement aplatie à la base.

Coloration. — La coloration de cette espèce a les plus grands rapports avec celle de l'*Agama Bibronii*.

Chez le mâle la gorge est bleue, le dos est uni, rouge violacé à reflets dorés.

La femelle, après la mue, présente sur un fond couleur chair, trois grandes bandes transversales et plusieurs taches de couleur vermillon. Ces bandes et ces taches deviennent ensuite brunes et sont coupées, sur la ligne médiane, par une tache claire. Sur la queue les taches sont nombreuses et coupées en long par un trait clair. La gorge, d'un blanc violacé, est parcourue par de nombreuses bandes violettes.

En résumé le vermillon domine chez la femelle et le bleu et le rouge violacé chez le mâle.

SEXES. — Le mâle a 8 à 12 écailles calleuses préanales sur un ou deux rangs.

La femelle n'en a pas.

TAILLE. — 0,085 + 0,095 = 0,180.
0,082 + 0,115 = 0,197.

Variété **AGILIS** (Pl. VI, fig. 3)

A. agilis *Strauch*.

Voici maintenant les caractères différentiels de la forme que représente l'*A. agilis* de Strauch :

Tête un peu plus longue que large. Trou tympanique plus ouvert que chez *A. ruderata*, à écailles supérieures ne le recouvrant pas. Corps non épaissi comme chez *A. ruderata*. Écaillure supérieure à peu près régulière ; les écailles dorsales, toutes imbriquées, carénées, épineuses, forment une bande d'un centimètre environ de largeur et se distinguent nettement par leur grandeur de celle des écailles des flancs qui sont petites, subtuberculeuses. Ventrales peu rudes. Doigts assez grêles.

La coloration est à fond gris de sable avec des bandes transversales comme chez *A. ruderata*.

TAILLE. — 0,065 + 0,105 = 0,17 (Arba-Tahtani).
0,079 + 0,101 = 0,18 (Tunisie).

DISTRIBUTION GÉOGRAPHIQUE. — (**Ai, T.** : *H.-Pl., S.*) — L'*Agama inermis* Reuss., Blg. n'a pas été signalé dans la province d'Oran où pourtant il abonde dans certaines régions.

M. Pallary m'a rapporté la forme *inermis* d'Aïn-Sefra. Je l'ai recueillie à Kralfallah ; El-Abiod-Sidi-Cheikh. M. Pouplier me l'a envoyée plusieurs fois de cette dernière localité [1].

____

[1] En juin 1898, j'ai mis une douzaine d'**A.** *inermis* à la Batterie Espagnole, à Oran. Ils provenaient de Kralfallah. Les femelles étaient pleines.

L'échantillon que je rapporte, à la forme *agilis*, provient d'Arba Tahtani. Je l'ai recueilli le 7 août sur les côteaux rocailleux situés sur la rive droite de la rivière, en face l'oasis

ÉTHOLOGIE. — L'agame inerme se plait dans les terrains pierreux nus ou à peu près de la région saharienne. A Kral-fallah on le trouve sur un plateau rocailleux couvert d'alfa. Il court, la queue en demi-cercle, avec une grande vitesse. Il est facile à prendre car il se réfugie sous les pierres. Il mord avec acharnement. En captivité, si on l'agace ou si on veut le saisir, il s'élance sur la main pour la mordre. Si on continue le jeu, il ramène la tête vers sa queue et, de rage, fait tourner son corps sur place.

A El-Abiod-Sidi-Cheikh, la ponte doit avoir lieu en juin. A la fin mai une femelle avait 6 œufs développés.

La femelle pond deux séries d'œufs à un mois d'intervalle. La première ponte a lieu au commencement de juin. Les œufs, au nombre de 6-7, ont l'enveloppe molle ; ils sont oblongs et mesurent 19 mill. sur 10. La deuxième ponte a lieu dans la première quinzaine de juillet. Elle est de 10 à 12 œufs.

La première éclosion a lieu à la fin de juillet. Les jeunes sont relativement plus grands que ceux d'*A. Bibronii*.

Le 5 août des jeunes mesuraient : $0,030 + 0,044 = 0,074$
$$0,039 + 0,054 = 0,093$$

Le 8 octobre d'autres mesuraient : $0,040 + 0,064 = 0,104$
$$0,045 + 0,076 = 0,121$$

Le corps s'était épaissi.

L'agame inerme se nourrit de petits coléoptères, de saute-relles, et, au moins en été, de fourmis dont il dévore de gran-des quantités. C'est donc un animal très utile.

Genre **UROMASTIX**.

CARACTÈRES DU GENRE. — *Animaux de forte taille, à corps large et déprimé. Tête triangulaire ; narines percées dans une seule nasale placée sur le côté du museau. Dents acrodontes ; deux incisives inférieures entre lesquelles vient s'enchâsser une très grosse incisive supérieure. Langue épaisse, bien fendue à l'extrémité. Queue très large, verticillée et portant en dessus de très grosses épines coniques. Des pores fémoraux.*

Deux espèces de ce genre (*U. acanthinurus* Bell et *U. spinipes* Daud.) ont été signalées en Algérie et en Tunisie par Strauch, Lallemant et M. Ern. Olivier. M. Boulenger n'en admet qu'une. M. Ern. Olivier dit avoir capturé un exemplaire d'*U. spinipes* à Biskra ou *U. acanthinurus* abonde. Je ne doute pas que sa détermination soit exacte. Pour faciliter les recherches je donne dans le tableau suivant les caractères qui distinguent un *U. spinipes*, que je possède d'Egypte, des nombreux exemplaires d'*U. acanthinurus* que j'ai étudiés d'Aïn-Sefra.

G. *Uromastix*. — TABLEAU DES ESPÈCES

Écaillure supérieure du tronc granuleuse, très fine, à éléments réduits à des points. Ventrales rectangulaires *subgranuleuses*, à surface ne dépassant guère un demi-millimètre carré. Quelques petits tubercules coniques, aigus, le long des flancs Narine occupant presque toute l'étendue de la nasale. (Pl. VII, fig. 2.)

E. spinipes *Daud.* Egypte. — **C.**

Écaillure supérieure du dos formée d'écailles petites, nettement et très visiblement imbriquées. Celles du ventre quatre fois aussi grandes que celles du dos, carrées, très imbriquées, larges de 1 à 2 millimètres. Flancs non généralement parsemés de petits tubercules coniques, aigus. Narine occupant la partie postérieure de la nasale. (Pl. VII, fig. 1.)

E. Acanthinurus.

14. *Uromastix acanthinurus* Bell. (Pl. VII, fig. 1, *a*, *b*, *c*.)

Fig. et *descrip.* Zool. Journ. i. 1825. (Pl. XVII)

Le fouette-queue ; le lézard de palmier.

Arabe : *Dab* ; *deubb*.

Uromastix acanthinurus *Bell.* — *Strauch, Lall., Blg., Ern.
Olivier.*

CARACTÈRES PRINCIPAUX. — *Écailles du dos bien distinctes,
visiblement imbriquées. Ventrales grandes, rectangulaires ou
carrées, les côtés mesurant de 1 à 2 millimètres. Queue très
grosse, large et aplatie, verticillée, très épineuse en dessus.*

Animal de forte taille, bien reconnaissable à sa large queue
hérissée en dessus de fortes épines. Tête grosse, triangulaire, assez aplatie. Narines obliques ; chacune d'elles placée dans la partie postérieure d'une grande nasale unique.
Tympan visible par une grande ouverture quatre fois plus
haute (12 millimètres) que large et bordée en avant par de
forts tubercules pyramidaux coniques. Tronc très large et déprimé. Dorsales petites, imbriquées. Ventrales quatre fois plus
grandes, quadrangulaires, à côtés mesurant de 1 à 2 millimètres.
Pas de tubercules saillants sur les flancs ; seulement une ligne
de 6 à 8 tubercules coniques assez gros de chaque côté de la
base du dos, entre les cuisses. Deux séries de 12 à 17 pores
fémoraux. Membres puissants, à doigts bien constitués et
armés de griffes solides et aiguës. Queue aussi longue que le
tronc, large de 3 à 5 centimètres et épaisse de 10 à 12 millimètres, très nettement verticillée, surtout en dessus. Chaque
verticille est recouvert en dessus d'un seul rang d'écailles
rectangulaires dont l'extrémité postérieure est renflée et
terminée par une forte épine. Le nombre de verticilles varie
avec l'âge ; il peut atteindre 19.

COLORATION. — Variable. Elle est tantôt d'un brun jaunâtre,
tacheté-réticulé, de points bruns ; tantôt d'un vert jaunâtre
magnifique lavé de larges taches noires irrégulières. Voici la
description de la coloration la plus commune :

Paupières inférieures grises. Tête et cou d'un beau noir ;

côtés du cou gris cendré. Régions susorbitaires et occiput portant quelques écailles vertes. Dos d'un vert jaune, parfois d'un vert d'herbe maculé de noir. Les taches noires du dos présentent assez souvent — peut-être après la mue — une disposition symétrique : une ligne dorsale médiane de 10 à 12 millimètres de largeur parcourt le milieu ; elle est formée de points noirs ou de chenilles de même couleur ; de chaque côté sont disposées, en échelle de perroquet, des bandes transversales aussi larges que la bande médiane. Ces bandes sont distantes de 10 à 12 millimètres ; leur couleur et la disposition des taches qui les composent sont les mêmes que celles de la bande dorsale. Le dessus de la queue est vert jaune maculé de noir. En dessous, la gorge est maculée de blanc ou de gris bleuâtre, la poitrine, noire ; le ventre et les flancs sont d'un gris bleuâtre ; la queue est d'un gris ardoisé sale.

SEXES. — *Mâle*. — Queue large et plate légèrement sillonnée concave en dessus.

Femelle. — Queue portant en dessus une large carène obtuse.

TAILLE. — $0,245 + 0,152 = 0,397$. Printemps. Rare en été.

OBSERVATION. — Les grands exemplaires, de couleur verte, peuvent, peut-être, présenter accidentellement des tubercules coniques. Ce qui semble le prouver c'est qu'en Algérie l'*U. spinipes* a été trouvé isolément dans des localités ou *U. acanthinurus* abonde. En Egypte le lézard spinipède est très commun.

DISTRIBUTION GÉOGRAPHIQUE. — (**Ai.**, **T.** : *S.*) — Le fouette-queue est commun dans la région saharienne. On le trouve non loin d'Aïn-Sefra. Il est commun à Tyout. Il se trouve aussi, d'après les renseignements que j'ai recueillis sur place, dans les montagnes qui s'étendent à l'ouest d'Arba-Tahtani.

ÉTHOLOGIE. — Le fouette-queue improprement appelé, en Algérie, lézard de palmier, ne se trouve jamais sur le dattier. Il habite les endroits rocailleux des collines dénudées de la région des Ksours. Il gîte dans les fentes horizontales des rochers. Il est très commun au printemps.

Le fouette-queue est le seul de nos lézards qui soit herbivore. Dans l'estomac de quelques individus, j'ai trouvé des inflorescences de crucifères *Sisymbrium Irio L.* et *Alyssum Macrocalyx Coss.* avec les silicules développées. J'y ai trouvé aussi des résidus de végétaux secs, surtout de graminées. Un fragment de tige presque ligneuse avait 15 mill. de long et 4 mill. de diamètre.

Au sujet de la reproduction j'ai fait les quelques observations suivantes :

Le 13 mai une femelle avait deux groupes d'environ chacun 20 œufs. Les plus gros, subglobuleux, mesuraient 3,5 mill. sur 4. Ils ne paraissaient pas fécondés.

Un envoi reçu vers le 15 juin contenait un œuf pondu en route.

Une femelle a pondu le 20 juin. La ponte a eu lieu en plusieurs fois. A 6 heures du soir j'ai trouvé trois œufs, à 9 heures trois autres, à 9 heures 45 un autre. Enfin le 21, à 6 h. 1/2 du matin, les trois derniers. Soit en tout 10 œufs. Une autre a pondu le 21 juin. Dans la matinée jusqu'à 11 heures, elle a donné cinq œufs. J'en ai trouvé deux autres à 4 heures et un dernier à 10 heures du soir. Soit en tout 8 œufs.

Ces œufs cylindriques à bouts très arrondis offraient les dimensions suivantes : 32 mill. sur 18, 34 sur 21, 35 sur 20. L'enveloppe sans être pierreuse était tendue et très parcheminée. Les mêmes femelles ont pondu de nouveau en juillet. Elles m'ont donné : la première, le 9 juillet, 17 œufs, et la seconde, le 11 juillet, 14 œufs. Trois autres femelles ont donné ensemble, en juillet, $17 + 14 + 10 = 41$ œufs.

On peut conclure que la ponte a lieu en deux fois, en juin et en juillet, à une vingtaine de jours d'intervalle. La 1re est de 7 à 10 œufs, la 2me de 10 à 17, suivant l'âge de l'animal.

La capture du fouette-queue demande quelque précaution, car il se défend avec sa large queue armée de piquants. Il ne peut pourtant pas la rabattre sur le dos. En prenant l'animal par la tête on n'a rien à craindre.

UTILITÉ. — Les Sahariens consomment le fouette-queue ; ils mangent surtout la queue. Toutefois, ils lui préfèrent le varan et le poisson de sable.

Uromastix spinipes Daud. (Pl. VII, fig. 2, *a b*)

Uromastix spinipes *Daud., Ern. Olivier.*

Le stellion spinipède de Daudin.

Pour faciliter la recherche de cette espèce, je vais donner la description des parties essentielles : Tête petite, à éléments de l'écaillure réduits. Narine grande, verticale, occupant presque toute la largeur de la nasale. Ecaillure du dos très fine ce qui, de loin, fait paraître la peau lisse ou finement granuleuse. Eléments de la bande médiane plus grands que ceux des côtés, lesquels sont plus petits que ceux du bas des flancs. Base des flancs parsemée d'assez nombreux petits tubercules coniques et aigus. Des tubercules semblables se voient à la partie inférieure du dos, où ils forment deux ou trois rangées le long du pli des cuisses. Écailles gulaires, très fines, granuleuses. Celles du dessous du corps sont plus grandes, en forme de parallélogramme et mesurent 0,0005 de côté ; elles sont disposées en lignes transversales assez régulières, serrées et très nombreuses ; entre les cuisses elles sont moitié plus petites, mais néanmoins plus grandes que les gulaires.

L'exemplaire d'Egypte que je viens de décrire mesure du bout du museau à l'extrémité de la queue, 0,18 + 0,13 = 0,31. Il présente 22 verticilles caudaux et 18 pores fémoraux de chaque côté.

M. Ern. Olivier a cité cette espèce des environs de Biskra.

9ᵐᵉ Famille. — **LACERTIENS**

CARACTÈRES DE LA FAMILLE. — *Tête portant des plaques polygones, larges, symétriques et contiguës comme chez les couleuvres. (Pl. II, fig. 1). Écaillure du dos régulièrement granuleuse ou formée d'écailles imbriquées de forme toujours différente de celle des plaques du ventre. Les ventrales sont plates, de forme géométrique, bien plus grandes que les dorsales, non imbriquées ou très peu. (Pl. II, fig. 3-4). Langue étroite, bilobée. Corps toujours lacertiforme ; pattes dégagées, propres à la course ; doigts longs et effilés.*

Les mâles ont généralement la base de la queue renflée et sillonnée en dessus ; l'ouverture du cloaque est plus longue que chez la femelle.

Tous les lacertiens sont des animaux très utiles. Ce sont des insectivores de premier ordre. Allant partout, fouillant les buissons et les herbes, ils débarrassent les plantes d'une multitude de parasites.

Cette famille est représentée en Berbérie par cinq genres, dont voici le tableau :

Lacertiens. — TABLEAU DES GENRES

1. Paupières rudimentaires laissant l'œil entièrement à découvert.

   Genre **Ophiops.**

   Paupières normales, recouvrant l'œil.   2

2. Bords latéraux internes des pariétaux séparés, dans la partie antérieure seulement, par l'interpariétale. Dans la partie postérieure les bords sont contigus au moins à la base. Orteils nettement denticulés ou barbelés sur les côtés. Narine en contact avec une labiale.

   Genre **Acanthodactylus.**

   Bords latéraux internes des pariétaux largement séparés dans toute leur longueur par deux plaques : l'interpariétale et l'occipitale.   3

3. {

Narine entourée par trois nasales, par-
conséquent non en contact avec
une labiale. Ecaillure dorsale granuleuse.

Genre **Eremias.**

Narine en contact avec une labiale ou
seulement séparée par le bord du
cornet.

4

Ecaillure dorsale granuleuse. Collier
très net. Trois nasales, parfois
deux.

Genre **Lacerta.**

4. {

Ecaillure dorsale formée d'écailles bien
conformées, visibles à l'œil nu,
toutes semblables, fortement carénées et régulièrement imbriquées. Collier nul ou mal défini.
Deux nasales.

Genre **Psammodromus.**

Genre LACERTA L.

CARACTÈRES DU GENRE. — *Un collier distinct à bord libre.
Narines bordées par une ou deux labiales ou à peine séparées
par un étroit repli du tube nasal (cornet). Des pores fémoraux.
Doigts et orteils cylindriques nullement denticulés sur les
côtés. Écailles du dos granuleuses ou rhomboïdales.*

Ce genre est représenté en Berbérie par plusieurs espèces,
dont voici le tableau :

G. Lacerta. — TABLEAU DES ESPÈCES

1. {

Deux nasales. Six rangées de ventrales,
rarement huit. Espèce de petite
taille à robe non ocellée pendant
le jeune âge. (Pl. VIII, fig. 7, 8.)

L. muralis.

Trois nasales.

2

Animal de petite taille. Plaques ventrales sur 10-12 rangées longitudinales, petites, rectangulaires, parfois presque carrées, toutes à peu près de même largeur. Paupière inférieure cornée transparente au centre. (Pl. VIII, fig. 9, 10.)

L. perspicillata.

2. Animal atteignant une grande taille (2 à 5 décimètres). Plaques ventrales sur 6 ou 8 rangées longitudinales ; toutes en forme de parallélogramme ou de trapèze, bien plus larges que hautes ; les moyennes plus larges que les médianes et que les marginales. Paupière inférieure opaque et rugueuse au centre. (Pl. II et VIII, fig. 1 à 4.)

L. ocellata et var.

15. *Lacerta ocellata* Daud. et var. (Pl. II et VIII) .

Le lézard ocellé.

Lacerta ocellata *Strauch, Lallemant.*
Lacerta ocellata *Daud.* variété *pater Lat., Blg., Ern. Olivier.*
Lacerta ocellata *Daud.* variété *tangitana Boulenger.*

CARACTÈRES PRINCIPAUX. — *Espèce de grande taille. Narine entre la première labiale, deux postnasales et la nasale ; l'angle de la rostrale la touche et y pénètre même. Ordinairement, en Berbérie, huit rangées de ventrales.*

Le lézard ocellé est le plus grand de nos lacertiens. On le reconnaît facilement à sa taille et à la couleur de sa robe qui est bleuâtre, réticulée de noir et de blanc avec de grands ocelles bleus sur les flancs. Assez souvent, surtout chez les individus non adultes, la robe est verte, uniforme ou tachée de points blancs.

L'ocellé type n'a pas été signalé en Berbérie. L'espèce y est représentée par deux bonnes variétés dont les caractères sont énumérées dans le tableau ci-après :

L. ocellata. — TABLEAU DES VARIÉTÉS

1.

8 rangées (parfois 10) de plaques ventrales bien constituées et de même hauteur. Plaques de la 1ʳᵉ rangée (médiane) étroites ; celles des 2ᵉ et 3ᵉ rangées presque de même largeur ; celles de la 4ᵉ rangée presque aussi larges que celles de la 4ᵉ. Occipitale grande, à base presque aussi large que la plus grande largeur d'une pariétale. (1)

Variété **typica**. — France.

8-6 rangées de ventrales de même hauteur. 2ᵉ et 3ᵉ rangées de largeur bien différente, la 2ᵉ tranchant sur toutes les autres. Occipitale petite, à base n'égalant que la 1/2 ou le 1/3 de la plus grande largeur d'une pariétale. (Pl. II. fig. 1, 3, 4 et Pl. VIII, fig. 1 à 4.)   2

2.

8 rangées de plaques ventrales. 74 à 84 granules dorsaux sur la plus grande ligne transversale vers le milieu du dos. (70 à 80. Blg.)

Variété **pater**.

8 rangées (quelquefois 6), 90 à 100 granules dorsaux. (77 à 100. Blg.)

Variété **tangitana**.

____

(1) Ne considérer que les plaques de la région moyenne du *ventre* ; celles de la poitrine offrent d'autres dimensions.

Variété **PATER** *Lataste* (Pl. II, croquis. — Pl. VIII, fig. 1-2)

Fig. Blg., *Cat. of. Barb.* (Pl. XV a, b, c, d.)

Lacerta ocellata *Strauch, Lallemant.*

Lacerta ocellata *Daud.*, var. pater *Lataste*, in journal *Le Naturaliste.* (Vol. 1, p. 306, 1880).

Lacerta ocellata *Daud.*, var. pater *Blg., Ern. Olivier.*

De cette variété Lataste dit :

..... écailles dorsales plutôt rhomboïdales, à diamètre longitudinal à peine plus long que le transversal ; parfois faiblement carénées; en un mot assez voisines de celles de l'ocellé. Les plaques ventrales sont disposées chez l'ocellé en quatre séries longitudinales de chaque côté, la médiane (l'interne) étroite, les deux suivantes élargies et la latérale moyenne ; chez *viridis*, en trois rangées seulement, la médiane étroite, la suivante très large et la latérale moyenne ; et chez *pater*, en quatre rangées, une médiane étroite, une suivante très large et deux latérales moyennes. Ainsi si l'on tient compte ou non des marginales (bien plus étroites), on peut dire qu'il y a 6 ou 8 rangées de ventrales chez *Lac. viridis* et 8 ou 10 chez *L. ocellata* comme chez *L. pater ;* seulement la forme de celles-ci diffère dans ces deux espèces.

(Les différences résident donc dans la largeur propre de chaque rangée).

La plaque occipitale, — très développée et au moins aussi large que les pariétales chez *L. ocellata*, très petite au contraire et comme rudimentaire chez *L. viridis*, — a des dimensions moyennes chez *L. pater*. L'interpariétale irrégulièrement carrée ou du moins aussi large que longue chez *L. ocellata*, en losange très allongé et très étroit chez *L. viridis*, est chez *Lac. pater* pentagonale allongée, ses deux plus grands côtés latéraux s'appuyant sur les pariétales, son plus petit côté postérieur reposant sur l'occipitale et ses deux côtés moyens antérieurs s'engageant en pointe entre les frontales. Le collier est composé de 7 à 8 écailles chez *L. viridis*. de 9 à 10 chez *L. ocellata* et de 12 à **14** chez *L. pater*. La plaque préanale est chez *L. viridis* antérieurement séparée de la ligne des pores fémoraux par seulement deux cercles de squames et par plus de trois chez les deux autres.

Dans la description de Boulenger, je relève les caractères suivants :

L'occipital est constamment plus large que l'interpariétal et ordinairement plus étroit que le frontal ; toutefois, dans un spécimen mâle de Tunis, il est tout à fait de la largeur du frontal...

Le nombre des écailles dorsales autour du milieu du corps est de 70 à 80...... 14 à 16 pores fémoraux de chaque côté, ordinairement 14. Deux ou trois demi-cercles de petites plaques sur la région anale.

Tels sont, d'après ces deux auteurs, les caractères qui distinguent la variété *pater*. Ceux tirés des plaques de la tête sont variables et me semblent de peu de valeur. Les meilleurs sont donnés par la largeur relative des rangées de ventrales et par le nombre de granules dorsaux.

COLORATION. — 1° *Adultes.* — Le fond de la robe est vert à reflets bleus. Des granulations blanches et noires y forment sur le dos des taches ou des réticulations où le noir domine. Les taches sont formées de 4 à 6 granules blancs qu'entourent des granules noirs réunis par groupes. L'ensemble comprend 4 à 6 lignes dorsales d'ocelles d'un blanc verdâtre largement entourés par des réticulations noires.

Les réticulations sont entremêlées de granules blancs et noirs ; mais ces derniers sont plus nombreux. Enfin sur les flancs, surtout chez les individus très âgés, il existe de grands ocelles bleus entourés de noir et de verdâtre, exagération des ocelles dorsaux.

Le dessus de la tête est d'un vert olivâtre. La base de la queue est maculée de noir et de blanchâtre ; le reste est d'un gris brun uniforme. Le ventre est jaune verdâtre.

La coloration que je viens de décrire est la plus commune. Toutefois on rencontre assez souvent des individus d'un beau vert émeraude uniforme.

2° *Jeunes.* — Le fond de la robe est d'un vert uniforme à reflets bleuâtres. Sur le dos il y a 4 à 6 lignes de petits ocelles formés d'un gros point blanc plus ou moins cerclé de noir. (Pl. VIII, fig. 2.) Certaines lignes disparaissent lorsque l'animal grandit. Il ne reste bientôt plus que 4 lignes bien marquées, deux sur le dos, les autres sur les flancs où les ocelles deviennent bleus. Des taches brunes apparaissent ensuite ; enfin, avec l'âge, les réticulations commencent à se former.

SEXES. — *Mâle.* — Base de la queue légèrement aplatie en dessous, un sillon assez marqué séparant les protubérances des pénis qui sont peu saillantes.

Femelle. — Base de la queue arrondie en dessous.

TAILLE. — 0,17 + 0,365 = 0^m535. Printemps à automne.

DISTRIBUTION GÉOGRAPHIQUE. — (**Ai., T.,** : *T., H.-Pl.*) — Le lézard ocellé a été signalé à Oran (Gaston), à Sidi-bel-Abbès (Strauch), à Tlemcen (Kobelt).

J'ai constaté sa présence à Oran, Saint-Denis-du-Sig, Tlélat, Kristel, Misserghin, Aïn-Temouchent, Camerata, Arlal, Tlemcen, Sebdou, Magenta, Daya, Saïda, Aïn-el-Hadjar. Il se trouve d'ailleurs dans tout le Tell.

Variété **TANGITANA** Blg. 1887. (Pl. VIII, fig. 3-4)

Descript. et *Fig.* Blg. *Cat. of. Lézards* (3e vol., pl. i i i, fig. 1 ; *Cat. of. Barbary.* (Pl. XV, fig. f., (tête)

Lacerta ocellata *Daud.* var. *tangitana, Blg.*

Voici la description que donne M. Boulenger de cette importante variété (*Cat. of. Barb.*) :

La variété *tangitana* se rapproche beaucoup de la variété *pater* d'Algérie ; mais en diffère aussi bien que de *L. ocellata*, type par les écailles dorsales encore plus petites, dont le nombre est de 77 à 100 autour du milieu du corps, et par le nombre plus grand de pores fémoraux, 17 à 21. Elle s'en distingue aussi par la dimension, ordinairement plus petite, de l'occipitale et le nombre (6 ou 8) de rangées longitudinales de plaques ventrales......

Dans quelques spécimens l'occipitale n'est pas plus large — ou elle l'est fort peu — que l'interpariétale ; dans d'autres sa plus grande largeur égale celle de la frontale. Il y a 24 à 28 lignes d'écailles entre le menton et le collier. Ce dernier est composé de 11 à 13 plaques. Il y a ordinairement 8 rangées longitudinales de plaques ventrales, mais quelquefois seulement 6.

Deux ou trois demi-cercles de petites plaques sur la région anale.

COLORATION. — Vert en dessus avec des ocelles blanchâtres ou bleus à bords noirs qui peuvent ne se rencontrer que sur les côtés ; les parties inférieures jaune verdâtre uniforme.

TAILLE. — $0^m 14 + 0^m 30 = 0^m 44$. (*Blg.*)

DISTRIBUTION GÉOGRAPHIQUE. — (**M.**, **O** : *T.*, *H.-Pl.*) — Cette variété a été décrite par M. Boulenger sur des échantillons de Tanger. Je dois à l'obligeance de M. Vaucher, deux échantillons de la même localité (fig. 3-4) dont les caractères sont relevés au tableau. Le jeune se rapproche beaucoup de la variété *pater*.

M. Anderson (*loc. cit.* bibliographie) a signalé cette variété à Tlemcen, en compagnie de la variété *pater*. Ce savant n'a eu qu'un exemplaire présentant 87 dorsales.

Il m'a été donné par M. Germain, et provenant de la même région, un ocellé qui est un véritable *tangitana*. Il présente 100 dorsales.

Je rapporte à la même variété un exemplaire des Beni-Snous (Brunel) (Musée d'Oran) avec 92 dorsales. Aussi un autre que j'ai recueilli à Aïn-el-Hadjar (Musée d'Oran) avec 100 dorsales.

Dans toutes ces localités, la variété *tangitana* cohabite avec la variété *pater*.

Mais l'échantillon le plus net est celui que j'ai capturé le 28 juillet 1897 au pied du djebel Ksel, sur la route de Géryville à Stitten, sous les pierres qui bordent la source d'Aïn-bou-Kheris. Cet individu, malheureusement jeune, ne présente que 6 rangées de plaques ventrales régulières. Le nombre de dorsales est de 92. (Pl. VIII, fig. 5-6).

La coloration est remarquable. Elle est à fond bleu clair et plus éclatante que chez les jeunes *pater*. Sur le dos il y a deux lignes de petits ocelles blancs, bordés par des taches noires en demi-cercle, chacune quatre fois plus grande que l'ocelle. Sur les flancs il y a 3 ou 4 lignes d'ocelles bleus très apparents. La bordure noire qui les entoure forme un réseau de couleur moins vive que celle des taches du dos. L'internasale est entière ; l'occipitale est courte, trapézoïde, plus large, à la base, que l'interpariétale.

TAILLE de mon jeune exemplaire. — $0^m063 + 0^m13 = 0^m193$.

OBSERVATIONS. — Les deux types extrêmes qui représentent les variétés *pater* et *tangitana* sont bien tranchés et se distinguent facilement par le nombre de dorsales et par celui des ventrales.

Pour moi, le type du *tangitana* doit avoir 6 rangées de ventrales et 88 à 100 dorsales.

Entre les deux variations extrêmes vient se placer une forme intermédiaire, difficile à limiter, qui habite le haut Tell. Elle semble se distinguer de la variété *tangitana* par ses 8 rangées de ventrales. Il est vrai que d'après les séparations établies par M. Boulenger elle doit rentrer dans sa variété à laquelle il attribue 8 ou 6 rangées de ventrales. Mais, sous le rapport du nombre de dorsales et de la disposition des plaques de la tête, elle offre de sensibles différences.

Pour se faire une opinion plus précise, il y aurait lieu d'examiner des échantillons adultes du djebel Ksel. Jusqu'à maintenant, je n'ai pu en obtenir.

Les caractères secondaires tirés des plaques de la tête et du nombre de pores fémoraux sont de peu de valeur. L'internasale est tantôt entière, tantôt sectionnée en deux ou trois parties ; l'occipitale varie dans sa largeur. Le nombre de pores fémoraux descend rarement à 14 et dépasse souvent 16.

En résumé, le seul caractère ayant une réelle valeur est celui du nombre des dorsales. Le tableau suivant met en relief les principales différences chez le type et chez les deux variétés :

LACERTA OCELLATA

Tableau comparatif de certains caractères dans les 3 variétés

DÉSIGNATION des parties caractéristiques	TYPE	Variété PATER										Variété TANGITANA					
	NICE	ORAN	TLEMCEN	TLEMCEN	ORAN	ORAN	ORAN	ORAN	AIN-EL-HADJAR	BENI-SNOUS	TUNIS	TLEMCEN	AIN-EL-HADJAR	BENI-SNOUS	Djebel KSEL	TANGER	TANGER
	m/m	m/m	m/m	m/m	m/m	m/m	m/m	m/m	m/m	m/m	m/m	m/m	m/m	m/m	m/m	m/m	m/m
Museau à annus	170	140	130	125	175	130	160	140	145	165	80	155	115	150	63	120	51
1re rangée (médiane)	3 1/2	3 1/2	4	4	4 1/2	3	3 1/2	3	3 1/2	5	2	4	3 1/2	4 3/4	1 1/2	3 1/4	1 1/2
2e rangée	5 1/4	5 1/2	5	5 1/2	7	5 1/2	5 1/2	6	5	7	3 1/2	6 1/2	5	6 1/2	3	5 1/2	2
3e rangée	5	4	4	4	6	4	4	4 1/2	4	5	2 1/2	5	3 1/2	5	2 3/4	4	1 1/2
4e rangée	4 1/2	3 1/2	3 1/2	3 1/2	4	3 1/2	3 1/2	4	4	4	2	4	3 1/2	4	1/2	3	3/4
5e rangée (extérieure)	2	1 1/2	1	1	2	1	1 1/2	1 1/2	1 3/4	2	3/4	1 1/2	1 1/2	2	0	0	0
Internasale	e (1)	d	tr	?	tr	tr	tr	d	e	tr	d	d	d	d	e	e	e
Nombre de pores préanaux	14/14	15/15	18/17	17/17	18/19	15/16	19/17	17/17	19/19	18/19	14/13	10/10	17/18	18/20	14/17	17/16	18/19
Nombre de granules dorsaux	78	74	80	84	80	74	83	84	83	83	80	100	100	92	92	92	80

(1) *e* veut dire plaque entière ; *d* divisée en deux ; *tr* divisée en trois.

ÉTHOLOGIE. — Le lézard ocellé étant très rare à Oran, je n'ai guère pu étudier ses mœurs, lesquelles, d'ailleurs, ne paraissent guère différer de celles du type européen. L'ocellé habite de préférence les rochers des forêts ou des grandes broussailles. Il se plaît aussi le long des cours d'eau, dans les tamarins et dans les champs de figuier de Barbarie où il trouve, à son gré, ombre, fraîcheur et soleil. On le rencontre parfois en terrain nu, surtout lorsqu'il est jeune ; il gîte alors sous une grosse pierre isolée. Il aime à s'étaler au soleil et il s'endort sur un angle de rocher ou sur une râquette de figuier. On peut alors le prendre aisément à la main ou avec un filet. Mais c'est surtout dans les vieux murs et sous les amoncellements de pierres qu'on peut le capturer plus facilement. Comme l'animal ne change guère de logis, il est facile de s'en emparer de bon matin lorsqu'il est encore engourdi.

L'ocellé est commun au printemps et en automne ; il est très rare en été.

Les jeunes naissent vers la fin d'août probablement. A Daya, à la fin de septembre, ils mesuraient $0^m043 + 0^m081 = 0^m124$.

16. *Lacerta muralis* Laur. (Pl. VIII, fig. 7-8)

Le lézard des murailles   Arabe : *Zermoumia* [1].

Lacerta muralis *Laur.* — *Strauch, Lall., Blg., Ern. Olivier.*
L. agilis *Gervais.*

CARACTÈRES PRINCIPAUX. — *Deux nasales. Six rangées de ventrales peu inégales, rarement huit.*

Cette espèce, extrêmement variable, présente plusieurs races locales. La race algérienne est une des plus petites ; elle se distingue surtout par la finesse de son écaillure dorsale.

Voici la description d'un individu d'Oran :

Tête petite ; longueur des plaques de la tête, 12 millimètres ; largeur entre les yeux, 5,5 millimètres. Museau assez court. Surface de la tête légèrement convexe. Narine entre la

---

(1) Voir note, page 100.

première labiale, la nasale et la postnasale; parfois elle touche l'angle de la rostrale. Quatre labiales antérieures à la sousoculaire. Paupière inférieure non transparente. Une granulation un peu forte au milieu des tempes. Occipitale presque aussi large que l'interpariétale ; toutes deux bien plus étroites que la frontale à son point le plus étroit. (Ce caractère rapproche notre race de la variété *tiliguerta* Gmel. qui a été signalée à Tunis par Camerano. Cette dernière variété est bien plus grande et les écailles dorsales peuvent être comptées à l'œil nu.)

Plaques ventrales sur six rangées ; celles de la 1re rangée interne aussi larges que celles de la 3me; celles de la 2me nettement plus larges que celles des deux autres.

Dorsales très fines, ne pouvant être comptées qu'à la loupe ; il en faut sept pour égaler en largeur une plaque ventrale de la 2me rangée. Leur nombre est variable. Dans tous mes exemplaires, il varie de 55 à 68 sur le milieu du dos.

Pores fémoraux en nombre variable : 16 à 21.

COLORATION. — Variable.

Variété verte.— C'est la plus commune. Dessus d'un beau vert jaunâtre. De chaque côté du dos une bande plus claire jaune verdâtre. Au dessous une autre bande plus large brune ; cette bande parcourt le haut des flancs depuis l'œil jusqu'à la cuisse. La grande bande dorsale est bordée de taches irrégulières, noires, assez rapprochées dans le sens de la longueur et se continuant jusque sur la queue.

Chez certains individus les bandes latérales sont aussi bordées de taches noires comme celles du dos. On en trouve encore une double rangée au bas des flancs. Enfin chaque écaille ventrale de la 3me rangée porte une tache noire au milieu. Les membres sont aussi maculés de noir. Chez un mâle les taches de la grande bande dorsale sont plus grandes ; elles sont aussi plus rapprochées dans le sens de la largeur ; il en résulte qu'il y a une bande médiane un peu plus claire.

Chez quelques individus, de couleur plus foncée, les taches noires se touchent dans les bandes des flancs. La couleur noire domine. Les ventrales de la 2me et de la 3me rangées sont alors aussi tachées (Mizab, près de Sebdou).

Enfin, d'autres exemplaires ne portent sur les flancs que quelques points noirs minuscules. Tout le dos est uni, bronzé; seule la bande du haut des flancs est apparente.

Ventre blanc bleuâtre plus ou moins foncé.

Queue d'un gris olivâtre uni, tacheté de noir.

Jeunes. — La coloration est la réduction de celle des adultes. Les bandes sont bordées de sinuosités noires, fondues sur le dos, apparentes sur les flancs. Queue grisâtre.

Variété fusca *Nob.* — RARE. — Dessus d'un brun noirâtre surtout sur le dos qui est bordé par deux lignes de points noirs assez grands et moins anguleux. Les bandes latérales sont claires et presque blanches. Les bandes supérieures des flancs sont d'un noir foncé. La 3me rangée de ventrales a toutes ses plaques tachées. Ventre rosé. Queue de même couleur que le dos, mais d'une nuance plus claire, tachetée de noir. (Pl. VIII, fig. 8).

Jeunes.. — Le noir l'emporte sur le fond bleu clair. A la naissance, ils sont linéolés. Sur le milieu du dos il y a une bande olivâtre bronzée, bordée de noir ; de chaque côté, une ligne blanche ; enfin une troisième bande dans laquelle sont enclos des points blancs parcourt le haut des flancs. A la base les flancs sont maculés de noir et de blanc. Les bandes noires ne tardent pas à se sectionner et à former des points.

SEXES. — *Mâle.* — Base de la queue épaisse, haute et légè-rement aplatie en dessous. Protubérances peu sensibles. Fente anale étendue et descendant bien sur les côtés ; bords distants.

Femelle. — Queue étroite, arrondie.

TAILLE. — 0,050 + 0,102 = 0,152 Oran.
        0,060 + queue   Tlemcen.
        0,050 + 0,07.   Mascara, var. *fusca*.
        0,049 + 0,098 = 0,147 Tanger.

OBSERVATION. — M. Boulenger a décrit sans la nommer, la forme de Tanger qui présente des caractères assez saillants.

Les trois échantillons que je possède et que je dois à l'obligeance de M. Vaucher ont l'aspect de la var. *fusca*. Ils se distinguent par la granulation très fine du dos et par une grande plaque placée au milieu des temporales. Chez deux exemplaires les ventrales de la rangée médiane sont de moitié plus étroites que celles de la deuxième rangée; mais le troisième exemplaire, très adulte, ne présente pas ce caractère. (Pl. VIII, fig. 7).

DISTRIBUTION GÉOGRAPHIQUE. — (**B. :** *T., H.-P.*) — Très rare à Oran le lézard des murailles abonde dans le Haut-Tell et dans les Hauts-Plateaux. Strauch l'a signalé comme répandu en Algérie. Dans la province d'Oran il donne Tlemcen comme limite de son aire de dispersion vers le sud. Lataste (ex. Blg.) l'a reçu de Daya. Je l'ai obtenu d'Aïn-Temouchent (Pallary). Je l'ai pris à Oran : remparts, route du Polygone (fossé), Eckmühl, mur du cimetière ; à Saint-Louis, Arzew, Tlemcen, Sebdou, Bedeau, dj. Beguira, Magenta, Daya, Saïda, Kralfallah, dj. Ksel près de Géryville.

La variété *fusca* existe à Khristel. Je l'ai prise à Daya. M. Pallary me l'a rapportée de Mascara.

ÉTHOLOGIE. — Le lézard des murailles habite les remparts, les vieux murs, les escarpements rocheux. A Oran, on le trouve surtout à Eckmülh. Une colonie vit le long du fossé de la route de Tlemcen, près du Polygone ; elle s'y creuse des galeries comme le gongyle.

Dans le Tell, le Haut-Tell et sur les Hauts Plateaux, le lézard des murailles vit loin des centres habités. Il pullule sur les rochers escarpés où il est difficile de le capturer. Les jeunes se plaisent parmi les pierres sur un sol plat.

La femelle pond en juin. Le 13 mai, une, d'Oran, avait 5 œufs de 11,5 mill. sur 7. Il restait deux groupes de 5 ovules.

A Oran, les jeunes naissent en juillet ; à Tlemcen, au commencement d'août. Un exemplaire pris le 12 août (Tlemcen), mesurait 25 + 43 = 68 millimètres.

La variété *fusca* semble préférer les forêts ou les escarpements des lieux très broussailleux. Elle paraît atteindre une plus grande taille que la variété verte.

A Daya, sur la lisière de la forêt, au nord du village, j'ai poursuivi un individu presque aussi long qu'un tropidosaura. Je n'ai pu le capturer. Je suis même à me demander s'il n'était pas d'une espèce inconnue.

Le lézard des murailles est commun au printemps et en automne. En été, on ne voit guère que les nouveau-nés et ceux de l'année précédente.

17. *Lacerta perspicillata* D. et B. (P. VIII, fig. 9-10)

Fig. Guich., *Expl. scient. de l'Alg.*, rept. (Pl. I, fig. 3-4)

Le lézard à paupières transparentes.

Lacerta perspicillata *D. et B. — Guichenot, Strauch, Lall., Blg., Ern. Olivier.*

CARACTÈRES PRINCIPAUX. — *Plus petit que L. muralis. 10-12 rangées de petites ventrales rectangulaires parfois presque carrées. Trois nasales. Centre de la paupière lisse et transparent.*

En voici la description : Tête assez épaisse en arrière ; largeur entre les tempes, 9 mill. ; longueur des plaques de la tête, 13 mill. ; largeur entre les yeux, 6 mill. ; hauteur 7 à 8 mill. Narines entourées supérieurement par trois plaques : une nasale et deux naso-frénales. Suslabiales précédant la sous-oculaire, laquelle atteint la lèvre, au nombre de 5 de chaque côté, quelquefois de 5 et 6 et même de 6 et 6. Paupière inférieure nettement transparente. Rostrale courte, arrondie. Internasale grande, entière, de même surface que les préfrontales qui la séparent largement de la frontale. Quelquefois celle-ci rejoint l'internasale en se prolongeant en pointe effilée. Interpariétale et occipitale plus étroites que la frontale. Temporales fines. Une grande plaque borde le sommet de l'oreille. Sous la gorge, un fort pli. Ce pli s'élève sur les côtés, suit la ligne extérieure de l'oreille et se continue par un sillon assez net qui passe contre le bord postérieur des pariétaux. Collier presque droit, se continuant sur les côtés par un pli qui monte assez haut en se recourbant vers les épaules.

10 ou 12 rangées de plaques ventrales, petites, rectangulaires, parfois presque carrées, disposées en damier. Ecaillure du dos très fine ; 50 à 64 dorsales sur une rangée transversale au milieu du tronc. 16 à 19 pores fémoraux.

Coloration. — Très variable. — Voici les diverses variations :

1° *Robes unies*. — *a*. — Dos d'un vert olive très foncé, à reflets bronzés. Flancs unis, un peu moins foncés. Tête et queue de même couleur. Dessous du corps lavé de vert clair bleuâtre.

b. — Dos d'un vert bleuâtre avec reflets cuivrés ; flancs très légèrement pommelés. Tête et queue d'un bleu clair. Gorge lavée de bleu. Ventre blanc très légèrement teinté de bleuâtre.

2° *Robes tachetées*. — *c*. — Dos d'un vert olive tout tacheté de points plus clairs, très nombreux et peu apparents. Ce fond est en outre semé d'un très grand nombre de points noirs peu apparents. Vue d'un peu loin la robe paraît unie. Flancs un peu moins foncés que le dos et plus nettement tachetées de clair. Il y a des réticulations noirâtres assez distinctes vers les épaules. Tête et queue de même couleur que le dos. Dessous du corps lavé de bleu clair.

d. — Dos tout réticulé de noir. Les réticulations sont assez régulières et s'entrecroisent pour entourer de petites taches d'un millimètre, presque polygonales, de couleur vert olive plus ou moins clair. Flancs semblables, sauf à la base où ils deviennent presque unis et d'un vert bleuâtre. Tête et queue portant aussi des réticulations noires plus grandes. Sur les tempes se trouvent trois taches claires bordées de noir. Dessous du corps lavé de vert bleuâtre.

e. — Variété **Guichenotii** *Nob*. (Pl. VIII, fig. 10). — Enfin, exagérant la variation précédente, on trouve la variété figurée par Guichenot. (loc. cii.) fig. 4. En voici la description :

Dos moucheté comme chez une panthère. Les réticulations d'un beau noir entourent des taches d'un blanc verdâtre ou jaunes dont le diamètre moyen dépasse souvent un millimètre. Lorsque ces taches sont jaunes, le dos est à reflets dorés,

Elles forment des lignes longitudinales parfois assez régulières, surtout sur les côtés. Sur les flancs les lignes noires descendent verticalement jusqu'au pli et limitent, sur trois côtés, des taches à bords parfois parallèles. Dessus de la tête à fond de même couleur que le dos et ornementé de réticulations et de taches noires. Sur les pariétales se trouve assez souvent un fer à cheval s'ouvrant en arrière. Les plaques antérieures sont bordées de noir sur les sutures. Tempes très noires avec 4 à 6 petites taches claires, irrégulièrement disposées. Queue à fond verdâtre coupé d'abord de lignes noires brisées ; ces lignes forment ensuite des angles à côtés parallèles. Sur les côtés on voit des écailles blanchâtres. La queue est donc multicolore. Dessous du corps lavé de bleuâtre.

SEXES. — *Mâle.* — Fente anale large, à bords visibles ; dessous plat, renflements peu sensibles.

Femelle. — Fente anale recouverte par la plaque préanale ; queue ronde en dessous.

TAILLE. —   Mon plus grand, 0^m138.
50 + 75 (queue repoussée).
52 + (queue).
41 + 70 = 0^m111.

Il est rare de prendre des individus adultes avec la queue intacte.

Se trouve toute l'année.

DISTRIBUTION GÉOGRAPHIQUE. — **O** : *Oran.* — Cette espèce a été signalée, à tort, sur divers points de l'Algérie. Il est à peu près certain qu'elle est confinée dans les environs d'Oran où tous les erpétologistes l'ont signalée. Elle abonde sur les rochers de Santa-Cruz, du djebel Murdjadjou, du djebel Yeffry, du ravin de Noiseux. On la trouve dans la ville même, sur les remparts et dans les carrières. Elle vit à la Batterie espagnole et sur les falaises. Elle paraît suivre le massif montagneux et s'éloigner d'Oran. Je l'ai prise dans les ravins de Misserghin, à Mers-el-Kebir, à Aïn-el-Turk (littoral).

La variété *Guichenotii* se trouve principalement dans les points élevés de la montagne. Elle existe aussi à la Batterie espagnole. On peut la rencontrer partout avec l'espèce, car les diverses variétés que j'ai énumérées vivent pêle-mêle.

Néanmoins elle paraît exister seule aux îles Habibas. Dans cette localité sa robe présente un éclat magnifique.

ÉTHOLOGIE. — Cette espèce se trouve toute l'année dans les endroits bien exposés. En hiver, aussitôt que les rayons du soleil apparaissent, on la voit partir en chasse. Je l'ai prise en décembre et en janvier dans les carrières d'Oran. Elle devient commune en février. En été, on ne la voit guère que le matin.

La femelle pond de bonne heure, mais le plus souvent en juin. Le 18 avril une avait trois œufs ovalaires de 12 mill. sur 7 ; il restait deux groupes de 2-3 ovules. Les œufs mûrs, sont au nombre de 2-3, de forme cylindrique, très longs, à bouts arrondis ; ils mesurent 15 mill. sur 6. Les petits éclosent vers le 1er août. Leur taille est alors de 23 + 34 = 57 millimètres.

Cette espèce est une des plus difficiles à capturer, car elle se tient de préférence sur les rochers escarpés. De plus, la queue étant très fragile, on abîme un grand nombre des individus que l'on réussit à prendre à la main. Ce n'est que sur les murs, sur les coupes des carrières qu'on arrive, avec beaucoup d'adresse, à en prendre quelques exemplaires. C'est avec cette espèce que la chasse à la ligne ou mieux au sac donne de bons résultats [1].

J'ai été témoin, le 7 août 1898, d'un singulier trait de mœurs du *L. perspicillata*. Comme je m'approchais pour prendre à la ligne un individu rôdant autour d'un petit buisson rupestre, je m'aperçus que l'animal fouillait sous les feuilles avec son museau. Intrigué, je m'arrêtai et suivis attentivement la manœuvre. Le petit buisson était envahi par les fourmis et le lézard déjeunait. Jusque là rien que de très naturel. Subitement, je le vis quitter le buisson et s'éloigner emportant à la bouche une grosse masse noire, ressemblant

---

[1] Voir page 23.

à une larve de coléoptère. La saison et l'exposition n'étaient pas propices au développement des larves. Je fus davantage intrigué. Bientôt l'animal s'arrêta sur un coin de rocher et se mit à fouiller vivement, avec son museau, la masse noire sans l'avaler.

Craignant toutefois qu'il ne l'avalât, je m'approchai ; le lézard effrayé s'éloigna, laissant les restes. Quelle ne fut pas ma surprise en y reconnaissant le fruit du buisson (*Rhamnus oleoides* L.) qui était à côté. Ce fruit, une drupe, est gros comme un petit pois. Lorsqu'il est mûr, il est noir et renferme une pulpe molle. C'est cette pulpe que suçait l'animal plutôt pour se rafraîchir que pour se nourrir. Privé d'une nourriture animale aqueuse, il cherchait dans ce fruit l'eau nécessaire à son économie.

Genre **PSAMMODROMUS** Fitz

CARACTÈRE DU GENRE. — *Deux nasales, collier nul ou mal défini. Écailles dorsales très imbriquées, élargies, régulières, carénées sur toute leur longueur, terminées en pointe, les arêtes formant des lignes continues et parallèles. Doigts à peine denticulés sur les côtés.*

Ce genre est représenté en Berbérie par trois espèces, dont voici le tableau :

G. Psammodromus. — TABLEAU DES ESPÈCES

Aucune apparence de collier. Écailles du cou s'imbriquant sur celles de la poitrine avec lesquelles elles se confondent. Ventrales disposées en rangées longitudinales *d'égale largeur ;* toutes nettement imbriquées, de même forme, à bord libre subarrondi. (Pl. IX, f. 2, 3). Jeunes à queue rouge de brique en dessous. Adultes longs de 0m20 à 0m30.

Ps. algirus.

1. { Collier plus ou moins distinct, mais néanmoins marqué par la disposition spéciale des plaques de la première ligne de la poitrine. Ces dernières sont quadrangulaires et perpendiculaires ou légèrement obliques par rapport à la ligne que forment les bords convexes des dernières collaires. Ventrales disposées en rangées longitudinales de *largeur inégale*, symétriques ; toutes de forme géométrique, peu imbriquées. Taille petite. — 2

Collier *distinct* ; première rangée des plaques de la poitrine formée par des écailles rectangulaires nettement plus longues que larges, obliques. Pli gulaire assez bien marqué. Tête et cou relativement étroits. Ventrales peu imbriquées, à bords droits ou à peu près. Robe à fond brun *parcourue par 2 ou 4 bandes grises ou jaunes bien marquées*. (Pl. IX, fig. 4 et 5.)

Ps. Blanci.

2. { Collier *à peu près indistinct ;* première rangée des plaques de la poitrine formée par des écailles presque carrées, obliques, mais ne se distinguant pas nettement par leur grandeur des collaires qui les précèdent. Pli gulaire à peu près indistinct. Tête et cou relativement massifs. Ventrales à bords parfois convexes. Robe olivâtre ou brune, *toujours dépourvue de bandes colorées*, mais portant des lignes de points noirs distants. (Pl. IX, fig. 6 et 7).

Ps. microdactylus. M.

18. *Psammodromus algirus* Fitz. (Pl. IX, fig. 1 à 3)

L'algire. Le tropidausore.

Lacerta algira *L.*
Algira barbarica *Gervais.*
Tropidosaura algira *L., Strauch, Lallement.*
Psammodromus algirus *L., Blg., Ern. Olivier.*

CARACTÈRES PRINCIPAUX. — *Pas de collier. Ventrales toutes de même largeur très nettement imbriquées. Queue très longue.*

Cette espèce est très répandue. En voici la description :

Tète presque deux fois aussi longue que large. Narines placées entre la rostrale, la première labiale, la nasale et l'internasale. Région sus-orbitale couverte par trois plaques dont la postérieure est bien plus petite que les deux autres. Une autre squame se trouve à l'extrémité antérieure de la première sus-oculaire. Occipitale triangulaire plus large, à la base, que l'interpariétale et égalant, en largeur, à peu près celle du milieu du frontal. Dessus de la tète dépourvu de granules. Temporales grandes et planes. Oreille bordée par une longue et étroite plaque qui couvre la moitié supérieure du bord antérieur. Sept labiales supérieures, dont quatre précédant la sous-oculaire. Mentonnière aussi longue que large. Aucune trace de pli gulaire. Pas de collier. Écailles inférieures toutes imbriquées depuis la gorge jusqu'à l'anus, membraneuses pellucides sur les bords ; toutes de forme assez identique, trapézoïde, la petite base étant placée en bas et subarrondie. Ventrales toutes semblables formant 4-6 bandes parallèles assez distinctes et de même largeur. Pores fémoraux au nombre de 16 à 19. Il existe parfois, en dessous, une ligne secondaire de petits pores.

Écailles dorsales grandes, fortement carénées, prolongées en pointe subépineuse. La partie apparente de l'écaille est en forme de losange sur le dos et de parallélogramme sur les flancs. Les lignes de ces écailles forment des angles dont la ligne médiane du dos est la bissectrice. Écailles des flancs non carénées. Ordinairement 27-29 rangées de dorsales sur la plus grande ligne transversale. Écaillure de la queue à peu près semblable à celle du dos ; les écailles s'allongent vers le bout.

COLORATION. — Tête brune. Dos entièrement recouvert par une large bande d'un brun roussâtre ou olivâtre. bordée souvent de noir à l'intérieur. Cette bande est limitée de chaque côté par un trait large de 1-2 millimètres, très régulier, jaune ou grisâtre qui s'étend depuis l'angle externe de la pariétale jusqu'à la queue. Moitié supérieure des flancs couverte par une large bande de couleur moins foncée que celle du dos. Un trait jaune, semblable à celui déjà décrit, la borde en dessous. Côtés inférieurs de la tète souvent lavés de jaune serin. Base des flancs d'un jaune brunâtre qui se fond avec le blanc nacré des ventrales. Sur les épaules, au bas de la bande supérieure des flancs, on voit des groupes de 4-5 écailles bleues. Plusieurs autres ocelles de même couleur peuvent se trouver en arrière. Chez les vieux individus, il en existe parfois jusque sur le milieu des flancs. Ventre et queue d'un blanc nacré, parfois assez sale en dessous. Jeunes à queue rouge de brique.

OBSERVATION. — M. Vaucher m'a envoyé de Tanger un jeune algire à coloration du dos d'un brun olivâtre uniforme sans aucune trace de bandes.

SEXES. — *Mâle.* — Ouverture anale droite très fendue, descendant sur les côtés.

Femelle. — Ouverture anale arrondie et bien moins étendue.

TAILLE. — 0,077 + 0,188 (queue repoussée).
    0,075 + 0,205 = 0,280.
Printemps, automne ; rare en été.

Variété **NOLLII** Fischer. (Pl. IX. fig. 1)

J. von Fischer (in *Zool. Gart,* 1887, p. 69) a décrit du Sahara une variété *nollii* qui se distingue par *deux bandes supplémentaires jaunâtres* qui parcourent la région moyenne du dos.

Ce caractère se retrouve plus ou moins accentué chez les individus des Hauts-Plateaux. Les bandes sont plus apparentes, plus nettes et plus colorées à mesure qu'on s'avance vers le Sud.

J'ai, de Saïda, un vieux mâle qui présente les deux bandes supplémentaires. Ces bandes sont vertes tandis que les latérales sont dorées. La moitié antérieure des flancs, au moins, présente des reflets cuivrés et dorés.

Les échantillons de Kralfallah, du Kreider et de Méchéria diffèrent peu par le système de coloration, mais les bandes latérales sont plus larges que chez les individus du Tell. Le milieu du dos est parcouru par une bande noire.

Chez deux mâles de Méchéria, les bandes dorsales sont d'un gris argenté, plus clair chez les latérales. Ces échantillons présentent, de chaque côté, trois ocelles bleus sur le haut des flancs, dans la région des épaules. Le dessous de la tête et du cou, les épaules et même les flancs sont lavés de jaune serin.

DISTRIBUTION GÉOGRAPHIQUE. — (B : *T.*, *H.-P.*, *S.*) — On peut presque dire que l'algire est le plus répandu de nos lézards. On le trouve partout dans le Tell. On le rencontre jusque dans la région montagneuse saharienne. Hors du Tell, les points les plus intéressants où je l'ai rencontré sont : le djebel Beguira, Daya, Kralfallah, Le Kreider, le djebel Antar, le djebel Ksel, Géryville. Il abonde sur les Hauts-Plateaux dans l'alfa.

La variété *nollii* a été rapportée du col de Founassa par Maury (*Lat. ex Blg.*) Des échantillons de Méchéria (Hiroux) s'en rapprochent beaucoup.

ÉTHOLOGIE. — Dans le Tell et dans la région montagneuse des Hauts-Plateaux, l'algire habite les endroits broussailleux, le fond des ravins herbeux, le bord des oueds et des canaux, etc. On le trouve rarement en terrain nu. Sur les Hauts-Plateaux où la broussaille manque, il vit dans les épaisses touffes d'alfa.

L'algire hiberne assez longuement. Il s'enfouit au mois de novembre et n'apparaît guère qu'en février ou mars. La femelle pond huit œufs au mois de mai. Il y a probablement une seconde ponte, car j'ai toujours trouvé deux groupes de 8 à 11 œufs de diverses grosseurs. Les œufs sont sphériques et relativement petits pour l'espèce.

L'algire est un de nos lézards les plus agiles ; aussi est-il très difficile à capturer. Pour le prendre il faut visiter, de bon matin, les lieux qu'il fréquente. On le trouve alors engourdi sous les pierres.

19. *Psammodromus Blanci* Lat. (Pl. IX, fig. 4 et 5)

Le psammodrome de Blanc.

Zerzoumia Blanci *Lat.*, in *Naturaliste* 1880, p. 229.
Psammodromus Blanci *Lat.*, *Blg.*, *Ern. Olivier.*

Caractères principaux. — *Taille petite. Collier distinct. Ventrales disposées en rangées symétriques de largeur inégale. Dos et flancs parcourus par 2 ou 4 bandes grises ou jaunâtres.*

Ce petit lézard, vu de dos, ne se distingue pas facilement d'un jeune *Psammodromus algirus ;* mais il s'en sépare très nettement par les caractères qu'offre l'écaillure ventrale. En revanche, il ne paraît pas toujours se distinguer aisément du *Psammodromus microdactylus* qui est son proche parent.

On peut aussi confondre le *Psammodromus Blanci* avec l'*Ophiops occidentalis*. L'examen des yeux suffit pour distinguer ces deux espèces.

Voici la description d'un *Psammodromus Blanci* d'Oran :

Tête à peu près deux fois aussi longue que large, 8 millimètres sur 4 (1). Régions sus-orbitales couvertes par deux plaques : l'antérieure à peine plus longue que la postérieure. Dans l'angle extrême de chaque plaque il y a une squame minuscule. Occipitale plus étroite ou tout au plus égale en largeur à la plus grande largeur de l'interpariétale, laquelle ne mesure que la moitié de la plus grande largeur de la frontale. Pli gulaire distinct, parfois interrompu au milieu. Collier imparfait, mais bien marqué par la forme et la discordance des plaques. Celles de la première ligne de la poitrine, entre les épaules, sont rectangulaires, nettement plus longues que larges et disposées

_____

(1) La longueur de la tête est mesurée sur la ligne médiane des boucliers et la largeur sur la ligne qui passe par le milieu des arcades sourcilières,

perpendiculairement ou obliquement par rapport à la dernière ligne des collaires. Celles-ci, deux fois plus larges que longues, sont à peu près de même forme que les dernières gulaires. Sur les côtés du cou les plaques sont subtriangulaires.

Ventrales à peine imbriquées et disposées en six rangées parallèles de largeur inégale. Celles de la rangée moyenne de chaque côté sont de moitié plus larges que celles des deux rangées contiguës (médiane et marginale). Ces deux dernières sont à peu près égales entre elles. Les plaques de la rangée moyenne sont en forme de parallélogramme et mesurent 2 millimètres sur 1. Celles des autres sont à peu près de même forme mais moins larges. Sur les flancs se trouvent deux ou trois lignes d'écailles triangulaires, plates et imbriquées.

Dorsales fortement carénées, comme chez l'algire, et formant 21-23 rangées sur la plus grande ligne transversale.

Tronc égalant en longueur deux fois à deux fois et demie la distance du collier au bout du museau.

Pores fémoraux : 9 à 11 de chaque côté.

Nota. — Le caractère tiré de la largeur comparée des ventrales latérales me paraît de peu de valeur.

COLORATION.— Voisine de celle de l'algire. Dos brun, bordé de chaque côté par une bande longitudinale étroite et très claire, grise ou jaunâtre, qui s'étend des pariétales jusque sur la queue. Une bande semblable parcourt le haut des flancs. De petites taches noires distantes forment sur le dos et les flancs des lignes plus ou moins apparentes. Ventre et dessous de la queue d'un blanc sale ou verdâtre, toujours à reflets nacrés.

Chez un mâle en rut, j'ai noté la coloration suivante :

Base des flancs d'un jaune doré s'étendant sur les 2e, 3e et 4e rangées de ventrales Bandes et côtés du cou jaunes.

Ventre blanc, queue gris pigeon.

Chez une femelle, à la même époque (10 mars), les quatre bandes étaient grises ; le ventre, très légèrement jaune.

SEXES. — *Mâle.* — Fente cloacale large, ouverte, descendant sur les côtés.

Femelle. —- Fente cloacale difficile à découvrir.

TAILLE. — 0,045 + 0,070 (queue repoussée).
           0,038 + 0,072 = 0,110.
Automne, hiver, printemps.

VARIATIONS. — Le *Psammodromus Blanci* n'est peut-être pas une espèce bien définie. Si les individus d'Oran répondent bien à la description de Lataste, un exemplaire que je possède de Sebdou paraît appartenir à une race intermédiaire entre *Psammodromus Blanci* Lat. et *Psammodromus microdactylus* Böttger, tout en restant inséparable de la première espèce.

Cet échantillon se distingue par son collier qui est presque entièrement libre ; par ses ventrales dont les moyennes sont proportionnellement moins larges par rapport aux latérales que chez les individus d'Oran ; par la coloration de la bande dorsale qui est parcourue par trois traits noirs, l'un médian, les deux autres bordant intérieurement les bandes latérales claires. Le corps et la tête sont massifs comme chez *Psammodromus microdactylus*.

DISTRIBUTION GÉOGRAPHIQUE. — (**Ai., T.** : *T., H.-Pl.*) — Le *Psammodromus Blanci* a été signalé à Oran par M. Lataste, en 1888. Cette espèce est commune sur le plateau qui s'étend de Gambetta à la montagne des Lions. Elle se trouve partout dans les environs. Je l'ai prise à Fleurus, Saint-Louis, Saint-Leu, Port-aux-Poules, Bou-Sfer, etc. Je l'ai reçue de Tlemcen (Pallary), des Trois-Marabouts (G. Faure), du djebel Antar (Hiroux). M. Pic (in litt.) me l'a signalée de Frendah.

ÉTHOLOGIE. — Le *Psammodromus Blanci* habite les plateaux couverts de thym, de palmier nain, de sparte ou d'alfa. Il se laisse prendre assez facilement. On le rencontre presque toute l'année, mais principalement du mois de septembre au mois de juin. Il craint la chaleur et ne sort guère que le matin et le soir.

L'accouplement a lieu dès le mois de février. Le 25 de ce mois, une femelle avait trois œufs qui mesuraient 10 millimètres sur 4. Il restait six ovules dont deux assez développés. Il y a donc plusieurs pontes. J'ai vu des œufs à la fin d'avril et en mai. Ils mesuraient 9 millimètres sur 5 et 10 millimètres sur 6.

Psammodromus microdactylus Böttg. (Pl. IX, fig. 6, 7)

Fig. Böttg. *Abh. Senck Ges*, Xiii, 1883. (Pl. 1, fig. 2)

Le Psammodrome à petits doigts.

Psammodromus microdactylus *Böttg.*, (loc. cit.), p. III.
Psammodromus microdactylus *Böttg.*, *Boulenger.*

Caractères principaux. — *Taille petite. Corps ramassé. Collier très peu distinct.. Ventrales disposées en rangées de largeur inégale. Robe unie non parcourue par des bandes grises ou jaunâtres.*

Cette espèce est assez difficile à distinguer du *Psammodromus Blanci* par des caractères précis. Toutefois la coloration uniforme de sa robe qui est d'un brun olivâtre, lavé de bleu, la fait aisément reconnaître. En voici la description :

Tête forte, ligne médiane égalant plus de deux fois la distance entre les arcades sourcilières, 11 millimètres sur 5. Plaques extrêmes des régions sus-orbitales, très nettes. Pli gulaire très peu apparent. Collier à peu près indistinct ; il n'est marqué que par la discordance des plaques. Celles de la première ligne de la poitrine sont presque carrées et disposées perpendiculairement ou obliquement par rapport à la ligne des collaires. Celles-ci sont parfois presque aussi grandes que celles de la la ligne des épaules et les recouvrent toujours en partie. Ventrales plus ou moins nettement imbriquées et disposées en six rangées parallèles de largeur inégale. Les moyennes égalent en largeur une fois et demie les latérales qui sont à peu près égales entre elles. (Les latérales peuvent être inégales, les médianes étant plus larges que les marginales.)

Dorsales épaisses, fortement carénées, à arête assez saillante et plus courte que chez *Psammodromus Blanci*. Les bords ont une tendance à devenir convexes. On en compte 21 rangées sur la plus grande ligne transversale. Tronc court, n'égalant pas en longueur deux fois la distance du bord du collier au bout du museau. Pores fémoraux : 10-12 de chaque côté.

Coloration. — Dos à fond brun olivâtre uniforme. Queue plus brune. Flancs bleuâtres. Des lignes de points noirâtres distants et isolés sur la région dorsale. Ventre et dessous de la queue d'un blanc sale lavé de bleuâtre.

Taille. — 0,041 + 0,065 = 0,106.
        0,042 + 0,070 = 0,112.

Cette espèce n'est connue que du Maroc. MM. Boulenger et Vaucher me l'ont envoyée de Tanger.

Genre **ACANTHODACTYLUS**

CARACTÈRES DU GENRE. — *Collier parfait, formé de pièces bien distinctes. Narines entre trois plaques : la première suslabiale, la nasale et la postnasale ou naso-frénale. Doigts légèrement comprimés par les côtés. Orteils fortement denticulés ou même barbelés latéralement.*

Ce genre est l'un des plus difficiles à débrouiller, car les espèces qu'il renferme sont très variables.

M. Lataste, dans une très savante monographie, y a le premier apporté quelque clarté (1). Plus tard, M. Boulenger a fait faire un grand pas à la question en distinguant les *Acanthodactylus pardalis* et *Acanthodactylus Savignyi* que M. Lataste avait confondus (2).

J'ai essayé à mon tour d'étudier spécialement les espèces barbaresques. Tâche ingrate s'il en fut, dont les résultats sont loin de répondre à la somme de travail qu'elle a nécessitée. J'ai toutefois été assez heureux pour faire connaître deux types dont l'étude contribuera à établir les liens de parenté qui existent entre trois espèces voisines. La présence à Oran de l'*Acanthodactylus Savignyi*, variété *oranensis Nob.*, a permis de démontrer que M. Boulenger avait eu raison d'isoler l'*Acanthodactylus pardalis* de Lichstentein. La découverte, à Tunis, de l'*Acanthodactylus Blanci Nob.*, par M. Blanc, tout en faisant connaître un nouvel anneau de la chaîne, n'a pas eu un résultat aussi décisif. Tenant par ses caractères à la fois de l'*Acanthodactylus oranensis* et de l'*Acanthodactylus lineo-maculatus*, l'*Acanthodactylus blanci* est venu subitement obscurcir un point qui semblait éclairci.

Le genre Acanthodactylus réserve sans doute d'autres surprises, car les espèces toutes très prolifiques ont une aire de dispersion très étendue. Sous l'influence du milieu, les variations sont innombrables. Toutefois, les conditions de milieu ne sont pas les seules à faire varier les acanthodactyles.

____

(1) Voir Bibliographie, page 9.
(2) *On the Lézards of the genera* Lacerta *and Acanthodactylus.* Proc. Zool. Soc. London, juin 1881.

Les espèces, au contact l'une de l'autre, se croisent et donnent naissance à des produits, les uns hybrides, les autres plus ou moins métissés. On ne peut s'expliquer autrement la présence sur les Hauts-Plateaux d'individus qui, par certains caractères, tiennent de l'*Acanthodactylus vulgaris* et par d'autres de l'*Acanthodactylus pardalis*. De même, dans le Sahara, on trouve des individus proches parents des *Acanthodactylus pardalis* et *Acanthodactylus scutellatus*. Qu'on admette ou non l'hybridation, il y a ceci de certain, c'est que partout où deux espèces vivent ensemble, la détermination spécifique de quelques individus devient impossible.

Pour étudier les acanthodactyles, il est indispensable d'avoir à sa disposition un grand nombre de sujets. Les échantillons doivent être en bon état, de préférence vivants ou au moins bien frais. Pour arriver à les déterminer, on fait des groupes séparés de tous ceux qui présentent des caractères identiques. Ce travail fait, il sera le plus souvent facile de rapporter chaque lot à une espèce. Un examen plus approfondi permettra ensuite de séparer les variétés.

Ce qui rend surtout l'étude des acanthodactyles difficile, c'est qu'en général ils ne se distinguent pas par un seul caractère spécial ; leur détermination ne peut avoir lieu qu'en tenant compte de deux ou plusieurs caractères secondaires, lesquels sont loin d'être fixes.

Je n'ai reconnu que trois caractères que l'on peut considérer comme très importants. Ces caractères sont : la hauteur des plaques du collier ; la disposition des ventrales en rangées parallèles ou non ; la position de la sous-oculaire atteignant ou non la lèvre. Un ou deux de ces caractères permettent de reconnaître les *Acanthodactylus Boskianus*, *scutellatus* et *pardalis*. Mais les trois ensemble sont indispensables pour classer les individus des groupes de l'*Acanthodactylus vulgaris* et de l'*Acanthodactylus Savignyi* qui ne m'ont offert aucun caractère absolument constant.

J'ai donné une importance capitale à la couleur de la queue des jeunes acanthodactyles. Je n'ai jamais trouvé ce caractère en défaut dans tous les échantillons frais que j'ai étudiés de la province d'Oran.

Voici maintenant des tableaux dans lesquels j'ai essayé de condenser le résultat de mes études.

Le premier tableau permet de déterminer les individus typiques. Le deuxième est un tableau de contrôle plus détaillé.

G. *Acanthodactylus*. — TABLEAU DES ESPÈCES

1. Dos parcouru par des lignes de carènes très visibles à l'œil nu, parallèles et obliques sur toute la longueur du dos. Écailles de la région postérieure du dos bien plus grandes (1 à 2 millimètres) que celles des épaules. 1re sus-oculaire souvent entière en Berbérie. La 4e est séparée de la 3e par un petit triangle de granules. Collier haut et dentelé. (Pl. X, fig. 1 à 3). **Ac. Boskianus** et var.

Écailles dorsales petites, carénées ou non, les postérieures ne se distinguant guère par leur grandeur de celles des épaules. Lignes de carènes, quand elles existent, irrégulières et bien visibles seulement à la loupe. 2

2. Collier très étroit (0,5 à 0,8 millimètres au milieu) à bord régulier peu ou pas dentelé. 1re sus-oculaire entière ou à peine sectionnée aux angles. 3

Collier généralement haut d'au moins 1 millimètre, le plus souvent à bord bien dentelé. 1re sus-oculaire très divisée. 4

3. {

Ventrales bien plus larges que hautes, disposées en rangées longitudinales et transversales très régulières. Orteils denticulés. (Pl. XI).

Ac. pardalis et var.

Ventrales petites, carrées, disposées, seulement dans le sens transversal, en rangées régulières, formant le plus souvent chevron. Orteils barbelés. (Pl. X, fig. 4 à 7).

Ac. scutellatus et var.

4. {

Queue des jeunes vermillon ou rosée. Dessous de la queue, depuis l'anus, d'un vermillon éclatant chez les femelles après la mue. Jamais deux interpréfrontales. Pas d'écailles supplémentaires dans le sillon sus-caudal. (Pl. XIV).

Ac. vulgaris et var.

Queue des jeunes bleue, celle des adultes bleutée en dessous.   5

5. {

Deux petites squames interpréfrontales toujours présentes en Oranie. Sous oculaire atteignant la lèvre. (Pl. XII).

Ac. Savignyi et var.

Une seu'e squame ou pas. Sous-oculaire n'atteignant pas la lèvre .(Pl. XIII).

Ac. blanci *Nob.* — **T.**

G. Acanthodactylus. — TABLEAU DE CONTROLE

1. { Écailles dorsales à carènes très prononcées et formant de longues lignes saillantes, obliques, parallèles, symétriques des deux côtés, parcourant presque toute la longueur du dos et bien visibles à l'œil nu. Ces lignes forment des angles aigus dont la pointe est en bas. Largeur des dorsales augmentant progressivement depuis les épaules jusqu'à la queue ; les postérieures bien plus grandes que les antérieures et pouvant atteindre 2 millimètres chez les vieux adultes. Sous-oculaire n'atteignant presque jamais la lèvre. 4ᵉ sus-oculaire séparée de la 3ᵉ par un petit triangle de fins granules. 1ʳᵉ sus-oculaire le plus souvent entière ou subentière. Collier haut. Queue orangée en dessous chez les jeunes ou après la mue chez les adultes.

Ac. Boskianus et var.

Écailles dorsales carénées ou non, régulières, les postérieures différant très peu en largeur des antérieures et n'atteignant que très rarement 1 millimètre entre les cuisses. Lignes de carènes, quand elles existent, irrégulières et ne se distinguant bien qu'à la loupe.

2

2. Plaques ventrales petites, toutes à peu
près de même dimension, en forme
de carré ou de parallélogramme
de 1 millimètre de côté, disposées
plutôt en bandes transversales que
longitudinales. Les bandes transversales forment presque toujours
des chevrons très ouverts à branches parallèles. 12-14 plaques
ventrales (sans compter les petites) sur un chevron transversal(1).
Collier très étroit. Sous-oculaire
n'atteignant généralement pas la
lèvre. (Pl. X, fig. 4 à 7).

Ac. scutellatus et var.

Plaques ventrales relativement grandes, en forme de parallélogramme, nettement plus larges que
hautes et régulièrement disposées
en bandes longitudinales et trans-
versales.   3

Collier formé de petites plaques moins
hautes que les ventrales; leur
hauteur n'atteint que rarement
1 millimètre; elle est, le plus souvent, réduite à 1/2 millimètre. Sous-
oculaire ne touchant qu'accidentellement la lèvre. 1re sus-oculaire
presque entière, rarement subdivisée en 3 squames; 12 plaques
ventrales, parfois 14, sur une
série transversale vers le milieu

(1) Dans les séries transversales de tous les lézards je ne compte que
les plaques qui se trouvent entre deux lignes parallèles et qui ont, par
conséquent, la même hauteur.

3. { du ventre. Queue bleue chez les jeunes. (Pl. XI.)

A. pardalis et var.

4. { Collier formé de plaques de grandeur variable, mais le plus souvent aussi hautes que les grandes ventrales, toujours plus hautes que celles d'*Acanthodactylus pardalis* (1, 2 à 3 mill.) Sous-oculaire touchant ou non la lèvre. 1re sus-oculaire bien divisée en squames et granules (1). 10 plaques ventrales sur une rangée transversale ; parfois 12 sur une ou plusieurs rangées.

4

Queue orangée chez les jeunes, chez les adultes après la mue, et surtout chez les femelles pendant la période des amours. Jamais deux squames interpréfrontales. Presque toujours 10 plaques sur une série transversale, rarement 12. Coloration à fond d'un fauve plus ou moins rougeâtre avec quatre raies claires sur le dos limitant trois bandes dont les deux latérales sont souvent tachées de noir. Haut des flancs parcouru par une ligne de taches jaunes ou bleues circulaires. Jeunes à raies dorsales colorées d'un beau noir. (Pl. XIV).

Ac. vulgaris et var.

Queue bleue chez les jeunes, légèrement bleutée chez les adultes.

5

(1) Dans l'Extrème Sud la 1re sous-oculaire de l'*Ac. vulgaris* tend à rester presque entière.

Deux squames interpréfrontales supplémentaires séparant les préfrontales. 10 plaques ventrales sur
une série transversale, mais le
plus souvent 12 sur 2 à 5 séries.
Sous-oculaire touchant toujours
la lèvre en Oranie. Une ligne de
petites écailles supplémentaires
dans le sillon sus-caudal. Coloration à fond clair, toujours à
reflets d'un bleu verdâtre. Taches
du haut des flancs et du dos
elliptiques. Jeunes à raie dorsale
médiane plus claire que les latérales. (Pl. XII).

A. Savignyi *Aud.* et var. (1).

Préfrontales contiguës au moins dans la
moitié postérieure de la suture. Pas
de squame interpréfrontale supplémentaire ou une seule. 10 plaques
ventrales sur une série transversale,
rarement 12. Généralement pas de
ligne de petites écail'es supplémentaires dans le sillon sus-caudal.
Préfrontales courtes, aussi larges
que longues. Sous-oculaire distante
de la lèvre. Ligne de granules supraciliaires simple. Taches des flancs
circulaires. Bandes dorsales d'égale largeur sur le milieu du dos.
(Pl. XIII).

Ac. Blanci *Nob.* — **T.**

5.

---

(1) J'admets qu'*Acanthodactylus Savignyi* Aud. et *Acanthodactylus Vaillantii* Lat. ont la queue bleue pendant le jeune âge. Dans le cas contraire, il faudrait considérer comme espèce la variété *oranensis*.

20   *Acanthodactylus Boskianus* Daud. (Pl. X, fig. 1 à 3)

Fig. (Le type) Aud. et Sav. *Description de l'Egypte.* Suppl.,
p. 120. (Pl. 1, fig. 9)
La variété *asper* (*loc. cit.*), p. 21. (Pl. 1, fig. 10)
(Tête) Blg. *Genus Acanthodactylus*, in *Proc. Zool. Soc.* 1881.
nº XLVIII. (Pl. LXIV, fig. 2 *a* et *b*)

Le lézard Bosquien.

Lacerta Boskianus *Daud.*
Lacerta aspera *Aud.*
Acanthodactylus Boskianus (*Fitz.*), *Daud., Strauch, Lall.,*
Ern. Olivier.*
Acanthodactylus Boskianus *Daud.* variété boskianus *Lataste*,
in *Ann. del Museo civico di Genova.* Série 2. *a*, vol. II.
Novembre 1885.
Acanthodactylus Boskianus *Daud.* variété asper *Lat.*,
Boulenger.

CARACTÈRES PRINCIPAUX. — *Écailles de la région rénale
bien plus grandes que celles de la partie antérieure du dos;
carènes très saillantes formant des lignes obliques, parallèles,
bien visibles à l'œil nu. Jeunes individus à queue rosée.*
C'est le plus grand de nos acanthodactyles.
Cette espèce est représentée en Berbérie par deux variétés.
dont voici le tableau :

Ac. Boskianus. — TABLEAU DES VARIÉTÉS

Écailles de la nuque et du cou carénées.
Dorsales s'élargissant rapidement des épaules à la base du dos; les rénales atteignant
1,5 à 2 millimètres de largeur. Forme
commune. (Pl. X, fig. 1).

Variété **asper.**

Écailles de la nuque et du cou subgranuleuses
non carénées. Dorsales ne s'élargissant
que très insensiblement des épaules à la
base du dos; les rénales atteignant au plus
1 mill. de largeur. Rare.

Variété **boskianus.**

Variété **BOSKIANUS** *Lataste* (Pl. X, fig. 2-3)
Fig. Aud. et Sav. (*loc. cit.*)

Acanthodactylus Boskianus *Daud.* Var. boskianus *Lataste*.

Cette variété qui représente le type égyptien d'Audouin, n'est connue de la Berbérie que par un exemplaire que j'ai rapporté de Géryville. Voici une courte énumération des caractères essentiels par lesquels cet échantillon diffère de la variété *asper* que je décrirai plus longuement.

Écailles de la nuque et du cou granuleuses, à carènes peu apparentes à la loupe. Dorsales bien carénées et dont la largeur va en augmentant insensiblement des épaules jusqu'au bas des reins ; la distance entre les lignes d'arêtes sur le milieu du dos n'est que d'un demi-millimètre au plus ; au bas du dos, de 0,8 millimètre ; la largeur des écailles atteint 1, 2 millimètres au plus. Écailles du dos et des flancs disposées sur 38-40 rangées.

TAILLE. — 0,068 + 0,125 $=$ 0^{m}193.

OBSERVATION. — Sur mon exemplaire, une femelle, l'inter-pariétale manque. (1)

DISTRIBUTION GÉOGRAPHIQUE. — (**O** : *H.-Pl.*) — Géryville : Bords de la route entre le cercle militaire et le gué (12 août 1898). Des échantillons du Kreider s'en rapprochent beaucoup.

Variété **ASPER** *Aud.* (Pl. X, fig. 1)
Fig. Aud. et Sav. (loc. cit.) Suppl. (Pl. 1, fig. 10)
Blg. — *Genus Acanth.* (loc. cit.) Pl. LXIV, fig. 2 *a* et *b*.

Cette variété est la plus répandue. En voici la description :
Tête peu séparée du tronc, plus longue que large : 18 milli-mètres sur 13 entre les tempes. Bout du museau saillant en

---

(1) Deux échantillons d'Alexandrie (Égypte), que je dois à l'obligeance de M. Boulenger, ont la 1re sus-oculaire très divisée. L'un d'eux a deux rangées de granules supraciliaires en avant, la 4e sus-oculaire entre deux lignes de granules, des ventrales petites, des orteils peu dentés, le bord postérieur des pariétales pourvu de granules semblables à ceux que l'on voit dans la fig. 84 de Savigny. Si les deux exemplaires présentaient les deux squames interpréfrontales, il serait difficile, d'après les seuls caractères de la tête, de les séparer d'Ac. *Savignyi* Aud,

dessus par suite du renflement du pourtour des narines. Supranasales aussi hautes que la rostrale et plus hautes que l'internasale. Rostrale subobtuse, arrondie. Internasale grande, entière, parfois sillonnée, anguleuse en avant et en arrière. 1re, 2e et 3e sus-oculaires entières, la postérieure légèrement séparée de la 3e par un très petit triangle de granules. La 1re est quelquefois sectionnée à son angle interne. Granules supraciliaires sur une seule ligne. Une petite interpariétale pénétrant plus ou moins entre les fronto-pariétales. Sous-oculaire n'atteignant pas la lèvre et reposant sur les 4e et 5e sus-labiales ; la 5e étant parfois divisée. Ouverture tympanique haute et étroite, plus large en bas qu'en haut, à bord antérieur portant 5-6 granules bien distincts. Temporales fines mais séparées de la lèvre par 3-4 rangées d'écailles bien plus grandes, subcarénées. Collier libre, à bord convexe sur la poitrine et très concave sur les côtés du cou.

Écailles ventrales grandes, bien plus larges que hautes, sur 10 rangées longitudinales et parallèles. Certaines rangées transversales peuvent présenter 12 et 14 plaques en comptant les petites supplémentaires. Écaillure du dos à éléments larges. Les carènes sont nettes sur la nuque. Les dorsales vont en s'agrandissant rapidement des épaules à la queue. Les lignes d'arêtes sont très droites depuis le milieu du dos jusqu'à la base. La distance de ces lignes entre elles, vers le milieu du dos, est de 1 millimètre. Il y a 32-36 rangées de dorsales au milieu du corps et 10-12 sur la base du dos entre les cuisses. En ce point, la plus grande largeur des écailles atteint 1,8 et 2 millimètres ; deux lignes d'arêtes sont distantes de 1,1 à 1,3 millimètre. Orteils bien dentelés, les plus longues franges égalant les trois quarts de l'épaisseur des phalanges. (1)

Pores fémoraux : 19-21.

Coloration. — Dos parcouru par 7 lignes d'un fauve plus ou moins foncé alternant avec des bandes d'un gris argenté. Des gouttelettes mal définies sur les membres. Ventre blanc.

---

(1) La fig. 94 de Savigny présente des barbelures dépassant en longueur l'épaisseur des orteils.

La robe des plus jeunes individus est très élégante. Elle est rayée par 6 bandes noires et 7 blanches dont la médiane, fourchue au sommet, descend jusqu'aux cuisses. Les membres portent des gouttelettes blanches bien saillantes. La queue est orangée.

SEXES. -- *Mâle.* — Base de la queue renflée. Fente anale grande, droite, descendant sur les côtés ; bords parallèles. Un fort sillon en dessus.

Femelle. — Queue non renflée. Fente anale étroite.

TAILLE. — 0,075 + 0,130 (queue repoussée, vieux mâle).
0,062 + 0,135 = 0,197.
0,056 + 0,122 = 0,178.

OBSERVATION. — Les caractères ci-dessus énumérés ne s'appliquent qu'à des individus très adultes. Les moyens présentent souvent l'aspect des *boskianus*. Le nombre d'écailles à la base du dos et l'agrandissement subit des dorsales après les épaules font facilement reconnaître l'*asper*.

Chez les exemplaires d'Égypte, les caractères de l'*asper* sont encore plus exagérés que chez nous.

DISTRIBUTION GÉOGRAPHIQUE. — (**Ai, T** : *H.-Pl., S.*) — Dans la province d'Oran, la variété *asper* de l'*Acanthodactylus Boskianus* n'a été signalée qu'au Kreider (Maury ex Blg.) Je l'ai recueillie dans cette localité où elle domine. Je l'ai reçue de Tyout (P. Pallary), d'Aïn-Sefra (Hiroux). Je l'ai vue ou capturée à Sfissifa (Les Saules), dans les dunes du Chott-el-Chergui sur la route d'El May à Sfissifa, sur la route de Géryville à Arba-Tahtani dans les parties sablonneuses à partir des puits de Korima. Je ne la connais pas d'El-Abiod-Sidi-Cheikh.

ÉTHOLOGIE. — L'*Acanthodactylus Boskianus* apparaît en avril. Il est commun en juillet-août. Il habite les sables Il court très vite en portant la queue relevée en demi-cercle. Il est néanmoins facile à prendre car il va se réfugier dans les trous qu'il creuse dans le sable. Quelques coups de piochon suffisent pour le déloger.

Je dois faire remarquer que dans les environs immédiats de Géryville il n'y a pas de dunes. L'échantillon de la variété *boskianus* que j'ai capturé dans cette localité se trouvait sur un terrain calcaire.

Je n'ai pas eu l'occasion de faire beaucoup d'observations sur cette espèce. Le 17 avril, une femelle m'a présenté deux groupes de 4 et 5 ovules non fécondés. Les jeunes naissent en juillet.

Des échantillons pris le 15 juillet mesuraient :

$$0,031 + 0,061 = 0,092$$
$$0,032 + 0,067 = 0,099$$

D'autres, du 12 avril suivant :

$$0,043 + 0,090 = 0,133$$
$$0,045 + 0,095 = 0,140$$

21. *Acanthodactylus scutellatus* Aud. (Pl. X, fig. 4 à 7)

Fig. Descript. de l'Egypte. Rept. suppl. (Pl. 1, fig. 7 à 7⁵-11 et 11¹)
Blg. (*Gen. Acanth.*) fig. 2 *a, b, c, d*.

L'acanthodactyle pommelé.

Acanthodactylus scutellatus *Aud., Strauch, Lall., Blg., Ern. Olivier.*

Acanthodactylus scutellatus *Aud.* variété scutellatus *Lat.* (in *Ac. Barbarie*).

Acanthodactylus scutellatus variété exiguus *Lat.* (loc. cit.)

CARACTÈRES PRINCIPAUX. — *Ventrales carrées ou à peu près, petites, disposées en chevrons dans le sens transversal. Pas de bandes longitudinales parallèles à la ligne du milieu. 1ʳᵉ sus-oculaire entière ou peu sectionnée ; la 4ᵉ séparée de la 3ᵉ par un triangle de granules. Orteils barbelés.*

Cette espèce est très variable. M. Lataste y a distingué deux variétés, dont une seule est connue en Berbérie.

Voici les principaux caractères distinctifs de ces variétés :

Ac. Scutellatus Aud. — TABLEAU DES VARIÉTÉS

Corps d'un gris bleu tout réticulé de lignes noires
épaisses qui limitent, sur les flancs, d'assez
grandes taches claires. Franges *de la base*
du grand orteil aussi longues ou plus longues
que son épaisseur. Taille dépassant 55 millimètres du museau à l'anus. (Pl. X, fig. 4).

Variété scutellatus. — Egypte.

Coloration variable, généralement à fond couleur de sable. Pas de réticulations sur le
dos ou, si elles existent, réduites à de petits
points. Franges moins développées. Longueur du museau à l'anus ne dépassant pas
45 millimètres. (Pl. X, fig. 5 à 7.)

Variété exiguus Lat.

Variété SCUTELLATUS Lataste (Pl. X, fig. 4)

Fig. Description de l'Egypte. Rept., suppl.

(Pl. 1, fig. 7 à 7⁵–11 et 11⁴)

Acanthodactylus scutellalus *Aud.*, variété scutellatus *Lataste*
(loc. cit.) p. 16.

Les caractères donnés dans le tableau suffisent pour faire reconnaître cette variété qui, jusqu'ici, n'a pas été signalée en Berbérie.
Elle pourrait pourtant se trouver dans l'extrème sud oriental.

J'ai reçu de M. Blanc, de Tunis, un exemplaire de Tunisie (sans
localité précise) qui s'en rapproche beaucoup.

La tète assez forte présente les dimensions suivantes : ligne
entre les tempes 0,012, longueur des plaques 0,015. Collier formé
de plaques de 0,001. Ventrales présentant des lignes longitudinales
assez régulières. Grand orteil portant *à la base* des barbelures très
grandes dépassant en longueur l'épaisseur de la phalange. 25 paires
de pores fémoraux. Robe à fond gris de sable tacheté de points
noirs irréguliers.

TAILLE : 0,063 + 0,110 = 0ᵐ173.

Variété **EXIGUUS** *Lataste* (Pl. X, fig. 5 à 7)

Acanthodactylus scutellatus *Aud.*, variété exiguus *Lataste* (loc. cit.), p. 18.

Comme son nom l'indique, cet animal est de petite taille.
En voici la description :

Tête petite : longueur des plaques, 13 millimètres. Tempes renflées, distantes entre elles de 10 millimètres. 1re sus-oculaire entière ou avec une petite division dans les angles, parfois même sectionnée, mais alors à divisions plates. 2e et 3e sus-oculaires entières, séparées de l'arcade sourcilière par une ligne simple de granules ; cette ligne peut être double. 4e sus-oculaire entière ou formée de 2 ou 3 squames renflées, l'interne seule touchant la 3e par son extrémité antérieure. Un triangle de granules, de même grandeur que ceux qui bordent l'arcade sourcilière, remplit l'espace libre.

Sous-oculaire reposant sur les 4e, 5e et 6e sus-labiales. L'occipitale est représentée par une écaille, parfois large d'un demi-millimètre, placée dans l'angle que forment les bords postérieurs des pariétales

Inframaxillaires de la 3e paire contiguës sur toute leur longueur. Celles de la 4e paire retirées en arrière, très distantes. Les 4 inframaxillaires limitent la moitié supérieure d'un trapèze. (Chez *Acanthodactylus pardalis* elles forment un angle. Ce caractère permet de distinguer les deux espèces). Entre les 4es inframaxillaires et en bordure des 3es se trouve une ligne de 4 granules égaux deux à deux, les internes étant trois à quatre fois plus petits que les externes. C'est là la disposition normale (1).

Il arrive que le trapèze est mal formé par les inframaxillaires et que les 4 granules sont de même grandeur. Dans ce cas, les

---

(1) Je trouve une disposition semblab'e chez un *Acanthodactylus pardalis* de Gafsà (Tunisie) que je dois à M. Ern Olivier. Entre les deux grands granules il y en a 4 de petits, dont l'un s'avance entre les 3es inframaxillaires. Cette disposition se retrouve sur l'*Ac. Bedriagai*, figurée par Blg., in *Proc. zool.* 1881. (Pl. XIII.) Dans les deux cas, les grands granules sont plats et chacun d'eux est plutôt une division de la 3e inframaxillaire.

granules sont toujours placés sur une ligne à peu près transversale et ils sont alors plus grands que tous ceux qui les suivent jusqu'au pli. (Chez *Ac. pardalis* les granules sont de même dimension que les plus grands situés en avant du pli ; ils sont aussi plus nombreux, 6-8, et forment un chevron qui s'avance plus ou moins entre les 3es inframaxillaires).

Collier formé de très petites plaques (hautes le plus souvent de 0,4, 0,5 et rarement de 0,8 millimètre), libre sur son pourtour, mais fixé en arrière.

Écailles dorsales de grandeur variable, le plus souvent élargies, plates, nettement carénées, même sur les épaules, au nombre de 60 environ avec les ventrales. Parfois les dorsales sont subgranuleuses, à carènes très obtuses, ne se dessinant nettement que dans la moitié inférieure du dos. Il y a alors 70 écailles environ autour du corps. Plaques ventrales nombreuses, très petites, carrées ou un peu obliques, à côtés à peu près égaux, atteignant au plus 1 millimètre. On en compte de 12 à 16 de même hauteur sur une bande transversale. Les supplémentaires moins hautes sont d'autant plus nombreuses que l'animal a les dorsales plus fines. Ces plaques ne présentent quelque symétrie que dans le sens transversal. Les deux moitiés de chaque série transversale forment dans la région abdominale un angle obtus à pointe généralement en haut.

Cette disposition des plaques ventrales en damier permet de distinguer sans hésitation l'*Acanthodactylus scutellatus*.

Parfois les écailles des bandes médianes sont les unes triangulaires, les autres trapézoïdes. Elles forment deux rangées longitudinales régulières. Quelquefois les plaques suivantes se présentent sur des lignes longitudinales *obliques* qui forment de longs angles aigus dont la pointe est en bas.

Souvent, il y a, *sur le côté gauche*, une ou deux lignes de plaques assez régulièrement parallèles aux deux bandes médianes. Il arrive aussi que l'on trouve des séries parallèles sur les deux côtés. Alors les plaques sont un peu plus larges que hautes. J'attribue ce caractère à l'influence du croisement. J'y reviendrai plus loin.

Orteils plus ou moins frangés, à franges n'égalant que rarement la largeur de l'orteil.

Plaques préanales petites, nombreuses, polygonales ; la centrale n'étant guère plus grande que ses voisines qui bordent le cloaque.

Pores fémoraux : 15 à 18, parfois 20.

COLORATION. — Très variable à l'âge adulte. Chez les jeunes elle est plus uniforme ; le fond de couleur chair mêlée d'olivàtre est pommelé de taches claires plus ou moins apparentes.

Voici les principales variations que j'ai constatées chez les adultes.

Forme **A**. — Dos, vu de loin, paraissant uni, d'un beau rouge de sable. Sur les flancs on voit, de près, deux à quatre lignes de petites taches claires. Tout le dessus du corps est à fond rouge de sable uniforme, obscurément tacheté par quelques écailles plus foncées. Lèvres jaunâtres. Membres légèrement pommelés. Ventre d'un blanc sale.

L'individu que je décris a 70 écailles autour du corps et 24 rangées de grandes écailles au bas du dos, entre les cuisses. Ses ventrales sont égales, petites, très symétriques dans le sens transversal.

TAILLE. — 0,045 + 0,056 (queue coupée).

Aïn-Sefra (Hiroux), 17 juin.

Forme **B**. — Dos d'un brun roussâtre clair, visiblement pommelé de gris. Flancs bleuâtres coupés par une bande encore plus claire que les taches du dos. Dessus de la queue uni, clair ; côtés bleuâtres. Dessous du ventre d'un blanc jaunâtre.

L'individu sur lequel je décris cette variation présente tous les autres caractères du précédent.

Aïn-Sefra (P. Pallary), avril. — El-Abiod-Sidi-Cheikh (Pou- plier), mai.

Forme **C**. — Dessus du corps d'un brun olivâtre, surtout sur le haut du dos et sur la tête. Base du dos brunâtre. Dos uni ou parcouru par 4 ou 5 lignes d'un noir verdâtre assez peu apparentes. Sur les flancs se trouve une ligne de petites taches claires enchâssées dans une bande noirâtre. Flancs d'un vert bleuâtre. Côtés de la queue noirâtres ; dessus uni, de même couleur que le bas du dos. Membres, surtout les postérieurs, pommelés.

Cette variété a les écailles très nettement carénées, plates et relativement grandes. On peut presque les compter à l'œil nu. Les ventrales sont moins symétriques. Chez certains individus elles forment sur le côté gauche, une ou deux rangées assez régulièrement parallèles aux deux bandes médianes.

TAILLE. — 0,050 + 0,085 = 0ᵐ135.

Aïn-Sefra (P. Pallary, Hiroux), avril, juin.

Forme **D**. — Dessus du corps d'un gris de sable. Dos parcouru par 4 ou 5 lignes de points allongés presque contigus, plus clairs que le fond et peu apparents. Dos et flancs parsemés d'écailles isolées de couleur marron. Côtés de la queue plus noirs que les flancs. Ventre blanc.

Écailles dorsales larges et carénées. Ventrales un peu asymétriques. Le côté gauche présente une ou deux rangées longitudinales régulières ; assez souvent il y en a aussi une sur le côté droit.

Arba-Tahtani, août. — El-Abiod-Sidi-Cheikh (Pouplier), mai.

TAILLE. — 0,045 + 0.088 = 0ᵐ133.

VARIATIONS. — Chez certains individus on trouve réunis des caractères propres à l'*Acanthodactylus scutellatus* et à l'*Acanthodactylus pardalis*. Je suis porté à croire qu'il y a lieu d'attribuer cette anomalie au croisement. Les matériaux que je possède sont insuffisants pour m'autoriser à être affirmatif. Je ne décrirai que les deux exemplaires de ma collection qui présentent des caractères bien tranchés.

1° Tête d'*Acanthodactylus scutellatus* ; écaillure dorsale à éléments larges, fortement carénés ; 60 écailles environ autour du corps. En résumé, dessus d'*Acanthodactylus scutellatus*.

Les variations sont en dessous. Trois grains seulement de même dimension entre les 4ᵐᵉˢ inframaxillaires. Collier à plaques inégales, certaines beaucoup plus larges que hautes. Les plaques ventrales présentent deux séries longitudinales sur le côté gauche et trois sur le côté droit. Ces séries longitudinales n'atteignent pas la poitrine. Les écailles qui les composent sont visiblement plus larges que hautes.

Plaques préanales symétriques ; d'abord une série de 4 forme une ligne médiane dont la plaque anale est deux fois aussi large que celle qui la précède ; de chaque côté trois séries plus étroites vont en diminuant de la largeur vers la ligne des pores. Les plaques, en forme de losange irrégulier, s'ajustent dans les angles extérieurs formés par les séries latérales. Cette disposition se retrouve chez *Acanthodactylus pardalis*.

Orteils à franges écartées et courtes. 17-19 pores fémoraux.

COLORATION. — Dos d'un rouge de sable terne, tout parsemé de petites écailles noires isolées. Quelques-unes sont réunies par 2 ou 3. Sur les flancs, elles sont plus nombreuses et forment des réticulations qui entourent des taches peu apparentes. Partie inférieure des flancs noire et blanche. Ventre blanc. Queue tachetée de noir en dessus : noire et blanche sur les côtés comme sur les flancs.

TAILLE. — 0,048 + 0,097 = 0,145.

Arba-Tahtani : août.

Cet individu qui a toutes les apparences d'un mâle est certainement un *Acanthodactylus scutellatus* ; mais les variations du dessous du corps indiquent l'influence d'*Acanthodactylus pardalis* variété *spinicauda* qui vit avec lui.

J'ai eu cinq *Acanthodactylus scutellatus* de la même localité. Sur ce nombre deux seulement étaient purs ; chez les trois autres il y avait une certaine tendance à montrer les variations que je viens de décrire.

2º Je possède, d'El-Goléa, un *Acanthodactylus scutellatus* chez lequel se montrent aussi des caractères d'*Acanthodactylus pardalis*. En voici la description :

Tête petite ; largeur entre les tempes, 0,010 ; longueur des plaques, 0,013. 4ᵉ sus-oculaire semblable à celle d'*Anthodactylus scutellatus*, mais la grande squame est sectionnée en 3 ou 4 tronçons. Écaillure du dos, large et fortement carénée. Granulations entre les 4ᵉˢ inframaxillaires, de forme normale. Collier libre, assez étroit. Ventrales sur trois rangées longitudinales de chaque côté sur les 2/3 postérieurs. Plaques préanales petites, disposées sans ordre, l'inférieure étant 3 fois aussi grande que les autres.

Orteils à franges atteignant en longueur presque la largeur des phalanges. 19-21 pores fémoraux.

COLORATION. — D'un gris olivâtre avec des points noirs et des réticulalions de même couleur sur le haut et le bas des flancs. Sur le milieu du dos il y a trois lignes parallèles de points et de traits noirs. Sur les flancs et les membres les taches claires sont peu apparentes. Queue de même couleur que le dos. Ventre blanc sale.

TAILLE. — 0,052 + 0,095 = 0ᵐ147, Largeur du corps 0ᵐ011.

La coloration et la longueur des franges des orteils rapprochent l'exemplaire d'El-Goléa de l'*Acanthodactylus scutellatus* variété *scutellatus*. La disposition des ventrales rappelle l'*Acanthodactylus pardalis*.

Dans les deux cas que je viens de citer il est bien difficile de mettre en doute l'influence du croisement. Toutefois il m'est impossible d'en connaître les conditions. Je laisse à d'autres, mieux pourvus de matériaux, le soin d'étudier cette question.

SEXES. — *Mâle.* — Fente cloacale large, queue renflée.

DISTRIBUTION GÉOGRAPHIQUE. — (**Ai, T.** : *H.-Pl., S.*) — L'*Acanthodactylus scutellatus*, variété *exiguus* n'a été signalé qu'à Aïn-Sefra (Maury ex Blg). Je l'ai reçu plusieurs fois de cette localité (Pallary, Hiroux). Je l'ai recueilli en abondance à Arba-Tahtani. M. Pouplier me l'a envoyé d'El-Abiod-Sidi-Cheikh.

ÉTHOLOGIE. — L'Acanthodactyle pommelé habite les dunes et les lieux sablonneux de la région saharienne. Il apparaît dès le mois de mai. On le trouve en plein été.

Une femelle capturée le 1er mai avait deux œufs de 5 millimètres de diamètre. Il restait trois petits ovules gros comme une tête d'épingle.

Je n'ai pas d'autres renseignements sur cette espèce.

22. *Acanthodactylus pardalis* Licht. (Pl. XI)

Fig. (A. Bedriagai Lataste) Blg. *Proc. zool.* (loc. cit.)
(Pl. LXIII, fig. 1, *a*, *b*, *c*.)

L'acanthodactyle panthère.

Acanthodactylus Savignyi, *Gerv.*, *Guich.*, *Strauch*, *Lall*, *Lataste*, non *Audouin*.
Lacerta deserti *Strauch*.
Acanthodactylus Bedriagai *Lat.* in *Acanth. de Barb.* (loc. cit.) et in journal *Le Naturaliste* 1881 (p. 357).
Acanthodactylus pardalis *Licht.* 1823. *Blg.*, *Ern. Olivier*.

Cette espèce est la plus difficile à limiter, car elle est très variable. Par certains caractères elle a de grands liens de parenté, d'abord avec l'*Acanthodactylus scutellatus*, ensuite avec l'*Acanthodactylus Savignyi*, que je décrirai plus loin.

L'*Acanthodactylus pardalis* comprend plusieurs races géographiques qui, décrites comme espèces, ont fait naître la plus grande confusion ; plusieurs de ses variations ont été signalées sous le nom d'*Acanthodactylus Savignyi*. Or, il se trouve que l'espèce d'Audouin est restée jusqu'ici à peu près inconnue. Seule la figure de l'Exploration d'Egypte la représente, les matériaux recueillis par l'Expédition ayant été perdus.

Tous les *Acanthodactylus Savignyi* signalés jusqu'à ce jour en Algérie n'appartiennent pas à cette espèce.

C'est à M. Boulenger que revient l'honneur d'avoir exclu l'*Acanthodactylus Savignyi (Auct. alg.)* de la faune barbaresque et de l'avoir rapporté à l'*Acanthodactylus pardalis* Licht.

Je ne puis que m'incliner devant l'autorité du Maître qui a pu examiner l'échantillon type de Lichstentein. J'accepte donc la détermination.

On verra plus loin que la découverte de l'*Acanthodactylus Savignyi* var. *oranensis* à Oran, tout en faisant rentrer cette espèce dans la faune algérienne, a permis de jeter une grande clarté dans l'étude de cette question.

M. Lataste qui a étudié particulièrement les acanthodactyles, réunissait, sous le nom d'*Acanthodactylus Savignyi*, trois variétés, dont la plus importante est la variété *Bedriagai* dont il avait d'abord fait une espèce. C'est là, d'après Boulenger, le type de l'*Acanthodactylus pardalis* Licht. Lataste a séparé ensuite une variété *Savignyi* mal définie et dont je n'ai pas à m'occuper ici. Enfin, il a appliqué le nom de variété *deserti* à une forme qu'il dit « commune » en Algérie. Voici les diagnoses qu'il a données dans ses tableaux :

Taille grande et forme massive. Écailles dorsales irrégulières et vaguement carénées. Coloration plus ou moins semblable à celle du *vulgaris*.

Variété **Bedriagai** Lat.

Taille petite et forme grêle. Écailles dorsales régulièrement rhomboïdales et nettement carénées. Coloration plus ou moins effacée.

Variété **deserti** Lat.

Je ne sais à quelle variété se rapportent les termes « taille petite et forme grêle. » Les échantillons que je possède d'Egypte, de Biskra et de Tuggurth ne sont ni petits, ni grêles. Ceux de Tuggurth sont absolument semblables à ceux de Kralfallah et de tous les Hauts-Plateaux oranais ; tous sont de taille moyenne ; ils ont tantôt les écailles dorsales nettement carénées, très obtusément en dos d'âne à la pointe, tantôt lisses et convexes.

D'après le tableau de Lataste, il faudrait rapporter le plus grand nombre des échantillons des Hauts-Plateaux oranais à la variété *deserti*. La désignation est naturellement impropre pour les formes de cette région. Lataste, dans son travail

(*Ac. de Barb.*), p. 11, dit : « Les proportions de la variété *deserti* du Sahara sont presque aussi grèles que celles de la variété saharienne du *scutellatus*. » Dans sa description d'*Acanthodactylus Bedriagai* (in Natur.) il cite cette espèce de Biskra et même d'Ouargla ; il ne distingue pas encore la variété *deserti*.

En résumé, je ne vois pas le moyen de délimiter la variété *deserti*. Je me borne à la signaler avec les caractères que lui attribue Lataste. Je ne la reconnais pas.

La variété *Bedriagai* Lat. présente deux formes qui se séparent plus facilement : l'une est celle figurée par Blg., *Proc. zool.* (loc. cit.), sous le nom d'*Acanthodactylus Bedriagai* Lat. ; l'autre est la forme de taille moyenne commune sur les Hauts-Plateaux et qui descend dans le Sahara. Je conserve à la première le nom de *Bedriagai* et je donne à la deuxième celui d'*intermedius*.

Enfin je crée la variété *spinicauda* pour une forme bien tranchée du Sahara oranais.

Le tableau suivant fait ressortir les caractères essentiels qui distinguent ces diverses variations.

Ac. pardalis Licht. — TABLEAU DES VARIÉTÉS

1. Carènes des écailles de chaque côté de la base de la queue relevées à l'extrémité ou au milieu en un triangle très saillant (1 millimètre), faisant paraître la queue épineuse surtout chez le mâle. Taille moyenne. (Pl. XI, fig. 6 à 9.)

Variété **spinicauda** *Nob.*

Queue non épineuse à la base.

Variété **pardalis** *et sous-variétés.*   2

2.

Animaux adultes de *forte taille* atteignant et dépassant 60 millimètres
du museau à l'anus. Écailles dorsales, *plates*, *unies*, assez imbriquées.
Parfois quelques carènes obtuses
entre les cuisses.

Sous-variété **Bedriagai**.

Animaux adultes *de taille moyenne*
dépassant à peine 55 millimètres.
Écailles dorsales plus ou moins
carénées ; parfois lisses, *convexes*,
peu ou pas imbriquées ; quelques
traces de carènes entre les cuisses.
(Pl. XI, fig. 1 à 5.)

Sous-variété **intermedius** *Nob.*

Taille petite et forme grêle. Écailles
dorsales régulièrement rhomboïdales et nettement carénées. Coloration
plus ou moins effacée.

Sous-variété **deserti** *Lat.*

Variété **PARDALIS**

1° Sous-variété **bedriagai**

Fig. Blg. *Proc. Zool.* (loc. cit.) Pl. LXIII, fig. 1 *a*, *b*, *c*

Acanthodactylus Bedriagai *Lataste*, in *Naturaliste* (loc. cit.),
p. 357.

Acanthodactylus Savignyi *Lataste* non *Audouin*, var. Bedriagai
Lataste, in *Ac. de Barb.*, p. 13.

Acanthodactylus Bedriagæ *Boulenger Proc. Zool. Soc.* (loc. cit.),
p. 746. Pl. LXIII, fig. 1.

Je ne connais pas cette variété de la province d'Oran. M. Lataste
l'a citée du Sersou, région qui appartient aux deux provinces
d'Alger et d'Oran. Il la donne comme commune dans la province
de Constantine.

Je crois que les échantillons du Haut-Tell occidental doivent
être rapportés à la sous-variété *intermedius*.

J'ai un exemplaire de Gafsa (Tunisie)(don de M. Ern. Olivier), qui
est absolument identique à celui figuré par M. Boulenger. Un autre
exemplaire de Tunisie, sans localité (M. Blanc), offre une transition vers la variété suivante. Sa taille est de 60 millimètres ;
les carènes apparaissent vaguement.

2ᵉ Sous–variété **intermedius** *Nob.* (Pl. XI, fig. 1 à 5)

Acanthodactylus Bedriagai *Lat.* (ex. p.) (*loc. cit.*)
Acanthodactylus pardalis *Boulenger.* *in* Rept. de Barbarie.

Corps ramassé ; distance du bout du museau à l'anus dépassant rarement chez les adultes 55 millimètres. Tête forte et courte, largeur entre les tempes 11 millimètres, longueur des plaques de la tête 13 millimètres.

1ʳᵉ sus-oculaire divisée dans le sens de la longueur en 2 ou 3 grandes squames bombées, la plus grande plus longue que large. Presque toujours un granule dans l'angle interne. 2ᵉ et 3ᵉ sus-oculaires entières ; la 4ᵉ réduite à une squame section-née en 2 ou 3 parties et séparée de la 3ᵉ sus-oculaire, dans la moitié inférieure, par un triangle de granules. Ligne de granules de l'arcade supraciliaire simple.

Sous-oculaire ne touchant que très rarement la lèvre par une pointe très fine ; elle repose le plus souvent sur les 4ᵉ et 5ᵉ sus-labiales, quelquefois sur les 5ᵉ et 6ᵉ, parfois aussi sur les 4ᵉ, 5ᵉ et 6ᵉ. Sa pointe est toujours peu distante de la lèvre ; à peine d'un demi-millimètre. Lorsque la sous-oculaire repose sur 3 labiales, la médiane est minuscule et n'est qu'une division de la 4ᵉ ou de la 5ᵉ labiale.

Collier étroit (au plus 1 millimètre de haut); plaque centrale ordinairement fixe ; 4 ou 5 pièces de chaque côté, toutes un peu plus grandes que celles de la ligne qui les précède.

Bords intérieurs de la 3ᵉ paire d'inframaxillaires formant toujours un angle aigu ou obtus. Les 4ᵉˢ inframaxillaires peu ou pas retirées en arrière. 6 à 9 granules de même grandeur entre les 4ᵉˢ inframaxillaires, le central pénétrant entre les 3ᵉˢ. J'ai déjà dit que le nombre et la disposition de ces granules permettaient, dans les cas difficiles, de reconnaître les *Acanthodactylus scutellatus* et *pardalis*. Chez le 1ᵉʳ les 4 granules forment une ligne transversale qui borde les 3ᵉˢ inframaxi-liaires ; chez le 2ᵉ les 6 à 9 granules forment un angle qui borde les 4ᵉ et 3ᵉ inframaxillaires.

Écailles dorsales des sujets adultes à carènes bien distinctes surtout en arrière du milieu du dos. Chez ceux de grandeur moyenne les carènes peuvent n'être que peu apparentes ;

toutefois elles sont toujours distinctes à la hauteur des cuisses. Le caractère tiré des carènes n'a d'ailleurs que peu de valeur. Dans la même localité on trouve des individus différant sous ce rapport. Les échantillons de Méchéria ont les écailles moins carénées que ceux de Kralfallah. C'est le contraire qui devrait avoir lieu, la première localité se trouvant à 120 kilomètres au sud de la seconde. Un du Kreider, localité intermédiaire, a les écailles lisses. Chez d'autres d'El-Aouedj (daya Fert) elles ne sont pas carénées mais sensiblement relevées en dos d'âne dans le bas du dos.

Plaques ventrales de dimensions moyennes : 1,5 à 2 millimètres de largeur sur 1 millimètre de hauteur. Elles forment des rangées longitudinales et transversales régulières. Les rangées longitudinales atteignent la ligne des aisselles. Les rangées transversales dans la région moyenne comprennent, entre les deux lignes parallèles, 12 plaques. Une ou deux lignes comptent 14 plaques et même davantage avec celles de moindre hauteur.

Plaques préanales symétriques de chaque côté de la série médiane qui en compte 4 ou 5.

Base de la queue à écailles latérales et supérieures carénées, mais à carènes régulières non proéminentes. Orteils à dentelure très étroite. Pores fémoraux : 20-23.

COLORATION. — Très variable. Le fond varie du brun foncé au fauve clair. Le motif du dessin est à peu près toujours le même. Il se compose de 4 lignes équidistantes (parfois une 5e médiane) de taches oblongues jaunes ou grises qui parcourent le dos. Ces taches ont un millimètre de largeur sur deux de longueur. Elles sont assez rapprochées et se rejoignent même confusément. Les deux lignes externes partent de l'angle externe des pariétales. Le haut des flancs est parcouru par une ligne de taches de même couleur que celles du dos.

La coloration du dessin varie aussi. La bande centrale du dos reste unie. Entre les 1re et 2e lignes dorsales de points et entre la 2e ligne et celle du haut des flancs, il y a des taches noires qui joignent les bandes. Ces taches sont tantôt presque carrées, tantôt en forme d'X. Souvent dans ce dernier cas les branches des X se rejoignent et entourent des taches de la couleur du fond. Le nombre des lignes de taches est alors doublé. Dessus de la queue tacheté de noir, de grisâtre ou de jaunâtre sur un fond de couleur un peu plus claire que celle du dos.

Membres réticulés de noir sur fond fauve avec des gouttelettes blanchâtres ou colorées.

Gorge et ventre blancs lavés de bleu.

Les jeunes ont la queue bleue. Leur dos est d'un brun noirâtre à reflets bleuâtres. En dessus il y a quatre lignes de taches claires contiguës. Les trois interlignes sont sectionnés par des taches noires irrégulières qui contournent des taches régulières moins claires que celles des bandes principales. Sur les flancs il y a une ligne de gouttelettes. Celles des membres sont très marquées.

Ventre à reflets bleuâtres.

On trouvera peut-être dans le Sahara oranais d'autres colorations identiques à d'autres signalées ailleurs. Les échantillons de Biskra et de Tuggurth, présentent de grosses taches noires anguleuses entremêlées de points de couleur ocre claire Le fond est d'un gris bleuâtre. Cette dernière couleur paraît d'ailleurs s'accentuer vers l'Est. En Tunisie comme en Egypte le fond est gris perle chez la variété *Bedriagai*.

SEXES. — *Mâle.* — Fente cloacale large et droite. Ce caractère est moins saillant que chez les autres espèces. La queue est aussi bien moins renflée que chez les *Acanthodactylus vulgaris* et *lineo-maculatus*. Les côtés sont légèrement convexes, le dessous est plat, presque concave. La lèvre postérieure de la fente cloacale est proéminente.

Femelle. — Chez la femelle, la base de la queue est ronde et c'est la lèvre antérieure qui a une tendance à être proéminente.

TAILLE. — $0,056 + 0,090 = 0,146$.

Cette taille est très rare. En général elle ne dépasse pas 54 millimètres du museau à l'anus.

DISTRIBUTION GÉOGRAPHIQUE. — (**B** : *T.. H.-Pl., S.*) — Quoique l'*Acanthodactylus pardalis* n'ait pas été signalé au Maroc, je l'inscris pour toute la Berbérie. Cette espèce se trouve à El-Aricha, non loin de la frontière ; elle pénètre donc en ce point dans le Maroc. Elle doit aussi y pénétrer par la région d'Aïn-Sefra où Maury (ex B!g.) l'a signalée.

L'*Acanthodactylus pardalis* variété *intermedius*, est répandu partout, depuis la limite Nord des Haut-Plateaux jusque dans le Sahara. Maury l'a signalé au Kreider. Je l'ai reçu en abondance de Méchéria (Hiroux). Je l'ai recueilli à El-Aouedj (daya Fert), El-Aricha, Bedeau, Sidi-Chaïb (15 kilomètres au Sud de Daya), Marhoum, Tafaraoua, Kralfallah, le Kreider, Bou Ktoub, Géryville. Dans toutes ces localités il est commun.

Je ne connais pas d'habitat dans le Tell oranais. Toutefois l'*Acanthodactylus pardalis* existe à Oran dans les ravins qui s'étendent au Sud des Planteurs. Cette colonie provient certainement d'individus importés. A quelque différence près, ils ressemblent à ceux des Hauts-Plateaux. La couleur est d'un fauve clair et les écailles dorsales sont très peu carénées comme chez les exemplaires d'El-Aouedj. (1)

ÉTHOLOGIE. — L'*Acanthodactylus pardalis* se trouve toute l'année lorsque la température n'est pas trop froide. Très commun au printemps, il est rare en juillet et août. Il redevient abondant dès le mois de septembre et sort pendant les belles journées de l'hiver. Il habite les terrains découverts où le chich, l'alfa et le sparte ne sont pas trop épais. Il vit en dehors des sables auxquels il préfère les terrains pierreux.

L'accouplement paraît se faire de bonne heure. Voici les observations que j'ai faites à ce sujet :

Du 30 janvier. — Une femelle du Kreider (Hiroux) avait 4 œufs développés de 13ᵐ sur 7. Il restait deux groupes de 5 œufs, dont 4 plus gros que les autres (2ᵐ) qui paraissaient être fécondés.

Du 29 février de la même année. — Des femelles de Méchéria (Hiroux) portaient 4 œufs longs de 11ᵐ sur 7 de petit diamètre. Ces œufs, réniformes, avaient les bouts arrondis ; le contour au milieu était circulaire. Il restait un groupe de petits ovules de 1 à 2 millimètres de diamètre. La tempéra-

____

(1) J'ai introduit à Gambetta quelques exemplaires provenant de Kralfallah.

ture de Méchéria étant à cette date bien plus froide que celle du Kreider, la période de gestation y est naturellement moins avancée.

Du 2 mars. — Une femelle de Méchéria (Hiroux) avait 3 œufs de 8 à 9 millimètres ; une autre, 3 de 6 millimètres ; une troisième, 3 de 5 millimètres avec 4 ou 5 ovules.

Du 1er avril. — Une femelle de Méchéria (Hiroux) m'a présenté 3 œufs de 13^m sur 7. Au-dessous se trouvaient deux groupes de chacun 5 œufs clairs de 1,5 mill. au plus de diamètre.

Du 14 avril. — Deux femelles de la même localité m'ont présenté chacune 4 œufs de 8^m sur 6. Il y avait en dessous une dizaine d'ovules ; un seul paraissait fécondé.

Du 15 avril. — Une ponte de 3 œufs de 12^m sur 7.

Du 17 avril. — Un envoi de Méchéria (Hiroux) renfermait 2 œufs pondus en route. Les animaux avaient été récoltés le 8 et le 11.

Du 27 avril. — Une ponte de 4 œufs de 12^m sur 7.

En résumé, il ressort de ces observations qu'il y a fin mars ou en avril une 1re ponte de 3 œufs, parfois de 4. Une ou deux autres pontes ont lieu plus tard. J'ignore à quelle époque se fait la seconde.

Les observations suivantes prouvent qu'il y a aussi une ponte vers l'automne.

Du 1er septembre. — Des femelles prises par moi à Kralfallah avaient 3 œufs mesurant 8^m sur 6. Il n'en restait pas de petits.

Du 20 septembre suivant. — Une femelle de la même localité a pondu, chez moi, 3 œufs. Ces œufs cylindriques mesuraient 15^m sur 7 ; leurs bouts étaient arrondis sur le quart de la longueur. Ces œufs se sont desséchés, car la coque était assez molle.

Que conclure de tout cela ? C'est qu'il y a dans l'année probablement trois pontes. Deux au printemps, la troisième en automne. Toutes sont-elles fécondes ? Je ne le crois pas.

Les jeunes apparaissent en juillet. Je n'en possède que quelques-uns sur lesquels j'ai pris les mesures suivantes :

El-Aricha : fin juillet : 0,023 + 0,038 = 0,066. Pas de trace de l'ombilic.

Géryville : 15 août : 0,029 + 0,040 = 0,069.   —

Kralfallah : 20 août : 0,035 + queue. — Cet exemplaire devait être né l'année précédente ou au moins au premier printemps. Il porte la robe des adultes.

Sidi-Chaïb : 1er octobre : 0,033 + 0.046 = 0,079. Même observation.

L'*Acanthodactylus pardalis* se nourrit d'insectes. Dans l'estomac d'échantillons du Kreider (fin janvier) j'ai trouvé de jeunes criquets de 5 millimètres ; dans d'autres de Méchéria (avril), des chenilles très velues, des fourmis, des araignées.

3° Sous-variété **deserti** *Lataste*

Acanthodactylus Savignyi variété deserti *Lat.* (loc. cit.), pp. 11 et 39.

Je n'ai rien qui se rapporte à la forme « taille petite et forme grêle. » Tout ce que je possède du Sahara ne peut être séparé de la sous-variété *intermedius* des Hauts-Plateaux oranais.

Or, d'après M. Boulenger (in litt.), *Acanthodactylus pardalis* type = variété *deserti* Lat. Il serait donc rationnel de faire disparaître cette variété *deserti* et de ne conserver que les variétés *Bedriagai* et *pardalis* ; cette dernière étant formée par la réunion des sous-variétés *intermedius* et *deserti*.

Variété **SPINICAUDA** *Nob.* (Pl. XI, fig. 6 à 9)

Cette variété qui a tout l'aspect d'une espèce distincte est bien caractérisée. En voici la description :

Tête large, ligne des tempes 10 millimètres, longueur des plaques de la tête 14 millimètres.

1re sus-oculaire très entière, toujours plate. Il existe parfois une ou deux très petites divisions, mais jamais dans l'angle antéro-externe. 2e et 3e sus-oculaires entières. La 4e divisée en granules, dont deux ou trois, de grandeur différente, sont séparées de la 3e sus-oculaire par un triangle de petits granules semblables à ceux de l'arcade sourcilière. Ces derniers sont sur une ligne simple, parfois sur deux lignes par places, principalement au bas des sutures des sus-oculaires.

Sous-oculaire reposant ordinairement sur les 4e et 5e labiales. Parfois la 5e labiale est sectionnée.

Trou auditif bordé antérieurement par une ligne d'écailles triangulaires, dont 2 ou 3 très saillantes surtout chez les mâles.

Ligne de granules entre les 4es inframaxillaires s'enfonçant souvent, en angle aigu, jusqu'au milieu de la hauteur des 3es.

Collier semblable à celui du *pardalis* des Hauts-Plateaux, étroit (1/2m), atteignant bien rarement près d'un millimètre, fixe au milieu, assez arqué.

Écailles dorsales plates et nettement carénées, surtout au milieu du dos. Une soixantaine sur une ligne transversale.

Ventrales relativement petites, en forme de parallélogramme, un peu plus larges que hautes, surtout celles de la seconde rangée (1,5 sur 1m). 12 plaques de même hauteur sur une série transversale. Parfois 1-2 lignes avec 14. Aussi 16 avec les supplémentaires plus étroites.

Base de la queue, sur une longueur d'un centimètre, recouverte sur les côtés d'écailles à carène relevée, dont l'extrémité forme une saillie de 1 millimètre de hauteur perpendiculaire à l'écaille. La base de la queue paraît ainsi épineuse. Ce caractère est plus accentué chez les mâles que chez les femelles. Un jeune mâle de 38 millimètres (museau à anus) le présente bien distinctement. Chez les mâles, la largeur de la base de la queue atteint, avec les épines, 11 millimètres, ce qui fait paraître étranglée la partie du dos postérieure aux cuisses.

Orteils plus régulièrement dentés que chez les individus des Hauts-Plateaux oranais, mais à dents assez courtes.

Plaques préanales disposées comme chez *pardalis*; mais plus nombreuses sur la ligne médiane. La distance entre le sommet de l'angle des lignes de pores et la ligne de l'anus a 1 millimètre de plus chez *spinicauda* que chez *pardalis*.

Pores fémoraux : 21-23.

En outre de ces caractères, M. Boulenger (in litt.) me dit avoir reconnu que « le membre postérieur, plus allongé, à orteils plus grêles, atteint l'oreille chez les mâles, ce qui n'arrive pas chez le vrai *pardalis* = variété *deserti* Lat. »

Voici quelques mesures qui feront ressortir les différences :

	1	2	3	4	5	6	7	8	9	10	11	12	13	14	15
	mâle	femelle	mâle	femelle	mâle	femelle	mâle	femelle	mâle	femelle	mâle	femelle	mâle	femelle	mâle
Distance du museau au bord du collier...	25	22	20	21	20	20	21	21	23	19	21	22	20	20	20
Distance du collier à l'anus........ ..	30	35	35	36	35	34	35	33	36	33	34	32	34	31	33
Longueur du membre antérieur........	21	18	18	18	19	18	18	18	19	19	21	19	18	18	19
Longueur du membre postérieur.......	37	28	32	29	32	29	31	30	31	33	36	31	31	30	35
Distance de la cuisse au trou auditif....	42	35	37	39	34	37	34	38	37	35	33	33	31	33	32

N° 1. Variété *Bedriagai* (mâle). Gafsa.

N°⁵ 2 et 3. Variété *intermedius* (femelle et mâle). Kralfallah.

N°⁵ 4 et 5. Variété *intermedius* (femelle et mâle). Méchéria.

N°⁵ 6 et 7. Variété *intermedius* (femelle et mâle). Sidi-Chaïb.

N° 8. Variété *intermedius* (femelle). Kreider.

N° 9. Variété *deserti* (mâle). Tuggurth. (Don et détermination Blg.)

N°⁵ 10 à 13. Variété *spinicauda* (femelle et mâle, femelle et mâle). El-Abiod-Sidi-Cheikh.

N°⁵ 14 et 15. Variété *spinicauda* (femelle et mâle). Arba-Tahtani.

Par ce tableau, on voit que l'observation de M. Boulenger est juste. Il est évident que chez les mâles de la variété *spinicauda* la distance de la cuisse au trou auditif est toujours plus courte que la longueur du membre postérieur.

Chez tous les sujets 1 à 9 elle est plus grande.

COLORATION. — Fond fauve clair. Disposition des lignes et des taches absolument semblable à celle des *pardalis* des Hauts-Plateaux.

Chez les femelles, les lignes de points sont jointes par des taches quadrangulaires noires. Chez les mâles les taches noires plus ou moins apparentes sont disposées en réticulations qui enserrent des taches de la couleur du fond mais plus claires. Alors le nombre des séries de taches longitudinales est double et le dessus du corps est tout tacheté. En résumé, c'est la coloration du *pardalis* sur un fond fauve clair.

Ventre blanc très légèrement teinté de bleu. Extrémité de la queue bleutée.

Chez les jeunes (35 millimètres du museau à l'anus) le fond est d'un gris de sable. Les bandes latérales sont entières et ne se sectionnent qu'avec l'âge.

Queue non colorée à la base autant que je puis en juger par mon plus jeune exemplaire (Arba-Tahtani, 10 août) qui n'a qu'un tronçon de queue d'un centimètre. Le bout doit être bleu.

SEXES. — *Mâle.* — Base de la queue très convexe sur les côtés, atteignant et dépassant un centimètre de largeur. Écailles à carènes triangulaires très saillantes rendant la queue épineuse. Fente anale large et droite.

Femelle. — Côtés de la queue droits. Écailles visiblement épineuses. Fente cloacale étroite, courbe.

TAILLE. — Extraordinaire : 0,060 + queue repoussée. El-Abiod-Sidi-Cheikh (1 ex.)

Ordinaire : 0,055 + 0,095 = 0,150.

8 août. — Jeune : 0,033 + queue.

5 octobre. — Jeune : 0,040 + 0,048 = 0,088.

DISTRIBUTION GÉOGRAPHIQUE. — (O : S.) — J'ai pris cette excellente variété pour la première fois au commencement d'août 1897, à El-Abiod-Sidi-Cheikh, derrière le bordj, et à Arba-Tahtani, autour de l'oasis. Depuis, M. Pouplier m'en a envoyé de nombreux exemplaires d'El-Abiod.

ÉTHOLOGIE. — La variété *spinicauda* se trouve au printemps et en automne. Elle est rare en août. Elle abonde en mai. Elle devient commune en septembre et octobre.

La ponte doit avoir lieu en deux séries, en mai-juin. Les œufs doivent éclore vers la fin de juillet. Voici les quelques observations que j'ai faites sur la gestation :

Du 15 avril. — Une femelle présentait deux groupes de chacun 3 œufs de 4 à 5 millimètres de diamètre. Il y avait en dessous deux autres groupes de 4 ou 5 ovules chacun.

Du 1er mai. — Une femelle m'a offert 4 œufs de 12^m sur 7. Il y avait en dessous deux autres groupes de 7 ou 8 ovules chacun.

De la fin mai. — Une femelle avait 4 œufs de 7 millimètres. Au-dessous 7 ou 8 petits ovules.

Une autre avait 4 œufs oblongs de 12^m sur 6. Au-dessous 7 ou 8 petits œufs paraissaient fécondés.

Du 16 mai. — Deux autres avaient 5 œufs de 12^m sur 7.

Du 5 octobre. — Chez plusieurs femelles il ne restait que deux groupes de chacun 4 ou 5 ovules.

De toutes ces observations on peut conclure qu'au printemps il a été pondu en deux fois environ 8 œufs. J'ignore s'il y a une troisième ponte à la fin de l'été.

Cette variété vit en compagnie de l'*Acanthodactylus scutellatus* dont elle se distingue par l'épaisseur du corps, la forme de la queue et la coloration variée du dos. Elle est moins svelte, moins agile ; elle semble préférer les lieux pierreux et sablonneux aux sables purs. En septembre, elle se nourrit de larves de fourmis, de fourmis et de petits coléoptères.

23. *Acanthodactylus Savignyi* Aud. (Pl. XII, f. 1 à 3)

Fig. Aud. et Sav. *Description de l'Egypt*. Suppl.
(Pl. 1, fig. 8₁ à 8₃)

L'acanthodactyle de Savigny.

Acanthodactylus Savignyi *Aud.* (non *auct. alg.*)

Sous le nom d'*Acanthodactylus Savignyi* Aud. les auteurs algériens ont désigné l'*Acanthodactylus pardalis* Licht. Le véritable *Acanthodactylus Savignyi* d'Egypte n'a jamais été reconnu en Algérie jusqu'au jour où j'ai constaté sa présence à Oran. Pourtant il a dû être recueilli par tous les erpétologistes qui ont visité le littoral de cette localité. Tous l'ont confondu avec l'*Acanthodactylus lineo-maculatus* D. et B. signalé dans plusieurs localités de l'Algérie.

Mais la forme d'Oran ne ressemble pas absolument à celle figurée par Audouin et Savigny. Elle ne me paraît pas non plus s'identifier avec l'*Acanthodactylus Vaillantii* Lataste. Je me suis vu dans l'obligation de la séparer sous le nom de variété *oranensis*. Je suis à peu près persuadé que les trois formes appartiennent à une seule et même espèce ; mais cette opinion a besoin d'être confirmée par l'étude de nombreux échantillons du bassin du Nil.

En attendant, voici un tableau dans lequel j'ai essayé de séparer les trois variétés.

Ac. Savignyi Aud. — TABLEAU DES VARIÉTÉS (1)

Ventrales à bord libre arrondi. 1ʳᵉ sus-oculaire divisée en grands granules égaux. 4ᵉ sus-oculaire présentant une longue et large squame, séparée de la pariétale par une ligne de granules et de la 3ᵉ sus-oculaire par un triangle de granules. Granules supraciliaires sur une seule ligne.

____

(1) J'admets que *Ac. Savignyi* Aud. et *Ac.* Vaillantii *Lat*, ont la queue bleue dans le jeune âge. Dans le cas contraire, il faudrait séparer et élever au rang d'espèce la variété *oranensis*.

1. {

Sous-oculaire...? Bord postérieur des pariétales formant un angle de 50°. Écailles supplémentaires du sillon sus-caudal. . ?

Variété **Savignyi**. — Egypte.

Ventrales à bord libre droit. 1re sus-oculaire divisée en fins granules avec une squame longitudinale. 4e sus-oculaire divisée en granules, les plus grands touchant la pariétale. Granules supraciliaires le plus souvent sur deux rangées. Sous-oculaire atteignant la lèvre.

2

2. {

10 plaques ventrales sur les lignes transversales, celles de la 5e rangée très étroites. Pariétales « fortement échancrées entre elles et latéralement. » Des écailles supplémentaires dans le sillon caudal... ?

Variété **Vaillantii**. — Çomal.

10-12 plaques ventrales sur les lignes transversales, celles de la 5e rangée égalant en largeur les trois quarts de celles de la 4e ; celles de la 6e, quand elles existent, la moitié de celles de la 5e. Ligne postérieure des pariétales presque droite, ou un peu concave ou formant un angle de 170°. Côtés latéraux des pariétales droits. Une ligne de 5-10 petites écailles supplémentaires dans le sillon sus-caudal.

Variété **oranensis**.

Variété **SAVIGNYI**

Fig. Audouin et Savignyi *(loc. cit.)*

Acanthodactylus Savignyi *Aud. Description de l'Egypte*, p. 118

Cette espèce décrite par Audouin sur la figure de Savigny n'est connue que d'après cette figure. Elle ne paraît pas avoir été retrouvée en Egypte.

Variété **VAILLANTII**

Acanthodactylus Savignyi (partim) *Vaillant.* (Mission Révoil. *Rept.*, p. 19.)
Acanthodactylus Vaillantii *Lataste* (loc. cit.), p. 34.

Lataste a décrit son espèce sur un échantillon unique provenant du Çomal et recueilli par M. Révoil.

Variété **ORANENSIS** *Nob.* (Pl. XII, fig. 1 à 3)

Acanthodactylus lineo-maculatus (part.) *auct. alg.* non D. et B.

CARACTÈRES PRINCIPAUX. — *Jeunes à queue bleue.* (Chez les adultes cette couleur disparaît mais tout le dessous du corps reste légèrement bleuté ; alors le caractère n'est plus assez sensible). *Deux interpréfrontales. 1re sus-oculaire entièrement granulée. Sous-oculaire atteignant la lèvre. Région sternale couverte de 8 à 10 rangées transversales pliées en chevrons et formées de petites plaques bien différentes des ventrales. Sillon sus-caudal présentant 5 à 10 petites écailles supplémentaires.*

Ce lézard, bien reconnaissable sur le terrain, a été longtemps confondu avec l'*Acanthodactylus lineo-maculatus* que les auteurs algériens ont cité d'Oran.

Voici la description d'un mâle d'Oran :

Corps plus étroit que chez *Acanthodactylus lineo-maculatus*, guère plus large que haut, souvent subcylindrique. Tête relativement petite : longueur des plaques de la tête 14 mill., distance entre les bords des plaques supraciliaires 8 mill., largeur entre les tempes 11. Museau assez fin à côtés un peu rentrants à la hauteur de la frénale. Plaques nasales un peu renflées en dessus, plates sur les côtés. Rostrale un peu pointue. Internasale à angle antérieur subarrondi ou un peu convexe.

1re sus-oculaire divisée en granules, au milieu desquels on voit presque toujours une squame longitudinale étroite et longue séparée de la 2e sus-oculaire par un seul granule. 4e sus-oculaire granuleuse, bordée postérieurement par les sections d'une squame plus large que les granules du triangle qui la sépare de la 3e sus-oculaire. Granules supraciliaires généralement sur deux rangées. Parfois une rangée contourne presque entièrement les 3e et 4e sus-oculaires du côté interne.

Toujours, en Oranie, deux petites squames supplémentaires (interpréfrontales) entre les préfrontales · l'antérieure paraît être une section de l'internasale ; la postérieure est nettement supplémentaire. Parfois ces deux squames se ressemblent, elles sont plates, triangulaires et opposées par l'angle du sommet. Le plus souvent la 1re est plate, triangulaire ; la 2e, plus petite, très étroite et bien carénée (1). (Pl. XII, fig: 3.)

Frontale profondément sillonnée, à branches écartées, très carénées et continuées par les préfrontales très en dos d'âne. Fronto-pariétales presque aussi longues que les pariétales. Interpariétale allongée, pénétrant un peu entre les fronto-pariétales et atteignant assez communément presque la base des pariétales. Souvent un granule, visible à la loupe, représente l'occipitale en dehors de la suture des pariétales. Ces dernières ne se touchent donc, ordinairement, que par l'angle interne. (Chez *Acanthodactylus linco-maculatus* la suture est longue.)

Sous-oculaire atteignant toujours la lèvre sur une largeur de 0,5 à 0,8 mill., entre les 4e et 5e sus-labiales. Trou auditif grand : 2,8 sur 1,8 millimètre.

Temporales saillantes, un peu en dos d'âne.

Mentonnière assez longue. Premières inframaxillaires de longueur variable par rapport aux deuxièmes. Écailles bordant

____

(1) Ce caractère des interpréfrontales supplémentaires est absolument constant chez tous les individus de l'Oranie que j'ai étudiés, jeunes et adultes. Il a été aussi signalé accidentellement chez d'autres espèces d'acanthodactyles : peut-être par confusion. Le cas le plus commun et que j'ai constaté assez souvent, c'est le sectionnement de l'angle postérieur de l'internasale qui produit alors une interpréfrontale ; mais la véritable 2e interpréfrontale ne l'accompagne pas.

les inframaxillaires guère plus grandes que les suivantes. Pli gulaire marqué par une ligne de petites écailles.

Écailles de la gorge précédant le collier, à bord arrondi, fixes, glissant peu les unes sur les autres.

Collier de hauteur variable, généralement bien plus haut que chez *Acanthodactylus pardalis*, mais sensiblement plus étroit que chez *Acanthodactylus lineo-maculatus* (1,1 à 1,5 m). Plaques peu épaisses, peu cornées, toutes libres, à bord arrondi, laissant entre elles un angle peu profond. Écailles dorsales très petites, plates, régulières, toutes nettement carénées, au nombre de 54-66 sur le milieu du corps.

Ventrales relativement petites, les moyennes en forme de parallélogramme de 1,5 sur 1 millimètre, disposées sur 10-12 rangées transversales, parfois un peu en chevron. Il y a presque toujours de 2 à 10 rangées de 12 plaques bien nettes sur la région abdominale, surtout chez les femelles. Lignes longitudinales régulières.

En avant des ventrales, les écailles de la région sternale offrent une différence caractéristique. Sur une étendue de 8 à 10 millimètres à partir de la plaque centrale du collier, les écailles sont petites, presque carrées, d'une surface de 1 millimètre carré; les deux premières rangées sont disposées sur deux lignes droites transversales; les autres, irrégulièrement en chevron, ont la pointe en bas. (Ce caractère se retrouve sur la figure de Savigny.)

Préanale assez grande, hexagone, large de 4 millimètres, haute de 2, surmontée de 2 ou 3 autres plaques de même forme, plus petites, mais subégales entre elles (2,5 sur 1m). Dans les angles externes sont logées des plaques de 1 millimètre carré. Chez les femelles, la grande plaque est de proportions moindres.

Orteils bien dentés.

Queue relativement longue. Écailles sus-caudales, subitement agrandies, larges, à carène saillante, à pointe subaiguë. Sillon sus-caudal plus ou moins profond, présentant une ligne de petites écailles supplémentaires qui continuent celles du dos. Il y en a de 5 à 12; parfois même il en existe une double rangée.

Pores fémoraux: 23 à 28. Ce nombre peut être moindre: 19 chez une femelle.

COLORATION. — 1º *Adultes*. (Pl. XII, fig. 1.) — Coloration variable. Voici celle du mâle bien adulte décrit ci-dessus. Robe à reflets d'un bleu verdâtre. Dessus de la tête d'un fauve brun, mat. Dos parcouru par quatre bandes claires grises dont les extérieures sont formées de taches presque contiguës, bien plus longues que larges. Dans les bandes médianes, les taches, quoique sectionnées, se touchent presque. (Chez *Acanthodactylus lineo-maculatus* le sectionnement des lignes n'est pas nettement apparent.) Une ligne médiane parcourt encore le dos ; elle est fauve, souvent avec quelques taches noires, un peu plus large (2,5ᵐ vers le milieu du dos) que les latérales (2ᵐ). Ces dernières sont noires et sectionnées par des taches fauves qui deviennent plus grandes que les taches noires, lesquelles sont subcarrées ou irrégulières. Partie supérieure des flancs parcourue par une large bande fauve de 3,5 mill. La ligne médiane de cette bande présente une série de taches jaunes, elliptiques sur les flancs, circulaires sur les côtés du cou et distantes entre elles d'une longueur égale à leur longueur propre. Ces taches peuvent être grises ou bleues.

Les interespaces sont occupés par deux taches d'un fauve clair, l'une en haut, l'autre en bas. Le reste est rempli par des taches noirâtres. Enfin, une ligne blanche, unie ou sectionnée, formant un pli, borde la bande du flanc, depuis l'oreille jusqu'à la cuisse. Écailles de la partie inférieure des flancs diversement colorées et entremêlées, fauves, blanches, jaunes. Parfois une ligne de taches claires. Pas de traces de jaune sur les côtés et le dessous de la tête. Ventre d'un blanc nacré à légers reflets bleutés. Chez la femelle, l'ensemble des bandes est le même ; mais les taches sont moins vives. Sur les flancs les taches sont grises. Il n'y a pas de jaune.

Chez les vieux individus, les bandes se sectionnent de plus en plus, et certains deviennent presque pommelés, toutes les taches claires prenant la forme elliptique. Parfois la robe arrive à être unie, d'un fauve de sable, les lignes claires étant presque effacées.

En résumé, les caractères à peu près constants fournis par la robe sont : 1º Le sectionnement des lignes claires latérales du dos ; 2° la forme allongée des taches ainsi produites ; 3° la forme nettement elliptique des taches des flancs ; 4° le dessous de la tête jamais jaune ; 5° la queue jamais rosée en dessous.

2° *Jeunes.* (Pl. XII, fig. 2, 2 *a*.) — Tête unie, d'un gris olivâtre. Queue d'un beau bleu de ciel sur toute sa longueur et surtout en dessous. De beaux reflets de même couleur sur tout le reste du corps. Dessus du dos parcouru par trois bandes à peu près de même largeur au milieu (1^m); seule la médiane se bifurque pour atteindre les pariétales ; les deux latérales noirâtres ; la centrale plus claire, grisâtre, présentant même parfois une ligne médiane plus claire qui part du bas de la fourche. Ces trois bandes sont limitées par quatre lignes d'un demi-millimètre d'épaisseur et de couleur fauve doré. Les deux lignes externes se continuent le long des angles supérieurs de la queue; en avant elles aboutissent aux tempo-pariétales ; les internes se rejoignent à la hauteur de la ligne du cloaque et se prolongent en une courte ligne simple.

La moitié supérieure des flancs est couverte par une bande plus large, moins foncée que les bandes dorsales externes ; elle présente dans sa partie moyenne une ligne de taches fauves, serrées, elliptiques bien visibles. Un trait la borde en dessous.

Membres parsemés de gouttelettes blanchâtres.

Il est impossible de confondre un jeune *oranensis* avec un jeune *lineo-maculatus* sous-variété *mauretanicus*.

SEXES. — *Mâle.* — Base de la queue très renflée, à côtés convexes, nettement étranglée en avant, un peu comprimée en dessus et en dessous. La coloration est plutôt pommelée que nettement composée de bandes maculées et régulières.

Femelle. — Queue diminuant régulièrement de largeur à partir des cuisses ; dessus plat, dessous nettement arrondi. Robe presque toujours à bandes régulières après la mue. Elle devient d'un gris sale uni en vieillissant.

TAILLE. — *Mâle.* — 0,071 + (queue). Aïn-Tédelès.

        Mâle. — 0,068 + 0,131 = 0^m199. Plage de St-Leu.

$$Mâle. — 0,065 + 0,133 = 0^m198. \quad \text{Batterie espagnole.}$$
$$0,060 + 0,120 = 0^m180. \quad —$$
$$Femelle. — 0,052 + 0,092 = 0^m144. \quad —$$
$$0,040 + 0,063 = 0^m103. \quad — \text{ 3 mars}$$
$$Jeune. — 0,034 + 0.061 = 0^m095. \quad — \text{ 28 août.}$$

VARIATIONS. — Cette espèce est à peu près invariable dans toutes les localités de la province d'Oran d'où je l'ai étudiée. Néanmoins les individus de la Batterie espagnole ont, en général, la taille moins forte et les écailles ventrales moins larges que ceux de Mostaganem, Aïn-Tédelès, Sidi-Douma.

OBSERVATIONS. — L'*Acanthodactylus Savignyi* variété *oranensis* a été confondu jusqu'ici avec l'*Acanthodactylus linco-maculatus* des auteurs algériens. Il n'y a rien d'étonnant à cela, car, en alcool, il est difficile de saisir à première vue les caractères différentiels. C'est sur le vif que j'ai été amené à séparer la variété *oranensis* de l'*Acanthodactylus linco-maculatus*. Ces deux espèces vivent sur deux bandes de terrain contiguës : l'une sablonneuse, l'autre pierreuse. Jamais elles ne se mêlent. C'est cette différence d'habitat qui attira mon attention. La couleur de la queue me frappa aussi. Ce caractère m'apparût invariable. Restait dès lors à fixer d'autres caractères et à déterminer l'animal. M. Boulenger, auquel je le soumis à plusieurs reprises, finit par être de mon avis et y reconnut une espèce au moins nouvelle pour l'Algérie qu'il rapporta à la fig. 8 de la planche 1 de Savigny (*Expl. d'Égypte*). = *Acanthodactylus Vaillantii Lataste*. M. Mocquard, du Muséum de Paris, auquel je soumis d'autres échantillons, accepta d'abord la dénomination d'*Acanthodactylus Vaillantii* ; mais il revint bientôt sur sa décision, en me déclarant que l'espèce d'Oran était l'*Acanthodactylus linco-maculatus*, décrit du Maroc par Duméril et Bibron. (*Erp. gén.*, t. **V**, p. **276**.) Entre ces deux avis si autorisés, la solution de la question n'était pas facile à trouver. Je me demandai d'abord si *Acanthodactylus linco-maculatus* D. et B., *Acanthodactylus Savignyi* et *Acanthodactylus Vaillantii* n'étaient pas synonimes. Après une étude sérieuse des textes, je restai du côté de

M. Boulenger, sans toutefois me prononcer, car les matériaux de comparaison me faisaient défaut. J'en obtins enfin du Maroc. M. Boulenger m'en donna de Tanger ; M. Vaucher, de Larache ; M. Gaston Buchet, de Mogador.

Les échantillons de Tanger et de Larache sont identiques à ceux de l'*Acanthodactylus vulgaris* variété *lineo-maculatus*, à queue vermillon d'Oran. Ceux de Mogador, malheureusement en mauvais état, appartiennent à deux espèces : l'une est l'*Acanthodactylus lineo-maculatus* sous-variété *tingitanus* ; l'autre me semble devoir être rapportée à une variété nouvelle de l'*Acanthodactylus Savignyi.*

De tout ceci il ressort : 1º Que l'*Acanthodactylus lineo-maculatus* de Mogador décrit par D. et B. est le même que celui d'Oran. 2º Qu'une forme de l'*Acanthodactylus Savignyi* vit côte à côte à Mogador comme à Oran, avec l'*Acanthodacty-lus lineo-maculatus* D. et B. Cette forme n'a pas été visée par D. et B. qui aurait certainement signalé la présence de deux interpréfrontales supplémentaires.

La forme de la Batterie espagnole d'Oran n'avait donc pas été signalée, je la rapportai dès lors à l'*Acanthodactylus Savignyi* Aud.

Il reste à savoir si l'*Acanthodactylus Savignyi* = *Acantho-dactylus Vaillantii Lat.* ? Il est difficile de se prononcer, vu la rareté des échantillons égyptiens connus. Du *Savignyi* il ne reste que les figures. Du *Vaillantii*, le Museum possède un échantillon du Comal, celui décrit par Lataste, lequel, d'après M. Mocquard, ne présente qu'une différence de coloration avec les échantillons d'Oran. « Tous les autres caractères spécifiques sont concordants. » (*in. litt.*)

En résumé, la forme litigieuse d'Oran appartient au groupe de l'*Acanthodactylus Savigny Aud=Acanthodactylus Vaillantii Lat.* Faut-il l'identifier absolument aux espèces décrites par Audouin et Lataste ? Là est le dernier point à résoudre. Il est évident que la description de Lataste convient beaucoup mieux à l'espèce d'Oran que la figure de Savigny, laquelle se différencie nettement par la forme et la disposition des plaques de la tête.

La description d'Audouin, faite d'après les figures et non d'après les échantillons qui ont été perdus, est sans valeur.

Il ne reste que les figures de Savigny et la description d'*Acanthodactylus Vaillantii* de Lataste. Il n'est pas douteux que la forme d'Oran présente des différences avec les unes et avec l'autre. Ces différences ont-elles une valeur spécifique ? Il est impossible de le dire tant qu'on n'aura pas étudié une série d'échantillons du bassin du Nil. En attendant, je sépare la forme oranaise sous le nom de variété *oranensis*.

DISTRIBUTION GÉOGRAPHIQUE. — (**M., Oi** : *Littoral, T.*) — Cette espèce est commune à Oran, sur les sables de la Batterie espagnole. Elle doit exister sur tous les sables du littoral. Je l'ai vue ou recueillie depuis Camerata jusqu'à Mostaganem. Elle pénètre dans l'intérieur. Je l'ai vue à Aïn-Tédelès d'où M. Léon Besombes a bien voulu me l'envoyer. Je l'ai reçue de Sidi-Douma (Lafosse). J'ai recueilli à Daya, un jeune échantillon que je rapporte à cette espèce. Elle doit se trouver dans d'autres localités sablonneuses du Tell.

Les échantillons du Maroc, que j'ai étudiés, proviennent du cap Sim, au sud de Mogador, où M. Gaston Buchet les a recueillis lui-même. Ils pourraient être distingués d'après les caractères suivants : Deux interpréfrontales, sous-oculaire n'atteignant pas tout à fait la lèvre, collier en chevron....

ÉTHOLOGIE. — L'*Acanthodactylus Savignyi* variété *oranensis* habite les sables. Il apparaît dès le mois de février, mais après l'*Acanthodactylus lineo-maculatus*. Les jeunes sortent les premiers. Les adultes suivent bientôt ; ils sont nombreux pendant le printemps et le commencement de l'été. Avec les fortes chaleurs ils deviennent plus rares et font place aux jeunes. En septembre, parfois fin août, les adultes réapparaissent jusqu'aux pluies d'automne.

Cette espèce court très vite en traînant la queue. L'accouplement a lieu dès la fin mars. La femelle pond à la fin de mai ou au commencement de juin 4 à 6 œufs de 14-15 mill. sur 9. Une 2° ponte doit suivre quelques jours plus tard. Les jeunes naissent dans le courant de juillet.

Cette espèce se nourrit comme tous les acanthodactyles, de petits coléoptères, de sauterelles, de fourmis, etc.

Acanthodactylus Blanci Nob. (Pl. XIII, fig. 1 à 5)

L'acanthodactyle de Blanc.

CARACTÈRES PRINCIPAUX. — *Queue bleue pendant le jeune âge et bleutée à l'âge adulte. Jamais deux squames interpréfrontales régulières. 1ʳᵉ et 4ᵉ sus-orbitales très divisées. Sous-oculaire n'atteignant pas la lèvre. 10-12 rangées de ventrales. Coloration à fond bleu verdâtre.*

Je dois cette espèce à M. Blanc, de Tunis, auquel je me fais un plaisir de la dédier. Voici la description d'un mâle :

Corps plus large que haut. Tête forte : longueur des plaques 15 mill., largeur entre les supraciliaires 8, largeur entre les tempes 12,5 millimètres. Bout du museau très large, à extrémité largement arrondie. Nasales peu proéminentes, convexes. Internasale à angles antérieur et postérieur très obtus. Dans l'échantillon que je décris, elle est divisée en deux. Dans un autre elle n'est que sillonnée et une pointe s'avance entre les préfrontales. Aucun exemplaire ne m'a présenté les deux interpréfrontales régulières et bien distinctes de l'*Acanthodactylus Savignyi*. Les préfrontales sont donc contiguës sur toute leur longueur ou, tout au moins, sur la plus grande partie de la ligne de suture.

1ʳᵉ sus-oculaire divisée en squames en dos d'âne et en granules peu nombreux. 4ᵉ sus-oculaire à squames postérieures assez fortes, séparées de la 3ᵉ par un assez grand triangle de fins granules. Ligne de granules supraciliaires simple. Frontale assez étroite à l'extrémité postérieure (1 mill.), peu fourchue, à sillon peu profond, à branches arrondies en dessus et continuées par les préfrontales. Celles-ci presque aussi larges que longues et légèrement convexes. Interpariétale petite. Pariétales se touchant sur la moitié de la longueur de leur bord interne. Ligne postérieure des pariétales formant un angle bien ouvert 165°. (Sur un autre exemplaire la ligne est concave).

Sous-oculaire reposant sur les 4ᵉ et 5ᵉ labiales non sectionnées. Trou auditif grand, 4 mill. sur 2. Temporales peu carénées.

Mentonnière grande. Écailles de la gorge relativement grandes, régulières. Pli gulaire peu marqué. Collier très haut (2 mill.) à bord convexe, à angles profonds.

Dorsales presque distinctes à l'œil nu, plates, à carènes très nettes, bien formées.

Ventrales près de deux fois plus larges que hautes (caractère de peu de valeur) sur 10 rangées longitudinales. Quelques rangées transversales ont 12 plaques.

Plaques préanales de la série médiane au nombre de 6 ; la 1re préanale, pentagonale (2,5 sur 1), est à peine plus grande que les deux suivantes.

Queue présentant en dessus, dans le sillon sus-caudal, une ligne de 4 à 8 petites écailles supplémentaires. Orteils forts, peu dentés. Pores fémoraux : 21 à 28.

COLORATION. — *1° Adultes.* — (Pl. XIII, fig. 1.) Robe à fond gris légèrement roussâtre. Dos parcouru par trois bandes de même largeur (3,2 mill.), la médiane à peu près unie, grisâtre ; les latérales plutôt réticulées de noir que tachées. Traits limitant les bandes dorsales peu apparents. Bande du haut des flancs parcourue par une ligne médiane de petites taches oblongues jaunes. Ventrales latérales lavées de jaune. Côtés de la tête blanchâtres. (L'épiderme est vieux). Membres à gouttelettes petites, rares et confuses.

Queue paraissant bleutée.

2° Jeunes. — (Pl. XIII, fig. 3 et 4). Tête bicolore : un trait d'un jaune d'or entoure les sus-orbitales et recouvre presque toutes les sutures ; l'espace entouré est noir. Une tache dorée et allongée se trouve au milieu du noir des sus-orbitales.

Dos parcouru par trois bandes noires, la médiane moins foncée que les latérales ; toutes larges d'un millimètre sur le milieu du dos et séparées par des traits jaune d'or d'un demi-millimètre. Les trois bandes enserrent chacune une ligne de très petits points dorés distants de 1 à 1,5 millimètres. Sur la bande médiane la ligne de points se continue par un trait jaune qui divise la partie antérieure de la branche en deux branches presque aussi larges que les bandes latérales.

Dans la région postérieure, la bande médiane descend jusqu'à 2 millimètres au-dessous des cuisses. Les deux latérales se confondent au-delà de la médiane en une seule bande aiguë et longue de 2 centimètres. Le haut des flancs est parcouru par une bande noire qui part de l'œil et se continue très loin sur la queue. Cette bande est un peu plus large que la bande dorsale latérale qui la surmonte ; les points sont un peu plus apparents. Au-dessous, deux traits se succèdent ; le supérieur jaune d'or va de l'œil à la cuisse ; son épaisseur est d'un millimètre ; l'autre noir avec des points jaunes au milieu est étroit et mal limité sur le côté inférieur.

Dessous de la queue bleuté à la base ; bout nettement bleu.

SEXES. — *Mâle.* — Base de la queue renflée ; fente cloacale descendant sur les côtés.

Femelle. — Queue assez forte à la base mais non renflée ; fente cloacale étroite et courte.

TAILLE. — *Mâle*. — 0,073 + 0,135 = 0ᵐ208,
    Femelle. –- 0,072 + 0,139 = 0ᵐ211.
        0,040 + 0,058 = 0ᵐ098.
   Jeune. - 0,034 + queue.

OBSERVATIONS. — L'*Acanthodactylus Blanci* est intermédiaire entre l'*Acanthodactylus Savignyi* variété *oranensis* et l'*Acanthodactylus lineo maculatus* variété *tingitanus*. J'ai voulu le rapporter comme variété à l'une des deux espèces avec lesquelles il a des caractères communs. Je n'ai pu y réussir. Aucun rapprochement ne m'ayant satisfait, je me suis décidé à créer une nouvelle espèce.

DISTRIBUTION GÉOGRAPHIQUE. — (**T** : *littoral*). — Hammam-el-Lif, près de Tunis (M. Blanc).

ÉTHOLOGIE. — Cette espèce habite les sables du littoral.

24. *Acanthodactylus vulgaris* D. et B. (Pl. XIV, f. 1 à 8)

Fig. Blg. *Pr. Zool.* 1881 (*loc. cit.*) Pl. LXIV, fig. 4, *a* et *b*

L'acanthodactyle vulgaire.

Acanthodactylus vulgaris *D.* et *B.* — *Auct. alg.*
Acanthodactylus lineo-maculatus *D.* et *B.* — *Auct. alg.*

CARACTÈRES PRINCIPAUX. — *Queue vermillon chez les jeunes et chez les femelles après la mue et au moment des amours. 10 rangées longitudinales de plaques ventrales. Coloration à fond fauve plus ou moins foncé.*

Cette espèce offre deux grandes variétés reconnues par les divers auteurs algériens. Mais ces deux variétés sont loin d'être stables. En étudiant, les divers échantillons de ma collection, j'ai été amené à subdiviser les deux variétés principales. Le tableau ci-dessous résume mes observations.

Ac. vulgaris. — TABLEAU DES VARIÉTÉS

1.
    Écailles dorsales, granuleuses ou plates, non carénées.
        Variété **vulgaris.**

    Écailles dorsales toutes carénées ou en dos d'âne.
        Variété **lineo-maculatus** et formes 2

|2. {
Sous-oculaire n'atteignant pas la lèvre. Bandes dorsales de largeur inégale, la médiane égalant, sur la moitié postérieure du dos, au moins une fois et demie une latérale. Carènes mal définies, élargies.

Sous-variété **tingitanus.**

Sous-oculaire atteignant la lèvre. Bandes dorsales à peu près d'égale largeur.   3

3. {
Dorsales à carènes très régulières, étroites, saillantes sur les écailles plates. 1ʳᵉ sus-oculaire bien divisée.

Sous-variété **mauretanicus.**

Dorsales à carènes mal définies, presque en dos d'âne. 1ʳᵉ sus-oculaire peu divisée.

Sous-variété **ksourensis.**

Variété **LINEO-MACULATUS** (*Auct.*) Pl. XIV, fig. 1 à 7

Acanthodactylus lineo-maculatus *D.* et *B.* — *Strauch, Lallemant.*

Caractère principal. — *Écailles dorsales carénées.*

1ᵒ Sous-variété **tingitanus** *Nob.* (Pl. XIV, fig. 5-6)

Cette forme représente l'*Acanthodactylus lineo maculatus*, type de D. et B., décrit sur des échantillons du Maroc. En voici la description d'après des exemplaires de Tanger et de Larache (Maroc) que je dois à l'obligeance de MM. Boulenger et Vaucher :

Corps guère plus large que haut, comme chez *Acanthodactylus Savignyi* variété *oranensis* d'Oran. Tête forte, relativement longue : distance entre les bords des supraciliaires 8,5 ; longueur des plaques de la tête 16,5 ; largeur entre les tempes 12. Bout du museau légèrement renflé, les nasales l'étant peu. Rostrale petite, subobtuse. Bords supérieurs du museau droits. Internasale anguleuse en avant, et surtout en arrière, pénétrant souvent entre les préfrontales, sa pointe ayant une tendance à se sectionner.

1re sus-oculaire très divisée en granules, avec une squame longitudinale en dos d'âne plus ou moins longue. 4e sus-oculaire couverte d'une multitude de granules ; seule la ligne postérieure présente les sections d'une squame bordant la pariétale.

Granules supraciliaires sur deux rangs, au moins contre la 3e sus-oculaire.

Frontale très étroite à son extrémité postérieure (moins d'un millimètre), à branches en dos d'âne peu accentué et rentrant un peu en dedans des lignes des préfrontales. Interpariétale assez grande, s'allongeant vers le bas. Ligne externe des pariétales nettement concave. Sous-oculaire reposant sur les 4e et 5e sus-labiales. La 4e est presque toujours sectionnée et aussi parfois la 5e. La sous-oculaire peut donc reposer sur quatre sus-labiales ; le plus souvent elle repose sur trois.

Temporales peu saillantes, arrondies, peu carénées. Mentonnière relativement petite. Écaillure de la gorge régulière. Pli gulaire assez marqué.

Collier relativement étroit n'atteignant pas 1,5 mill., à bord convexe, parfois un peu en chevron.

Écailles dorsales très petites, à carène large, pas toujours nettement apparente.

Ventrales plus larges que hautes sur 10 rangées longitudinales ; parfois 12 plaques sur quelques rangées transversales.

Plaques de la région sternale plus petites que les ventrales, à surface n'atteignant pas un millimètre carré, le plus souvent disposées sur 6 à 8 rangées. (Ce caractère rapproche cette variété de l'*Acanthodactylus Savignyi*.)

Orteils à dents bien apparentes, quoique courtes. Queue très élargie chez le mâle, un peu comprimée en dessus et presque plane en dessous. Parfois 3-4 petites écailles supplémentaires dans le sillon sus-caudal.

Pores fémoraux : 24-26.

COLORATION. — *1° Adultes.* — (Pl. XIV, fig. 5.) Le motif du dessin est le même que celui de la variété *oranensis* d'Oran. La bande médiane est près de deux fois aussi large que les latérales ; elle est fortement tachée de noir. Avec l'âge les bandes ne sont plus nettes. Les taches du haut des flancs, du cou et des joues sont bleues et presque toutes cerclées de noir ; la base des flancs et les côtés de la queue portent aussi des ocelles bleus. Le dessous de la queue des mâles est d'un beau vermillon jusqu'à la ligne du cloaque.

TAILLE. — $0,070 + 0,140 = 0,210$.

2° *Jeunes.* — Je n'ai qu'un échantillon un peu décoloré. Il présente un caractère saillant qui se retrouve chez les adultes : la bande médiane est nettement plus large que les latérales sur toute sa longueur. La queue est rose.

DISTRIBUTION GÉOGRAPHIQUE, — (**M** : *littoral*). — Tanger (don Boulenger). Larache (don Vaucher).

Des échantillons du cap Sim au sud de Mogador, recueillis par M. Gaston Buchet, s'en rapprochent beaucoup. Ils paraissent cohabiter avec la forme voisine de l'*Acanthodactylus Savignyi* variété *oranensis* que j'ai signalée plus haut.

2° Sous-variété **mauretanicus** *Nob.* (Pl. XIV, fig. 1 à 4)

Acanthodactylus lineo-maculatus (*Auct. alg.*)

Voici la description d'un mâle d'Oran :

Corps nettement plus large que haut. Tête assez forte : distance entre les bords des supraciliaires $8^m,5$, longueur des plaques de la tête 15 mill., largeur entre les tempes 11. Bout du museau élargi par suite du renflement des régions nasales. Rostrale assez obtuse. Internasale à angle antérieur anguleux.

1re sus-oculaire divisée en squames en dos d'âne et en granules de forme très variable. 4e sus-oculaire très divisée en granules en avant, en sections d'une squame étroite en arrière. Granules supraciliaires sur un seul rang ; assez souvent une double rangée incomplète, parfois complète.

Pas d'interpréfrontales. (Très rarement à Oran l'internasale est sectionnée en arrière.) Frontale large à son extrémité postérieure (plus d'un millimètre), fourchue, à branches assez rapprochées, à sillon peu profond, à carène très obtuse. Préfrontales larges, légèrement carénées sur le côté externe, peu hautes. Surface des fronto-pariétales nettement moindre que celle des pariétales. Interpariétale petite, régulière ; parfois allongée entre les pariétales. Pariétales se touchant sur la moitié au moins de la longueur de leur bord interne. Souvent un granule externe représente l'occipitale. Ligne postérieure des pariétales formant un angle très ouvert de 165°

Sous-oculaire reposant sur les 4e et 5e sus-labiales, atteignant toujours la lèvre en Oranie. (Je ne connais qu'un seul individu où elle ne l'atteint pas.) La largeur inférieure est de 0ᵐ,5 à 1. Trou auditif assez grand 3ᵐ,5 sur 1,5, à bord indistinctement granulé. Temporales granuleuses, saillantes, un peu en dos d'âne.

Mentonnière grande. Écailles bordant les inframaxillaires nettement plus grandes que celles qui les suivent.

Pli gulaire peu marqué par de petites écailles. Écailles bordant le collier, grandes.

Collier haut pouvant atteindre 2 mill., à bord convexe, à angles profonds entre les écailles.

Écailles dorsales presque visibles à l'œil nu vers la base du dos où elles ont un tiers de millimètre de largeur, plates, fortement carénées sur toute leur longueur, à carènes régulières, arrondies en dessus. Une soixantaine de dorsales au milieu du corps.

Ventrales bien plus larges que hautes (2ᵐ sur 1,2) et disposées sur 10 rangées ; celles de la 4e rangée presque à côtés égaux, celles de la 5e plus hautes que larges. (Parfois quelques lignes transversales portent 12 plaques.)

Plaques de la région sternale plus petites, presque carrées, un millimètre de côté, sur 4 rangées seulement au-dessous de l'écaille centrale du collier. (Ce caractère est à peu près constant.)

Préanale grande, 4ᵐ, 3 sur 2,2, hexagonale, suivie de six autres de même forme, mais de dimensions décroissantes : 3ᵐ, 5 sur 1,4 ; 2ᵐ, 5 sur 1 ; 2ᵐ sur 0,8 ; les autres très petites. Dans les angles externes sont logées des plaques dont l'inférieure a 1 millimètre carré. Le tout forme un triangle isocèle étroit de base et haut de 9 millimètres. Chez une femelle, la plaque inférieure est moins grande. D'ailleurs ces caractères ont peu de valeur.

Orteils à dents courtes, mais ne se distinguant pas toujours de celles de l'*Acanthodactylus Savignii* variété *oranensis*.

Queue bien renflée chez le mâle mais peu étranglée en avant, longue. Écailles sus-caudales subitement agrandies. Sillon sus-caudal dépourvu de petites écailles supplémentaires.

Pores fémoraux : 24-26.

COLORATION. — 1° *Adultes.* — (Pl. XIV, fig. 1.) La coloration la plus commune est celle-ci :

Tête unie. Parfois il y a quelques petites taches noires sur les pariétales. Dos à fond fauve foncé ou rougeâtre. Quatre étroites lignes gris-clair le parcourent. Ces lignes, non sectionnées, présentent néanmoins des parties plus colorées formant des taches étroites. Entre ces quatre lignes se trouvent trois bandes à peu près de même largeur sur la partie postérieure du dos. La bande médiane est souvent unie, parfois parsemée de taches noires isolées plus ou moins apparentes. Les bandes latérales sont noires et sectionnées par des taches fauves. Il en résulte qu'elles sont alternativement formées de taches noires bien distantes presque carrées et de taches fauves de surface moitié moindre. Ce système de coloration se continue sur la queue. Les deux lignes médianes du dos se rejoignent à la hauteur de la ligne anale ; un trait simple, clair, les continue dans le sillon sus-caudal. La partie supérieure des flancs est couverte par une large bande fauve portant sur sa ligne médiane une suite de points jaunes arrondis, très rarement elliptiques. Au-dessous se trouve un trait jaune serin qui est séparé des ventrales par une large bande d'écailles de couleurs variées, les unes fauves, les autres grises ou jaunes. Les côtés du corps, jusqu'au museau, sont lavés de jaune serin.

Ventre blanc nacré. Membres portant de nombreuses gouttelettes claires. Queue légèrement rosée après la mue ; d'un vermillon éclatant chez les femelles au moment des amours.

Le système de coloration que je viens de décrire varie peu dans son ensemble chez les mâles. Les taches noires des bandes latérales sont plus ou moins apparentes ; celles des flancs, tout en restant circulaires, sont plus ou moins grandes et certaines sont bordées ou cerclées de noir.

Dans un échantillon de Kralfallah, dont l'écaillure est bien voisine d'*Acanthodactylus vulgaris*, les deux bandes latérales du dos offrent un système de taches différent : les taches noires sont reliées entre elles et le milieu de la bande est occupé par des taches fauves deux à quatre fois plus longues que larges.

En résumé, la coloration présente chez les mâles les caractères constants suivants : 1º Traits dorsaux clairs, au nombre de quatre, toujours présents et bien distincts. 2º Taches des flancs généralement circulaires. 3º Côtés de la tête jaune serin. 4º Queue vermillon ou rosée en dessous, surtout chez la femelle.

Chez les femelles, la coloration est souvent moins vive, les taches noires manquent ; le dos est d'un fauve uni, coupé seulement par les quatre lignes claires, étroites, entre lesquelles sont noyées des taches allongées plus ou moins nombreuses, peu apparentes. Les taches des flancs manquent le plus souvent.

2º *Jeunes*. — (Pl. XIV, fig. 4). Tête bicolore d'un bel effet, à régions saillantes noires, à sutures d'un fauve clair et doré. Dos parcouru par trois bandes dorsales, noires, larges d'un millimètre vers le milieu du corps et comprises entre quatre lignes d'un demi-millimètre d'un fauve clair doré. La bande médiane s'élargit en avant et une ligne dorée simple la divise en se continuant par une suite de points très peu apparents. Le haut des flancs, de la cuisse à l'œil, est aussi parcouru par une bande noire présentant une ligne de petits points dorés. Au-dessous, cette bande est bordée par une ligne dorée plus large que les dorsales et parallèle à un autre trait noir de même largeur. Enfin le bas des flancs porte une bande dorée séparée des ventrales par une étroite ligne d'écailles noirâtres. Queue rose vermillon sur toute la longueur en dessous et sur les trois quarts en dessus. Les lignes dorées latérales du dos se rejoignent assez loin sur la queue ; les deux internes, un peu en arrière de la ligne anale. Ventre et gorge à reflets bleuâtres.

Sexes. — *Mâle*. — Queue très renflée à la base, à côtés assez droits, un peu étranglée en avant. Fente anale descendant sur les côtés. Coloration vive et variée. Queue légèrement rosée ou vermillon rosé en dessous après la mue, surtout au moment des amours.

Femelle. — Queue à section rectangulaire à la base diminuant insensiblement de largeur à partir des cuisses. Fente anale peu étendue, à bord antérieur convexe. Coloration tendant à devenir uniforme. Queue et cuisses, depuis la ligne cloacale, d'un vermillon éclatant en dessous après la mue et surtout pendant la période des amours. Les cuisses, vivement colorées, distinguent nettement la femelle.

TAILLE. — 0,081 + 0,136 = 0ᵐ217. Kralfallah.
0,075 + 0,144 = 0ᵐ219. Oran.

VARIATIONS. — Sauf le caractère de la couleur vermillon de la queue tous les autres caractères sont variables. Dans les échantillons des Hauts-Plateaux (Kralfallah, Bedeau), l'écaillure dorsale tend à devenir lisse, et certains exemplaires offrent des écailles seulement un peu en dos d'âne. La 1ʳᵉ sus-oculaire tend à se sectionner de moins en moins. Les échantillons des Hauts-Plateaux sont de corpulence plus forte que ceux d'Oran.

Dans un échantillon de la Sénia, la sous-oculaire n'atteignait pas la lèvre. En général, du littoral au Sahara, elle l'atteint chez toutes les formes de l'Oranie.

DISTRIBUTION GÉOGRAPHIQUE. — (**Ai** : *T., H.-Pl.*) — Cette variété est commune à Oran et dans ses environs, où elle a été signalée par Guichenot, Strauch, Lataste qui ne l'ont pas distinguée de l'*Acanthodactylus oranensis*. Hors d'Oran, je l'ai recueillie à La Sénia (gare), au Sig, à Bedeau, à Magenta, à Daya, à Sidi-Chaïb (près Daya), à Kralfallah. Je l'ai reçue de Sidi-Douma (Lafosse), de Nemours (Pallary), d'Aïn-Tédelès (Léon Besombes).

3ᵉ Sous-variété **ksourensis** *Nob.* (Pl. XIV, fig. 7.)

Cette sous-variété se distingue par les caractères suivants : 1ʳᵉ sous-oculaire presque entière ou divisée en 2 ou 3 squames seulement. Dorsales à carène mal définie. Bande médiane du dos s'atténuant en longue pointe bien avant les reins.

DISTRIBUTION GÉOGRAPHIQUE. — **Oi** : *S.* — J'ai recueilli cette forme à Stitten. Un individu très jeune d'El-Abiod-Sidi-Cheikh doit s'y rapporter.

Variété **VULGARIS** (*Auct.*) Pl. XIV, fig. 8

Acanthodactylus vulgaris *D. et B.* — *Strauch, Lallemant*

CARACTÈRE PRINCIPAL. — *Écailles dorsales lisses.*.

Cette variété paraît rare en Algérie. Voici la description succincte d'une femelle de Sebdou : 1re sus-oculaire divisée en 2 ou 3 squames parallèles et dépourvue de granules. 4e sus-oculaire divisée sur le bord postérieur en 2 ou 3 squames et, dans l'angle antero-externe, en granules. Une seule ligne de granules supraciliaires. Préfrontales et branches de la frontale arrondies, convexes. Internasale anguleuse en avant. Sous-oculaire atteignant la lèvre. Collier relativement étroit, formé de huit plaques. Écailles dorsales granuleuses, bombées, lisses. On ne voit des traces de carènes qu'entre les cuisses. Plaques ventrales dispersées sur 10 rangées longitudinales très nettes. Orteils denticulés.

COLORATION. — Robe à fond fauve foncé, uniforme, parcouru seulement sur le dos par 4 traits gris-perle dans lesquels se trouvent des taches allongées à peine plus larges. Quelques taches noires réticulées, assez effacées, relient les traits entre eux. Jeunes à queue orangée.

Plusieurs exemplaires de Sebdou et un de Kralfallah ont la robe de la sous-variété *mauretanicus*.

VARIATIONS. — Un échantillon que j'ai récolté dans le Haut-Tell ou sur les Hauts-Plateaux de l'Ouest, probablement entre Bedeau et El-Aricha, présente des caractères plus typiques que celui décrit ci-dessus. Les écailles dorsales sont grandes, plates, non carénées ; elles ont tout l'aspect de celles de l'*Acanthodactylus vulgaris* type de Valence (Espagne). Les 1re et 4e sus-oculaires sont bien divisées. La ligne de granules supraciliaires est double le long de la 3e sus-oculaire.

On pourrait, en se basant sur ces différences, subdiviser la variété *vulgaris* en deux sous-variétés ; mais la forme des « écailles non carénées » étant variable, il vaut mieux s'en tenir à une seule dénomination.

TAILLE. — 0ᵐ070 + 0ᵐ085 (queue repoussée).

       0ᵐ065 + 0ᵐ115 = 0ᵐ180.

       0ᵐ037 + 0ᵐ064 = 0ᵐ101 (jeune, un mois).

DISTRIBUTION GÉOGRAPHIQUE. — (**Oi** : *Haut-Tell, H.-Pl.*) — Hors de la province d'Oran, les auteurs ne donnent aucune localité précise concernant cette variété. Dans l'Oranie je l'ai recueillie à Sebdou (champs au N.-E.), Bedeau, Magenta, Tafaroua, Kralfallah, en août et septembre. Sauf à Sebdou, j'ai constaté partout la cohabitation de la variété *vulgaris* avec la variété *mauretanicus* ; les individus appartenant à cette dernière sont de beaucoup les plus nombreux. Il se pourrait que la variété *vulgaris* domine dans la région, qui s'étend à l'Ouest de Tlemcen.

ÉTHOLOGIE. — L'*Acanthodactylus vulgaris* et ses variétés ont les mêmes mœurs. On les trouve dans les terrains nus, pierreux, parsemés de touffes de palmier nain, de jujubier sauvage, etc., où ils peuvent se réfugier en cas d'alerte. A Oran, on trouve cette espèce presque toute l'année, surtout de février à novembre. Si l'hiver est sec, on peut la voir sur le coup de midi.

Les deux sexes s'accouplent de bonne heure. La femelle pond 6-7 œufs en mai. Ces œufs mesurent 15 à 16 millimètres de long sur 8 à 9 millimètres d'épaisseur. Les petits commencent à naître dans la première quinzaine de juillet. Des échantillons du 5 juillet mesuraient 6 centimètres. D'autres du 5 août, 31 + 46 = 77 millimètres.

L'*Acanthodactylus vulgaris* court avec une extrême rapidité, en traînant la queue. Il est très agressif et mord avec acharnement lorsqu'on le tient. Il se bat avec ses congénères et la lutte finit souvent par la mort de l'un des combattants. J'ai été témoin, chez moi, d'une de ces rencontres : Après diverses morsures réciproques sur les flancs, l'un des adversaires finit par saisir l'autre par le bout du museau. Il le tint longtemps entre ses mâchoires et l'étouffa, pendant qu'avec ses griffes il lui crevait les yeux. Chose curieuse, le plus petit avait eu raison du plus grand.

Ce batailleur émérite était très agressif ; je ne pouvais le saisir sans risquer d'être mordu. Il partageait sa cage avec des *Agama inermis* que je nourrissais de sauterelles. Un jour, un agame saisit une forte sauterelle. Aussitôt l'irascible acanthodactyle saute sur la partie postérieure de l'insecte qui émergeait de la bouche de l'agame et voilà nos deux lézards aux prises, chacun tirant de son côté. L'acanthodactyle finit par emporter son morceau.

La chasse des acanthodactyles est aisée en terrain nu et pierreux, car ces animaux vont d'une pierre à l'autre. Bientôt fatigués, ils se laissent prendre facilement. Dans les champs, on les prend à la course. Lorsque le terrain est parsemé de touffes de palmier nain, la capture devient difficile, car, à la moindre alerte, l'animal file droit au palmier.

L'acanthodactyle commun se nourrit de sauterelles, de chenilles, de coléoptères moyens, même assez durs, de fourmis.

Genre EREMIAS Wieg.

CARACTÈRES DU GENRE. — *Narines non contigües aux labiales, entourées par trois plaques. Doigts non denticulés ou très peu.*

En Berbérie, ce genre est représenté par un groupe bien variable (*Eremias guttulata Auct. div.*), qui a été très discuté.

Duméril et Bibron, puis Guichenot, ont rapporté les Erémias algériens à deux espèces : *Eremias guttulata* et *E. pardalis* Lichtentein. Gervais, Strauch et Lallemant, adoptèrent cette manière de voir. Malheureusement les descriptions de Guichenot et de Strauch qui ne sont que la reproduction abrégée de celles de Duméril et Bibron, sont loin d'être exactes. Elles mettent en relief certains caractères de peu de valeur qui s'appliquent parfois à des individus des deux espèces. C'est en se basant sur ces caractères peu précis que Wagner n'a signalé à Oran qu'*Eremias guttulata*, tandis que Strauch n'y cite qu'*Eremias pardalis*. Or, il n'y a à Oran que la seule forme (*Eremias pardalis*) figurée par Guichenot. Cette forme est répandue partout dans la province d'Oran et elle domine dans toute la Berbérie.

L'autre forme (*Eremias guttulata*), a été signalée à plusieurs reprises en Algérie. Jusqu'à ces derniers temps, on ne pouvait tenir comme exacte que la localité de Bône, d'où Duméril et Bibron ont étudié des échantillons. Mais grâce à l'ami Hiroux, auquel je dois tant de bonnes découvertes, je peux certifier la présence à Méchéria, d'un Eremias qui est certainement un *Eremias guttulata*. Enfin M. Blanc m'a envoyé de Batna et de Tunisie, deux exemplaires qui se rapportent aussi à cette forme. Pour moi le doute n'est plus possible, il y a en Berbérie deux *Eremias* distincts, l'un répondant à l'*Eremias pardalis*, figuré par Guichenot, l'autre à l'*Eremias guttulata* de D. et B. et de Strauch! Y a-t-il lieu d'en faire deux espèces? Quoique la forme barbaresque, voisine du type égyptien, soit trop peu connue pour pouvoir en faire une étude définitive, je suis d'avis que la séparation s'impose. Le tableau suivant fait ressortir les différences :

G. *Eremias*. — TABLEAU DES ESPÈCES

Corps comprimé ; tête fine, allongée, lisse en
    dessus, à front non proéminent, à museau
    étroit. Ligne médiane des plaques de la
    tête égalant en longueur un peu plus de
    deux fois la largeur comprise entre les
    supraciliaires. Plaques nasales ne formant
    pas de bourrelet saillant ; narine le plus
    souvent étroite, linéaire. Plaque préanale
    très grande, à contour polygonal et bordé
    par des plaques d'un demi-millimètre
    formant une ceinture régulière ; le tout
    couvrant la surface du triangle préanal.
    Dessous du ventre et du corps, surtout de
    la queue, bleuâtre. (Pl. XV, fig. 1, *a*, *b*.)
                                    Er. guttulata.

Corps arrondi. Tête courte, rugueuse en dessus,
    à front bombé, haut et proéminent, bout
    du museau large. Ligne médiane des
    plaques de la tête égalant en longueur à

peu près le double de la distance comprise
entre les supraciliaires. Plaques nasales
formant un bourrelet très saillant à narine
le plus souvent circulaire. Plaque préanale
petite, bordée de plaques souvent presque
aussi grandes qu'elles et séparées des
aines par d'autres plaques. Ventre et queue
d'un blanc jaunâtre. (Pl. XV, fig. 2, a, b.)

Er. Guichenotii *Nob.*

25. *Eremias guttulata* Licht. (Pl. XV, fig. 1, *a*, *b*)

Eremias guttulata *Licht.*, *D. et B.*, *Guichenot.*
Eremias guttulata *Blg.* (ex part.)
Eremias guttulata *Ern. Olivier* (ex part.)

L'érémias à gouttelettes.

CARACTÈRES PRINCIPAUX. — *Outre ceux du genre : une
plaque occipitale ; paupière inférieure à région centrale demi-
transparente. Narine linéaire. Plaque préanale très grande.*

Voici la description d'une femelle de Méchéria :

Tête petite, à museau allongé, rétréci dans la région des
frénales : longueur des plaques de la tête 10 millimètres,
largeur entre les bords des plaques supraciliaires 4^{m}4, distance
entre les tempes 7 millimètres. Rostrale petite, très obtuse.
Narine entre trois plaques non bombées ou très peu ne
formant pas bourrelet. Ouverture souvent étroite, elliptique
ou même linéaire. 1re et 4e sus-oculaires petites, entières,
presque planes. Région frontale non saillante continuant le
plan incliné du museau. Moitié postérieure des plaques de
la tête à bords latéraux à peu près parallèles. Occipitale petite.
Frénale aussi longue que la naso-frénale inférieure et la
préoculaire. Labiales antérieures relativement étroites; les
postérieures encore moins hautes. Trou auditif en forme de
demi-cercle (1^{m}8 sur 1 millimètre) bordé en haut et en avant
par une écaille étroite, courbe et longue occupant la moitié
de l'arc.

Paupière inférieure portant au centre deux seules pièces cornées, rectangulaires, paraissant transparentes.

Collier légèrement convexe à plaques assez grandes (0,5 à 0,9 millimètres de hauteur).

Écaillure dorsale fine, granuleuse.

Plaques ventrales petites, subégales entre elles, sur 8 rangées longitudinales. De chaque côté, dans la région moyenne, il y a une 5ᵉ rangée de petites plaques, près de moitié plus petites que celles de la 4ᵉ rangée.

Plaque préanale grande, très régulière, en forme d'anse de panier, large de 2ᵐ 5, haute de 1ᵐ 5, bordée d'une ceinture de 6 petites plaques d'un 1/2 millimètre carré. Une ligne de granules très réduits achève de remplir le triangle préanal.

Orteils fins, très finement denticulés. Pores fémoraux : **12-13**.

Corps un peu élargi, bien moins cylindrique que chez *Eremias Guichenotii*.

COLORATION. — Souvent d'un rouge de sable uni en dessus. Ventre à reflets bleuâtres. Dessous de la queue plus bleuté.

Chez le mâle le dos est parfois linéolé de petites taches, les unes claires, les autres d'un noir mat.

SEXES. — *Mâle.* — Tronc court. Fente anale descendant sur les côtés. Base de la queue relativement étroite, aplatie en dessus et en-dessous.

<pre>
        Distance du museau au collier.   15ᵐ
        Du collier à l'anus.   23
        De la ceinture au pli gulaire . 25
</pre>

Femelle. — Tronc allongé. Base de la queue arrondie **en** dessous, aplatie en dessus.

<pre>
        Distance du museau au collier.   15ᵐ   16ᵐ
        Du collier à l'anus.   27   27,5
        De la ceinture au pli gulaire . 29   31
</pre>

TAILLE. — *Mâle.* — 0,038 + 0,080 = 0ᵐ 118.
        Femelle. — 0,042 + 0,088 = 0ᵐ 130.
                0,0435 + 0,085 = 0ᵐ 1285.

DISTRIBUTION GÉOGRAPHIQUE : (**Oi, C., T.** : *H.-Pl., région montagneuse.*) — L'*Eremias guttulata* m'a été envoyé de Méchéria (Hiroux) ; probablement du Djebel Antar.

Guichenot l'a signalé de Bône. M. Blanc m'a envoyé de Batna un très mauvais échantillon qui m'a paru appartenir à cette espèce. Des exemplaires de Foum Tatahouine (Tunisie M. Blanc) s'y rapportent absolument.

ÉTHOLOGIE. — Je n'ai aucun renseignement sur cette espèce qui pourrait bien être confinée dans la région montagneuse des Hauts-Plateaux. A Méchéria, elle vit non loin d'*Eremias Guichenotii*, lequel abonde dans la plaine d'alfa.

26. *Eremias Guichenotii* Nob. (Pl. XV, fig. 2, *a*, *b*)

Fig. Guichenot, *Expl. sc. de l'Algérie* (Pl. 1, fig. 2)

L'érémias de Guichenot.

Eremias pardalis *Guich., Gervais, Strauch, Lallemant.*
Eremias guttulata *Blg., Ern. Olivier* (ex part.)
Podarces Simoni Böttger 1883 ? *Die Rept. von Marocco.*

Espèce de petite taille que les caractères de genre de la narine font distinguer au premier examen. Tête petite, museau court, large entre les frénales ; distance entre les bords des plaques supraciliaires 5 millimètres, ligne entre les tempes 7 millimètres, longueur des plaques du dessus de la tête 9,5 millimètres. Rostrale très courte, arrondie, obtuse. Narine entre trois plaques : la nasale et deux naso-frénales. La naso-frénale inférieure atteint la rostrale et borde la 1re sus-labiale. Ces plaques sont bombées, saillantes et forment le plus souvent bourrelet. Ouverture ronde. 1re et 4e sus-oculaires très petites, plus ou moins divisées ; la 2e un peu plus longue que la 3e. (Dans la figure de Guichenot, la 1re sus-oculaire manque. Je n'ai jamais observé ce cas). Une ligne simple de granules borde l'arcade sourcilière. Interpariétale aussi large que l'occipitale.

Région frontale proéminente. Sus-labiales antérieures hautes. Trou auditif en forme de demi-cercle, deux fois aussi haut que large, à plaque de l'angle postérieur non courbée, n'occupant que la partie supérieure, tout au plus le tiers.

Sous-oculaire atteignant la lèvre, très large à la base (1,5 à 2 mill.) en forme de trapèze, dont la petite base inférieure égale presque la moitié de la grande base. Elle repose entre les 4ᵉ et 5ᵉ labiales.

Un sillon très net marque en dessous la ligne postérieure des oreilles.

Collier de forme très variable : droit, convexe ou en chevron, composé de plaques plus ou moins géométriques, peu hautes (1/2 mill. en général), les centrales plus ou moins fixes. Quoique les plaques soient fixes, le collier est presque toujours très distinct.

Paupière inférieure portant, au centre, des plaques polygonales noires, cornées, plus ou moins transparentes. Le nombre de ces plaques est variable : il y en a ordinairement 2 ou 3 de grandes qui reposent sur une ligne de 4 à 6 bien plus petites. Elles sont moins nombreuses chez les individus du Sahara.

Ecaillure dorsale fine, granuleuse.

Plaques ventrales toutes à peu près de même largeur, sur 8 rangées longitudinales et parallèles. De chaque côté il existe une 5ᵐᵉ rangée de demi-plaques.

Plaque préanale irrégulière, petite, triangulaire ou subpentagonale 1,5 sur 1,5 au plus, entourée par deux rangées de plaques : celles de la 1ʳᵉ d'un millimètre carré, celles de la 2ᵉ un peu plus petites. En plus une ligne de granules.

Orteils fins, bien denticulés, mais à dents très fines et très courtes. Pores fémoraux : 10 à 15.

Corps assez plat en dessous, très bombé, arrondi en dessus.

A l'état de vie il paraît cylindrique. Dans le Sahara il est moins épais que dans le Tell et sur les Hauts-Plateaux.

COLORATION. — Très variable dans le fond qui du brun foncé passe au fauve clair. La tête est de même couleur. Chez les vieux individus elle devient d'un gris argenté. Sur le dos et les flancs il y a six lignes de petits points gris et fauves. Ces points sont en partie irrégulièrement bordés de noir. Ils sont très distants (3 millimètres). Quelquefois les taches noires sont grandes, rectangulaires et sont disposées sur 2-4 lignes distantes. La base des flancs est pointillée de noir. Les membres sont de même couleur avec de fines gouttelettes. Le dessous du corps est d'un blanc jaunâtre, plus accentué sous la queue.

En été les échantillons du Sahara sont à fond roux de sable, presque uni sur le dos. Certains ont une tendance à devenir pommelés. Chez le plus grand nombre les taches brunes sont groupées et forment quatre bandes dont les latérales, sur le haut des flancs, sont très prononcées. Le fond est tacheté de clair.

Les jeunes individus ont une plus belle robe. Sur le fond brun se détachent quatre beaux traits d'un blanc roussâtre ; un cinquième plus sombre parcourt le milieu du dos. Dans les bandes de fond il y a une ligne de petits points blanchâtres. Cette coloration se maintient pendant un ou deux ans.

Chez les jeunes du Sahara la coloration n'est qu'une réduction plus claire de celle des adultes.

SEXES. — *Mâle.* — Fente anale large, droite, ouverte ; queue aplatie en dessous. Distance du museau au collier, plus grande que la moitié de la distance de la ceinture au sillon de la gorge.

Femelle. — Fente étroite, à bord convexe. Queue arrondie. Distance du museau au collier égale à la moitié de celle de la ceinture au sillon de la gorge.

TAILLE. — *Mâle.* — 0,049+0,101=0,150. (Oran). Dimension rare.
Mâle. — 0,043+0,082=0,125. (Oran).
Femelle. — 0,045+0,080=0,125. (Oran).
Mâle. — 0.041+0,093=0,134. (El-Abiod- Sidi-Cheikh).
Femelle. — 0,041+0,086=0,127. (El-Abiod-Sidi-Cheikh).
Femelle. — 0,044+0,075 (queue repoussée). El-Abiod-Sidi Cheikh.

DISTRIBUTION GÉOGRAPHIQUE. — (**B** : *T., H.-Pl., S.*) — L'*Eremias Guichenotii* abonde partout, depuis le littoral jusque dans le Sahara. Il a été signalé à Oran par tous les auteurs algériens. Il y est commun. Je l'ai recueilli à La Sénia, Valmy, Camerata, Arlal, La Macta, dans toute la plaine entre Oran et Perrégaux, à El-Aricha, Bedeau, Magenta, Daya, Kralfallah, El-Abiod-Sidi-Cheikh, etc. Je l'ai reçu de Mascara (Pallary) ; du Kreider et de Méchéria (Hiroux).

ÉTHOLOGIE. — L'érémias de Guichenot est comme la *Lacerta perspicillata*, une espèce que l'on trouve presque toute l'année et surtout en hiver. Elle est rare en été. Les jeunes paraissent d'abord, au commencement de juillet. Ceux de l'année précédente, sortent quelques jours plus tard et, dès le mois de septembre, les adultes commencent à devenir communs. L'accouplement paraît avoir lieu aussitôt ou, tout au moins suivant les régions, dans le courant de l'automne.

J'ai été témoin de l'accouplement de deux érémias. Le 2 avril 1899, à 10 h. 1/2 du matin, j'ai surpris dans la campagne deux individus accouplés. Ils n'ont pas fui à mon approche et j'ai pu, assis à 50 centimètres de distance, les examiner tout à mon aise. Le mâle tenait, avec ses mâchoires, la femelle par le côté droit de la ceinture. Son corps replié passait sous la région cloacale de la femelle qu'il maintenait dans l'immobilité avec la jambe gauche appuyée sur la base de la queue. La femelle tenait la queue en l'air. Au bout d'un quart d'heure, je les ai séparés. J'ai constaté que le mâle n'avait qu'un pénis engagé.

J'ai observé le même fait le 23 septembre, à 10 heures 1/2 du matin, entre El Gor et le djebel Siaïed.

Voici quelques observations sur la gestation :

Du 17 octobre, à Oran. — Une femelle avec 3 œufs développés de 10^m sur 6. En dessous, un groupe de 5 œufs, le plus grand de 2 mill. au plus.

Du 15 novembre et du 28 décembre, à Oran. — Deux femelles avec deux groupes de 6 ovules.

Du 30 mars, à Oran. — Deux femelles avec 4 œufs de 11^m sur 5 ; restent deux groupes de chacun six non fécondés.

Du 18 avril, La Sénia. — Une femelle avec 4 œufs de 10^m sur 6, restent deux groupes non fécondés de 5-7.

Dans le Sud, la gestation paraît plus précoce.

Du 30 janvier, au Khreider (Hiroux). — Une femelle avec deux œufs de 10^m sur 5.

Du 1er mars, à Méchéria (Hiroux). — Trois femelles avec des œufs de 4^m. Une autre avec 4 œufs presque mûrs de 13^m sur 8.

Du 15 avril, à El-Abiod-Sidi-Cheikh (Pouplier). — Œufs fécondés mais non développés.

Du 1er mai. Même localité. — Deux femelles avec 3 œufs de 10m sur 5. Au-dessous, deux groupes de 4 ou 5 ovules.

Une autre avec 3 œufs de 4 mill. de diamètre. Au-dessous deux groupes de 5 ou 6 ovules.

Fin mai. Même localité. — Une femelle présente 3 œufs de 11m sur 5. Pas d'ovules.

Le 6 août, à El-Abiod, les jeunes ont : $0,028 + 0,048 = 0,076$.

Le 6 juillet, à Oran : $0,023 + 0,033 = 0,056$ mill.

Les périodes de gestation ont donc lieu vers le commencement du printemps et en automne.

Les adultes deviennent communs en septembre et octobre.

Ils se cachent pendant les périodes de mauvais temps et réapparaissent nombreux quand la température est modérée.

L'*Eremias Guichenotii* habite les lieux plats, un peu broussailleux et rocailleux. Sur les Hauts-Plateaux, il se trouve dans l'alfa. Dans la région saharienne, il préfère les endroits rocailleux sablonneux, aux sables purs. Il est facile à capturer, car, au moindre danger, il se réfugie sous une pierre. Il n'a d'ailleurs pas la vitesse de l'acanthodactyle.

Genre OPHIOPS

Caractères du genre. — *Pas de paupières. Narine entre quatre plaques : deux nasorostrales et deux postnasales. Pariétales séparées seulement au sommet par l'interpariétale. Ecaillure des Psammodromus. Orteils à peine denticulés.*

Une seule espèce en Algérie et en Tunisie.

27.   *Ophiops occidentalis* Blg. (Pl. XV fig. 3, *a*)
Fig. Blg. (*Cat. of Liz.*) Pl. iii, fig. 2 ; 3ᵉ volume

L'ophiops d'occident.

Ophiops occidentalis *Blg.* — *Blg., Ern. Olivier.*
Ophiops elegans *Lat., Böttg.* non *Ménétries.*

Ce lézard a tout le facies du *Psammodromus Blanci.* Il s'en distingue nettement par ses yeux qui ne sont jamais recouverts de paupières. En alcool, le globe de l'œil apparaît mat comme chez les couleuvres.

En voici la description :

Surface des plaques de la tête longue de 10 mill. et large de 5 entre les arcades sourciliaires. 1re et 4e sus-oculaires très petites, entières. 2e et 3e grandes, entières. Pas de ligne de granules bordant l'arcade sourcilière.

Rostrale courte, arrondie, subobtuse. Narine non proéminente, entourée par 4 plaques, parfois par 3 et même par 2 par suite du retrait des postnasales. Ces dernières ne la touchant que par un angle peuvent ne pas l'atteindre. Interpariétale petite. Occipitale réduite à un granule un peu saillant ; il en résulte que les pariétales sont contiguës sur presque toute leur longueur. Sous-oculaire atteignant assez largement la lèvre entre les 4e et 5e labiales, parfois entre les 5e et 6e. Œil absolument dépourvu de paupières. Trou auditif assez étroit, bordé antérieurement, et en haut, d'une plaque de près de 2 mill. de hauteur sur près de 1 de largeur.

Collier mal défini, fixe sous le cou. Pli gulaire très rarement marqué.

Écailles dorsales grandes, minces, très carénées et très imbriquées, subobtuses ; carènes en lignes continues, obliques et symétriques par rapport à la bissectrice dorsale.

Ventrales assez grandes pour la taille, régulièrement disposées en 6 bandes longitudinales. Il y a, en outre, de chaque côté, une 4e bande latérale formée de plaques de dimensions moindres ; ces plaques ne sont guère plus grandes que celles des flancs. Les plaques de la 2e rangée ont 2m sur 1 ; elles sont un peu plus larges que celles des 1re et 3e rangées lesquelles sont à peu près égales entre elles.

Orteils fins, denticulés. Pores fémoraux : 8-9.

COLORATION. — Dos couvert par une bande dorsale d'un brun foncé antérieurement, moins sombre postérieurement. Cette bande est bordée à l'intérieur par une ligne noire qui se fond vers la queue. En dehors et de chaque côté il y a un trait de 1 mill. presque blanc qui disparaît vers le bas du dos ou devient fauve. Sur les flancs, depuis le trou auditif, on voit une ligne semblable. Entre les deux lignes blanches il y a une bande brune, devenant fauve, pointillée de noir comme la base des flancs. Les 3ᵉˢ rangées ventrales sont parfois aussi pointillées. Tête brune, unie. Ventre blanc très légèrement lavé de bleuâtre. Queue brune en dessus, d'un blanc sale en dessous.

SEXES. — *Mâle.* — Fente droite, large, descendant sur les côtés ; queue aplatie en dessous, peu élargie.

Femelle. — Fente étroite. Queue fine.

TAILLE. — 0,048 + 0,085 = 0ᵐ133.

DISTRIBUTION GÉOGRAPHIQUE. — (**Ai, T.** : *T.? H.-Pl., S.*) — Cette espèce n'avait jamais été signalée jusqu'ici dans la province d'Oran. La découverte en est due à mon ami Hiroux, qui me l'a envoyée de Méchéria le 20 avril 1896. J'ai depuis retrouvé cette espèce à Kralfallah, où elle est très commune.

ÉTHOLOGIE. — L'*Ophiops occidentalis* paraît se plaire sur les plateaux à végétation un peu éclaircie. A Méchéria et à Kralfallah, il habite la plaine d'alfa, de chich, etc. Je l'ai de Méchéria du mois d'avril. De Kralfallah d'août, de septembre et de juin.

Une femelle de Méchéria prise le 10 avril, avait un œuf de 4ᵐ sur 2. Une autre du 25, 4 œufs de 10ᵐ sur 5, presque mûrs.

Cette espèce est très agile et très difficile à capturer, surtout dans l'alfa. Ce n'est que dans les endroits où les touffes sont clairsemées qu'on peut la prendre en la fatiguant à la course.

10ᵐᵉ Famillle. — CHALCIDIENS

CARACTÈRES DE LA FAMILLE. — *Corps serpentiforme. Un sillon ou un repli cutané revêtu de petites écailles parcourt chaque flanc, de l'oreille jusqu'à l'anus. Tête couverte de plaques. Écailles ventrales bien plus grandes que les dorsales ; toutes disposées en séries transversales parallèles, non imbriquées ou très peu. Membres absents ou réduits à des rudiments.*

Aucune espèce de cette famille n'a encore été signalée dans la province d'Oran. M. Boulenger cite *Ophisaurus Koellikeri* Günth. au Maroc. Jadis Gervais a signalé *Pseudopus Pallasii* à Alger, d'où il l'aurait reçu du docteur Marloy. Depuis, aucune découverte n'a confirmé l'indication de Gervais. Dans le cas où une espèce de ce groupe viendrait à être retrouvée, voici un tableau qui permettra de faire une première classification.

Chalcidiens. — TABLEAU DES GENRES

Membres postérieurs réduits à deux petits appendices écailleux bien visibles. Écailles dorsales un peu entuilées.

Genre **Pseudopus.**

Pas de vestiges de membres ou vestiges très réduits. Dorsales disposées en anneaux séparés.

Genre **Ophisaurus.**

Genre OPHISAURUS Daud.

Caractères. — *Corps serpentiforme sans nul vestige de membres à l'extérieur ou vestiges très rudimentaires ; sillons latéraux assez profonds.*

Ce genre est représenté au Maroc par une espèce :

Ophisaurus Koellikeri Günther 1873

L'ophisaure de Koelliker.

Pseudopus apus *forma* ornata *Böttger.*
Ophisaurus Koellikeri *Günth., Boulenger.*

Cette espèce se reconnaît facilement à la disposition en séries longitudinales et transversales très régulières des écailles dorsales qui sont presque carrées. Les membres postérieurs manquent ou sont tout à fait rudimentaires.

Distribution géographique. — (**M**). — Cette espèce a été probablement capturée dans les environs de Mogador.

11ᵐᵉ Famille. — SCINCOÏDIENS

CARACTÈRES DE LA FAMILLE. — *Corps lacertiforme ou serpentiforme. Écailles dorsales et ventrales toutes de même forme, parfois aussi de même grandeur, planes, lisses, légèrement striées ou pluricarénées; toutes imbriquées. Cou non distinct. Pas de sillon ou de pli longitudinal le long du milieu des flancs. Membres presque toujours mal conformés, souvent atrophiés; parfois tout à fait absents. Ovovivipares.*

Cette famille est représentée en Berbérie par plusieurs genres dont voici le tableau :

Scincoïdiens. — TABLEAU DES GENRES

1. { Corps serpentiforme dépourvu de rudiments de membres. 2
   { Corps pourvu de 4 membres plus ou moins bien conformés. 3

2. { Narine dans une seule plaque.
                                    Genre **Anguis.**
   { Narine entre deux plaques.
                              Genre **Ophiomurus.**

3. { Lèvre supérieure plane en dessous et débordant de toute son épaisseur la lèvre inférieure. Mentonnière sur le même plan que la rostrale. L'ensemble de la tête forme un bec de flûte. Ventre plat et bordé de chaque côté par un fort pli anguleux. 4

   { Lèvre supérieure tranchante en dessous, de forme ordinaire, ne débordant pas la lèvre inférieure. Rostrale normalement superposée à la mentonnière. Gorge et menton plus ou moins convexes. Côtés du ventre non anguleux. 5

4. {

Pattes antérieures petites (5 à 7 mill.),
atrophiées, égalant au plus la moitié des postérieures. Corps d'aspect
serpentiforme. Orteils fins, croissant graduellement du 1er au 4e.

Genre **Sphenops.**

Pattes antérieures presque aussi bien
développées que les postérieures.
Doigts et orteils grands, très largement bordés. Corps nettement
lacertiforme.

Genre **Scincus.**

5. {

Pattes antérieures fortes, à cinq doigts
bien développés pouvant servir à
la marche. Corps lacertiforme.   6

Pattes antérieures atrophiées, très
petites (3 à 7 mill. de longueur et
1 à 1,5 millimètres d'épaisseur).
Corps serpentiforme. Lacertiforme
à l'âge adulte chez *S. mionecton.*   9

6. {

Trou des narines touchant la rostrale,
y pénétrant le plus souvent et
parfois même s'y trouvant complètement. Frontale plus large en
arrière qu'en avant. (Pl. XVII.)

Genre **Gongylus.**

Trou des narines ne touchant pas la
rostrale et percé dans une seule
nasale ou entre deux nasales.
Frontale plus large en avant qu'en
arrière.   7

7.
Narine dans une seule nasale, allongée, pouvant parfois, surtout pendant le jeune âge, toucher la superonasale. Région susorbitale recouverte entièrement par 4 susoculaires bien ajustées, unies. Écailles dorsales à trois carènes peu prononcées. Animaux dont la longueur totale ne dépasse guère 0,15 à 0,18. (Pl. XV, fig. 4-5.)

Genre **Mabuia**.

Narine entre deux plaques formant un quadrilatère à peu près équilatéral. Régions susorbitales recouvertes par six plaques mal ajustées, la première étant repliée sur le côté et parfois peu apparente. 8

8.
Trou auditif complètement recouvert par deux grandes plaques anguleuses, externes. Taille moyenne (0,20). (Pl. XVII.)

Genre **Scincopus**.

Trou auditif très ouvert, à bord antérieur, portant une ligne d'écailles arrondies. Taille très grande (0,40). (Pl. XVI.)

Genre **Eumeces**.

9.
4 ou 5 doigts à tous les membres. 10
3 doigts à tous les membres.

Genre **Seps**.

2 doigts et 3 orteils.

Genre **Heteromeles**.

10.
5 doigts courts (1 mill. environ), régulièrement disposés en éventail, peu ou pas onguiculés ; 5 orteils (1 à 2 mill.) presque en éventail, les médians étant les plus grands. (Pl. XVIII, fig. 3.)

Genre **Lygosoma**.

4 doigts, rarement 5, courts (1 à 1^{m}5), les médians les plus grands ; 4 orteils croissant régulièrement du premier au dernier lequel atteint 5 $^m/_m$; ongles aigus bien conformés. (Pl. XVIII, fig. 4, a.)

Genre **Seps** (S. mionecton B^{o}ttg.)

Genre MABUIA Fitz.

CARACTÈRES DU GENRE. — *Narine dans une seule plaque plus longue que haute, comprise entre la frénale, la 1re suslabiale, la rostrale et la superonasale. Parfois, surtout pendant le jeune âge, la narine touche la superonasale. Écailles dorsales portant trois carènes parallèles très peu saillantes. Trou auditif très ouvert, présentant antérieurement deux petites écailles aiguës, l'une plus grande que l'autre. Palais denté. Queue plus longue que le reste du corps.*

Ce genre est représenté en Berbérie par une espèce qui manque dans la province d'Oran :

Mabuia vittata Olivier (Pl. XV, fig. 4-5)

Fig. Expéd. d'Egypte. (Suppl. Pl. 2, fig. 5 et 6)

Le scinque rayé.

Euprepes vittatus *Olivier*. — *Strauch., Lallemant.*
Mabuia vittata *Olivier*. — *Blg., Ern. Olivier.*
Mabuia vittata variété Savignyi *Ern. Olivier.* (Herp. alg., p. 19.)

Aux caractères du genre on peut ajouter : Lobules du trou auditif triangulaires, étroits (le plus long, 0,5 mill., l'autre quatre fois plus court). (1)

---

(1) Les figures 5 et 6 de l'*Expl. d'Egypte* ne présentent pas de lobules.

COLORATION. — Chez un adulte de Biskra. le dessus du corps présente cinq filets clairs, blanchâtres ou jaunâtres ; le médian large de 2 mill., les latéraux sur le haut des flancs, de moins d'un mill., celui du milieu des flancs, d'un millimètre. Ces filets sont bordés de chaque côté, ou sur un seul. d'une ligne de points noirs plus ou moins serrés. Ces lignes de points limitent quatre bandes plus larges (4-5 mill) d'un gris olivâtre. Le bas des flancs est cendré ; le ventre, blanc.

Chez un jeune de Tunisie, le fond est d'un brun noir ; le filet médian, d'un gris perle ; les quatre autres, plus clairs. Les lignes noires qui bordent le filet médian ne sont pas sectionnées en points, les autres le sont. Chaque écaille porte un point.

TAILLE. — *Adulte.* — $0,080 + 0,120 = 0^m200.$
Jeune. — $0,054 + 0,088 = 0^m142.$

OBSERVATIONS. — Dans la variété *Jomardi* (*Scincus Jomardi* Aud.) *Exp. d'Egypte* (Pl. 2, fig. 6) il n'y a de lignes de points noirs que de chaque côté de la bande claire médiane. La variété *Savignyi* Ern. Olivier serait dépourvue de points. Cette dénomination a l'inconvénient de créer une confusion dans la synonimie, car l'espèce *Mabuia Savignyi* D. et B. (*Euprepes* Aud.) n'a aucun lien de parenté directe avec *M. Vittata* Oliv. Donc la variété séparée par M. Ern. Olivier devrait être désignée sous un autre nom pour éviter toute équivoque. Il y a lieu d'ailleurs de revoir tout le groupe.

DISTRIBUTION GÉOGRAPHIQUE. — (**A.**, **C.**, **T.** : *S.*) — Le *Mabuia vittata* a été signalé au Mzab (Loche ex Strauch), au Souf (Lall.), à Biskra (Lat.) M. Blanc me l'a envoyé du Sud tunisien.

Genre EUMECES Wiegm.

CARACTÈRES DU GENRE. — *Narine percée entre deux nasales, oblique. Trou auditif grand, ouvert, à bord antérieur portant des écailles plus ou moins courtes. Écailles dorsales lisses ou striées, à extrémité étroite et peu échancrée. Os palatins distants de 2 à 3 millimètres. Ptérygoïdes portant chacun un groupe irrégulier ou une ligne de petites dents presque épineuses. Doigts forts, comprimés latéralement, non denticulés.*

Deux espèces ont été signalées en Berbérie.

En voici le tableau :

G. *Eumeces*. — TABLEAU DES ESPÈCES

Écailles dorsales lisses. Dos brun uni, mais
   pouvant présenter parfois de nombreuses
   écailles jaunes, éparses, ne formant des bandes
   transversales régulières que sur la queue.
   Quelquefois aussi les flancs sont parcourus
   par une large bande blanche qui peut se
   confondre avec le blanc du ventre. Trou
   auditif à moitié recouvert par 3-4 lobes dont
   le supérieur est nettement plus grand que les
   autres et mesure au moins $1^m 5$.

E. Schneideri.

Écailles dorsales présentant 4-5 stries longitudinales et parallèles peu profondes. Dos à
   fond brun coupé par de larges bandes
   transversales d'écailles orangées. Ces bandes alternent avec des bandes de fond et
   des bandes d'écailles ocellées. Trou auditif
   ouvert, bordé par une ligne d'écailles
   courtes (1 millimètre au plus).

E. algeriensis et variété.

———

Eumeces Schneideri Daud. (Pl. XVI, fig. 1, *a*)
Fig. Description de l'Egypte. (Pl. III, fig. 3 et Pl. IV, fig. 4.)

Le scinque de Schneider.

Eumeces Schneideri *Daud., Blg., Ern. Olivier.*

Cette espèce est assez difficile à distinguer de la **suivante**
lorsque la coloration n'est pas normale. Les écailles dorsales
lisses et la forme des écailles du trou auditif permettent
néanmoins de reconnaître à première vue les individus adultes.
Les écailles du trou auditif vont en augmentant de grandeur de bas
en haut ; elles sont implantées presque en dehors. L'absence
totale d'écailles dorsales bicolores permet aussi de distinguer
l'espèce. Enfin le cercle de sous-oculaires offre un caractère

remarquable ; il est formé de plaques étroites et longues qui rapprochent l'*Eumeces Schneideri* de la variété *meridionalis* de l'*Eumeces algeriensis*.

TAILLE. — $0,160 + 0,205 = 0^m365$ (d'après Blg.)
$0,155 + 0,240 = 0^m395$ (Chypre).

DISTRIBUTION GÉOGRAPHIQUE. — *Sahara tunisien.* — M. Blanc me l'a envoyé de cette région.

28. *Eumeces algeriensis* Peters (Pl. XVI, fig. 2, *a*, 3)

Fig. Blg. (*Cat. of Barb.*) Pl. IX

L'eumeces d'Algérie.

Plestiodon cyprium *Gerv., Strauch, Lall.,* non *Aldrovande.*
Plestiodon Aldrovandi *Guichenot.*
Eumeces pavimentatus *Böttg.,* non *Geoffroy.*
Eumeces algeriensis *Peters, Blg., Ern. Olivier.*

CARACTÈRES PRINCIPAUX. — *Dos présentant de larges bandes transversales d'écailles orangées alternant avec des bandes brunes et ocellées. Dorsales striées.*

Cette grande et magnifique espèce présente deux variétés que je distingue d'après les caractères relevés dans le tableau suivant :

E. algeriensis. — TABLEAU DES VARIÉTÉS

Œil bordé en dessous par sept sous-oculaires
carrées ou un peu plus longues que hautes
$(1^m 5)$.

Variété **algeriensis.**

Sous-oculaires moyennes, étroites, allongées
(1 millimètre de hauteur).

Variété **meridionalis** *Nob.*

Variété **ALGERIENSIS** (Pl. XVI, fig. 2, *a*)

Fig. Blg. (*loc. cit.*)

Eumeces algeriensis *Peters, Blg., Ern. Olivier.*

Tête grosse, à rostrale forte et arrondie. Nasale inférieure reposant sur la 1re labiale. (Chez *Eumeces Schneideri* elle repose souvent sur la 1re et une partie de la 2e). 1re plaque supraciliaire grande, bien repliée en dessus, ressemblant à une sus-oculaire et aussi grande que la 1re sus-oculaire. Œil bordé en dessous par un arc composé de sept sous-oculaires carrées ou un peu plus longues que hautes ; la hauteur est au milieu de 1^{m}5 ; elle n'augmente guère sur les côtés. Trou auditif bordé par 4-5 lobes arrondis, obtus, dont le plus grand atteint, au plus, 1^{m}3 de longueur et 1^{m}5 à 2 millimètres de hauteur ; l'inférieur est très court et le supérieur souvent bien plus petit que celui qui le précède. (Chez *Eumeces Schneideri* les lobes sont presque du double plus longs et assez aigus).

Écailles dorsales grandes, d'apparence lisse, mais régulièrement parcourues dans le sens de la longueur par 4-7 légers sillons parallèles. Queue un peu plus longue que le reste du corps. Membres forts. Doigts non bordés, comprimés, convexes latéralement.

COLORATION. — Fond d'un gris brun coupé par des bandes disposées dans l'ordre suivant :

A une ligne ondulée d'écailles d'un gris brun font suite deux lignes d'écailles de même couleur mais très maculées de blanc sale ; ensuite vient une ligne d'écailles orangées. Et ainsi de suite. On voit aussi de belles taches orangées sur les côtés du cou et de la tête.

SEXES. — Comme chez tous les scincoïdiens, la base de la queue est légèrement plus renflée chez le mâle que chez la femelle.

TAILLE. — Mon plus grand : 0^{m}43.
$$0,185 + 0,180 = 0^{m}365.$$
$$0,145 + 0,190 = 0^{m}335.$$

DISTRIBUTION GÉOGRAPHIQUE. — (**M.**, **O.** : *T.*, *H.-Pl.*, *S.*) — Cette espèce n'est connue que de la province d'Oran et du Maroc septentrional. Elle a été signalée par Strauch, sous le nom de *Plestiodon cyprium*, à Saint-Cloud, le Sig, Arzew. (Gaston et Prophète fils.) Je l'ai prise à Oran : chapelle Santa-Cruz, djebel Yeffry, etc. ; à Saint-Lucien. Elle existe à Kléber (Michaud) ; à Saint-Leu (Musée d'Oran, collection Moisson) ; Aïn-Témouchent (Faure) ; Lamoricière (d'après Pallary).

Variété **MERIDIONALIS** *Nob.* (Pl. XVI, fig. 3)

Cette variété se distingue du type par les caractères suivants :

Écailles sous-oculaires médianes allongées, étroites (leur hauteur n'atteint qu'un millimètre). 1re plaque supraciliaire peu apparente en dessus et presque de moitié plus petite que la 1re sus-oculaire. Écailles du trou auditif au nombre de trois, les deux supérieures grandes, subégales (2 mill. de base sur 1^m5 de longueur). Dorsales médianes fortement striées chez les adultes. Chez mon jeune échantillon d'Aïn-Sefra elles sont lisses.

COLORATION ET TAILLE. — Peu différentes de celles du type.

DISTRIBUTION GÉOGRAPHIQUE. — (**M.**, **Oi** : *S.*) — Je ne possède de la province d'Oran qu'un jeune échantillon de $0,11 + 0,15 = 0^m26$ recueilli à Aïn-Sefra par mon ami Hiroux. M. Pic (in litt.) m'a dit posséder un autre exemplaire plus grand, de la même localité.

M. Gaston Buchet m'a communiqué depuis trois exemplaires adultes, recueillis par lui au cap Sim (Mogador) et que je rapporte à la même variété.

ÉTHOLOGIE. — L'*Eumeces algeriensis* habite les ravins des collines incultes, les vieilles carrières, les terrains labourés des plaines, etc. Il se cache sous les gros blocs de pierre. Il est très localisé et très rare. Peu agile, il se laisse prendre très facilement. Les jeunes sont à peu près introuvables.

Il se nourrit surtout de sauterelles qu'il avale entières en long, sans trop les broyer. Il est facile à élever en domesticité.

Genre SCINCOPUS (s.-g. Peters)

CARACTÈRES DU GENRE. — *Intermédiaire entre les genres Eumeces et Scincus il établit entre eux une liaison naturelle. Tête d'Eumeces ; museau arrondi ; bords des lèvres rentrants par suite de la courbure des sus-labiales et du pli caréné des labiales inférieures. Une autre dépression anguleuse se trouve entre l'œil et la narine. Narine entre deux plaques. Six plaques sur la région orbitale, la première repliée sur le côté. Ouverture du tympan recouverte complètement par deux grands lobes aussi larges que longs. Gorge assez plate mais légèrement convexe. Sous-labiales présentant en dessous une surface à peu près plane qui déborde d'un millimètre sur le pourtour du museau. Écailles dorsales deux fois plus grandes que les ventrales et disposées sur 6-8 rangées longitudinales. Écailles chagrinées. Membres relativement longs, à doigts assez courts, subarrondis, présentant quelques fines et courtes dents sur les côtés. Deux grandes plaques anales.*

Ce genre est représenté en Algérie et en Tunisie par une seule espèce.

29. *Scincopus fasciatus* Peters (Pl. XVII, fig. 1)

Le scinque. à bandes.

Scincus fasciatus *Peters*. — *Lat., Blg., Ern. Olivier.*
Cyclodus brandti *Strauch.* 1866.
Scincus officinalis *Strauch,* (ex p.) *Erp. de l'Algérie.*

CARACTÈRES PRINCIPAUX. — *Voir ceux du genre.*

Tête un peu pyramidale ; museau assez obtus, arrondi. Rostrale courte, ne dépassant que très peu la mentonnière. Narine entre deux plaques, dont l'inférieure repose sur la 1re labiale et sur presque toute la 2e. Trois préfrontales de même grandeur. Frontale à peine plus large que l'occipitale et une fois et demie aussi longue. 6 sus-oculaires, la 1re repliée sur le côté, en avant de l'œil. Arcade sourcilière droite, formée de 4 écailles longues et étroites. Sous-oculaires au nombre de 8, les moyennes longues et étroites; une 9e, à l'angle postérieur de l'œil. Ligne de la narine à l'œil, entre les lèvres et la région frénale, rentrante Lèvres aussi très rentrantes ; les supérieures convexes, les inférieures carénées à la base. Ces dernières, vues en dessous, forment une bordure presque plane autour de la gorge laquelle est légèrement convexe. 9 labiales supérieures, la dernière s'imbriquant sur le lobe inférieur de l'oreille qui est un peu plus grand. 7 labiales inférieures, la dernière très grande. Trou auditif grand mais caché sous deux lobes très développés (2 à 3 millimètres).

Écailles dorsales grandes, chagrinées et striées, disposées en bandes longitudinales, les médianes deux fois plus grandes que les ventrales. Il y a 23 rangées longitudinales autour du corps (ventrales comprises). Deux grandes plaques anales.

Membres antérieurs relativemeut longs. Doigts assez courts, non élargis, arrondis, avec quelques dents fines et courtes.

Membres postérieurs guère plus longs que les bras. Orteils arrondis. Ongles fins et courts. Corps presque cylindrique. Queue courte.

COLORATION. — Fond jaunâtre ou orangé (Blg) avec le dessus de la tête d'un noir d'ébène. Sur le cou, le dos et la queue il y a de larges bandes noires (5 à 8 mill.) transversales, très distantes (1 à 2 cent.) Membres noirs en dessous, à écailles hexagonales bordées de clair. Ventre blanc sale.

TAILLE. — 0,147 + 0,077 = 0,224 (Blg.)

OBSERVATION. — J'ai décrit cette espèce sur un individu de Souakim, que je dois à l'obligeance de M. Boulenger. Je possède aussi un fragment de dépouille trouvé en Tunisie (M. Blanc). Ce fragment qui provient d'un individu très adulte a les écailles dorsales nettement sillonnées dans le sens de la longueur. Les sillons sont au nombre de 2 ou 3.

DISTRIBUTION GÉOGRAPHIQUE. — (**O.**, **Ti** : *S.*) — Cette espèce a été décrite par Peters, sur un échantillon qui se trouve au Musée de Berlin. C'est cet exemplaire que Strauch (*in Erp. de l'Algérie*) dit avoir acheté à Mascara, à un spahi qui l'aurait pris à Géryville. Il le désigne sous le nom de *Scincus officinalis*.

J'avoue n'y rien comprendre. Il n'est pas possible que Strauch ait pu confondre deux espèces absolument distinctes. Le *Scincopus fasciatus*, espèce désertique, ne peut se trouver à Géryville. Le spahi avait dû le prendre bien plus au sud. Cette espèce est donc à rechercher dans le Sahara oranais. Elle existerait à Tuggurth (M. Pic, in litt.) Elle habite pour sûr le sud de la Tunisie (M. Blanc).

Genre SCINCUS

CARACTÈRES DU GENRE. — *Tête pyramidale en forme de bec de flûte ; museau cunéiforme, tronqué, arrondi à l'extrémité. Labiales supérieures et rostrale planes en dessous et débordant largement les lèvres inférieures. Surface inférieure de la tête à peu près plane, comme coupée au couteau. Dents ptérygoïdiennes sur une petite ligne courbe. Tympan très étroit caché par une petite et étroite ligne d'écailles en scie. Narine s'ouvrant entre deux plaques, la nasale et la superonasale, à ouverture allongée touchant parfois la rostrale près de son angle postéro-externe. Ventre très plat, limité sur les côtés par un fort pli. Queue bien plus courte que le corps, large à la base, présentant en dessous une ligne médiane de larges plaques. Pattes très fortes. Doigts et orteils aplatis, larges, bordés par des écailles contiguës en forme de parallélogramme. Ongles des doigts larges, plats, obtus et courts. Ceux des orteils plus longs.*

Ce genre est représenté en Berbérie par une seule espèce :

30.   *Scincus officinalis* Laur. (Pl. XVII, fig. 2)

Fig. Description de l'Egypte, suppl. (Pl. II, fig. 8)

Le scinque des boutiques.   Arabe : *El Adda.*
Le poisson de sable.   « *Les Zelzagues* », M. Flamand.

Scincus officinalis *Laur., Auct. alg.*

Les caractères du genre sont ceux de l'espèce.

COLORATION. — En général, à fond d'un roux ou d'un rouge de sable, tacheté de buffle. La disposition des taches buffles est variable. Tantôt elles forment sur le dos six à neuf larges bandes transversales de deux écailles séparées par des bandes de fond un peu plus larges, ordinairement de 3-4 écailles. Parfois ces bandes sont sectionnées et réduites à des taches. Dans des échantillons que j'ai du grand Erg, il n'y a pas de bandes. Toutes les écailles portent à la base un très petit triangle de couleur buffle foncé. Le reste de l'écaille est couleur du fond maculé de clair. L'animal paraît tout pointillé de brun et de clair. Sur la queue les écailles sont bordées de brun noir à la base.

SEXES. — *Mâle.* — Queue très renflée, étranglée à la base. Dos très taché. Ordinairement une large bande buffle va de l'épaule à l'œil ; une grande tache couvre la région frénale. Les flancs portent trois ou quatre fortes mouchetures.

Femelle. — Queue non renflée. Robe non mouchetée ou à taches rares.

TAILLE. — 0,130 + 0,065 = 0,195 (queue repoussée.)
0,120 + 0,085 = 0,205 (Blg.)

DISTRIBUTION GÉOGRAPHIQUE. — (**Ai, T** : *S.*) — Cette espèce est très répandue dans tout le grand Sahara et sur certains points du Sahara algérien et tunisien. De la province d'Oran elle n'est connue que des environs d'Aïn-Sefra et de Tyout où elle ne forme que des colonies tout à fait isolées.

Chose étrange, le poisson de sable manque à Arba-Tahtani, à El-Abiod-Sidi-Cheikh et sur une vaste étendue au sud de ce dernier poste. On ne le retrouve que dans le grand Erg, d'où M. Flamand me l'a donné.

La localité de Géryville, citée par Strauch, ne peut donc pas être admise. Il n'y a pas de poissons de sable à 100 kilomètres au moins autour de Géryville.

ÉTHOLOGIE. — Le poisson de sable vit dans les dunes où il plonge avec une rapidité étonnante. Il s'y meut avec autant d'agilité que le poisson dans l'eau. Au moindre bruit il disparaît et il faut une bêche pour le déloger du point où on.l'a vu s'enfoncer. Il faut le surprendre et agir avec une extrême rapidité pour le capturer à la main. Il est commun dès le mois d'avril.

Les Sahariens en sont très friands. Ils le mangent pelé et frit comme du poisson. Les Européens qui sont allés dans le grand Erg ne médisent pas de ces fritures qui agrémentent la frugalité des menus. On mange surtout les jeunes scinques.

Le scinque est appelé depuis longtemps scinque officinal ou des boutiques. Les anciens lui attribuaient des propriétés aphrodisiaques. On le trouve encore débité dans les pharmacies.

Genre SPHENOPS Wagl.

CARACTÈRES DU GENRE. — *Voisin des scinques par la forme du museau. Corps bien plus étroit, presque serpentiforme. Gorge plate. Lèvres supérieures planes en dessous, débordant d'un mill. les lèvres inférieures. Rostrale courte, arrondie, obtuse. Narine pénétrant fort avant dans la rostrale et limitée en arrière par la nasale dont les extrémités s'engagent dans la rostrale. Une seule préfrontale. Trou auditif très petit, recouvert par 2 ou 3 lobes très petits, aigus. Plaques anales petites au nombre de 4. Queue longue presque aussi grosse que le corps dans sa majeure partie. Pattes antérieures très petites, atrophiées, doigts courts (1 à 2 mill.) Pattes postérieures bien plus grandes ; le plus grand orteil a de 5 à 6 millimètres.*

Ce genre est représenté en Algérie et en Tunisie par deux espèces bien voisines dont voici le tableau :

G. Sphenops. — TABLEAU DES ESPÈCES

Quatrième sus-labiale placée sous l'œil. (Pl. XVII,
    fig. 3). 28 rangées d'écailles autour de milieu
    du corps.

                Sph. sepsoïdes Aud.

Cinquième labiale placée sous l'œil. (Pl. XVII,
    fig. 4 *a*). 24 rangées d'écailles.

                Sph. boulengeri Anderson.

Sphenops sepsoïdes Aud. (Pl. XVII, fi. 3)

Fig. Epédition d'Egypte. Suppl. (Pl. II, fig. 8 et 10)

Le sphenops sepsoïde.

Scincus sepsoïdes *Audouin.*
Sphenops capistratus *Gerv., Strauch, Lall., Ern. Olivier.*
Chalcides sepoides *Boulenger.*

Les caractères du genre et ceux du tableau permettent de reconnaître cette espèce.

TAILLE. — 0,080 + 0,060 = 0ᵐ140.

DISTRIBUTION GÉOGRAPHIQUE. — Sahara des provinces d'Alger, de Constantine et de la Tunisie. A rechercher dans l'Extrême-Sud oranais où cette espèce doit se trouver.

Sphenops boulengeri Anderson (Pl. XVII, fig. 4, *a*)

Fig. (loc. cit.) Pl. I, fig. 1, 2, 3

Chalcides boulengeri *Anderson* (*Proc. zool.* 1892).

DISTRIBUTION GÉOGRAPHIQUE. - (**T.**) — Duirat (Anderson) ; Foum–Tatahouine (M. Blanc).

Genre GONGYLUS Wieg.

CARACTÈRES DU GENRE. — *Corps lacertiforme, allongé, lourd. Museau rond et obtus. Narine s'ouvrant entre la nasale et la rostrale et pénétrant souvent profondément dans cette dernière, s'y isolant même ; ouverture arrondie ou subarrondie. Deux superonasales entre la rostrale et la préfrontale. Pas de dents au palais. Trou auditif nu. Écailles lisses, les dorsales en partie linéo-ocellées. Queue plus courte que le tronc, conique. Plusieurs écailles anales semblables aux ventrales, mais plus arrondies.*

Ce genre est représenté en Berbérie par une seule espèce très variable.

31. *Gongylus ocellatus* Gmelin (Pl. XVIII, fig. 1-2)

Fig. (Le type.) *Expédition d'Egypte.* Suppl. (Pl. II, fig. 7.)
(Tête.) Böttg. *Rept. von Marocco* 1872 (Pl. X, fig. 4)

Le gongyle ocellé.   Arabe : *Cheh' metelard* (Oran).

Gongylus ocellatus *Gm., Strauch, Lall., Ern. Olivier.*
Chalcides ocellatus *Forsk., Boulenger.*

Cette espèce très commune se distingue à son **corps lourd,**
de taille assez forte, peu fait pour la course. Elle est très
variable sous le rapport de la disposition des ocelles. M. Boulenger (*Cat. of Barbary*) a admis quatre variétés, dont voici le
tableau. J'en ajoute une cinquième.

G. ocellatus. — TABLEAU DES VARIÉTÉS

1º 28 ou 30 écailles autour du milieu du corps.
  Olive ou brun en dessus ; ocelles en bandes
  transversales irrégulières, formés de deux
  taches noires, quelquefois confluentes, mais
  le plus souvent séparées par un point pâle
  ou un trait longitudinal. Les taches et les
  traits blancs forment des lignes parallèles.
  Du museau à l'anus 140 millimètres.

Variété **typica** Blg.

2º 28 à 34 écailles (ordin. 30 ou 32). Dessus
  olive ou brun, avec des ocelles blancs ou
  pâles et une bande latérale plus ou moins
  distincte, parfois d'un noir léger inférieurement. Plus forte et plus large que la
  variété *typica.* Longueur du museau à
  l'anus 170 millimètres.

Variété **tiligugu** Gerv.

3· « 30 à 34 écailles (ordin. 32). Brun bronzé en
  dessus, sans ocelles ; une bande latérale noire
  inférieure et une légère supérieure. Longueur
  du museau à l'anus 115 millimètres. »

Variété **vittatus** Blg.

4° « 34 à 40 écailles (ordin. 36 ou 38). D'un brun
noirâtre en dessus ; ordinairement chaque
écaille avec une petite tache jaune ronde ; cou
et flancs avec des barres verticales noires et
pâles qui disparaissent chez les adultes.
Longueur du museau à l'anus 150 mill. »

Variété **polypelis** Blg.

5° 32 écailles. D'un gris brun assez foncé. Dos
parcouru par 5 traits noirs, parallèles et
très rapprochés, non coupés en avant,
sectionnés en arrière. Haut des flancs parcouru dans toute sa longueur par 2 traits
non sectionnés. (Pl. XVIII, fig. 2.)

Variété **parallelus** Nob.

Variété **TYPICA** *Blg.*
Fig Expéd. d'Egypte Suppl. (Pl. 2, fig. 7)

Cette variété n'offre de caractères différentiels que dans la
coloration. Les proportions du corps, long, étroit et rond, ont
aussi quelque valeur.

Il y a 30 rangées d'écailles autour du corps ; celles des
flancs sont en forme de parallélogramme. Les quatre écailles
anales sont à peine plus grandes que celles qui les précèdent.

COLORATION. — Fond d'un fauve de sable. Dessus de
la tête d'un gris fauve uni. Entre les épaules et les yeux
quelques points noirs. Sur le dos des bandes transversales sont
disposées comme il suit : d'abord une ligne oblique d'écailles
couleur du fond ; ensuite une ligne d'écailles ocellées. Les
taches de ces écailles sont au nombre de trois et d'égale largeur :
celle du milieu est blanche et carrée ; chacune des deux
autres forme de chaque côté un triangle noir. Les triangles des
écailles contiguës se joignent et l'ensemble des écailles, sur
une seule ligne, forme une bande transversale, droite, oblique
ou en chevron composée de taches noires et blanches, presque
carrées qui alternent. Une ligne d'écailles, quelquefois deux,

de la couleur du fond suit la ligne bicolore et cette disposition se poursuit jusque sur la queue. Les taches blanches et les taches noires forment des lignes dorsales longitudinales régulières, parallèles. On compte 6 lignes blanches et 5 noires. Les flancs tendent à devenir unis. Ventre blanc rougeâtre.

OBSERVATIONS. — L'exemplaire que je viens de décrire provient d'El-Abiod-Sidi-Cheikh. Les exemplaires des Hauts-Plateaux, d'Aïn Sefra à Kralfallah, présentent la même disposition des ocelles ; mais le fond est gris perle au Kreider et gris brun dans les autres localités. Au fur et à mesure qu'on s'avance du Kreider vers le Tell, les formes se rapprochent par la coloration de celles de la variété *tiligugu*. Le corps reste relativement allongé.

SEXES. — Difficiles à distinguer. Il est impossible de faire sortir les pénis par compression.

TAILLE. — El-Abiod-Sidi-Cheikh. — 0,105+0,078 (queue repoussée)
Méchéria. — 0,143 + 0,145 = 0,288.

DISTRIBUTION GÉOGRAPHIQUE. — (**Ai.**, **T.** : *S.*, *H.-Pl.*) — El-Abiod-Sidi-Cheikh (type) ; Aïn-Sefra, Méchéria (Hiroux), Kreider, Kralfallah (formes). Se trouve dans le Sahara oriental.

Variété **TILIGUGU** *Blg*. (Pl. XVIII, fig. 1)
Fig. Bonaparte (*Fauna italica*)

Gongylus tiligugu *Gmelin*.

C'est la forme la plus répandue. Elle se distingue par son corps ramassé, épais, à section presque rectangulaire et par sa coloration plus foncée à ocelles souvent séparés.

Voici la description d'un individu adulte d'Oran :

Dos plat, très légèrement convexe ; section de l'animal rectangulaire à angles arrondis. Rostrale forte, arrondie, peu saillante en dessous. Narine grande, placée le plus souvent dans l'angle postéro-externe de la rostrale, bordée par la 1re sus-labiale, la nasale et la supranasale. Frénale grande, plus large que le bord contigu de la préfrontale. 5e labiale atteignant l'œil. Entre la 5e sus-labiale et la frénale se trouvent

4 plaques, parfois 5, dont trois bordent ou touchent l'œil. Région sus-orbitale couverte par trois grandes sus-oculaires, l'antérieure bordant la préfrontale. En arrière il y a une 4ᵉ plaque, de moitié plus petite que la 3ᵉ. Parfois les 2ᵉ et 3ᵉ sont réunies. En arrière de la 5ᵉ sus-labiale il y 5 plaques qui contournent l'œil (y compris la 4ᵉ sus-oculaire petite, indiquée ci-dessus). Labiales $\frac{8}{6}$ ou $\frac{9}{7}$. Mentonnière grande, à bord postérieur droit, suivie d'une plaque entière, puis de deux, puis de trois. Les bandes transversales du ventre viennent à la suite.

Paupière inférieure, transparente au milieu. Trou tympanique assez grand, profond, sans lobes.

Écailles dorsales très finement striées en long, les médianes un peu plus larges que hautes. Ventrales de même forme que les dorsales ; toutes à bord libre assez arrondi. 32 séries longitudinales

Coloration. — Fond d'un gris brun, foncé sur une large bande dorsale. Sur les côtés du dos une bande plus claire. Sur la moitié supérieure des flancs de nombreuses écailles noires ne formant pas une bande limitée. Ventre d'un blanc sale.

Voici maintenant la disposition des ocelles: D'abord la tache blanche n'occupe en largeur que le $\frac{1}{5}$ de l'écaille, les angles noirs couvrent le reste. Les ocelles se joignent par 2, 3 ou 4; ils forment parfois des lignes transversales en haut et en bas pendant le jeune âge ; plus tard ils tendent à s'isoler. Les lignes d'ocelles ou les fragments de lignes sont séparés par des bandes incomplètes de 2 à 5 séries d'écailles unies. Les taches blanches du dos, sur 4 à 8 séries longitudinales et parallèles, sont bien distinctes. Il n'en est pas de même pour les taches noires. Haut des flancs, surtout entre les épaules et l'œil, tout taché de noir. Les écailles de la tête et des lèvres sont aussi tachées de la même couleur sur un côté.

Taille. — 0,175 + 0,110 (queue repoussée).
0,145 + 0,135 = 0ᵐ280.

Distribution géographique. — (B : *T.*, *H.-Pl.*) — La variété *tiligugu* est répandue partout dans le Tell et sur tout le littoral. Elle habite les îles de Rachgoun (Pallary) et des

Habibas. Elle est rare sur les Hauts-Plateaux. Elle s'élève dans la région montagneuse. Je l'ai vue aux sommets du djebel Mekaïdou (1,442 m), du djebel Beguirat (1,402 m), du djebel Antar (1,755 m), du djebel Bou-Derga à Géryville.

Variété **PARALLELUS** *Nob.* (Pl. XVIII, fig. 2)

Je rapporte à cette variété une forme qui se rapproche beaucoup par la coloration de la variété *vittatus* Blg. L'échantillon est jeune. Il présente 32 rangées d'écailles autour du corps. Le fond est d'un gris brun assez foncé. Sur le dos, les ocelles sont disposés de telle façon que les taches noires forment 5 traits d'un millimètre de largeur. Les traits latéraux sont entiers. Les 3 internes sont entiers sur la nuque et sur le cou ; sur le dos, sans être interrompus, ils sont échancrés par les angles de quelques écailles unies. Les bandes noires sont séparées par les lignes des points clairs des écailles ocellées. Ces points clairs, n'ont pas un demi-millimètre de largeur. Cette disposition se continue sur la queue en se sectionnant.

De chaque côté de la large bande dorsale s'étend une bande (de 2ᵐ5) de la couleur du fond, paraissant plus claire. Puis, au dessous, le haut des flancs est parcouru, depuis l'oreille jusqu'à la cuisse par deux traits noirs semblables à ceux de la bande dorsale. Ces traits sont séparés par une ligne continue, très étroite formée par les taches claires des ocelles. Ventre grisâtre.

TAILLE. — 0,069 + 0,075 = 0ᵐ144 (jeune).

DISTRIBUTION GÉOGRAPHIQUE. — Le jeune échantillon que je possède provient du plateau de Canastel (environ d'Oran). Je l'ai pris près de la route de Kristel, au point où celle-ci quitte le plateau pour descendre sur le littoral. Au même lieu j'ai pris la variété *tiligugu*.

Variété **VITTATUS** *Blg.*
Fig. Blg. (*Cat. of. Barb.*) Pl. XVII, fig. 1.

Bien voisine de la précédente. Tous les traits du dos sont réunis en un seul et forment une bande d'un brun bronzé. Les deux latéraux sont réunis en une bande noire.

DISTRIBUTION GÉOGRAPHIQUE. — **M.** : Tanger (Blg.)

Variété **POLYPELIS** *Blg.*

Fig. Blg. (*Cat. of. Barb.*) Pl. XVII, fig. 2.

CARACTÈRES — Voir le tableau.

DISTRIBUTION GÉOGRAPHIQUE. — **M.** : Casablanca, Mogador, Maroc (Blg.)

ÉTHOLOGIE. — Le gongyle apparaît assez tard à Oran. Toutefois on peut le trouver assez alerte sous les pierres dès la fin de janvier si la saison n'est pas pluvieuse. Il passe l'hiver presque à la surface du sol, sous une pierre. Il se ménage une petite cavité dans laquelle il se loge, en ramenant sa queue sur la tête. Le 19 janvier, un individu trouvé dans cette situation, était assez éveillé pour chercher à fuir.

Le gongyle devient assez commun en mars et abonde en avril au moment des amours. Il devient rare dès le milieu de juin. Les jeunes de l'année précédente apparaissent alors et sont bientôt suivis des nouveau-nés.

L'accouplement a lieu à la fin d'avril et en mai, peut-être aussi en juin. Les petits naissent en juillet-août. Ils sortent vivants du ventre de la mère. Voici les quelques observations que j'ai faites à Oran sur la gestation.

Du 24 avril. — Une femelle m'a présenté deux groupes de chacun 17 à 20 ovules, dont une douzaine plus gros (2^m) que les autres (1^m).

Du 18 mai. — Une grosse femelle m'a présenté deux groupes d'œufs d'une vingtaine chacun. 16 paraissaient fécondés ; ils mesuraient 2 à 3 millimètres de diamètre.

Du 30 juin. — Une grosse femelle avait 10 œufs très développés et disposés en deux séries cylindriques et parallèles. En place, pressés les uns contre les autres, ils mesuraient séparément un centimètre de long ; isolés, ils étaient sub-globuleux et avaient 15 millimètres de diamètre. Le quart inférieur de l'œuf était clair ; on y voyait le fœtus bien développé ; le reste était épais, d'un blanc jaunâtre. Sous les gros œufs il restait de nombreux ovules non fécondés.

Deux femelles ont mis bas chez moi : l'une a donné 4 petits le 15 juillet ; l'autre en a donné 7 dans la nuit du 6 au 7 août.

Ces deux femelles n'étaient pas très grandes. Le nombre de petits doit augmenter avec la taille de l'animal.

Je n'ai trouvé aucune trace de coquille après la parturition.

Il est à remarquer que la parturition a lieu la nuit, comme d'ailleurs chez presque tous les lézards. A la naissance, les jeunes ont $0,041 + 0,040 = 0^m081$. Ils grandissent assez vite. A un an, en mai, ils mesurent $0,058 + 0,057 = 0^m115$.

Le gongyle est certainement le lézard le plus inoffensif. On peut dire que c'est avec lui qu'on commence à se familiariser avec les reptiles. En le maniant on sent diminuer la répulsion que l'on éprouve pour les membres de la famille.

Peu agile, à cause de ses pattes assez mal conformées, il va d'une pierre à l'autre, et, lorsqu'on le déloge, il ne s'éloigne guère ; si le sol est compact, il cache sa tête sous le premier obstacle qu'il trouve et se laisse prendre.

En été, le gongyle se retire souvent sous les tas de pierres où il est moins facile à capturer. Il habite aussi les sols sablonneux. Là, il a quelque chance d'échapper au chasseur. Comme tous les scincoïdiens, il est fouisseur et disparaît assez profondément dans le sable.

On le trouve encore dans les vieux murs et dans les talus des routes où il se creuse des galeries. Il aime à s'exposer aux rayons du soleil et on le voit souvent immobile, ne tendant que la tête à la lumière s'il craint d'être dérangé ou étalant tout son corps sur le bord du trou si rien ne l'inquiète. Il semble dormir ; mais, comme le lièvre, il ne dort que d'un œil, car il est rare de le prendre dans cette position.

Le gongyle se nourrit de coléoptères (curculionides), de sauterelles, etc.

Les jeunes gongyles doivent être une proie facile pour les serpents.

Genre LYGOSOMA Gray

Caractères du genre. — *Corps serpentiforme ; palais sans dents à échancrure peu profonde ; narines s'ouvrant au milieu de la plaque nasale ; écailles lisses ; pattes petites, atrophiés, à cinq doigts.*

Une seule espèce en Algérie :

32.   *Lygosoma chalcides* L. (Pl. XVIII, fig. 3)

Le lygosome chalcide.

D'après M. Boulenger, auquel j'ai soumis un échantillon, je rapporte à cette espèce un Lygosoma pris à Oran, dans des conditions que j'exposerai plus loin. En voici d'abord la description :

Animal serpentiforme, petit, ressemblant à première vue à un seps de petite taille. Il en diffère pourtant par sa couleur terreuse uniforme et non bleuâtre. Museau court, obtus, arrondi ; narine dans une seule nasale comprise entre la rostrale, la 1re labiale, la frénale et l'internasale, cette dernière très large. Une préfrontale, une interpariétale. Sur la ligne du milieu de la tête il y a donc, outre la rostrale, quatre plaques. Les pariétales se touchent à la base. Il y a quatre plaques sus-oculaires, la postérieure est suivie par deux plaques superposées, l'inférieure étant une post-oculaire. Paupière inférieure séparée de la lèvre par une ligne de plaques moitié plus étroites que les sus-labiales. Labiales $\frac{7}{7}$. Trou tympanique très petit.

Corps écailleux, d'aspect vernissé ; écailles petites, imbriquées, mais à bords ne paraissant pas libres, sur 25 rangées longitudinales autour du corps. Anus recouvert par 5-6 plaques plus grandes (1-1^{m}2) que les écailles, à contour très convexe.

Pattes antérieures courtes, atrophiées, appliquées contre le corps, longues de 5 millimètres et épaisses de 1^{m}3, portant des doigts très courts (1^m) disposés régulièrement en éventail. Pattes postérieures disposées pour la marche, longues de 8 millimètres et épaisses de 1^{m}8. Genou distinct. Orteils en éventail ; les externes plus courts que les trois médians qui sont de même longueur (1^{m}4).

DIMENSIONS DE TROIS EXEMPLAIRES :

Museau à tympan...	8 m/m	8 m/m	7 m/m
Tympan à épaule...	9	7,5	6,5
Épaule à ceinture...	59	64	50
Ceinture à anus....	4	4	3
Museau à anus.. ..	80	84	65
Queue............	»	»	80
Queue repoussée....	65	14	»
Largeur du corps...	6	5	5
Épaisseur.....	4,5	4	4

DISTRIBUTION GÉOGRAPHIQUE. — (**Oi** : *H.-Pl. ?*)

Les trois échantillons connus ont été recueillis par mon ami Paul Mathieu, dans un chantier d'alfa, près de la gare d'Oran. D'où provenaient-ils ? Probablement des Hauts-Plateaux de la province d'Oran d'où ils ont été apportés avec les alfas. Je n'oserais pourtant rien affirmer. Toutefois, si on considère que Poiret a cité comme commun, à La Calle, un seps (*Lacerta chalcides* L.) à 5 doigts très courts à chaque patte et à tympan distinct, il y a tout lieu de supposer qu'il existe bien en Algérie un seps à 5 doigts et que Poiret a bien vu l'espèce que je décris. (1)

Il y a lieu de rechercher cette espèce dans les bas fonds humides de la région de l'alfa.

OBSERVATION. — Cette espèce existe au Siam. Je possède de Chantabaon, deux jeunes exemplaires que M. Boulenger m'a donnés et qui sont absolument identiques aux individus d'Oran.

On pourra objecter que les échantillons trouvés à Oran ont pu être importés par les convois provenant de l'Extrême-Orient. Mais la description de Poiret est toujours là.

---

(1) Poiret. *Voyage en Barbarie*, t. 1, p. 289. « Queue arrondie, longue , pieds à 5 doigts très courts... Couleur luisante grisâtre... Des oreilles... Il n'a pas un pied de long. »

Genre SEPS Daud.

CARACTÈRES DU GENRE. — *Corps serpentiforme ou allongé, le plus souvent cylindrique. Museau conique, plus ou moins convexe en dessous. Narines s'ouvrant entre la nasale et la rostrale et pénétrant dans cette dernière. Palais non denté. Ouverture tympanique petite, nue. Écailles lisses, imbriquées. Pattes — au moins les antérieures — très petites, atrophiées, à doigts ronds, inégaux et courts (1 à 2 mill.), onguiculés.*

Ce genre est représenté en Berbérie par trois espèces, dont je donne ci-dessous le tableau. J'y comprends le *Seps mionecton* Böttg., qui n'est certainement pas à sa place. A mon avis, cette espèce devrait prendre place dans un nouveau genre entre les *sphenops* et les *gongyles*.

G. Seps. — TABLEAU DES ESPÈCES

1.

    Au moins 4 doigts (un très court), quelquefois 5. Orteils au nombre de 4, le plus grand atteignant 5 millimètres.

    S. mionecton *Böttg.*

    3 doigts. 3 orteils, le plus grand atteignant 2 millimètres.

    2

2.

    2ᵉ et 3ᵉ orteils égaux ; lignes *noires* du dos impaires et toutes égales et également distantes.

    S. lineatus.

    2ᵉ et 3ᵉ orteils presque égaux ; lignes noires du dos paires, inégales et inégalement distantes.

    S. tridactylus.

OBSERVATION. — Une étude sérieuse du groupe *Seps tridactylus* s'impose. Le caractère des bandes paires ou impaires, lorsqu'elles existent, paraît seul bien distinguer les deux espèces (*Seps lineatus* et *Seps tridactylus*). Je n'ai aucune confiance dans les caractères tirés des proportions des membres par rapport à la longueur du tronc. Chez les *Seps tridactylus* oranais la distance entre les membres est plus grande chez les mâles que chez les femelles. Chez certains individus les membres postérieurs sont plus développés que chez d'autres du même sexe. Des échantillons unis (mâles) seraient de véritables *lineatus* si on ne tenait compte que des proportions. Il y a lieu d'étudier les deux espèces séparément sur un grand nombre d'individus mâles et femelles.

D'autres espèces voisines peuvent aussi exister encore en Berbérie.

Seps mionecton Böttg. 1872 (Pl. XVIII, fig. 4 et 4 *a*)

Fig. Böttg. (*Abh. Senck. nat.*) fig. 6, *a*, *b*, *c*, *d*, *e*

Le seps mionecton.

Seps mionecton Böttg (*Abh. Senck. nat. Ges.*, *Rept.* von *Marocco*, p. 145.)
Chalcides mionecton *Boulenger*.

Cette espèce marocaine est bien reconnaissable par le nombre de ses doigts (4 ou 5) et celui de ses orteils (4). Jeune, elle a le facies d'un *seps tridactylus*; adulte, celui d'un *gongylus ocellatus*.

Taille. —	0,095 + queue repoussée.	Largeur 0,013
	0,077 + 0,060 = 0,137	— 0,010
	0,067 + queue.	— 0,008
	0,058 + 0,050 = 0,108	— 0,006

DISTRIBUTION GÉOGRAPHIQUE. — (**M.** : *Versant atlantique.*) — Tanger, Casablanca, Larache (Blg.) M. G. Buchet a recueilli cette espèce en abondance au cap Sim.

33.   *Seps tridactylus* Laur. (Pl. XIX, fig. 1)

Fig. Bonaparte, *Fauna italica*

Le seps à trois doigts.

Seps chalcides *Col., Strauch, Lallemant.*
Seps chalcides *Ch. Bonaparte.*
Chalcides tridactylus *Laur., Boulenger.*
Seps chalcides *L., Ern. Olivier.*

CARACTÈRES PRINCIPAUX. — *2ᵉ orteil (médian) un peu plus long que le 3ᵉ qui a une articulation de moins. Distance entre l'oreille et l'épaule contenue plus de 15 fois dans la distance du bout du museau à l'anus. Lignes du dos, quand elles existent, paires, inégales et inégalement distantes.*

Ce lézard est bien reconnaissable, car il ressemble à un petit serpent, dont il se distingue par ses petites pattes atrophiées.

En voici la description :

Tête presque conique ; museau assez obtus ; sur la tête deux grandes plaques, la préfrontale et la frontale, occupent presque toute la longueur. L'interpariétale est très petite et se trouve presque à la base des sutures des pariétales. Narine presque entièrement dans la rostrale ; elle est bordée en arrière par la superonasale, la nasale et l'angle de la 1re sus-labiale. 4 sus-oculaires. Œil reposant sur la 4e labiale. 3 temporales entre l'œil et l'oreille. Trou auditif subcirculaire ; le diamètre atteint près d'un millimètre. 24 lignes d'écailles autour du corps. Écailles en forme de losanges plus larges que haut.

Plaques anales au nombre de 6, les latérales plus petites ; les grandes, cornées, diffèrent peu de celles qui les précèdent.

Membres atrophiés : les antérieurs avec 3 doigts dont le 1er est très court ; le médian qui est le plus long mesure 1^m2 ; les postérieurs avec 3 orteils ; le médian, formé de 4 articulations, dépasse un peu le 3e qui n'est composé que de trois ; le 1er est bien plus court.

COLORATION. — Fond d'un brun assez foncé en dessus, olivâtre sur les flancs, gris bleuâtre en dessous. Sur le dos il y a une bande médiane claire assez large (1,5 à 2 mill.) qui divise les bandes noires en deux séries symétriques. De chaque côté de la ligne médiane, deux traits d'un beau noir vont de la nuque à la queue. Ces traits ont un millimètre d'épaisseur. Deux autres traits semblables parcourent de chaque côté le haut des flancs en partant des temporales. Ces traits, très rapprochés sont bien moins nets que ceux du dos. Ils en sont séparés par une bande de fond de 2 mill., parfois parcourue par un autre trait. Sur les bandes de fond les sutures des écailles sont légèrement foncées ; elles forment une ligne brisée assez visible.

VARIATIONS DANS LA COLORATION. — Le nombre, l'épaisseur et les distances des traits entre eux sont variables. En général, les femelles m'ont paru linéolées ; leur dos est parcouru par un nombre pair de traits noirs. Les mâles, au contraire, sont le plus souvent d'un brun olivâtre uniforme.

SEXES. — *Mâle.* — *Généralement* de couleur uniforme ; base inférieure de la queue dilatée au moment du rut. Ventre plus long que chez la femelle.

Femelle. — Le plus souvent linéolée. Ventre court.

TAILLE. — Mon plus grand : 0,148 + 0,165 = 0m 313.
Cette espèce ne paraît pas atteindre en Algérie la taille qu'elle a en Europe : 0m,40 environ.

DISTRIBUTION GÉOGRAPHIQUE. — (**Ai, Ti** : *T., H.-P., S.*) — Toute l'Algérie (Strauch). Le seps est commun dans les environs d'Oran, surtout dans les prairies salées. Il abonde à La Sénia, Valmy, Arbal, Sidi-Chami, etc. Je l'ai capturé à Terny, Sebdou, Le Kreider, Stitten. Il est à Arba-Tahtani (Pouplier). Il paraît rare dans la région de l'alfa. J'ai vu des seps à Marhoum. Cette espèce n'a pas été signalée au Maroc.

ÉTHOLOGIE. — Le seps se trouve dès le mois de février et surtout au printemps. Il est très commun dans les prairies, dans les pelouses des montagnes et même dans les broussailles fraîches. Il est d'une agilité extraordinaire. Le matin, dès que le soleil a bu la rosée, on peut voir le seps s'ébattre sur l'herbe. Il aime aussi à sauter sur les plantes en touffes basses pour y chasser les fourmis et les petits insectes. Au moindre danger, il plonge, glisse entre les racines et disparaît dans le sol ; il est impossible de le capturer si le sol est meuble. Dans le cas contraire, l'animal met quelques secondes à trouver un refuge ; il sautille, mais disparaît bientôt. Le chasseur doit, dans ce cas, le saisir pour ainsi dire au vol.
Dans les prairies salées, au printemps, il se tient dans l'herbe, dans les joncs ; mais lorsque l'été arrive, il se retire et s'enterre sous les plantes halophytes : salicornes, soudes, etc., qui forment la végétation du pourtour des lacs.

Dans les pelouses et les terrains broussailleux, le seps se réfugie sous les pierres où on le prend plus facilement.

Le seps a la queue très fragile, aussi est-il rare de trouver des individus adultes avec l'appendice caudal entier.

Le seps s'accouple en mars. Il est vivipare.

J'ai pu faire quelques observations sur la gestation.

Le 8 avril. — Une grande femelle d'Arlal portait 13 œufs de 2^m5 à 3 mill. de diamètre, avec 2 ou 3 petits stériles.

Le 24 avril. — De Sidi-Chami, une femelle avait 5 œufs en forme de haricots de 4^m5 sur 3. Au-dessous il y en avait une douzaine d'ovules (1 mill. au plus). La taille de cette femelle mesurait : $0,089 + 0,105 = 0^m194$.

Fin mai ou en juin. — A une date que malheureusement j'ai égarée, j'ai pris dans les prairies de La Sénia une femelle dans la dernière période de la gestation. L'ayant mise en alcool, je vis sortir un petit. J'ouvris aussitôt le ventre de la mère et j'en retirai neuf fœtus à terme. Ils mesuraient : $40 + 37 = 77$ mill. de longueur. Chacun d'eux était roulé en deux anneaux pressés latéralement ; il était donc par le fait plié en quatre. Une membrane très mince l'enveloppait. La cavité qui les contenait tous avait $0^m,08$ de longueur. Le diamètre du corps de la mère était de $0^m,012$. La longueur entre les membres de $0^m,11$.

Le seps se nourrit de petits insectes : de jeunes sauterelles, de perce-oreilles, de fourmis, etc.

C'est un animal tout à fait inoffensif. Le vulgaire lui attribue une action malfaisante. Il croit sa piqûre mortelle et soutient que les bestiaux qui l'avalent en meurent.

Les indigènes le redoutent. Il est probable qu'ils lui imputent certaines maladies que contractent les ruminants qui paissent dans les bas fonds humides où pullule ce reptile. Ils le craignent pour eux-mêmes. J'ai eu l'occasion d'en faire l'expérience à Stitten. Guidé par un naturel du pays, je chassais dans les environs. Sous une pierre, près de la rivière, je saisis un seps. Enchanté de trouver, pour la première fois, cette espèce sur un point aussi méridional, j'examinai ma capture avec attention. L'Arabe, en voyant l'animal dans mes mains, eut un geste de frayeur, m'interrogea avec crainte et finalement se tint, dès lors, à distance après m'avoir averti du danger auquel je m'exposais en maniant cet animal. Sa sollicitude pour moi ne fut plus la même. Il manœuvra si bien qu'il me ramena au village. Je ne le revis plus.

Seps lineatus Leuck. (Pl. XIX, fig. 2)
Fig. Blg. (*Cat. of. Barb.*) Pl. XVII, fig. 3

Le seps à raies.

Chalcides lineatus *Leuck.* — *Blg., Ern. Olivier.*

Caractères principaux. — *2ᵉ et 3ᵉ orteils égaux pourvus d'un même nombre d'articulations. Distance entre l'oreille et l'épaule contenue moins de 15 fois dans la distance du bout du museau à l'anus. Lignes dorsales impaires, égales et également distantes.*

M. Boulenger (in *Cat. of Barb.*) en donne la description suivante :

« Museau obtus, à peine saillant ; ouverture de l'oreille plus large que la narine. Celle-ci percée entièrement en avant de la suture entre la rostrale et la 1ʳᵉ labiale ; superonasales distinctes ; frontal plus long que large, la 4ᵉ labiale entrant dans l'œil. Corps cylindrique, très allongé. 22 à 26 rangées d'écailles au milieu du corps. Membres très petits, tridactyles ; le 2ᵉ orteil a la longueur du 3ᵉ. La longueur du membre de derrière est égale à la distance comprise entre l'oreille et le membre antérieur et est contenue 12 à 15 fois dans la distance du museau à l'anus.

« Olive bronzé en dessus, uniforme ou avec 9 ou 11 bandes longitudinales d'un brun obscur, aussi larges ou plus larges que les espaces qui les séparent, lesquels occupent le milieu de chaque écaille. »

Taille. — 0,145 + 0,153 = 0ᵐ298.

Distribution géographique. — (**C. M.)** — En Algérie, cette espèce n'a été signalée qu'à El-Guerra par Lataste (ex Bedriaga). Boulenger la cite du Maroc, d'où M. Vaucher me l'a envoyée.

Genre HETEROMELES D. et B.

Caractères du genre. — *Corps serpentiforme. Pattes atrophiées, 2 doigts, 3 orteils. Trou auditif peu apparent.*

Une seule espèce connue :

34. *Heteromeles mauritanicus* D. et B. (Pl. XIX, fig. 3)
Fig. Guich. *Expl. sc. de l'Algérie.* Atl. (Pl. II, fig. 2.)

L'hétéromèle maurétanique.

Heteromeles mauritanicus *D. et B., Strauch, Lallemant.*
Chalcides mauritanicus *D. et B., Boulenger.*
Seps mauritanicus *D. et B., Ern. Olivier.*
Lerista Dumerilii *Coct., Gervais.*

CARACTÈRES PRINCIPAUX. — *2 doigts et 3 orteils.*

Voici la description de cette rare et petite espèce :

Tête presque pyramidale à quatre faces peu convexes, petite : largeur entre les tempes 4^m5, longueur des plaques 6 mil. de la tête. Museau arrondi, subobtus. Narines pénétrant dans la rostrale. 3 plaques sus-oculaires suivies d'une 4ᵉ peu apparente ou pas du tout. Œil reposant sur la 4ᵉ sus-labiale. Trou auditif à peine visible à la loupe et pas toujours. Il est recouvert par les écailles du cou. 18 séries d'écailles longitudinales autour du corps. 4 plaques préanales, les deux médianes assez grandes, cornées. Membres antérieurs très petits, courts et fins avec deux doigts très inégaux que l'on distingue à peine à l'œil nu. Membres postérieurs trois fois plus forts, à 3 orteils dont les dimensions vont en augmentant du 1ᵉʳ au 3ᵉ. Queue presque aussi longue que le corps.

COLORATION. — Dessus du corps argenté un peu bordé de clair. Sur le haut des flancs une large bande noire, bien limitée en dessus, se fond en dessous avec le gris du ventre. Ventre gris sale souvent pointillé de noir. Queue avec des traits noirâtres parallèles qui semblent continuer des traits de même facture, disparus du dos.

Jeunes à flancs très noirs, à ventre noirâtre, à gorge d'un gris sale. Queue vermillon presque aussi longue que le corps.

TAILLE. — $0,074 + 0,058 = 0^m132$ (queue repoussée).
$0,070 + 0,064 = 0^m134$ (queue repoussée).
$0,062 + 0,058 = 0^m120.$

DISTRIBUTION GÉOGRAPHIQUE. — (**O.** : *littoral.*) — Cette espèce n'est connue que du littoral de la province d'Oran. Les deux exemplaires décrits par Duméril et Bibron étaient d'Oran. M. Cazagnaire (ex Blg) a trouvé cette espèce à Nemours en 1888. Il y a tout lieu de croire qu'elle se trouve dans tous les terrains sablonneux de la côte.

A Oran, elle est assez commune dans les sables de la Batterie espagnole et même dans ceux du plateau qui borde la falaise de Gambetta à Canastel. J'en ai pris un exemplaire dans les prairies de La Sénia, près du cimetière. Aussi un autre à la Macta.

ÉTHOLOGIE. — L'hétéromèle est encore plus agile que le seps. Vivant toujours dans le sable, il s'y enfonce avec l'agilité d'un poisson dans l'eau. Il se plaît sous les pierres, sous lesquelles il s'enfouit à quelques centimètres. Il ne monte à la surface du sol qu'aux heures chaudes de la journée. Pour le prendre, il suffit de soulever la pierre et de gratter vivement le sol avec un piochon. Quand on déloge ainsi l'hétéromèle, on le voit disparaitre aussitôt. Pour le saisir, il faut plonger avec rapidité la main dans le sable et retirer à la fois terre et animal. L'on s'empresse de mettre le tout dans un petit sac tout préparé. Cette opération ne réussit pas toujours et, le plus souvent, l'animal s'échappe en laissant son appendice caudal entre les mains du chasseur. La queue de l'hétéromèle est en effet excessivement fragile. Il est très rare de prendre un animal intact.

On trouve l'hétéromèle au printemps, mais il est plus commun de juin à septembre. Les jeunes naissent à la fin de juillet ou au commencement d'août.

Deux exemplaires du 8 et du 15 août mesuraient : $0,036 + 0,024 = 0^m070$.

Un autre du 6 septembre : $0,039 + 0,200$ (queue repoussée.)

Un autre du 3 mars : $0,041 + 0,037 = 0^m078$.

Ce dernier, âgé de 7 à 8 mois avait encore la queue vermillon. D'ailleurs, cette couleur persiste parfois chez des individus assez adultes, probablement lorsque la queue amputée repousse.

Genre ANGUIS L.

CARACTÈRES DU GENRE. — *Corps serpentiforme, dépourvu de tout vestige de membres. Pas de sillon longitudinal. Narine dans la plaque nasale. Langue avec un sillon transversal. Trou auditif très petit, presque caché. Écailles imbriquées, les dorsales plus larges que celles des flancs. Queue longue.*

Une seule espèce a été signalée en Algérie :

Anguis fragilis L.

Fig. Ch. Bonaparte (*Fauna italica*)

L'orvet.

Anguis fragilis *L., Strauch, Lallemant, Ern. Olivier.*

M. Boulenger n'admet pas cette espèce dans son catalogue malgré les indications : Alger (Gervais) ; Bône (*Musée de Paris*) ; Sahara (Loche), d'après Strauch. En 1893, M. H. Martin l'a trouvée à Aumale (ex Ern. Olivier). L'orvet fait donc partie de la faune algérienne.

Genre OPHIOMORUS

CARACTÈRES DU GENRE. — *Corps serpentiforme, sans traces de membres ni de sillons. Narine entre la nasale et la supero-nasale. Pas de sillon transversal sur la langue. Écailles imbriquées toutes égales. Queue courte.*

Une seule espèce a été signalée en Algérie :

Ophiomorus miliaris Pallas

Fig. Bib. et Bory (*Exp. sc. en Morée*). Pl. XI, fig. 5

L'ophiomore à petits points.

Ophiomorus miliaris *Pallas, Strauch, Lallemant.*
Ophiomorus punctatissimus *Gervais, Enum.* Rept. Barb. 1837.

Cette espèce a été signalée à Bône (*Musée de Paris*) ; à Alger (Gervais), d'après Strauch. Elle n'a pas été retrouvée. Elle est aujourd'hui exclue de la faune algérienne.

11ᵐᵉ Famille. — **AMPHISBÉNIENS**

CARACTÈRES DE LA FAMILLE. — *Corps vermiforme, apode ; queue très courte ; peau non écailleuse, divisée en anneaux distincts. Chaque anneau est subdivisé en rectangles longitudinaux. Pas de trou tympanique. Yeux petits, dépourvus de paupières, recouverts par une cornée transparente. Un sillon longitudinal de chaque côté du corps et un autre moins apparent sur le milieu du dos. Reptiles ressemblant à de gros vers de terre.*

Cette famille est représentée en Berbérie par deux genres :

Amphisbéniens. — TABLEAU DES GENRES

Narine dans la nasorostrale laquelle tient aussi
    lieu de 1ʳᵉ labiale. Des pores préanaux.
    Queue presque aussi large que le corps,
    longue de 2 à 2,5 cent., visiblement aplatie,
    à côtés presque parallèles, conique à
    l'extrémité seulement.

G. Blanus.

Narine distante de la 1ʳᵉ labiale et percée dans
    la nasorostrale distincte. Pas de pores
    préanaux. Queue courte, 1 à 1,5 cent., très
    conique depuis la base.

G. Trogonophis.

Genre BLANUS Wagler

CARACTÈRES DU GENRE. — *Outre les caractères du tableau : Dents implantées sur le côté de la mâchoire. Sillons latéraux des flancs bien marqués ; le dorsal moins profond ; tous occupés par une bande de petites plaques au nombre de 5-7 entre deux plaques normales.*

Une seule espèce a été signalée en Algérie et au Maroc.

35.   *Blanus cinereus* Vand. (Pl. XIX, fig. 4, *a*)
Fig. Gervais (*Mag. zool.*), 1836. (Pl. X)

L'amphisbène cendrée.

Amphisbœna cinereus *Vand., Lallemant.*
Blanus cinereus *Vand., Blg., Ern. Olivier.*

Voïci la description d'un individu d'Espagne :

Tête courte et large : entre les tempes 7 mill. ; ligne des plaques 9 mill. Museau obtus. Rostrale peu épaisse 0,5 mill. Narine percée dans l'angle antéro-supérieur de la nasorostrale qui occupe la place de la 1re sus-labiale. Museau recouvert en dessus par une seule grande plaque frontale. Cette plaque s'étend de la rostrale aux plaques du crâne ; elle en est séparée par une suture qui correspond à la ligne des yeux. Labiales : $\frac{2}{3}$ (nasorostrale non comprise). Œil petit, dépourvu de paupières et bordé par les 1re et 2e sus-labiales, une plaque postoculaire et la frontale. Sur le crâne il y a six grandes plaques carrées (1,5 à 2 mill.), disposées sur deux rangées symétriques formant rectangle. Les temporales sont carrées et deux fois plus petites que les céphaliques. Mentonnière atteignant la suture antérieure de la nasorostrale. Une inframaxillaire aussi large que la mentonnière joint les 2es sous-labiales. Gorge couverte de très petites plaques carrées.

Corps vermiforme légèrement déprimé. Peau nue, divisée en anneaux de 2 mill. de hauteur ; ces anneaux sont sectionnés en rectangles, plats ou peu convexes, par des stries longitudinales et parallèles, distantes d'un demi-millimètre sur le dos et d'un millimètre sous le ventre. On en compte 7 entre le sillon dorsal et chaque sillon latéral. Il y en a 16 en dessous entre les sillons latéraux.

Sillons latéraux, de couleur claire, occupant la largeur de deux plaques et s'étendant jusqu'à la hauteur de l'anus. Dans chaque anneau le rectangle du sillon est divisé, suivant les diagonales, en 5 petites plaques ; deux plus petites se trouvent à chacune des extrémités des bissectrices longitudinales.

Le sillon dorsal est moins profond, mais il offre aussi 6 petites plaques. Il atteint l'extrémité de la queue. Il est de la même couleur que le dos. Il y a 121 anneaux de l'anus aux plaques céphaliques.

Queue de même forme que le corps, à peine plus étroite, plate en dessous, un peu sillonnée (probablement un mâle), conique dans le quart postérieur seulement. Elle se compose de 22 anneaux. Plaques préanales au nombre de six, disposées en losange transversal. En avant et de chaque côté il y a 3 pores ; chacun d'eux est placé au milieu de trois plaques géométriques.

COLORATION. — D'un brun violacé luisant, uniforme. Sutures des anneaux, stries et sillons latéraux d'un fauve assez clair.

TAILLE. — 0,220 + 0,025 = 0,245.

DISTRIBUTION GÉOGRAPHIQUE. — (**M., Ai** : *T., H.-Pl.*) — Cette espèce existe au Maroc. Elle a été signalée dans l'ouest de la province d'Oran et à Tébessa (Letourneux ex Lallemant), à Batna (Strauch). Depuis 1864, aucune découverte n'est venue confirmer les indications de Letourneux.

C'est surtout dans le bassin moyen et inférieur de la Tafna que l'amphisbène cendrée pourra être retrouvée.

ÉTHOLOGIE.— Mœurs probablement peu différentes de celles du trogonophide, que je décrirai plus loin.

Genre TROGONOPHIS Kaup.

CARACTÈRES DU GENRE. — *Outre les caractères du tableau : dents implantées sur les mâchoires. Sillons étroits, réduits à des plis rentrants, marqués par un ou deux très petits granules séparant deux écailles dorsales.*

Ce genre est représenté par une seule espèce propre à la Berbérie :

36. *Trogonophis Wiegmanni* Kaup. (Pl. XIX, fig. 5, *a*)

Fig. Gervais (*Mag. zool.*), 1836. (Pl. XI)

Le Trogonophide de Wiegmann.

Arabe: *bou Sih'at* (Oran).

Trogonophis Wiegmanni *Kaup.*, *Strauch*, *Lall.*, *Bly.*, *Olivier*.
Amphisbœna elegans *Gervais*.

Voici la description d'un gros exemplaire :

Tête aussi large que longue ; longueur des plaques 9 mill. ; entre les tempes 9ᵐ5. Museau peu pointu. Rostrale assez saillante (2 mill. vue en dessus et plus de 1 mill. vue en dessous) ; angle postérieur très aigu. Narine percée dans la nasorostrale. Milieu du crâne recouvert par deux grandes plaques symétriques de 4 mill. sur 2,5 suivies de deux autres plus petites, triangulaires, aussi symétriques. Le contour des plaques de la tête forme un angle curviligne à pointe postérieure. Cinq labiales supérieures, la dernière très petite ; quatre inférieures, la dernière très petite ; parfois $\frac{4}{3}$. Œil subcirculaire logé entre deux sous-oculaires, une préoculaire et deux postoculaires. Temporales carrées ne touchant pas les lèvres. Mentonnière grande, pentagonale, ne bordant qu'une partie des 1ʳᵉˢ sous-labiales. Au-dessous une inframaxillaire, aiguë inférieurement, lui fait suite ; de chaque côté part une série de 3 inframaxillaires qui borde les labiales.

Corps vermiforme, cylindrique, à peau nue, divisée en anneaux de 1,1ᵐ de hauteur. Ces anneaux sont divisés en rectangles sur le dos et en carrés sur le ventre par des stries parallèles distantes de 0,5ᵐ en dessus et de 1ᵐ en dessous. On en compte 13 de chaque côté du dos et 30 en dessous entre les sillons latéraux.

Sillons latéraux formés par un pli rentrant de la peau, ne présentant que quelques petits granules (1 ou 2) entre les plaques latérales. Sillon dorsal presque saillant, formé par une ligne de plaques triangulaires dont chacune s'insère en coin entre deux plaques latérales.

Les sillons latéraux atteignent la hauteur de l'anus. Le dorsal aboutit à l'extrémité de la queue. Il y a 151 anneaux de l'œil à l'anus. La queue n'en compte que 14. Plaques préanales au nombre de huit, disposées en segment de cercle quoique à sutures longitudinales. Pas de pores préanaux. Queue très courte (15 mill.) régulièrement conique de la base à la pointe.

COLORATION. — Très variable ; en général bicolore. Ordinairement les couleurs des rectangles alternent sur chaque anneau. Les rectangles de même couleur sont souvent réunis par deux, trois ou même davantage. Dans le sens longitudinal il n'y a pas d'ordre. Pendant le jeune âge, et même chez les adultes, ce système de taches en damier, à unités rectangulaires ou carrées, se montre sur tout le corps. A l'âge adulte, chez certains exemplaires, il ne se trouve qu'en dessous et, dans ce cas, les couleurs se fondent entre elles. En dessus la coloration est violacée unie comme chez Blanus. Les taches peuvent être noires et grises lavées de jaune, brunes et jaune serin, violettes et blanchâtres, etc. Certains échantillons, vus de loin, paraissent absolument jaune citron, les taches violettes étant en plus petit nombre.

Chez des jeunes de l'année, les taches étaient violet foncé et viel or en dessus ; celles du dessous violettes et grises ; tout le ventre était lavé de violet.

Chez un grand individu de Méchéria des taches d'un blanc d'ivoire dominaient ; elles étaient pointillées par places.

Un autre d'Aïn-Temouchent, celui que j'ai décrit ci-dessus, une femelle, avait le dos d'un brun violet uni, finement linéolé de jaune. Le ventre était presque clair ; les couleurs des rectangles se fondaient entre elles et l'ensemble avait un aspect violacé et blanc sale.

Je n'ai pas rencontré la coloration fuligineuse, signalée en Algérie. La précédente s'en rapproche.

A mon avis, toutes ces diverses colorations ont des relations avec l'âge, le sexe, l'habitat et l'ancienneté de l'épiderme de l'animal. Je n'y vois l'indice d'aucune distinction, même géographique.

SEXES. — *Mâle.* — Queue un peu aplatie en dessous avec une légère dépression longitudinale.

Femelle. — Queue ronde en dessous.

TAILLE. — Mon plus grand : $0,198 + 0,012 = 0^m 210$. Diamètre : 0,013. Ordinairement : taille, 12 à 15 centimètres ; diamètre, 9 millimètres.

DISTRIBUTION GÉOGRAPHIQUE. — (**B.** : *T.*, *H.-Pl.*) — Partout, sauf Sahara (Boulenger) ; Mostaganem (Wagner, Strauch) ; Oran (Strauch). Le trogonophide est commun partout dans le Tell. Il abonde aux environs d'Oran : Batterie espagnole, Polygone, plaine, etc. Je l'ai pris à Sebdou. Je l'ai reçu de Sidi-Douma (Lafosse), d'Aïn-Temouchent et de l'île Rachgoun (Pallary), de Méchéria (Hiroux), de Tanger (Vaucher), de Mogador (Buchet), de Tunisie (Blanc).

ÉTHOLOGIE. — Le trogonophide de Wiegmann apparaît dès le mois de février. Il est commun en mai. Ce n'est qu'en décembre et janvier qu'il s'enterre très profondément. Pendant la période d'activité, il se tient à peu de profondeur sous une pierre isolée. Aussitôt que le soleil darde ses chauds rayons ou que le sol perd son humidité de surface, le trogonophide descend à 8 à 15 centimètres. Il ne monte à la surface du sol que lorsque la température est fraîche. Lorsqu'il quitte sa demeure, il recherche les routes, les sentiers sur lesquels il se promène en traçant de nombreux méandres. Sort-il dans la nuit ? Je le suppose. Ce que je puis affirmer c'est que, de grand matin, au petit jour, lorsque la nuit a été chaude, on le voit communément traverser les chemins pour regagner la broussaille. Il paraît rentrer plus tard pendant la période des amours. C'est ainsi que j'en ai pris deux magnifiques individus jouant sur le sol, le 10 juin, à 9 heures du matin. J'ai pu les examiner pendant quelques instants : ils se mordillaient, s'entrelaçaient, sautaient l'un par dessus l'autre, s'enfonçaient en partie dans le sable pour reparaître bientôt. Ils ne s'accouplèrent pas. M'ayant probablement aperçu, ils se séparèrent pour s'enfouir. Je n'eus pas de peine à les prendre.

Je n'ai fait aucune observation sur la gestation.

Pour obtenir le trogonophide, il suffit de soulever les grosses pierres dans les terrains meubles ou sablonneux. Si le temps est frais, on trouve l'animal à la surface ; s'il fait sec, on le déterre en grattant la terre avec un piochon.

Le trogonophide, ayant des mouvements très lents, ne peut s'enfuir. Il n'y a qu'à le ramasser. C'est un animal très inoffensif que l'on peut conserver longtemps en captivité. Il se nourrit surtout de fourmis. Aussi ne voit-on guère ces insectes sous les pierres qu'il habite.

Ordre des Ophidiens

CARACTÈRES DE L'ORDRE. — *Corps cylindrique, très long, dépourvu de membres, sauf chez les aprotérodontes (boas, eryx), qui possèdent des rudiments de membres postérieurs. Bouche dilatable, les maxillaires étant distincts du crâne. Dents aiguës souvent courbes, non contiguës, disposées, suivant les familles, sur les os maxillaires, palatins ou ptérygoïdes. Trou auditif nul, pas de paupières mobiles. Les os des épaules, du sternum et du bassin manquent. Pas de vessie. Deux pénis. Peau écailleuse. Les ophidiens sont ovipares (couleuvres) ou ovovivipares (vipères). Les œufs sont à coque molle.*

En Algérie, l'ordre des ophidiens n'offre qu'une vingtaine d'espèces dont six ou sept seulement sont assez répandues et bien connues ; les autres ne sont représentées dans les collections que par un très petit nombre d'exemplaires. Aussi, jusqu'à l'apparition du travail de M. Boulenger, la classification des ophidiens algériens a été très embrouillée. Strauch, qui a bien traité les sauriens pour l'époque à laquelle il publiait son *Essai d'Erpétologie*, n'a pas aussi bien réussi avec les serpents. Manquant de matériaux, il a trop puisé, pour les descriptions, dans l'*Erpétologie générale*, de Duméril et Bibron. Aussi ses descriptions s'appliquent-elles souvent à des espèces différentes des nôtres.

Ma collection de reptiles algériens n'est pas importante, mais je possède au moins un exemplaire de presque toutes les espèces qui y ont été signalées J'ai eu même la bonne fortune de recevoir du Sud-Oranais les espèces les plus rares que MM. Pouplier et Hiroux ont retrouvées.

Je décrirai surtout mes matériaux. J'aurai recours aux travaux de M. Boulenger pour les rares espèces qui me manquent.

CARACTÈRES DE CLASSIFICATION DES OPHIDIENS. — Les principaux caractères de classification se trouvent : 1º Dans la forme des dents qui sont lisses, cannelées ou tubulaires ;

2º Dans le nombre de rangées maxillaires, palatines, ptérygoïdiennes ; 3º Dans la forme et la disposition des plaques ou des écailles de la tête qui ont reçu des noms spéciaux ; 4º Dans la forme et la disposition des écailles autour du corps ; 5º Dans le nombre des labiales et des oculaires ; 6º Dans la forme de la rostrale ; 7º Dans le nombre des écailles ventrales, etc.

GÉNÉRALITÉS. — Le corps des ophidiens est long et cylindrique ; il est dépourvu de membres. On le dit serpentiforme. Chez les boïdées (*boa, eryx*) on trouve pourtant des vestiges de membres postérieurs ; ils sont représentés par deux onglets placés de chaque côté de l'anus.

Le manque absolu de membres ne suffit pas pour distinguer un serpent ; certains lacertiens (*orvet, trogonophide*) en sont en effet dépourvus. Il faut donc établir les différences sur d'autres caractères anatomiques.

Chez les ophidiens le sternum et le trou auditif manquent ; les maxillaires inférieurs ne sont pas soudés en avant ; la bouche est très dilatable ; la langue est étroite, assez longue et fourchue ; les paupières sont remplacées par une plaque cornée, transparente, qui recouvre l'œil.

Les ophidiens sont pourvus de dents de forme variable. Elles sont disposées en lignes sur les divers os de la bouche : les maxillaires, les palatins, les ptérygoïdes. Suivant leur position elles prennent le nom des os sur lesquels elles sont implantées. Elles sont fines, aiguës, droites ou recourbées. Elles servent à l'animal à retenir sa proie. Chez les couleuvres les dents sont coniques et lisses ; chez les serpents venimeux elles sont cannelées en dehors ou tubulaires. Toutefois certaines couleuvres ont des dents cannelées qui les rendent suspectes.

Toutes les dents sont fixées sur le bord des os qui les portent ; elles n'ont pas de racine ; lorsqu'elles tombent, elles sont remplacées par un germe qui se développe à la même place. Les dents cannelées ou tubulaires des serpents venimeux, quoique fixes, sont souvent implantées sur des os qui s'articulent. C'est ainsi que chez la vipère ce n'est pas la dent qui se soulève, c'est l'os qui la supporte qui se redresse et amène la dent dans la position horizontale pour piquer.

Tandis que les lacertiens ne peuvent avaler que de petits insectes, les serpents déglutissent des animaux dont le diamètre est bien supérieur à celui de leur corps. Cela tient à ce que les os des mâchoires sont réunis entre eux ou à la tête par des ligaments très élastiques qui rendent la bouche très dilatable. Un serpent prend toujours sa victime par la tête après avoir brisé le corps dans ses replis. Ses dents ne lui servent pas à mâcher sa proie, mais à la retenir. Sous la pression des mâchoires, il l'imbibe d'une salive infecte; puis, petit à petit, il la fait pénétrer dans le gosier qui se dilate énormément. L'animal pétri arrive enfin dans l'estomac où la digestion commence aussitôt. Cela n'empêche pas le serpent de chasser et d'avaler encore, suivant sa taille, 3 ou 4 moineaux, rats ou lapereaux. Son repas fait, il digère paisiblement, le ventre ballonné, presque incapable de mouvement.

Les serpents venimeux piquent d'abord leur proie avant de la déglutir.

La tête des couleuvres est recouverte de larges plaques cornées disposées en séries longitudinales symétriques et qui ont reçu des noms particuliers (voir Pl. XXI). Le javelot et les vipères font exception. Ces serpents ont sur la tête des écailles imbriquées à peu près semblables à celles du dos. Ce caractère permet de distinguer à première vue nos vipères algériennes.

Il est néanmoins utile de faire remarquer que le terrible *naja* a la tête plaquée comme une couleuvre. Dans le Sahara il faut donc être prudent et ne pas se fier au caractère distinctif des plaques crâniennes.

Chez tous les ophidiens la peau du corps est écailleuse, mais les écailles dorsales diffèrent par leur forme des écailles ventrales. Les dorsales sont généralement ovales ou rhomboïdales, nombreuses, imbriquées, plus ou moins pliées, carénées, convexes ou plates. Les ventrales (*gastrostèges*) sont plates, bien plus larges que hautes, toutes s'étendant sur la largeur du ventre, sauf chez *éryx*. Les sous-caudales (*urostèges*) offrent aussi quelques caractères spécifiques.

Les ophidiens, quoique n'ayant pas de membres, se déplacent au besoin avec une rapidité vertigineuse. S'ils ne sont pas effrayés, on les voit ramper lentement sur le sol. Ils avancent tantôt en s'appuyant sur la base des courbes que forme, suivant un plan vertical, la ligne ondulée de leur corps, tantôt en s'appuyant alternativement sur la partie antérieure et sur la partie postérieure quand le corps est tendu. Des mouvements ondulatoires horizontaux aident certaines espèces. Toutes ont pour points d'appui les écailles ventrales qui se redressent pendant la reptation. C'est grâce aux ventrales que les serpents peuvent grimper aux arbres ou même le long d'un mur très finement crépi.

La queue des ophidiens n'est pas fragile comme celle des lézards ; elle est aussi flexible que le corps. Cette flexibilité permet aux serpents de s'enrouler et de se suspendre aux plus petites branches pour atteindre les nids qu'ils veulent dévaliser.

Sexes. — Le mâle est pourvu de deux pénis, souvent épineux, logés dans la base de la queue. Les caractères extérieurs distinguant les mâles des femelles sont difficiles à saisir en dehors de la période du rut et surtout en alcool. Le seul moyen, pour s'y reconnaître, consiste à faire, sur le côté de la base de la queue, sur une ligne qui aboutit à l'extrémité de la fente cloacale, une incision de la peau. En soulevant la peau on voit, chez le mâle, le tube d'un pénis.

Pour l'accouplement le mâle et la femelle s'enlacent et restent plusieurs heures dans cette position.

Les ophidiens sont généralement ovipares. Ils pondent des œufs souvent agglutinés les uns aux autres. Ils les déposent sous les grosses pierres, dans les crevasses, dans les fumiers.

Les œufs de coq du vulgaire ne sont que des œufs de couleuvre.

Les vipères sont ovovivipares. Les vipereaux éclosent dans le ventre de la mère et en sortent aussitôt.

Les ophidiens sont les uns venimeux comme les vipères, les autres inoffensifs comme la plupart des couleuvres. Je donnerai à ce sujet, pour chaque groupe, les renseignements utiles.

Les ophidiens ont été divisés en sous-ordres, d'après les caractères tirés de la forme et de la disposition des dents.

Voici le tableau des sous-ordres représentés en Berbérie :

Ophidiens. — TABLEAU DES SOUS-ORDRES

1.
- Pas d'incisives. **Aprotérodontes.**
- Des incisives. 2

2.
- Un fort crochet mobile, très saillant, *tubulaire*, venimeux, placé en avant de chaque maxillaire supérieur et non précédé de dents, mais suivi de quelques petites. (*Vipères.*) **Solénoglyphes.**
- Les quatre maxillaires pourvus chacun d'une longue rangée de dents pleines. (*Couleuvres et naja.*) 3

3.
- Toutes les dents lisses. **Aglyphes.**
- Dents de deux sortes : les unes lisses, les autres sillonnées. 4

4.
- Les dents antérieures de la mâchoire supérieure sillonnées. (*Naja.*) **Protéroglyphes.**
- Les dents postérieures de la mâchoire supérieure sillonnées. **Opistoglyphes.**

Cette classification établie sur la forme des dents n'est pas toujours facile à appliquer. La classification en familles, basée sur les caractères extérieurs, est plus commode.

Voici le tableau des familles représentées en Berbérie :

Ophidiens. — TABLEAU DES FAMILLES

1.   Tête recouverte d'écailles à peu près semblables à celles du corps. (Types : *Éryx* (Pl. XX) ; *vipères* (Pl. XXII.)   2

Tête portant de grandes plaques symétriques. (Types : Pl. XXI.)   3

2.   Des traces de rudiments de membres réduits à deux onglets placés un de chaque côté de l'anus. Rostrale forte, proéminente en avant, semblable à celle des sauriens. Pas de crochets venimeux.

Famille des **Boïdées**. (*Genre* **Eryx**.)

Pas de traces de rudiments de membres. Un fort crochet venimeux mobile de chaque côté de la mâchoire supérieure. (*Solénoglyphes*.) Rostrale verticale, mince, non proéminente, sauf chez une espèce où le museau au lieu d'être très obtus est prolongé par une courte corne, molle, écailleuse.

Famille des **Vipéridées**.

3.   Des dents sillonnées, venimeuses, en avant de la mâchoire supérieure. (*Protéroglyphes*.) Cou très dilatable. Écailles de la ligne du milieu du dos plus petites que celles des lignes latérales.

Famille des **Conocerques**. (*Genre* **Naja**.)

Écaillure du dos régulière. (*Colubridées*.)   4

4. {
Dents toutes lisses.

Famille des **Colubridées aglyphes.**

Dents postérieures de la mâchoire
supérieure sillonnées.

Famille des **Colubridées opistoglyphes.**

SOUS-ORDRE DES APROTÉRODONTES

CARACTÈRES. — *Pas d'incisives.*

Ce sous-ordre est représenté en Berbérie par une seule
famille, un seul genre et une seule espèce :

12ᵐᵉ Famille. — **BOÏDÉES** Blg.

CARACTÈRES DE LA FAMILLE. — *De chaque côté de l'anus
un ergot corné qui représente un rudiment du membre
postérieur. Œil non recouvert par le bord des plaques
sus-oculaires qui sont disposées suivant un plan vertical.*

Cette famille renferme les plus grands serpents connus,
pythons et boas.

Les relations historiques semblent démontrer qu'un grand
péropode habitait encore la Tunisie lors de l'occupation
romaine. Le serpent qui arrêta la marche de l'armée de
Régulus, sur les bords du fleuve Bagrada (Medjerda), était
sans doute un python. D'après les historiens, la peau de ce
serpent, exposée à Rome, mesurait 35 mètres de longueur (1).
Quoique cette longueur paraisse exagérée, il faut bien
admettre qu'à une époque, relativement peu reculée, un
serpent de grande taille habitait le nord de l'Afrique. On
rapporte même cette espèce au python de Seba qui habite
encore le grand Sahara.

---

(1) Voir Valère Maxime (Lib. 1, chap. VIII).

Genre ERYX

CARACTÈRES DU GENRE. — *Tête à écailles à peu près semblables à celles du dos, mais un peu plus grandes ; un cercle d'écailles oculaires autour de l'œil ; narines entre trois plaques. Corps cylindrique peu atténué à ses extrémités. Queue courte, raide, obtuse. Onglets très courts, peu visibles, réduits à des plaques écailleuses.*

Ce genre est représenté en Algérie et en Tunisie par une seule espèce :

37.   *Eryx jaculus* L. (Pl. XX, fig. 1, *a*)
Fig. Description de l'Égypte. Rept. (Pl. 6, fig. 2)

L'eryx javelot ; le javelot

Arabe : *Henech mestefaâ* (Oran).

Eryx jaculus *L.*, *Strauch, Blg., Ern. Olivier.*
Eryx jaculus *Daud., Lallemant.*

Corps à peu près cylindrique, atténué aux deux extrémités. Tête non distincte du corps. Rostrale très forte, entièrement saillante en dessous, tronquée arrondie en avant. Tout le dessus du crâne et du museau recouvert de plaques polygonales petites, peu imbriquées. Ces plaques forment cinq rangées : 1º la médiane, composée de 3-4 plaques ; elle fait suite à l'angle postérieur de la rostrale ; 2º les premières latérales, formées chacune de 4 plaques, dont la première est l'internasale ; ces deux séries enclavent la série médiane avec l'aide d'une neuvième plaque ; 3º les secondes latérales, qui, ensemble, comprennent 11 plaques ; elles enclavent les trois autres rangées. Les 3 plaques médianes font parfois partie d'une rosette au-dessous de laquelle se trouve la ligne des écailles sus-oculaires au nombre de 5-6. Il y a deux grandes préoculaires et deux petites frénales entre le cercle d'oculaires et la narine. Narine entre 2 plaques, mais touchant parfois l'internasale. 10-11 labiales supérieures, les dernières imbriquées. Sous-labiales nombreuses 16-17, celles des deux tiers postérieurs écailleuses. Mentonnière assez petite, un peu plus large que longue. Écailles dorsales petites, en hexagone allongé, imbriquées, très régulièrement disposées, planes convexes, devenant en dos d'âne vers la queue sur laquelle ce caractère s'accentue au point de former des lignes d'arêtes.

Écailles des flancs plus grandes que les dorsales.

Ventrales n'occupant que le tiers de la largeur du ventre (5·7 mill.), leur hauteur égale le quart de la largeur. De chaque côté de la bande médiane, il y a deux rangées de plaques, semblables à celles des flancs, mais 3 et 2 fois plus grandes.

Anus recouvert par trois plaques à bord circulaire, la médiane étant la plus grande. Onglets situés un de chaque côtés de la fente anale et entourés d'un cercle de petites écailles. Leur longueur est d'un millimètre. Au-dessous, une petite cavité les loge.

Queue très courte, épaisse, raide, obtuse, terminée par un fort onglet peu saillant.

Sous-caudales simples, semblables aux ventrales, mais avec une grande tendance à se diviser. Un exemplaire du Kreider n'a pas de plaques simples.

L'exemplaire décrit a 49 écailles autour du corps ; 179 gastrostèges ; l'anale simple ; 22 urostèges dont quelques-unes doubles ; la queue est incomplète.

Un échantillon jeune, entier, présente 178 gastrostèges et 32 rangées d'urostèges (8 simples, 14 doubles, 10 simples).

COLORATION. — Variable. Le plus souvent à fond jaune clair ou rouge de sable en dessous. Sur le dos, il y a de grandes taches dont voici la disposition générale : ces taches forment de larges bandes transversales en zigzag qui se sectionnent parfois. Les bandes ou les taches rejoignent les flancs qui sont largement colorés comme les taches. Entre les taches pénètrent des bandes latérales ou transversales de la couleur du fond. La couleur des taches du corps varie. Elle est le plus souvent noirâtre, parfois d'un brun rougeâtre qui déteint sur le fond Le ventre est uni ou tacheté. En résumé, la coloration est tout à fait irrégulière et difficile à décrire.

TAILLE. — $0^m465 + 0,045 = 0^m510$. (Boulenger).
Il s'en trouve à Oran de plus de 0^m60.

DISTRIBUTION GÉOGRAPHIQUE. — (**Ai.**, **T.** : *T.*, *H.-Pl.*, *S.*). —
Cette espèce, quoique rare, se trouve du littoral au Sahara.
Elle a été signalée à Oran (Prophète père, ex Strauch). Elle est
assez commune dans les sables du littoral : à la Batterie espagnole, au cap Falcon, sur le plateau de Canastel. Je la possède
du Kreider (Pallary). M. Pouplier m'a dit l'avoir eue entre les
mains à El-Abiod-Sidi-Cheikh.

ÉTHOLOGIE. — Le javelot habite les terrains sablonneux.
Il est nocturne. Aussi le prend-on rarement. On le trouve
quelquefois dans la journée sous les pierres en grattant le
sable. Il habite de préférence les galeries que les rongeurs
creusent dans les sables compacts. C'est surtout là qu'on
peut le capturer en démolissant les galeries avec le piochon.
Le matin, à la pointe du jour, en avril, mai et juin, le javelot
circule activement. Il est alors très difficile de le prendre,
car il est très agile. Dans le jour, ses mouvements sont très
lents et, lorsqu'on le rencontre, il ne peut s'échapper.

Les javelots de grande taille ont l'aspect d'un long boudin et
ressemblent aux échantillons roussâtres de la vipère lébétine.

Cette espèce est rarement récoltée ; elle doit pourtant se
trouver dans de nombreuses localités sablonneuses.

———

COLUBRIDÉES

———

Couleuvres.   Arabe : *H'aïat.*

On a réuni sous le nom de colubridées les serpents du type
de nos couleuvres. On les distingue à première vue aux
grandes plaques symétriques qui recouvrent le dessus de la
tête. Ce groupement est encore basé sur la disposition et la
forme des dents lesquelles sont peu inégales. Toutefois, chez
certaines couleuvres, les dents postérieures sont loin de
ressembler aux antérieures ; elles sont sillonnées, ce qui
indique que les espèces qui les possèdent sont venimeuses ou

tout au moins suspectes. Les différences dans la dentition ont fait diviser les Colubridées en deux familles :

1° *Les Colubridées aglyphes.*

2° *Les Colubridées opistoglyphes.*

Ces deux familles sont représentées en Berbérie par plusieurs genres réunis dans le tableau suivant :

Colubridées. — TABLEAU DES GENRES

1 {

Écailles dorsales très nettement carénées. Deux préfrontales.

Genre **Tropidonotus.**

Écailles dorsales planes ou sillonnées; rarement très peu carénées.　　2

2 {

Chaque côté du museau, en avant des yeux et en dessus, relevé et plié en une forte carène qui borde une profonde et large dépression. Écailles du dos sillonnées.

Genre **Cœlopeltis** (ex p.) *C. lacertina.*

Côtés du museau non relevés en carène. Museau plan ou convexe en dessus. Parfois un léger sillon entre les préfrontales.　　3

3 {

Rostrale en forme de coin, très saillante, largement tronquée et même un peu concave en avant et en dessus; côtés plans, saillants de près d'un millimètre en avant de la nasorostrale.

Genre **Lithorhynchus.**

Rostrale plus ou moins saillante, *à surface supérieure partout convexe,* à bords s'ajustant normalement avec les plaques qui l'entourent.　　4

4 {

Pas de sous-oculaires; œil reposant sur deux labiales.   5

Un demi-cercle de sous-oculaires, parfois interrompu par une labiale étroite.

Genre **Zamenis.**

5. {

Chaque sus-oculaire nettement plus étroite au milieu que la frontale.   6

Chaque sus-oculaire aussi large ou plus large au milieu que la frontale.   8

6. {

Rostrale de forme normale, arrondie, bien visible vue d'en haut; pointe postérieure pénétrant nettement à angle aigu ou à angle très obtus entre les internasales.   7

Rostrale réduite à une plaque mince, verticale, presque invisible vue d'en haut.

Genre **Macroprotodon.**

7. {

Rostrale très forte, très proéminente et atténuée en pointe obtuse; angle postérieur aigu s'enfonçant profondément entre les deux internasales. Sus-oculaire s'avançant sur l'œil. 27–29 rangées de dorsales.

Genre **Rhinechis.**

Rostrale plus ou moins proéminente; pointe postérieure subarrondie ou formant un angle très ouvert entre les internasales. Sus-oculaire ne s'avançant pas sur l'œil. 21 rangées de dorsales; parfois 22 à 25.

Genre **Coronella.**

8.

Tête courte ; internasales presque aussi longues que les préfrontales ; chaque sus-oculaire égalant en largeur la frontale ; 17 rangées d'écailles dorsales.

Genre **Cœlopeltis** (ex p.) *C. producta.*

Tête longue ; internasales égalant le tiers ou au plus la moitié des préfrontales ; chaque sus-oculaire plus large au milieu que la frontale. Un sillon sur la suture des préfrontales ; très marqué chez les adultes.

Genre **Psammophis.**

Tête longue ; internasales presque aussi longues que les préfrontales ; chaque sus-oculaire à peine plus large que la frontale ; tête plane ; 19 rangées d'écailles autour du corps ; coloration très vive, jaune et verte ou jaune et noire.

Zamenis viridiflavus.

13ᵐᵉ Famille. — COLUBRIDÉES AGLYPHES

CARACTÈRES. — *Dents maxillaires au complet, toutes non sillonnées.*

Cette famille est représentée en Berbérie par les genres : *Coronella, Lithorhynchus, Zamenis, Rhinechis,* et *Tropidonotus.*

Genre CORONELLA

CARACTÈRES DU GENRE. — *Toutes les dents lisses. Museau arrondi, terminé par une rostrale convexe en dessus et bien visible d'en haut. Narines entre deux plaques. Sus-oculaires débordant très peu sur les yeux ou pas du tout, bien plus étroites que la frontale. Écailles lisses, planes ou convexes.*

Trois espèces de ce genre ont été signalées en Berbérie Ce sont :

1º *Coronella austriaca* par Strauch ;
2º *Coronella girondica* par Strauch et Böttger,
3º *Coronella Amaliæ* Böttger par son auteur.

La première doit être certainement exclue de la faune barbaresque. C'est une *Coronella Amaliæ* que Strauch a dû voir à l'Exposition permanente.

La *Coronella girondica* des auteurs algériens et la *Coronella Amaliæ* me semblent bien voisines, peut-être même au point de ne représenter que les variations d'une même espèce : *Coronella girondica* d'Europe.

Les matériaux que je possède sont insuffisants pour me permettre de me faire une opinion bien nette.

Je me bornerai à décrire les deux espèces admises. En voici d'abord un tableau :

G. Coronella. — TABLEAU DES ESPÈCES

Temporales de la 1ʳᵉ rangée verticale du côté de l'œil rectangulaires et au nombre de deux ; parfois la supérieure est divisée en deux carrés. Postoculaire supérieure rectangulaire égalant près de deux fois l'inférieure carrée. Museau arrondi en avant ; rostrale, vue de profil, très saillante, à angle postérieur pénétrant le plus souvent profondément en pointe aiguë entre les internasales.

C. Amaliœ.

Temporales de la 1ʳᵉ rangée rectangulaires et au nombre de trois. Postoculaires à peu près égales, carrées. Museau assez obtus ; rostrale, vue de profil, assez peu saillante, assez visible en dessus, à angle postérieur très obtus pénétrant peu entre les internasales.

C. girondica.

38. *Coronella Amaliæ* Bottg. (Pl. XX, fig. 2, *a*, 3, *a*)
Fig. Blg., *Cat. of Barb.* (Pl. XVIII, fig. 1)

Coronella Amaliæ *Böttg.*, *Blg.*, *Ern. Olivier.*

Voici la description d'un échantillon du djebel Yeffry, près d'Oran :

Museau assez nettement rétréci. Rostrale forte, convexe en avant, très rabattue en dessus, à partie supérieure égalant en longueur à peu près celle des internasales dont la suture est très courte. Vue de profil elle apparaît très nettement saillante sur la mentonnière.

Cou distinct, à concavité se raccordant insensiblement avec la convexité de la partie postérieure de la tête.

Tête élargie en arrière. Surface occupée par la frontale, les sus-oculaires et les pariétales plane ; toutefois une légère dépression forme un sillon longitudinal sur la suture des pariétales. Préfrontales et internasales inclinées vers la rostrale.

Internasales longues de 1^{m}5 sur 2 de largeur, subtriangulaires, se touchant par les angles internes sur une courte ligne de suture (0^{m}7) et séparées en avant par la pointe postérieure de la rostrale. Préfrontales repliées sur les côtés, bien plus larges que longues (4 mill. sur 2). Sus-oculaires ne débordant pas sur les yeux, presque aussi longues que la frontale. Frontale grande, carrée en avant, anguleuse en arrière, longue de 4 millimètres et large de 3. Pariétales longues de 6 millimètres et larges de 4. Narines entre deux plaques formant un rectangle deux fois aussi long que haut. Frénale unique s'engageant en pointe entre la préoculaire et la 3e sus-labiale.

Deux postoculaires, la supérieure formant un rectangle vertical dont la surface est deux fois aussi grande que celle du carré de l'inférieure. Labiales $\frac{8}{9}$.

Œil reposant bien au milieu des 4me et 5me labiales et touchant plus des deux tiers de leur bord.

Les temporales sont réparties comme il suit : deux sont comprises entre la 7me sus-labiale et la pariétale ; elles sont rectangulaires et de même largeur, mais l'inférieure est deux fois aussi haute que la supérieure ; trois autres temporales, celles du second rang, sont comprises entre la 8me sus-labiale et la pariétale ; elles sont à peine plus longues que hautes, en forme de parallélogramme et de même surface ; à la suite il y a une rangée de 5 plaques dont l'inférieure est à côté et après la 8me sus-labiale ; la supérieure, très grande, atteint la 6me rangée.

Inframaxillaires antérieures près de deux fois aussi grandes que les postérieures. Celles-ci sont séparées de la 1re gastrostège par trois paires d'écailles.

Les temporales, qui, de chaque côté, touchent la pariétale, sont au nombre de trois ; elles sont relativement grandes, surtout la troisième, et bordent presque entièrement le côté de la pariétale.

Écailles dorsales disposées sur 21 rangées. Gastrostèges au nombre de 181 ; urostèges, de 57 paires. Anale divisée.

COLORATION. — Dessus du corps d'un fauve foncé coupé par des bandes noirâtres obliques, assez mal définies. Chaque bande est formée par une ligne d'écailles. Ces écailles sont bordées de noir et leur centre est de la couleur du fond. Ces bandes en réseau sont surtout apparentes après la mue. Quand l'épiderme est vieux elles sont d'un châtain brun.

La tête porte une grande tache noire très peu apparente et parfois réduite à des fragments. Sur le cou il y a deux longues taches qui continuent celle de la tête. Elles mesurent 8 m/m sur 2,5 et sont séparées par un trait clair de 1 à 2 m/m. Deux ou trois paires de taches font suite ; puis les bandes transversales deviennent de plus en plus longues. Mais toutes ces taches et bandes sont plus ou moins nettement marquées. Souvent il y a de chaque côté du cou une bande noire convexe.

Seules deux bandes noires obliques, l'une de chaque côté de la tête, sont toujours présentes. Chaque bande va de la postoculaire à la septième sus-labiale et mesure de 6 à 7 mill. de longueur sur 1 à 1,5 mill. de largeur. Labiales non tachées.

Écailles des côtés du corps pointillées de vermillon ; ce qui donne aux flancs des reflets d'un rose vermillon.

Ventre d'un blanc jaunâtre présentant de chaque côté, sur l'extrémité des gastrostèges, une ligne de carrés noirs, isolés ou réunis par deux. Ces taches sont séparées par une ou deux ventrales non tachées.

Les premières ventrales sont unies ou peu tachées, les carrés étant très distants et situés sur les extrémités des plaques.

TAILLES. —   *Mâle* : $0,401 + 0,096 = 0^m 497$ (Oran) Djeb. Yeffry.
Femelle : $0,425 + 0,125 = 0^m 550$ El-Aricha.
Mâle : $0,450 + 0,100 = 0^m 550$ (Oran) littoral.

OBSERVATION. — Les caractères énumérés dans la description de l'individu du djebel Yeffry sont assez constants ; toutefois le caractère de la rostrale sur lequel on a établi la séparation des *C. Amaliæ* et *C. girondica* est loin d'être fixe. En effet dans l'échantillon d'El-Aricha l'extrémité postérieure de la rostrale est courbe et n'atteint que la moitié de la suture des internasales. Ce caractère est celui de la *C. girondica*.

Chez le même échantillon la postoculaire supérieure est plus grande que l'inférieure mais ne l'égale qu'une fois et demie, tandis que chez mes autres exemplaires la supérieure est à peu près deux fois aussi étendue que l'inférieure.

L'échantillon d'El-Aricha semble donc être une forme de transition entre *C. Amaliæ* et *C. girondica*.

Seul le caractère offert par le nombre de temporales $2 + 3$ est invariable sur tous mes exemplaires, tandis qu'une *C. girondica* de France offre $3 + 4$. Le nombre de gastrostèges de mes exemplaires varie de 177 à 182 ; celui des urostèges, de 57 à 64 paires.

La *C. Amaliæ* figurée par Blg. (loc. cit.) offre une variation : la temporale supérieure de la première rangée est divisée en deux carrés ; mais la disposition n'est pas changée.

Mais c'est un échantillon de Mécheria (Musée d'Oran) qui m'a offert le plus de difficulté pour la détermination. Il se distingue surtout par sa coloration ressemblant beaucoup à celle de *Macropotodon cucullatus*. Le dos est d'un gris cendré ; les bords des écailles sont noirs et l'intérieur est pointillé de même couleur. Le corps est parsemé de taches fondues lavées de rose, mais peu visibles. Les gastrostèges sont blanches et alternativement, mais irrégulièrement, tachées de carrés noirs jusque sur la queue. La tête, grisâtre, est toute tachetée de petits points noirs. Deux bandes noires de 1 mill. de largeur vont, une de chaque côté, de l'angle de la bouche au milieu de l'œil. Les deux bandes noirâtres des côtés du cou sont en forme de croissant à convexité supérieure.

La plus grande différence qu'offre cet échantillon réside dans le nombre de 189 gastrostèges qui dépasse celui de *C. Amaliæ* (182).

Cet exemplaire a été rapporté par M. Boulenger à *C. girondica*. Sa rostrale assez anguleuse en arrière et bien visible en dessus, la postoculaire supérieure deux fois plus grande que l'inférieure (mais d'un seul côté), et ses $2 + 3$ temporales m'obligent à le ranger dans mes *C. Amaliæ*. Toutefois, comme M. Boulenger attribue à *C. girondica* $2 + 3$ temporales, je n'ose affirmer que ma détermination est exacte.

Cette incertitude prouve une fois de plus que la *C. Amaliæ* semble n'être qu'une bonne variété de la *C. girondica* dont les individus des Hauts Plateaux sont bien voisins.

DISTRIBUTION GÉOGRAPHIQUE. — (**M.**, **O.**, **C.** : *T., H.-Pl.*)— Cette espèce n'avait été signalée jusqu'ici qu'à Tanger, à Maroc et à Bône. Je l'ai trouvée à Oran : dj. Yeffry, Canastel, Batterie espagnole, dans le dj. Mizab à l'ouest de Sebdou et à El-Aricha. Je l'ai reçue du Rio-Salado (P. Pallary). Enfin, l'échantillon du Musée provenant de la collection Moisson est de Méchéria.

Cette espèce doit exister dans la province d'Alger.

ÉTHOLOGIE. — La *Coronella Amaliæ* m'a paru avoir les mêmes mœurs que *Macroprotodon cucullatus*. Elle vit dans la terre. L'ouverture de sa galerie est cachée par une pierre.

Je l'ai prise en avril, mai et juin à Oran ; en septembre, à Sebdou et à El-Aricha. Il y aurait lieu de rechercher cette espèce dans cette dernière localité. Les pierres isolées y sont rares. Le soir et le matin il est facile d'y capturer les couleuvres.

39. *Coronella girondica* Daud. (Pl. XX, fig. 4, *a*)

Fig. Jan *Icon. gén. des Ophidiens.* (Pl. iii, fig. 1-3)

La couleuvre bordelaise.

Coronella girondica *Daud., Blg., Ern. Olivier.*

N'ayant examiné aucun exemplaire algérien de cette espèce, je vais d'abord donner la description de M. Boulenger (*Cat. of Barbary*).

« Museau à peine proéminent; rostrale bien plus large que profonde, à peine visible de dessus; suture entre les internasales égalant la moitié de celle des préfrontales ; frontale guère plus longue que sa distance au bout du museau et un peu plus courte que les pariétales; frénale plus longue que haute ; une préoculaire, deux postoculaires ; temporales $2 + 3$; 8 labiales supérieures, les 4me et 5me entrant dans l'œil ; 4 labiales inférieures en contact avec les plaques antérieures du menton qui sont aussi longues que les postérieures. Ecailles en 21 rangées ; ventrales 200, anale divisée, sous-caudales 59. »

COLORATION. — « Gris brun en dessus, avec des taches noirâtres ; une paire de taches allongées de même couleur sur la nuque; une ligne noire de chaque côté de la tête, de la narine, à travers l'œil, à l'angle de la bouche; une bande obscure entre les yeux croisant les préfrontales ; une ligne noire au-dessous de l'œil, sur la suture entre les 4me et 5me labiales supérieures. Surfaces inférieures pâles (en alcool) avec des taches noires quadrangulaires. »

A ces caractères, j'ajouterai : postoculaires à peu près égales, carrées ; 1re rangée de temporales composée de trois plaques rectangulaires de mêmes dimensions.

Bande noire de chaque côté du cou située sur la même ligne droite que celle de l'œil au coin de la bouche. Premières ventrales antérieures présentant toutes, au milieu, un ou deux carrés noirs qui se touchent en avant et en arrière en formant une bande anguleuse. Taches du ventre formées de **carrés** incomplets.

TAILLE. — $0^m 570 + 0^m 150 = 0^m 720$ (*D.* et *B.*).

DISTRIBUTION GÉOGRAPHIQUE. — (**M.**, **O.**: *T.*, *H.-P.*?) — Cette espèce a été signalée au Maroc et à Tlemcen par **Böttger**. Je ne l'ai jamais rencontrée.

———

Genre **LITHORHYNCHUS**

CARACTÈRES DU GENRE. — *Dents sus-maxillaires inégales, les postérieures plus grandes que les antérieures. Rostrale cunéiforme, saillante, tronquée et large en avant, côtés plans dans le sens vertical. Pupille elliptique, verticale ; Dix-neuf rangées d'écailles autour du corps.*

Une seule espèce de ce genre a été signalée en Algérie et en Tunisie. Mais la description qui en a été donnée par Strauch et Boulenger ne s'applique pas exactement à un exemplaire (peut-être deux) que je possède de la province d'Oran. Je sépare mon échantillon sous le nom de variété *Hirouxii*, d'après les caractères donnés dans le tableau ci-après :

L. diadema. — TABLEAU DE L'ESPÈCE ET DE LA VARIÉTÉ

Une préoculaire ; rostrale, vue en dessous, dé-
    passant peu la mentonnière.

L. diadema.

Trois préoculaires, l'inférieure étant une divi-
    sion d'une labiale ; rostrale, vue en dessous,
    entièrement saillante.

Variété **Hirouxii.**

———

40. *Lithorhynchus diadema* D. et B.

Fig. Jan *Icon. gén. oph.*, liv. 10. Pl. VI, fig. 2 (d'après Blg.)

Le lithorhynque diadème.

Simotes diadema *D. et B., Strauch, Lallemant.*
Lithorhynchus diadema *D. et B., Blg., Ern. Olivier.*

Rostrale forte, tronquée, bien rabattue en dessus, dépassant très peu la lèvre inférieure; faces latérales planes, montrant une épaisseur moyenne d'un millimètre, à bord postérieur courbe. Côtés de l'angle postérieur bien anastomosés avec les plaques qui les touchent. Deux internasales, deux préfrontales. Narine entre la nasorostrale et la nasofrénale. Une frénale. Trois préoculaires bien distinctes, l'inférieure étant une division de la 4e sus-labiale. Deux postoculaires. Œil reposant sur la 5e labiale. Plaque anale divisée.

COLORATION. — Corps blanc en dessous, blanc roussâtre en dessus avec des bandes noires bien marquées en travers. Ces bandes sont formées d'un réseau très noir à mailles claires. Elles ont 5 mill. de largeur et sont distantes d'un centimètre. Sur les côtés, entre ces taches et au milieu, il y a une petite tache noirâtre. Ce système de coloration se continue jusqu'au bout de la queue. Ventre d'un blanc immaculé.

Ces notes sont prises sur un échantillon d'Egypte que M. Boulenger a eu l'extrême obligeance de me communiquer.

Duméril et Bibron, donnent à cette espèce 163 gastrostèges et 34 paires d'urostèges.

Dans sa description (*Cat. of Barb.*), M. Boulenger donne 1-2 préoculaires, 1 + 2 ou 2 + 3 temporales, 160 à 188 gastrostèges, 36 à 46 sous-caudales.

DISTRIBUTION GÉOGRAPHIQUE. — (**Ai.**, **T.** : *S.*) — Désert de l'ouest (Schousboë) d'après D. et B.

Cette espèce est très rare et on en connaît peu d'échantillons algériens.

Variété **HIROUXII** *Nob.* (Pl. XX, fig. 5, *a*)

Voici la description de l'unique échantillon que je possède :

Rostrale tronquée, proéminente ; vue en dessous elle déborde entièrement (de 2 mill.) la mentonnière : côtés plans, présentant une surface saillante (de près de 1 mill.) en forme de segment extrême d'une ellipse. Les dimensions de la rostrale sont : largeur du bout 2,5 mill. ; épaisseur postérieure 2,5. La surface supérieure est oblique de 45° et assez concave; l'inférieure est très concave ; la face antérieure l'est très légèrement. En dessus la rostrale est très rabattue en arrière. L'angle postérieur est subarrondi et ses côtés sont curvilignes : il s'enfonce presque jusqu'aux trois quarts des internasales et fait saillie de toute son épaisseur sur tout son pourtour. (Ce dernier caractère tient peut-être à l'âge avancé de l'individu. Dans le cas contraire il aurait quelque valeur. L'échantillon desséché du grand Erg dont je parlerai plus loin semble le présenter.)

Deux internasales dont la plus grande longueur égale celle des préfrontales. Suture des internasales égalant le quart de celle des préfrontales. Frontale 4 $^{m}/_{m}$ de longueur sur 2 de largeur ; à peine plus courte que sa distance au bout du museau.

Sus-oculaires moitié moins larges que la frontale. Pariétales contiguës, à bords extérieurs représentant la moitié d'une ellipse ; une petite échancrure à la base de la suture.

Narine entre la nasorostrale et la nasofrénale ; la première deux fois aussi longue que la deuxième. Une petite frénale carrée (1 mill.) entre la préfrontale et la troisième sus-labiale laquelle est légèrement plus étroite. Une préoculaire, assez haute, mais n'atteignant pas la région sus-oculaire. Deux postoculaires, la supérieure non repliée en dessus. Œil (2 mill.) reposant sur un angle de la quatrième sus-labiale, sur la cinquième et sur la base de la postoculaire inférieure. Pupille (en alcool) paraissant ronde. (Un œil est abîmé). Labiales $\frac{8}{10}$.

Temporales assez irrégulièrement disposées, au nombre de 2 + 2. Écailles dorsales petites, en forme de losanges, imbriquées, disposées sur 19 rangées. Gastrostèges larges (10 mill. sur 1,5), au nombre de 169. Anale divisée. Urostèges, 32 paires. Pas de pli apparent sur les côtés des ventrales. Queue plate en dessous, arrondie triangulaire en dessus, courte.

COLORATION. — Tête unie à plaques d'un jaune de sable, sans diadème. Dos à fond d'un rouge de sable pâle coupé par des bandes dorsales transversales d'un brun fauve qui descendent sur les flancs. Ces bandes ont de 3 à 4 $^{m}/^{m}$ de hauteur et sont distantes de 5 à 8 $^{m}/^{m}$. La première, celle du cou, est jointe à la base de la suture des pariétales par une bande longitudinale longue de 5 $^{m}/^{m}$ et large de 1,5 ; les deux bandes forment un T renversé. Sur les flancs, entre les bandes dorsales et au milieu, il y a des taches peu apparentes. Ventre d'un blanc sale.

TAILLE. — 0,355 + 0,047 = 0,402. Diamètre max. 10 $^{m}/^{m}$.

OBSERVATIONS. — Sur un échantillon du grand Erg que je dois à l'obligeance de M. Flamand, la tête présente un diadème bien apparent mais difficile à décrire : Sur le milieu de la suture des pariétales il y a une tache de la couleur du fond de la tête. Cette tache a 1 $^{m}/^{m}$ de diamètre ; elle est enserrée par deux bandes symétriques de 1 $^{m}/^{m}$ d'épaisseur qui, réunies, ne forment qu'une seule pièce claire au centre. Postérieurement le diadème se termine par une surface polygonale. Sur le milieu de la frontale il se divise en deux branches qui atteignent les angles de la plaque ; là, chaque branche revient en arrière pour atteindre les dernières sus-labiales en coupant la région supérieure de l'œil.

Les bandes dorsales sont réduites à de grandes taches de 3 à 4 $^{m}/^{m}$ de diamètre. La bande du cou qui n'est pas contiguë au diadème est aussi divisée.

Cet échantillon ayant été desséché dans le sable il m'est difficile de donner les caractère des plaques de la tête. Il ne paraît présenter qu'une préoculaire ou deux avec la section de la labiale. Le bord de la rostrale semble saillant au-dessus des internasales.

DISTRIBUTION GÉOGRAPHIQUE. — (O. : S.) — L'échantillon que j'ai décrit provient d'Aïn-Sefra ou de Méchéria (Hiroux). L'exemplaire desséché que m'a donné M. Flamand a été recueilli par lui dans le grand Erg, au puits de Moulaï Guendouz, dans le Meguidem.

ÉTHOLOGIE. — Je n'ai aucun renseignement sur cette espèce. Elle doit habiter les lieux sablonneux, peut-être même les dunes mouvantes.

Genre ZAMENIS

CARACTÈRES DU GENRE. — *Dents sus-maxillaires postérieures lisses et plus grandes que les antérieures, les deux dernières séparées des autres par un espace libre. Tête allongée, grande, bien plus large que le cou. Museau arrondi ; rostrale très peu saillante. Sus-oculaires débordant sur les yeux. Un demi-cercle complet ou incomplet de plaques sous-oculaires.*

G. *Zamenis.* — TABLEAU DES ESPÈCES

1. {
Au moins trois préfrontales; écailles en partie carénées. **Z. diadema.**

Deux préfrontales ; écailles lisses ; *autres caractères variables.* 2

2. {
Œil reposant sur deux labiales. **Z. atrovirens** *Sh.*

Œil bordé par un cercle de sous-oculaires; parfois une labiale atteint l'œil. 3

Dos portant des bandes transversales noires, noirâtres ou brunâtres, plus ou moins apparentes, équidistantes, plus étroites que la distance qui les sépare entre

3. elles. (Chez les jeunes, la distance est à peu près égale à l'épaisseur des bandes.) 25 rangées d'écailles dorsales. Ordinairement une sus-labiale pénétrant dans l'œil ; parfois le demi-cercle. de sous-oculaires est complet.

Z. algirus.

Dos portant de grandes taches losangiques noires ou brunes plus ou moins apparentes, presque conti-guës. Ces taches sont le plus souvent enserrées dans un large réseau aussi losangique, jaune. Un fer à cheval sur la tête. Ordinairement, vingt-sept rangées d'écailles. Un demi-cercle complet de sous-oculaires.

Z. hippocrepis.

---

41.   *Zamenis algirus* Jan (Pl. XX, fig. 6, *a*)

Fig. Jan *Icon. gén. oph.*, liv. 48. Pl. IV, fig. 2 (d'après Blg.)

Le Zaménis algire.

Zamenis algirus *Jan, Blg.. Ern. Olivier.*
Zamenis florulentus *Gerv., Blg.* non *Strauch.*

La coloration seule permet de distinguer à première vue cette espèce d'un Z. *hippocrepis* de petite taille. Toutefois les 25 rangées d'écailles autour du corps l'en séparent nettement. Pourtant le Z. *hippocrepis* qui en a ordinairement 27 peut en avoir 25 ou 29.

Voici la description de deux Z. *algirus* du Sud oranais :

Tête longue et large : ligne médiane des plaques 21 mill. ; largeur entre les tempes 15 millimètres.

Rostrale peu saillante, arrondie obtuse, repliée un peu en

dessus. Sa ligne de contour correspond avec celle de la mentonnière. Deux internasales un peu plus courtes que les préfrontales qui ont 3 mill. de long. Frontale aussi longue que sa distance au museau, plus courte que les pariétales, sensiblement plus étroite que les sus-oculaires qui ont 3,5 mill. de plus grande largeur. Pariétales grandes : suture 7 mill., plus grande largeur 5,5, base 3 ; côtés externes rentrants au tiers supérieur. Ce dernier caractère n'est pas constant mais les bords ne sont jamais réguliers. Narine entre deux plaques, la nasorostrale et la nasofrénale, la 1re un peu plus grande que la 2e. Une frénale moitié plus longue que haute (2m sur 1,5), rectangulaire ou presque trapézoïde. Chez l'un de mes deux exemplaires un œil est bordé par une grande préoculaire, une sous-oculaire, la 6e labiale, une autre sous-oculaire placée dans l'angle de l'œil et deux postoculaires. Chez l'autre aucune labiale n'atteint l'œil : la préoculaire est sectionnée à la base ; il y a trois sous-oculaires d'un côté et deux de l'autre.

Dans un échantillon de Gafsa (Tunisie) c'est la 5e labiale qui pénètre dans l'œil. C'est le cas le plus fréquent (Blg.).

Labiales $\frac{10}{10}$ $\frac{10}{11}$. Temporales 2 + 3. Ecailles dorsales oblongues losangiques, un peu obtuses, légèrement concaves. 25 rangées de dorsales. Anale double, parfois simple. Gastrostèges et urostèges en nombre variable. Voici celles que présentent mes échantillons :

1° D'El Abiod-Sidi-Cheikh. — *Mâle* : 220 gastrostèges ; anale double ; 98 urostèges (2 doubles + 6 simples + 90 doubles). — Taille : 0,695 + 0,218 = 0m913 ; Diamètre : 0,014.

2° Même localité. — *Mâle* : 214 gastrostèges ; anale simple ; 105 urostèges (8 doubles + 5 simples + 92 doubles). — Taille du précédent. Diamètre : 0,013.

L'exemplaire de Gafsa (femelle) a : 223 gastrostèges ; anale simple ; 83 paires d'urostèges. — Taille : 0,515 + 0,145 + 0m660.

VARIATIONS. — M. Boulenger donne : 9 labiales supérieures rarement 10 ; 214 à 232 gastrostèges et 92 à 100 urostèges. Mes trois exemplaires ont 10 sus-labiales.

L'échantillon de Gafsa présente un pli de chaque côté du ventre (en alcool). Les exemplaires d'El-Abiod ont le ventre rond.

Coloration. — Dessus d'un gris olivâtre très clair, rayé de bandes transversales d'un beau noir, hautes de 3 à 5 millimètres et distantes de 10. Ces bandes descendent sur les flancs en passant au gris cendré. Dans chaque intervalle, et à la base, se trouve une tache de même couleur qui se joint à une autre tache carrée d'un beau noir placée à l'extrémité d'une ventrale. La tache opposée n'est pas toujours sur la même ventrale. Chez un exemplaire les taches carrées correspondent aux bandes transversales ; alors les taches d'un gris cendré sont dans les intervalles.

La coloration des bandes et des taches des flancs est variable : elle est d'un beau noir ou d'un gris cendré maculé de noir sur le bord des écailles. Les carrés des ventrales sont les plus colorés.

Flancs et côtés de la tête lavés de jaune verdâtre. Dessus de la tête d'un brun gris uni. Nuque portant une grande tache cendrée maculée de noir, parfois presque entièrement noire

Ventre d'un blanc nacré.

Taille. — $0^m710 + 0^m230 = 0^m940$ (Boulenger).

Distribution géographique. — (**Ai.**, **T.** : *S.*, *H.-Pl.* (Blg.) — Cette belle espèce était inconnue de la province d'Oran. Elle m'a été envoyée d'El-Abiod-Sidi-Cheikh par M. Pouplier (1er novembre).

Éthologie. — Cette espèce habite les lieux pierreux et sablonneux du Sud.

42.   *Zamenis hippocrepis* L. (Pl. XX, fig. 7, a)
Fig. Bonaparte (*Fauna italica.*)

Le fer à cheval.   Arabe : *Qornghezal* (Oran).

Zamenis hippocrepis *L.*, *Strauch*, *Lall.*, *Blg.*, *Ern. Olivier.*
Periops hippocrepis *Wagl.*, *D. et B.*, *Guichenot.*

Cette espèce se distingue à première vue par sa vive coloration. Voici la description d'un gros exemplaire :

Tête longue et forte ; longueur médiane des plaques, 28 millimètres ; largeur entre les temporales, 21. Région frontale et pariétale très plane ; museau un peu surbaissé, légèrement convexe. Rostrale très obtuse, arrondie, peu épaisse, grande ; angle postérieur pénétrant un peu, à angle obtus, entre les internasales ; celles-ci égalent en surface les trois quarts de celle des préfrontales. Frontale grande, aussi longue que large au sommet (8,5 mill.), large au milieu de 4,5, vers la base de 5. Sus-oculaires à peu près de même largeur dans la région moyenne et presque aussi longues que la frontale. Pariétales grandes : longues de 11, larges en haut de 7 à 8, en bas de 3 à 4 ; côtés latéraux rentrants au tiers supérieur. Narine entre deux grandes plaques : la nasorostrale étant plus grande que la nasofrénale. Frénale grande. Une préoculaire, trois sous oculaires, deux postoculaires.

Labiales : $\frac{9}{12}$ $\frac{9}{11}$. Temporales : 2 + 3.

Écailles dorsales en forme de graines de melon, légèrement convexes ; celles des flancs, grandes, en forme de losanges à moitié cachés. 27 rangées de dorsales. Ventrales grandes, larges (7 mill.). Anale double. 214 gastrostèges ; 52 paires d'urostèges. (La queue est incomplète).

La taille de l'animal décrit est de : $1^m 110 + 0^m 220 = 1^m 330$.

VARIATIONS. — Un échantillon complet de Méchéria a 218 gastrostèges et 89 paires d'urostèges. M. Boulenger donne 222 à 248 gastrostèges et 79 à 107 paires d'urostèges. Le nombre des rangées de dorsales peut varier de 25 à 29. Celui des labiales peut être de $\frac{9}{10}$.

COLORATION. — Très belle. Sur le dos il y a de grandes taches de forme irrégulièrement losangique. Ces taches, sans se toucher, sont très rapprochées. Des losanges jaunes les enserrent et joignent les extrémités. Les écailles des flancs et celles comprises dans les intervalles des taches noires sont noires et plus ou moins maculées de jaune. Les grandes taches sont le plus souvent brunes. L'animal vivant est à reflets jaunes sur fond d'un gris cendré foncé. Cette coloration se continue sur la queue. La tête porte de larges bandes disposées en fer à cheval. L'extrémité du fer à cheval couvre les deux tiers des pariétales et descend par les tempes sur les côtés du cou. Les sus-oculaires et la frontale sont traversées aussi par une large bande dans les deux tiers supérieurs. Les préfrontales et les internasales sont noircies chez les adultes. Sur la nuque il y a une très grande tache qui couvre le cou.

Les extrémités des ventrales portent des taches noires distantes qui montent sur les flancs. Le bord des ventrales est parfois tacheté de noir.

Ce système de distribution des taches se trouve chez tous les individus, mais selon que ces taches sont plus ou moins noires la coloration du fond est plus ou moins vive et variée. Si les taches sont brunes le fond est d'un gris brun uni. C'est surtout à la sortie de l'hiver qu'on rencontre cette dernière coloration.

Le ventre est d'un blanc jaunâtre ou rosé.

Chez les individus du Sud le fond est d'un gris brun à peu près dépourvu de taches jaunes apparentes. En revanche, les losanges noirs sont très vifs. Le ventre est d'un rose orangé magnifique. Le fer à cheval est bien distinct.

En résumé, la ligne dorsale de grandes taches en losanges et le fer à cheval existent toujours. Ces caractères suffisent à faire reconnaître cette espèce. Ils sont très nets chez les jeunes individus.

TAILLE. — Mon plus grand : $1^m310 + 0,250 = 1^m560$.

Ces dimensions ne sont pas les plus grandes. Je suis persuadé que cette espèce atteint une taille bien supérieure. Malheureusement, je n'ai pu contrôler tout ce qui m'a été raconté. Des personnes dignes de foi m'ont affirmé avoir mesuré des couleuvres de 2^m50 et 2^m80. La description se rapportait au fer à cheval.

DISTRIBUTION GÉOGRAPHIQUE. — (**B.** : *T.*, *II.-Pl.*) — Le fer à cheval est commun dans le Tell. On le trouve aussi sur les Hauts-Plateaux. La localité de Méchéria indique qu'il atteint presque la région saharienne. En dehors du Tell, je l'ai vu à El-Aricha et à Bedeau. Je l'ai de Méchéria (Moisson). Je l'ai reçu de Tanger (Vaucher) et de Tunisie (Blanc).

ÉTHOLOGIE. — Le fer à cheval vit dans des galeries dont l'ouverture est cachée par une grosse pierre. C'est un animal très agressif et très agile. Il n'est pas commode à prendre. Ceux de grande taille se défendent avec énergie en se servant de leur queue comme d'un fouet.

La femelle doit pondre aux approches de l'automne. J'ai eu, à Sebdou, le 23 septembre, cinq œufs fraîchement pondus. Ces œufs, aussi gros que des œufs de pigeon, étaient agglutinés ensemble. Leur coque était molle, épaisse et très résistante. Ils avaient été déposés sous un banc de rocher.

Le fer à cheval est un commensal de l'homme. On le trouve souvent dans les vieilles habitations et dans les caves. Il n'est pas rare dans la ville d'Oran. C'est un précieux auxiliaire pour la destruction des souris, des rats et des campagnols. Il a toutefois le défaut de faire entrer dans son alimentation le gibier à poil et à plume. Il est friand des oiseaux. Il va les chercher jusque sous les tuiles des toits et sur les branches des arbres. Il grimpe le long des murs presque lisses pour aller explorer les gouttières où nichent les moineaux. Pour son repas il avale la nichée. Il dépeuple aussi les garennes.

Tout pesé, je crois le fer à cheval plus utile que nuisible.

Zamenis diadema Schl. (Pl. XX, fig. 8, a)
Fig. Jan *Icon. gén. oph.*, liv. 20. Pl. 2 (d'après Blg)
Expl. d'Egypte, Geoff. (Pl. VIII, fig. 1)

Le Zamenis diadème.

Zamenis Cliffordii *Schl., Strauch, Lallemant.*
Zamenis diadema *Schl., Blg , Ern. Olivier.*

Cette magnifique espèce du Sahara algérien et tunisien n'a pas été encore signalée dans la province d'Oran. Ses 4-6 préfrontales irrégulièrement disposées, ses écailles dorsales un peu en dos d'âne et celles de la queue presque carénées la font aisément reconnaître. Le nombre de séries dorsales varie de 25 à 33. (Blg).

Sur chaque pariétale se trouve un trait noir oblique de 3 à 4 $^{m}/_{m}$ de long sur 1 à 1,5 de large. Le fond de la coloration du corps est gris perle.

TAILLE. — 1,460 + 0,340 = 1^{m} 800 (Blg.)

DISTRIBUTION GÉOGRAPHIQUE. — (**A.**, **C.**, **T**: *S.*) — Ouargla, Biskra,

Zamenis atrovirens Schaw.

Fig. Albert Granger. *Hist. nat. de la France.* Rept., p. 99.

La couleuvre verte et jaune.

Zamenis viridiflavus *Wagl., Strauch, Lallemant.*

Cette espèce, signalée en Algérie, n'y existe probablement pas.

Genre RHINECHIS

CARACTÈRES DU GENRE. — *Museau terminé par une rostrale grande, arrondie, assez en pointe ; angle postérieur replié en dessus, aigu, pénétrant presque jusqu'au milieu des internasales. Sus-oculaires moitié plus étroites que la frontale. Une préoculaire, deux ou trois postoculaires. Dorsales lisses disposées en 27 ou 29 rangées. Corps anguleux en dessus.*

Une seule espèce a été signalée en Algérie.

Rhinechis scalaris Schinz. (Pl. XX, fig. 9, a)
Fig. Albert Granger (*loc. cit.*), p. 80

Le rhinéchis à échelons.

Rhinechis scalaris *Schinz., Strauch, Lallemant.*

J'ai reçu jadis de J. von Fischer un bel exemplaire de cette espèce. Dans la lettre m'annonçant l'envoi, je relève ce passage :

« La couleuvre Rhinechis (en alcool) m'arrive avec deux autres vivantes des environs de Constantine, apportée par des troupiers à un de mes amis, capitaine au 2ᵉ Génie. »

Cette belle espèce se distingue à sa grande rostrale et à sa coloration. Deux bandes étroites noires parcourent les côtés du dos. Elles sont jointes par des bandes transversales assez hautes. Le tout représente une échelle.

Cette espèce, signalée en Algérie par Gervais, n'est pas admise par MM. Boulenger et Ern. Olivier. Il y a donc lieu de contrôler l'assertion de J. von Fischer.

Genre **TROPIDONOTUS**

CARACTÈRES DU GENRE. — *Maxillaires supérieurs portant chacun une douzaine de dents très recourbées en arrière, lisses ; les postérieures du double plus grandes que les antérieures ; toutes à égale distance l'une de l'autre. Écailles, au moins celles du dos, très nettement carénées. Pas de sous-oculaires. Deux préfrontales.*

Deux espèces ont été signalées en Berbérie.

G. Tropidonotus. — TABLEAU DES ESPÈCES

Trois postoculaires ; dix-neuf rangées d'écailles ;
    un collier jaune bordé de noir sur le derrière
    de la tête.

T. natrix L.

Deux postoculaires ; 21 rangées d'écailles, par-
    fois 23 ; pas de collier.

T. viperinus Latr.

Corps rayé de bandes jaunes.

Variété **aurolineatus** Gervais.

---

43. *Tropidonotus viperinus* Latr. (Pl. XXI, fig. 10, *a, b*)
Fig. Bonaparte (*Fauna italica*)

La couleuvre vipérine.   Arabe : *Lefaâ-el-Mâ.*

Tropidonotus viperinus *Latr. Auct. alg.*
Tropidonotus viperinus *var.* chersoïdes *Wagl.* (Trop. *D.* et *B.*)
Tropidonotus viperinus *var.* ocellatus *Wagl.*
Tropidonotus viperinus *variété Guichenot.*
Tropidonotus viperinus *var.* aurolineatus *Gervais.*

Tête subtriangulaire, ressemblant à celle de la vipère, ce qui lui a valu le nom de vipérine : longueur médiane des plaques 14 millimètres, largeur entre les tempes 14 (exemplaire assez jeune). Rostrale très peu saillante, à peine visible en dessous. Deux internasales, deux préfrontales. Préfrontales plus grandes et un peu plus longues que les internasales. Frontale aussi longue que les sus-oculaires et plus large. Pariétales guère plus longues que la frontale, arrondies à la base postérieure et séparées par un petit angle. Narine dans une seule plaque fendue à la base. Frénale plus petite que la nasale. 1-2 préoculaires, 2 postoculaires. Œil reposant sur le milieu des 3ᵉ et 4ᵉ labiales. Labiales $\frac{7}{10}$ $\frac{7}{9}$. Une grande temporale entre la pariétale et les 5ᵉ et 6ᵉ sus-labiales. Mentonnière très petite. Inframaxillaires antérieures un peu plus courtes que les postérieures.

Écailles dorsales oblongues, fortement carénées. Carènes en lignes. Ecailles de la base des flancs planes, larges et très obtuses. 21 rangées autour du corps. Ventrales assez hautes.

Gastrostèges : 151 ; anale double ; 58 paires d'urostèges.

VARIATIONS. — 151-154 gastrostèges, 53-58 urostèges.

COLORATION. — Variable avec l'habitat. Chez les vipérines aquatiques le fond est d'un gris brun foncé, le ventre est entièrement noir ou au moins en grande partie. Chez les terrestres le fond est d'un rouge brique et le ventre noirâtre. Les taches dorsales sont distribuées dans le même ordre chez les deux formes. Il y a sur le dos (dans le jeune âge) deux lignes de taches noires qui peuvent se réunir et former une ligne en zigzag ; sur les flancs il y a des écailles blanches distantes entourées d'écailles noires. De ces ocelles de gros traits noirs descendent sur les flancs. Le ventre est maculé de taches anguleuses noires qui ne se rejoignent pas encore.

Quand les bandes noires du dos se sectionnent elles forment deux lignes très irrégulières de grandes taches. Parfois il y a des bandes transversales et des taches. Enfin les ocelles peuvent manquer pour faire place à de grandes taches noires.

Dans les exemplaires terrestres les taches sont bien moins apparentes.

Sur la tête et sur la nuque il y a chez tous les individus deux forts angles noirs dont la pointe est dirigée en avant. Celui de la nuque persiste bien, mais celui de la tête s'étend avec l'âge sur les plaques en formant des sinuosités symétriques.

Chez les adultes les trois quarts de la largeur du ventre sont entièrement noirs ou noirâtres.

TAILLE. — $0,395 + 0,106 = 0^m 501$.
Mon plus grand exemplaire : 1 mètre de longueur totale.

Variété **AUROLINEATUS** *Gervais*

Cette variété se distingue par deux bandes latérales d'un fauve doré qui parcourent le dos, une de chaque côté. Les taches dorsales sont alors bien séparées des bandes verticales des flancs.

DISTRIBUTION GÉOGRAPHIQUE. — (**B** : *T., H.-Pl., S.*) — La vipérine se trouve partout dans le Tell. Sur les Hauts-Plateaux elle est moins répandue, mais elle existe dans tous les points d'eau. Je l'ai vue à Bedeau, au Kreider, à Sfissifa les Saules, à Géryville. Je l'ai reçue de Méchéria (Hiroux). L'exemplaire d'un mètre venait de Saint-Leu (Pallary).

La variété *aurolineatus* Gervais est plus rare. Elle est d'ailleurs accidentelle. J'en ai vu deux exemplaires au Sig.

Je n'ai pas eu d'échantillons sahariens de cette espèce. Elle existe pourtant dans les oueds des ksours oranais.

ÉTHOLOGIE. — La vipérine se trouve dans l'eau pendant la belle saison. Dans les rivières elle vit isolée. Dans les sources, les mares, les flaques d'eau on la trouve en famille. On voit souvent tous les nouveau nés groupés en pelote. La vipérine nage lentement, elle recherche les endroits peu profonds. Peu craintive, elle ne fuit que si elle se voit menacée. Elle fait la chasse aux insectes, aux grenouilles et aux petits poissons.

Tout au moins dans le Tell, la vipérine se trouve aussi dans les broussailles assez loin des points d'eau.

Il est à remarquer que les individus aquatiques ne sont pas de très forte taille. Ceux de $0^m 70$ sont déjà rares. Les plus grands semblent préférer la terre à l'eau. En été ils se retirent sur les pentes fraîches, dans les vignes.

La vipérine pond de bonne heure. A Oran, les petits naissent fin avril. Le 1er mai, des nouveau-nés mesuraient $0^m 10$.

Cette couleuvre est à détruire dans les viviers où les jeunes poissons deviendraient vite sa proie. Elle mange aussi les batraciens qui sont des auxiliaires précieux pour l'agriculture. Sur les Hauts-Plateaux, où les batraciens sont peu communs, il serait bon de détruire la vipérine.

Tropidonotus natrix *L.* (Pl. XXI, fig. 11, *a*)

Fig. Bonaparte (*Fauna italica*). A. Granger (*loc. cit.*), p. 85

La couleuvre à collier.

Tropidonotus natrix *L.* — *Auct. Alg.*

Cette espèce n'a pas été signalée dans la province d'Oran ni sur ses limites. On la reconnaîtrait facilement au collier jaune qui entoure son cou.

DISTRIBUTION GÉOGRAPHIQUE. — (**A.**, **C.** : *T.*) — La Chiffa, Bône.

14me Famille. — COLUBRIDÉES OPISTOGLYPHES

CARACTÈRES. — *Dents postérieures de la mâchoire supérieure plus longues que les antérieures et sillonnées en avant.*

Cette famille est représentée en Berbérie par les genres : *Macroprotodon, Psammophis* et *Cœlopeltis.*

Genre MACROPROTODON

CARACTÈRES DU GENRE. — *10-11 dents sur chaque sus-maxillaire en deux séries séparées par un intervalle de près de 2 millimètres. La série postérieure compte 6 dents dont deux cannelées ; la série antérieure en compte 5 dont la 4e est plus grande que les trois premières et que les cannelées. Ces dernières sont presque droites, coniques ; leur longueur dépasse à peine 1 millimètre. Le sillon est visible. Cou distinct. Pupille verticale, elliptique. 19 rangées d'écailles dorsales (parfois 21 à 25). Aspect des coronelles.*

Une seule espèce est répandue en Berbérie :

44. *Macroprotodon cucullatus* Geoffr. (Pl. XXI, fig. 12, *a*)

Fig. Guich. Expl. scient. de l'Alg. (Pl. 2, fig. 2 mauvaise)

La couleuvre à capuchon.

Coluber cucullata *Geoffroy.*
Lycognathus cucullatus *D. et B.*
Coronella cucullata *D. et B., Strauch, Lall., Ern. Olivier.*
Macroprotodon mauritanicus *Guichenot.*
Macroprotodon maroccanus *Peters.*
Macroprotodon cucullatus *Geoffr., Boulenger.*
Lycognathus tœniatus *D. et B. ?* (Coronella, *Strauch*).
Lycognathus textilis *D. et B. ?* (Coronella, *Strauch*).
Coronella brevis *Günther.*
Psammophilax cucullatus *Jan.*

OBSERVATION. — J'établis cette synonimie d'après les travaux des auteurs algériens. Le *Macroprotodon cucullatus* est une espèce polymorphe qui offre des variations intéressantes. La figure de Guichenot est très mauvaise, à moins qu'elle ne se rapporte à une espèce non retrouvée. Je n'ai jamais eu en main un individu présentant la coloration de l'individu figuré par Guichenot. La figure 2 représente une tète qui n'est pas celle de l'animal décrit. Je ne m'explique pas cette confusion, la description de Guichenot étant bonne.

Je n'ai pas reconnu *Coronella tœniata* et *C. textilis* dans mes nombreux exemplaires. J'ai même d'El-Aricha (désert de l'ouest Schousboë) une couleuvre, jeune malheureusement, dont je n'ose faire une *Coronella amaliœ*, pas plus qu'un *Macroprotodon cucullatus.* Elle pourrait bien se rapporter à *C. textilis* D. et B. Je me bornerai à signaler les diverses formes que je possède.

Voici la description de la forme des environs d'Oran :

Os maxillaire court, 7 mill. au plus, grêle, portant 11 dents. A la mâchoire inférieure il y en a aussi deux séries de chaque côté : la 1re comprend cinq dents, la dernière bien plus grande (1 mill.) que les autres ; la 2e, séparée de la 1re par un intervalle de 1,5 mill., est composée de 10 dents très petites.

Tête moyenne pour la taille de l'animal : ligne des plaques 13 mill., distance entre les tempes 10,5 ; ligne entre les arcades sourcilières 4 millimètres. Museau très obtus, peu épais. Lèvres supérieures étalées très obliquement. Rostrale distinguant nettement l'espèce, non proéminente, à face large de 3 mill. et haute de 1,2 ; son épaisseur atteint à peine un quart de millimètre. Vue en dessus la rostrale n'apparaît presque pas.

Deux internasales carrées ou à peu près égalant les deux tiers des préfrontales. Les deux sutures médianes ont ensemble 4 millimètres. Frontale à bords presque droits, longue de 5 et large de 2,1 mill. Sus-orbitales à peine plus larges que la moitié de la frontale, non saillantes sur l'orbite. Pariétales relativement grandes : suture 5 $^m/^m$, base de chacune 2$^m/^m$, plus grande largeur 4$^m/^m$; l'angle antéro-extérieur replié atteint la postoculaire inférieure et, même souvent, la 6e labiale.

Narine entre deux plaques formant rectangle : la nasorostrale et la nasofrénale, la 1re plus longue que la 2e. Frénale trapézoïde à angle inféro-postérieur s'allongeant entre la préoculaire et les sus-labiales, sans atteindre l'œil. Une préoculaire, deux postoculaires, l'inférieure assez petite. Œil petit (2 mill. au plus) reposant sur les 4e et 5e labiales, Temporales 1 + 3 : la 1re trapézoïde très grande (haut. 3 mill. bases 2 et 1), placée entre l'angle de la pariétale et la 7e sus-labiale. Les trois suivantes sont en forme de losanges et presque de moitié plus petites que la 1re.

Labiales $\frac{8}{11}$; les supérieures très visibles vues d'en haut, la 1re séparée de la rostrale par l'angle de la nasorostrale. Six labiales inférieures (rarement 5 ou 7) touchent les inframaxillaires. Mentonnière s'étendant en pointe aiguë jusqu'à la jonction des deux premières sous-labiales. Écailles de la gorge peu nombreuses : 12 rangées entre les angles de la bouche.

Écailles dorsales planes, allongées ; celles des flancs polygonales. Ordinairement 19 rangées. L'échantillon que je décris en a 21. Anale grande, divisée. 174 gastrostèges, 49 urostèges doubles.

VARIATIONS. — Exceptionnellement, 1 ou 3 postoculaires. 19 à 25 rangées de dorsales ; 161 à 192 ventrales (153 à 192, Blg.) ; 45 à 56 paires de sous-caudales (40 à 54, Blg.).

COLORATION. — *Adultes.* — Fond d'un gris clair ou brunâtre, paraissant uni vu de loin. Sur le dos, il y a trois lignes de taches. La médiane est formée d'une série de taches doubles. Ces dernières sont composées de deux traits noirs séparés par un trait clair ; les trois traits remplissent une écaille. Les taches sont distantes de la longueur d'une écaille ou d'une écaille et demie. Vers le bas du corps les taches s'allongent et s'étendent sur une écaille et demie. Sur la queue elles se réduisent à un trait noir. Parfois, les taches dorsales s'élargissent. De chaque côté du dos, à 4 mill. de la ligne médiane, se trouve une ligne de simples traits noirs plus courts que les autres et alternant irrégulièrement avec eux. Une ligne semblable, plus ou moins entière, peut se trouver sur les flancs. Écailles des flancs plus ou moins bordées de noir par places.

Sur la nuque se trouve une grande tache (le capuchon) qui s'étend du cou à la base des pariétales ; sur le côté du cou elle descend en larges pointes qui se rejoignent sous la gorge. La partie antérieure de la tache est triangulaire, la partie postérieure serait tronquée si, au milieu, il n'y avait un prolongement qui commence la ligne dorsale médiane. De l'œil part une large bande noire qui descend en arrière et couvre, en bordant la bouche, la moitié de la 5me sus-labiale, la 6me et la moitié de la 7me. Cette ligne remonte ensuite pour revenir, en avant, sur les pariétales. Les tempes et les sus-labiales postérieures restent claires. Tout le dessus de la tête est souvent d'un noirâtre luisant qui rend très difficile la distinction des plaques.

Entre l'œil et la narine se trouve une ligne brune bordée de noir qui pénètre en petits angles entre les sutures des labiales ; à l'extrémité, elle monte sur l'internasale et rejoint la ligne du côté opposé. Flancs un peu plus clairs que le dos, lavés de rose plus ou moins apparent. Ventre d'un gris jaunâtre sale portant des taches noires, carrées, au nombre de 1 ou 2 sur le plus grand nombre de ventrales. Ces carrés forment deux lignes bien caractérisées et distantes. Sous la queue, elles se rapprochent en diminuant de dimension et se réunissent. Il peut même n'exister qu'une ligne médiane de carrés noirs

contigus ou se touchant au moins par leurs angles internes.
Parfois les carrés manquent ou sont très effacés.

Jeunes. — Fond gris perle. Les taches dorsales et celles des
flancs sont disposées comme chez les adultes, mais toutes sont
noires et très apparentes. La tache du capuchon ne se prolonge
pas en arrière ; en avant, elle est jointe aux pariétales par une
bande étroite à bords parallèles. Sur les pariétales, il y a un fer
à cheval qui descend sur les tempes pour rejoindre l'œil en
bordant la bouche. Ventre gris à taches plus rapprochées
formant une ligne noire unie. Avec l'âge, cette ligne se
sectionne et les carrés se rapprochent de plus en plus des
flancs. La ligne médiane persiste quelquefois. Chez les plus
jeunes individus le capuchon est parfois incomplet : les trois
taches qui, par leur réunion, le composeront plus tard sont
distinctes ; l'une, longitudinale, étroite et allongée s'étend du
cou à la nuque ; les deux autres, obliques d'avant et arrière,
traversent les côtés du cou et se rapprochent de la tache
médiane sans la toucher. Plus tard elles l'atteindront en
s'élargissant et le capuchon sera formé. Le fer à cheval est très
apparent sur les tempes, ce qui fait que la tache médiane est
placée entre les extrémités supérieures de quatre taches.

Cette disposition que je trouve dans un échantillon de
Mostaganem (175^{m}/^{m}), lequel présente 21 rangées de dorsales,
a une grande analogie avec celle des taches de la tête des
jeunes *Coronella Amaliœ.*

VARIATIONS. — Souvent la ligne de taches dorsales est seule
visible et peut même disparaître. Un plus ou moins grand
nombre d'écailles sont bordées de noir. Ces bordures forment
un réseau généralement incomplet.

Les vieux individus sont d'un brun uni, mat. Le capuchon
disparaît presque et les taches ventrales pâlissent.

Chez deux échantillons très adultes, de Tunisie, les taches
ne sont pas réunies en capuchon et le trait longitudinal est
bien distinct et distant des autres taches.

Dans une belle variété, une grande tache, d'un noir de
Chine, couvre absolument toute la tête. Sur les côtés seulement
une ligne claire contourne le museau ; une autre bande de

même couleur parcourt la moitié supérieure des sus-labiales postérieures et de la 1re temporale pour descendre sous la gorge.

TAILLE. — Mon plus grand : 0,425 + 0,085 = 0^m510.

DISTRIBUTION GÉOGRAPHIQUE. — (**B** : *T.*, *H.-Pl.*, *S.*) — La couleuvre à capuchon est répandue partout dans le Tell. Elle est rare sur les Hauts-Plateaux, mais elle atteint la région saharienne. Strauch l'a signalée à Oran et à Mostaganem. Cette espèce est commune à Oran. Je l'ai reçue de l'Oued-Seffioun (Lafosse), de Beni-Saf, Saint-Leu et Mascara (Pallary). Le Musée d'Oran la possède des Beni-Snous (Brunel). Je l'ai recueillie dans tous les environs d'Oran, aux îles Habibas, à Arlal, etc.

La variété à tête noire est rare. Je l'ai trouvée à Oran et à Sebdou. Je l'ai aussi de Méchéria (Hiroux).

Sur les Hauts Plateaux, Schousboë a signalé du « désert de l'Ouest » *C. tœniata* et *C. textilis* qui ne sont, paraît-il, que des *C. cucullata.* J'ai, d'El-Aricha, un individu jeune qui pourrait bien appartenir à l'une des deux formes trouvées par Schousboë.

ÉTHOLOGIE. — A Oran, la couleuvre à capuchon se trouve presque toute l'année. Je l'ai prise les 9 février, 10 mai, 18 novembre. Elle habite sous des pierres de grosseur moyenne. L'ouverture de sa galerie est très petite. Elle sort vers le soir. On la voit alors marcher lentement sur le sol. Elle ne progresse que par l'effet des muscles postérieurs. Son cou plié en S porte en avant la tête relevée. Tout en marchant, l'animal se tient sur la défensive et, au moindre danger, lance sa tête pour mordre. Sa morsure est sans danger. Il est très agressif.

On capture facilement ce serpent sous les pierres où on le trouve ramassé sur lui-même Toutefois il ne faut pas perdre de temps pour le saisir, car il s'échappe comme un trait.

La femelle pond en juillet.

La couleuvre à capuchon se nourrit surtout de lézards. Elle avale un gros acanthodactylus lineo-maculatus.

OBSERVATIONS. — Les matériaux me manquent pour apprécier les *Coronella brevis, tœniata* et *textilis* qui ne sont, paraît-il, que des formes du *Macropotodon cucullatus.* Pour faciliter les recherches, voici quelques indications sur ces variétés :

1° *Lycognathus tœniatus* D. et B.. (*Erp. gén.*, t. VII, p. 930.)

Le caractère principal réside dans la coloration.

« Sur la ligne médiane du dos il y a une raie d'un beau blanc très pur qui couvre une série longitudinale d'écailles. A droite et à gauche il y a trois autres séries d'écailles à centre plus terne, constituant une large bande bordée par une raie d'un noir foncé, très étroite et comme tracée au tire-ligne. Le dos présente en travers 15 bandes de petites mosaïques, ou d'écailles, dont chacune se trouve comme enfoncée et débordée par un entourage d'une teinte noire, plus ou moins sombre Le pourtour de la bouche est aussi d'un beau blanc. »

Désert de l'Ouest (Schousboé).

2° *Lycognathus textilis* D. et B. (*loc. cit.*, p. 931).

« Tout le dessus du corps marqué de petites taches, allongées, entremêlées d'une manière régulière avec des écailles d'un gris rougeâtre, produisant l'effet d'un tricot ou de mailles parfois et régulièrement comme étoilées. Ces petits traits noirs sont symétriquement partagés ou réunis deux à deux sur la partie moyenne et latérale du tronc et souvent joints entre eux, devant et derrière, par une petite ligne noire qui laisse un centre blanc de la forme d'un petit carré allongé. Sur les flancs ces traits noirs semblent se croiser en X et se continuent ainsi jusqu'au bout de la queue. »

Désert de l'Ouest (Schousboé).

Les deux variétés précédentes pourraient bien être distinctes du *Macropolodon cucullatus*. Il y a lieu de les rechercher dans la région d'El-Aricha.

3° *Coronella brevis* Günther. (*Troschel's Arch. für Naturgeschichte.* Bd. XXVIII, 1, Berlin 1862, § 48.) = *Macroprotodon maroccanus*, Peters.

Cette forme marocaine, établie d'après le nombre des ventrales, 21 à 25 et le plus souvent 23, ne me semble offrir aucun caractère réellement spécifique.

Genre PSAMMOPHIS

CARACTÈRES DU GENRE. — *Dents de chaque maxillaire supérieur au nombre de 10 à 13, en trois séries séparées par deux intervalles assez larges. La série médiane est formée de dents bien plus longues que les voisines, lesquelles sont à peu près de même longueur. Deux dents postérieures du double plus longues que celles qui précèdent, cannelées. Tête longue et étroite, plate en arrière. Chez les adultes il y a souvent un sillon profond en avant entre les préfrontales et les internasales. Museau rétréci, obtus; rostrale peu saillante. 1-2 préoculaires ; 2-3 postoculaires.*

Une seule espèce en Algérie et en Tunisie.

45. *Psammophis schokari* Forsk. (Pl. XXI, fig. 13, *a*)

Fig. Description de l'Égypte. Rept., pl. 8, fig. 4 (d'après Blg.)

Le Psammophis schokari.

Arabe : Zeurig (Ern. Oliv.)

Coluber schokari *Forsk.* Descript. anim. p. 14 (1775); *Blg.*
    in *Cat. of the Snak.* vol. III, p. 157
Psammophis sibilans *Strauch, Lall., Blg., Ern. Oliv.* non *L.*
Psammophis punctatus *D. et B., Gervais, Strauch, Lallemant.*
Psammophis sibilans *Doumergue* (Assoc. fr. Congrès de Tunis
    1896, p. 478) non *L.*

C'est sur l'indication de M. Boulenger que j'applique le nom de *Psammophis schokari* Forsk. à l'espèce jusqu'ici rapportée à *Psammophis sibilans* par tous les auteurs qui ont écrit sur la faune algérienne.

Voici la description d'un individu du Sud-Oranais :

Corps très long et très grêle, dépassant rarement un centimètre de diamètre. Tête longue et étroite : ligne des plaques de la tête 16 mill., ligne interorbitale 7 mill., distance entre les tempes 9 mill. Museau obtus. Cou long, étroit, 5 mill. Rostrale très peu saillante (0,5^m), concave en dessous, convexe sur le reste de la surface ; les extrémités de sa ligne de contour ne correspondent qu'imparfaitement avec celles de la mentonnière ; angle postérieur arrondi, peu rabattu en arrière. Deux internasales séparées par une suture à peu près aussi longue qu'elles, égalant en longueur les deux tiers environ des deux préfrontales (suture des internasales 1,5 ; suture des préfrontales 2,5 ; longueur des plaques 2 et 3^m). Chez les jeunes, les internasales n'ont que la moitié de la longueur des préfrontales ou même pas. Sur la ligne des sutures se trouve une dépression qui aboutit à la base de la frontale qui est elle-même rentrante.

Frontale longue et étroite à côtés concaves (6^m sur 1,1 au milieu, près de 3 entre les pointes de la base), un peu plus longue que sa distance au bout du museau (4,5^m).

Chez une femelle, la frontale est un peu plus courte et a ses bords presque droits.

Sus-oculaires assez saillantes sur les orbites, plus courtes que la frontale et bien plus larges (longueur près de 5^m, largeur 3), séparées des préfrontales par la préoculaire qui rejoint l'angle de la frontale.

Pariétales grandes et longues, triangulaires (long. 6^m, suture 5) ; angles antéro-extérieurs repliés jusqu'au milieu de la ligne des yeux et bordant entièrement la postoculaire supérieure. Narines entre deux plaques ; la nasorostrale et la naso-frénale ; la première à peine plus longue que la seconde. Frénale oblongue, deux fois et demie aussi longue que haute. Une préoculaire, deux postoculaires. Œil reposant sur les 5e et 6e labiales, la 6e deux fois aussi larges que la 5e. J'ai trouvé ce dernier caractère constant. Lataste l'avait déjà signalé (ex Blg.)

Notre espèce représenterait la variété *punctatus* (*P's*. D. et B.)

Temporales : $\frac{1}{2}$ + 3. Labiales : $\frac{9}{11}$. Six labiales inférieures touchent les inframaxillaires ; les premières, très longues, se rejoignent sur la ligne médiane et leur pointe est distante de 2 mill. de l'angle postérieur de la mentonnière. Cette dernière est petite, équilatérale.

Écailles dorsales oblongues, lisses, très légèrement convexés ; celles des flancs plus grandes ; 17 rangées autour du milieu du corps. Vers la base le nombre descend à 15-13.

Ventrales à bord curviligne, relativement grandes (leur hauteur égale le quart de la largeur transversale), au nombre de 177. Anale double. 110 paires de sous-caudales Pénis grêles. Queue très longue et fine.

VARIATIONS. — 1-2 préoculaires ; 2 ou 3 postoculaires ; 8 ou 9 sus-labiales ; œil reposant sur les 4e et 5e ou 5e et 6e sus-labiales ; temporales $2 + 2$ ou $2 + 3$, rarement $1 + 2$; quelquefois 19 rangées de dorsales. Ventrales 162-195 ; sous-caudales 93-149 (Blg.)

J'ai observé 174 à 183 gastrostèges et 104 à 125 paires d'urostèges.

COLORATION. — Variable, mais à motif le plus souvent formé de bandes étroites bicolores ou multicolores qui parcourent tout le dessus du corps. Ces bandes manquent parfois ; elles sont alors remplacées par des lignes de points disposés sur un fond uni.

Voici les diverses colorations que j'ai observées :

1re Forme. — Individu ci-dessus décrit : Tête d'un brun rougeâtre linéolé de noirâtre ; suture et sillon clairs ; sus-labiales tachées de fauve. Dessus du dos couvert par une bande de 7 millimètres d'un brun de sable, plus claire au milieu, bordée des deux côtés par un trait d'un brun foncé presque noir. La partie médiane claire devient de plus en plus apparente et forme une bande distincte en arrière du milieu du corps. De chaque côté de la bande dorsale s'en trouve une seconde de 2 mill. d'un rouge de sable très clair. Une 3e bande de près de 3 mill. parcourt la partie supérieure des flancs. Cette bande, de couleur brunâtre, est maculée de points noirâtres placés à la base de chaque écaille centrale; elle coupe l'œil et atteint la région frénale.

Ventre blanc sale, parcouru de chaque côté par une ligne de traits d'un noir bleuâtre. Chaque ventrale porte un trait souvent un peu oblique, ce qui fait que les extrémités ne s'ajustent pas toujours. Vers l'extrémité antérieure du corps il existe, en dessous, une ligne médiane de traits semblables, qui rejoint les deux latérales sous la gorge. Les trois lignes atteignent la mentonnière où elles se réduisent à trois points. Les 2e, 3e, 4e et 5e sous-labiales portent chacune un point.

La coloration du corps se continue sur la queue, mais elle y est plus claire.

2e Forme. — La bande dorsale (la 1re) est plus foncée, d'un brun légèrement olivâtre, clair au milieu ; ses bords sont noirs. La 2e bande reste rouge de sable. La 3e est de même couleur que la 1re, et de même largeur que la 2e ; son bord supérieur est marqué de fortes dépressions noirâtres qui forment une ligne de points allongés, distants entre eux de la moitié de la longueur d'une écaille ; vers le bas ces points disparaissent et la bande devient unie. Le bord inférieur de la 3e bande est formé de traits noirs se touchant par leurs extrémités. Pas de ligne centrale de taches sous le ventre. Plaques de la gorge pointillées. Sus-labiales bordées de points bleuâtres.

En résumé, variation peu différente de la précédente.

3e Forme. — Bien voisine de la précédente. La bande dorsale est parcourue en son milieu et dans toute sa longueur par un large trait blanc.

4e Forme. — C'est celle signalée par D. et B. et Strauch à 2 bandes blanches de chaque côté. Il y a alors 5 bandes blanches en comptant la dorsale médiane.

5e Forme. — *Une femelle.* — Lignes longitudinales bien moins apparentes, le fond devenant de couleur rouge brun de sable plus uniforme. La 1re bande n'est pas parcourue dans son milieu par une bande supplémentaire ; les traits postérieurs qui la bordent sont plus foncés, bruns. La 2e bande est moins apparente et se confond avec la 3e qui est un peu brune et unie. Les lignes du ventre sont peu visibles et formées de traits ou de points sales.

6e Forme. — Dos d'un gris de sable rougeâtre uni, à bande dorsale un peu plus sombre. Cette bande est bordée de chaque côté par une ligne de points encore plus foncés ; la base de chaque écaille en porte un.

Quelques taches presque imperceptibles existent sur les écailles des flancs. Ventre sans points, ni traits.

7ᵉ *Forme.* — Voisine de la précédente. Fond d'un gris clair à reflets fauves. Bande centrale très peu apparente, marquée seulement par les deux lignes de points qui la limitent. Ces points sont d'un fauve clair. La 2ᵉ bande réapparaît légèrement ; elle est lavée de fauve rosé. Ventre nu.

Toutes ces colorations peuvent se rencontrer dans une même localité.

Taille. — 0,830+0,380=1ᵐ210 (Blg.). Mon plus grand 0ᵐ80.

Distribution géographique. — (**Ai.**, **Ti.** : *H.-Pl., S.*) — C'est probablement *Psammophis schokari* que Gervais a reçu d'Aïn-Sefissifa, près d'Aïn-Sefra (Paul Marès) et qu'il a signalé sous le nom de *Psammophis punctatus D. et B.*

Le zeurig est une espèce saharienne commune dans le Sud-Oranais. J'en ai reçu plusieurs exemplaires d'Aïn-Sefra (Hiroux). M. Pouplier m'a envoyé de nombreux échantillons d'El-Abiod-Sidi-Cheikh. Il l'a vue à Arba-Tahtani.

Je tiens comme très douteuse la localité de Méchéria (Musée : coll. Moisson). Toutefois, il n'y a rien d'impossible à ce que cette espèce pénètre dans les régions sablonneuses des Hauts-Plateaux, mais plutôt du côté de Géryville que du côté de Méchéria.

Éthologie. — Le zeurig est une espèce des sables déser-tiques. Je l'ai reçu en mars, en mai, en juin et en automne. En été, il est très rare. Il se retire alors dans les oasis où il trouve de la fraîcheur. Quoique opistoglyphe, ce serpent est tout à fait inoffensif. Il fuit avec une extrême rapidité. Il habite les dunes herbeuses. On le prend aussi sous les pierres.

Observation. — *Psammophis sibilans* (Fig. *Expédition d'Égypte.* Suppl. Pl. IV, fig. 5.) est une espèce bien plus grosse que *Psammophis schokari*. Son diamètre atteint plus de

2 centimètres. Ce sont les jeunes individus de cette espèce qui l'ont fait confondre avec *Psammophis schokari*.

Le *Psammophis sibilans* a 9 labiales. Ses préfrontales, très grandes, sont 3 fois aussi longues que les internasales. La tête est aiguë. La taille est bien plus courte que celle du zeurig. La coloration en diffère aussi notablement. Cette espèce est égyptienne.

Genre CŒLOPELTIS

CARACTÈRES DU GENRE. — *Dents postérieures du maxillaire supérieur sillonnées, les antérieures toutes à égale distance ou à peu près les unes des autres. Écailles dorsales canaliculées ou déprimées sur la ligne médiane.*

Ces caractères sont à peu près les seuls communs aux deux espèces algériennes. Les écailles sont peu sillonnées chez *C. producta*. Il se produit dans ce genre le contraire de ce qui a lieu dans le genre *Macroprotodon*. Tandis que les dents sillonnées séparent ce dernier genre du genre *Coronella*, auquel il ressemble par les caractères extérieurs, chez nos *cœlopeltis*, au contraire, les dents rapprochent génériquement les deux espèces qui diffèrent totalement par leurs caractères extérieurs. Le *C. producta* devrait constituer un genre à part.

Voici le tableau de nos deux espèces :

G. *Cœlopeltis*. — TABLEAU DES ESPÈCES

Tête assez longue ; museau fortement creusé
    en dessus, à côtés très relevés en carène.

C. Monspessulanus.

Tête courte, plane sur le crâne, convexe sur le
    museau ; pas de carènes latérales. Cou
    dilatable.

C. producta.

---

46. *Cœlopeltis Monspessulanus* Rozet. (Pl. XXII, f. 1, *a*)

Fig. Bonaparte (*Fauna italica*)
Description de l'Egypte. Suppl. (Pl. V, fig. 2 et 3)

La couleuvre de Montpellier.

Cœlopeltis lacertina *Wagl., Strauch, Lall., Ern. Olivier.*
Cœlopeltis monspessulanus *Rozet, Boulenger.*
Cœlopeltis insignitus *Geoff., D. et B.*

Dentition forte. 10 dents à la mâchoire supérieure, les 8 antérieures à peu près d'égale longueur (2 mill. environ), recourbées en arrière, coniques, fines, aiguës, à peu près toutes à égale distance l'une de l'autre ; les deux postérieures deux fois plus fortes (4 mill. de long sur 1,2 à la base), rabattues en arrière ; face postérieure arrondie et présentant une concavité par suite de l'élargissement de la base. Maxillaires inférieurs portant chacun 11 dents, les 3 antérieures très rapprochées, la 4e bien plus forte et distante de 3 mill. ; la 5e aussi forte que la 4e et distante de 2 mill. de la 4e et de la 6e. Les six dents postérieures sont sur la moitié postérieure du maxillaire ; elles sont à égale distance l'une de l'autre et vont en décroissant de 1 mill. 5 à un demi-millimètre. Enfin il existe 10 dents ptérygoïdiennes et 10 dents palatines de chaque côté. Os articulaire très élargi (long. 27 mill., haut. 6).

Tête assez longue, relativement petite : ligne des plaques 23 mill. ; ligne interorbitale 11 ; distance entre les tempes 17. Rostrale arrondie, à peine saillante, un peu plus large que haute, 5 sur 4, parfois 4 sur 5, pénétrant peu ou pas entre les internasales. Deux internasales dont la suture égale le $\frac{1}{3}$, le $\frac{1}{4}$ ou la $\frac{1}{2}$ de celle des préfrontales. Frontale très longue et étroite (11 sur 5 à la base et 3 au milieu). Sus-oculaires très saillantes sur les orbites, plus courtes et plus larges que la frontale (7 sur 5) ; leurs bases, en ligne droite, sont dépassées par la pointe équilatérale de la frontale. Pariétales grandes (8 sur 6) réunies par une suture de 5 mill. Bords latéraux irréguliers, courbes. Entre la frontale et les deux préfrontales existe une forte dépression transversale; cette dépression s'ouvre au milieu du bord antérieur pour se continuer entre les relèvements en carène de chacun des côtés du museau. C'est là le caractère le plus saillant de cette espèce.

Narines grandes, obliquo-verticales ; ouverture située dans une grande plaque nasale fendue à la base du côté postérieur, paraissant même parfois entre deux plaques. Plaque nasale presque aussi longue que l'internasale, atteignant ou dépassant assez la suture postérieure de la première labiale inférieure. Deux frénales : l'antérieure, égalant en longueur plus de la $\frac{1}{2}$ de celle de la postérieure ; le plus souvent les $\frac{3}{4}$ et même les $\frac{5}{6}$. Les deux frénales ensemble sont à peine plus longues que la nasale. Une grande préoculaire pliée sur la carène, atteignant la frontale et bien visible en dessus. Deux postoculaires : l'inférieure de moitié plus grande que la supérieure ; cette dernière est à peine visible en dessus. Œil grand, plus large que haut, reposant en partie sur les 4e et 5e labiales. Temporales 2 + 3, l'inférieure bordant deux labiales. Labiales $\frac{8}{10}$ $\frac{8}{11}$. Six labiales inférieures touchent les inframaxillaires. Mentonnière courte, subéquilatérale. Écailles dorsales relativement grandes, oblongues, parcourues par un sillon longitudinal très distinct. Écailles des flancs grandes, planes. 19 rangées d'écailles autour du corps. Écailles suscaudales planes.

173 gastrostèges ; anale double ; 80 paires d'urostèges.

VARIATIONS. — Parfois 3 postoculaires : 17-19 rangées de dorsales. 168-210 ventrales ; 69-97 sous-caudales (Blg.)
J'ai observé :

Oran :	19 rangées,	173 gastrostèges,	80 urostèges.			
Oued-Seffioun :	19	—	173	—	86	—
Kreider : Femelle	17	—	164	—	88	—
échéria : Mâle	19	—	164	—	87	—
	18	—	164	—	81	—
	17	—	166	—	70	— (Queue coupée).
Femelle	19	—	161	—	82	—
Tanger :	19	—	171	—	84	—
Tunisie :	19	—	176	—	83	—

COLORATION. — Variable. Chez les jeunes sujets et chez les adultes, le fond est très foncé et souvent uni. Avec l'âge et selon l'habitat, et probablement aussi suivant le sexe, les écailles sont plus ou moins maculées de jaune ou de blanc jaunâtre. Les individus des terrains broussailleux sont de couleur sombre ; ceux des terrains sablonneux, maculés ; enfin ceux des sables sahariens, très colorés. Voici les diverses colorations que j'ai observées à Oran :

1° *Jeunes*. — Tête brune, maculée de brun foncé. Sur la nuque, une grande tache noire assez longue. Dos à fond brun parcouru par quatre lignes de points noirs allongés. Les deux lignes internes sont distantes de 3 mill. Les autres lignes sont plus rapprochées des premières. Les taches noires sont bordées de petites taches fauves qui se fondent et forment, en travers de la première bande dorsale, des taches allongées.

Les taches noires de la 2ᵉ rangée sont plus longues et peu bordées de jaunâtre. Sur le haut des flancs il y a une ligne de points ronds séparés par la longueur de 2 ou 3 écailles. Ventre d'un jaune noirâtre. Gorge toute maculée de brun dans le sens longitudinal.

(Cette coloration se retrouve au Maroc. Un individu de Tunisie présente en outre une ligne dorsale médiane de grandes taches brunes.)

2° *Moyens*. — Les taches noires et fauves s'accentuent ; suivant les terrains, les écailles fauves ou grises sont plus ou moins nombreuses. Gorge maculée.

3° *Vieux adultes*. — Corps d'un brun plus ou moins foncé, uni. Lignes de taches noires nulles ou très peu apparentes. Ventre blanc jaunâtre, uni.

Ces diverses variations sont celles du type (*C. Monspessulanus.*)

TAILLE. — 0ᵐ820 + 0ᵐ260 = 1ᵐ08. Jusqu'à 2 mètres environ.

DISTRIBUTION GÉOGRAPHIQUE. — (**B.** : *T., H.-Pl., S.*) — La couleuvre de Montpellier est répandue partout dans le Tell. Elle est plus rare sur les Hauts-Plateaux. Je ne la connais pas du Sahara oranais. Les points extrêmes où j'ai constaté sa présence sont : El-Aricha, djebel Beguirat, Mozbah ; le Kreider, Mécheria (Hiroux) ; Géryville. Je l'ai reçue de Frendah (Brunel), de Saïda (P. Pallary), de l'Oued-Seffioun (Lafosse).

Variété **NEUMAYERI** (Pl. XXII, fig. 1 *b*)

Cœlopeltis Neumayeri *Fitz.*

Je rapporte à cette variété une couleuvre de la vallée de l'Oued-Seffioun qui m'a été envoyée par M. Lafosse. Elle se distingue par les caractères suivants :

Frénale antérieure égalant en largeur le $\frac{1}{3}$ seulement de la postérieure qui a 3 mill. ; fente de la nasale descendant, par l'angle inféro-postérieur, sur la labiale. Trois postoculaires ; la médiane, très petite ($\frac{3}{4}$ de mill.), paraît être une division de l'inférieure ou le prolongement de la temporale supérieure. Une plaque triangulaire, qui semble continuer la postoculaire inférieure, repose sur la suture des temporales ou en dessous de la supérieure. 17 rangées d'écailles, 173 gastrostèges, 86 paires d'urostèges.

Dos d'un brun olivâtre, uniforme en dessus. Flancs d'un brun grisâtre ; base des écailles tachée et bordée de noir. Ventrales aussi bordées de noir vers le bout. Ventre et gorge d'un beau blanc jaunâtre. Tête brune, unie.

TAILLE. — 0ᵐ820 + 0ᵐ260 = 1ᵐ080. Don Lafosse.

OBSERVATION. — Cette variété se rapporte par sa coloration à la variété *Neumayeri* (C. Fitz.) ; mais les caractères que je donne peuvent très bien l'en séparer. Je manque de matériaux pour me prononcer.

Variété **INSIGNITUS**
Fig. *Expédition d'Egypte*. Suppl. (Pl. V, fig. 2)

Cœlopeltis insignitus *Geoffroy.*

La couleuvre maillée

Cette variété se trouve partout dans les lieux sablonneux et surtout dans le Sud. Elle se distingue par sa vive coloration dont voici la description :

Dessus d'un fauve de sable avec 4-6 lignes de taches d'un brun noir, chaque tache s'étendant sur 1-2 écailles. Bords des écailles tachées presque blancs. Flancs plus clairs, blancs à la base et barrés de traits irréguliers noirâtres et jaunâtres. Ventre gris sale avec quatre lignes régulières de points irréguliers. Sur la queue les points se touchent et forment trois lignes noires : la médiane mal définie, les deux autres, latérales, d'un beau noir, bien distinctes et très régulières. La base des flancs est parcourue par une ligne de points allongés presque en contact ; vers la base ils sont au centre des écailles. Gorge parcourue, au milieu, par un gros trait d'un beau noir et, parallèlement à ce dernier, par des lignes de taches allongées de même couleur. Ces bandes se prolongent au-delà du cou et sur le ventre où elles se sectionnent en taches irrégulières sur chaque ventrale.

Ligne des lèvres noire, bordée de blanc jaunâtre en dessus et en dessous.

Les écailles dorsales colorées dominent et l'animal, vu de loin, paraît doré, à reflets multicolores.

Chez les vieux individus, le fond tend à devenir uniforme. Il est brun avec des reflets d'un fauve éclatant. Les bandes de la gorge seules persistent, mais elles sont noirâtres et doivent finir par disparaître.

OBSERVATION. — Les échantillons de Méchéria et du Kreider offrent une variation importante dans le nombre de rangées dorsales, 17 au lieu de 19.

La variété *maillée* se rencontre partout où il y a des sables ; mais nulle part dans le Tell, elle n'a l'éclat des individus jeunes du sud des Hauts-Plateaux. A Oran elle existe à à la Batterie espagnole.

ÉTHOLOGIE. — La couleuvre de Montpellier est certainement la plus commune de nos couleuvres. Elle est répandue partout. On la rencontre même pendant les belles journées de la saison fraîche. Elle habite une galerie dont l'entrée est cachée par une grosse pierre isolée. Elle ne s'éloigne guère de son trou, se roule sur elle-même et, la tête dressée, attend qu'une proie se présente. Lorsqu'on la rencontre sous une pierre, il faut la saisir immédiatement ; une seconde après il n'est plus temps, l'animal fuit avec une extrême rapidité en poussant un sifflement aigu qui impressionne.

Lorsque la couleuvre maillée circule lentement elle appuie presque entièrement son corps sur le sol; seule la tête tendue est portée haute.

Ce serpent est encore un de ceux auxquels on attribue une grande taille. Le plus grand, mesuré vivant par M. Michaud d'Oran avait 1ᵐ96.

Est-ce aussi à cette espèce qu'il faut rapporter certains serpents gigantesques signalés en Algérie ? Je le crois. Comme le *Zamenis hippocrepis*, le *Cœlopeltis Monspessulanus* doit dépasser 2 mètres.

La couleuvre de Montpellier est un opistoglyphe. Ses dents cannelées sont certainement venimeuses, mais comme elles sont placées tout au fond de la bouche, le venin ne peut être injecté qu'à un corps qui pénètre dans la gorge. La morsure de ce serpent peut occasionner des accidents graves mais non mortels. Elle tue facilement un lapin.

Si à la suite d'une piqûre une enflure se produisait, il faudrait ligaturer et traiter au permanganate de potasse.

47. *Cœlopeltis producta* Gervais (Pl. XXII, fig. 2, *a*)

Fig. Jan *Icon. gén. oph.* (liv. 34. Pl. 2, fig. 2)

Cælopeltis producta *Gerv., Strauch, Lall., Blg., Ern. Olivier*

Voici la description d'un bel exemplaire du Sud-Oranais :

Tête courte: ligne médiane des plaques, 17 mill., ligne inter orbitale, 7,5, distance entre les tempes, 14. Région pariétale plane ; sus-oculaires légèrement relevées des bords de la frontale à l'extérieur ; museau plan, à sutures longitudinales, à sillon assez marqué ; base de la frontale abaissée. (Chez deux individus moins âgés le museau ne présente pas de sillon.) Rostrale proéminente, en pointe arrondie, convexe sur toute sa surface supérieure, creusée en dessous en triangle curviligne relevé, entièrement saillante sur la mentonnière; angle postérieur un peu obtus, pénétrant presque jusqu'au milieu de la suture des internasales; longueur de la rostrale, vue en dessus, 2 mill., largeur, près de 3 mill. Deux internasales assez grandes (longueur latérale, 3 mill., grande largeur, 2,3, suture, 1,3) de forme trapézoïde, la grande base bordant la nasale et longue de 3 mill., atténuée en pointe aiguë à l'angle inféro-postérieur. Nasale un peu plus longue que la grande base de l'internasale contiguë. Préfrontales un peu plus grandes que les internasales mais guère plus longues. Chaque plaque a son bord postérieur anguleux et les deux côtés internes forment un angle très obtus sur la suture. Celle-ci égale en longueur le double de celle des internasales. Le repli de chaque préfrontale atteint la frénale et la borde entièrement. Angle de la préoculaire visible en dessus (1 mill.). Frontale à bords parallèles ou à peu près dans les $\frac{2}{3}$ postérieurs (2 mill.), peu élargie à la base (3 mill.) longue de 6,5 ; l'extrémité postérieure anguleuse dépasse les sutures latérales de 1 mill. Sus-oculaires presque aussi longues que la frontale, mais plus larges, 2,5, assez saillantes sur les yeux. (Chez les individus plus jeunes elles sont de même longueur). Postoculaire supérieure apparaissant derrière la sus-oculaire. Pariétales longues de 6, larges de 5, suture, 4,5 ; extrémités intéro-postérieures séparées par un angle peu obtus.

Narine percée dans une grande plaque en forme de graine de melon, convexe, parfois saillante et composée de deux nasales enchevêtrées et difficiles à distinguer : longueur, 4 mill., hauteur, 1,5. Les plaques nasales bordent deux sus-labiales. Une seule frénale, carrée (1 mill.) ou irrégulièrement trapézoïde. Une préoculaire, parfois 2 (Gafsa) haute de 3 mill., repliée d'un millimètre en dessus. Deux ou trois postoculaires (ordinairement 2). De mes deux exemplaires d'El-Abiod, l'un en présente 3 de chaque côté, l'autre, 2 et 3. (Celui de Gafsa, le plus jeune, en a 2 et 2). Œil reposant sur les 4ᵉ et 5ᵉ labiales, parfois sur les 5ᵉ et 6ᵉ. Temporales au nombre de deux au 1ᵉʳ rang, de surface inégale ; généralement l'inférieure est deux fois plus grande, mais de même longueur (2 à 2,5) que la supérieure ; le deuxième rang, mal défini et irrégulier, est composé de deux ou trois écailles aussi longues que celles du premier rang, mais plus petites. Labiales $\frac{8}{11}$ ou $\frac{9}{11}$; six inférieures touchant les infra-maxillaires qui dépassent la 6ᵉ de 1 à 2 mill. Écailles dorsales petites, planes, très légèrement convexes, oblongues, un peu obtuses, disposées sur 18 rangées. Ventrales hautes de 3 mill. et larges de près de 20 au milieu ; au nombre de 153. Anale double, anguleuse, obtuse. 54 paires d'urostèges.

VARIATIONS :

	rangées	gastr.	paires d'urost.	Taille
El-Abiod-Sidi-Cheikh . .	19 rangées ;	153 gastr.,	54 paires d'urost.	Taille : 465 + 115
Id. . .	19 —	161 —	56 —	— 415 + 115
Tunisie : Duirat (Anderson) .		161 —	62 —	— 542 + 121
Id. id. .		159 —	48 —	— 556 + 115
Id. Gafsa (E. Olivier).	19 —	165 —	57 —	— 283 + 63

COLORATION. — Dos à fond rouge de sable avec six lignes de petites taches brunes de 1 à 2 mill., assez rapprochées. Ces taches, très apparentes chez les jeunes individus, disparaissent chez les adultes. Les deux plus grandes, situées un peu en arrière, persistent davantage. Ces taches sont séparées de chaque côté par un renflement oblique. Ventre blanc, légèrement tacheté par places de fauve clair.

TAILLE. — 0m556 + 0m 115 = 0m 671 (Anderson). Diamètre 0m 014.

DISTRIBUTION GÉOGRAPHIQUE. — (Ai., T. : S.) — Entre Bou-Alem et les Arba (Paul Marès). Ce sont les échantillons de cette région qui ont été décrits par Gervais. Depuis 1857, cette espèce n'avait plus été signalée dans notre province. Elle n'était pas connue du reste de l'Algérie. Depuis quelques années, le *Cœlopeltis producta* a été rencontré à Bou Saàda (province d'Alger) par M. A. Martin (ex Ern. Olivier), à Biskra et en Tunisie. J'ai eu la bonne fortune d'en recevoir deux exemplaires recueillis par M. Pouplier à El-Abiod-Sidi-Cheikh, localité au sud de celle signalée par Paul Marès. Cette espèce existe certainement sur toute la limite septentrionale du Sahara algérien et tunisien.

ÉTHOLOGIE. — Le *Cœlopeltis producta* habite les terrains rocailleux sablonneux.

Mes échantillons ont été recueillis à la fin du mois de mai et en juin.

D'après M. Ern. Olivier, cette espèce jouit, de la propriété de gonfler son cou sur une longueur de 3 à 4 centimètres lorsqu'elle est irritée. Ce caractère la rapproche du Naja.

SOUS-ORDRE DES PROTÉROGLYPHES

Caractères — *Dents antérieures de la mâchoire supérieure sillonnées.*

Ce sous-ordre est représenté en Berbérie par une seule espèce.

15me Famille. — CONOCERQUES

Caractères de la famille. — *Dents fixes; les antérieures de la mâchoire supérieure cannelées, très venimeuses, bien plus grandes que celles qui les suivent. Cou très dilatable en un large disque. De grandes plaques symétriques sur la tête, comme chez les couleuvres. Queue ronde, conique.*

Genre NAIA

Caractères. — *Voir ceux de la famille.*

Une seule espèce existe au Maroc et dans le Sahara constantinois. Elle est inconnue dans la province d'Oran. On la trouvera probablement un jour dans l'Extrême-Sud oranais. En voici la description :

Naia haie L. (Pl. XXII, fig. 3, *a*, *b*)
Fig. Expédition d'Egypte., suppl., Pl. 3 (var. *annulifera*)

Le Naja.   Arabe : *Bouftera.*

Naia haie *L.*, *Blg.*, *Ern. Olivier.*

Cette espèce a tout l'aspect d'une couleuvre. L'individu que je vais décrire provient d'Egypte. Je le dois à l'extrême générosité de M. Boulenger.

Tête grosse, entièrement recouverte de grandes plaques en dessus, les temporales étant de même facture que celles du crâne. Rostrale arrondie, peu saillante, à angle postérieur pénétrant à angle aigu jusqu'au milieu des internasales. Deux internasales ; deux préfrontales pentagonales aussi longues les unes que les autres. Frontale bien plus courte que les sus-orbitales et légèrement plus large. Sus-orbitales atteignant presque le milieu des préfrontales et non séparées de celles-ci par l'angle de la préoculaire. Pariétales aussi longues que la frontale et les préfrontales réunies, non repliées sur les côtés ou très peu ; angle postérieur peu obtus, rempli et dépassé par une occipitale pentagonale et allongée. Narine entre deux plaques : l'antérieure, presque carrée, grande, bien constituée ; la postérieure à peu près de même surface, parfois redressée. Pas de frénale. Une grande préoculaire rectangulaire s'étend entre la nasale postérieure et l'œil. Œil bordé par 2 ou 3 sous-oculaires et deux postoculaires qui forment avec la préoculaire un entourage complet (variété *annulifera* Peters.) (Chez le type qui est inconnu en Berbérie, le cercle est interrompu par une labiale.) Labiales $\frac{7}{8}$, parfois $\frac{6}{8}$. Il existe toujours une labiale supplémentaire entre les 4e et 5e inférieures, ce qui porte leur nombre à 9. L'avant-dernière sus-labiale est très grande et atteint la hauteur du milieu de l'œil. La 3e sus-labiale, assez étroite, est aussi très haute, son bord est sur la même ligne que celui de l'avant-dernière ; elle borde en dessous toute la préoculaire et son angle touche la nasale. Mentonnière petite, deux fois plus large que haute. Cinq labiales inférieures touchant les inframaxillaires. Temporales : une est enclavée entre l'avant-dernière et la dernière labiales ; une autre fait suite. Les bords supérieurs de l'avant-dernière labiale et des deux temporales sont sur une même ligne légèrement brisée. Entre cette ligne et la pariétale se trouvent deux longues plaques subrectangulaires suivies d'une troisième bordant aussi l'occipitale.

Écailles dorsales longues et étroites, oblongues, légèrement convexes, larges et presque carrées sur les flancs, diminuant de largeur jusqu'à la ligne dorsale ; sur le dos elles sont disposées par rangées obliques formant des chevrons dont la pointe est inférieure. (Pl. XXII, fig. 3 *b*.) Les pointes des chevrons se trouvent sur une dépression dorsale médiane assez apparente. Cette disposition des dorsales distingue nettement le *naja* des couleuvres. 21 rangées d'écailles autour du corps ou 19. Ventrales assez hautes au nombre de 206. Anale simple. 58 paires de sous-caudales.

COLORATION. — D'un gris de sable uni en dessus, ou d'un brun fauve. Çà et là des écailles de couleur brune disposées sans ordre. Dessous du corps d'un blanc très sale ; mais, chose bizarre, entièrement brun sur la région pectorale sur une longueur d'un décimètre environ. Queue assez courte.

Taille. — Atteint 2 mètres (Blg.) Tunisie : $1^m38 + 0{,}28 = 1^m66$. Un petit exemplaire mesure $0^m 600 + 0{,}110 = 0{,}710$.

Distribution géographique. — (**B.** : *S.*) — Sud algérois, constantinois et tunisien. Maroc.

Éthologie. — Le *naja* habite les lieux bas et humides de la région désertique. Ce serpent jouit de la propriété de dilater largement son cou lorsqu'il est irrité. C'est un animal redoutable dont la blessure est rapidement mortelle.

Dans le Sahara, le chasseur devra être prudent pour ne pas prendre de jeunes najas pour des couleuvres.

On voit souvent le naja entre les mains des Aïssaouas dans les provinces occidentales. Dans la province d'Oran, les charmeurs de serpents le possèdent rarement. Le *Naia haie* paraît être l'aspic des Egyptiens. C'est sans doute par cet animal que Cléopâtre se fit donner la mort.

On sait que les charmeurs savent rendre leurs sujets raides comme des bâtons. Pour cela ils pressent avec leurs doigts un point spécial de la tête et l'animal tombe aussitôt en catalepsie. Les prétendus changements de verges en serpents n'ont probablement pas d'autre origine.

SOUS-ORDRE DES SOLÉNOGLYPHES

Caractères. — *Un crochet mobile, venimeux, placé en avant de chaque maxillaire supérieur.*

Ce sous-ordre est représenté en Berbérie par plusieurs espèces de la même famille.

16me Famille. — VIPÉRIENS

Caractères de la famille. — *Un crochet venimeux perforé, à l'avant de chaque maxillaire supérieur. Os maxillaire très court ne portant que le crochet. Dents palatines et ptéry-*

goïdiennes non venimeuses. Tête triangulaire, élargie en arrière, recouverte d'écailles semblables à celles du dos, mais plus petites (Pl. XXII, fig. 5, a, b), rarement pourvue de 3 plaques symétriques (Vipera berus d'Europe). Pupille verticale. Queue courte. Ovovivipares.

Généralités. — La tête dépourvue de plaques symétriques fera reconnaître à première vue nos vipères. Les crochets venimeux placés en avant permettront de confirmer la détermination. On a dit souvent que les crochets étaient mobiles. Ce n'est pas tout à fait exact. Chaque crochet est fixe sur le maxillaire très court ; c'est celui-ci qui bascule ; il se redresse ou s'abaisse suivant les circonstances. Le crochet communique directement avec la glande à venin. Il est entouré par une membrane, expansion de la gencive, qui lui sert de fourreau. Le crochet enlevé par une cause quelconque est remplacé par un autre. Il y a sur le maxillaire supérieur un groupe de germes destinés à remplacer le crochet venimeux. La glande à venin est placée au-dessous de l'œil sur la mâchoire supérieure. Elle communique par un canal avec la dent tubulaire. Lorsque l'animal ouvre sa gueule et pique la tension des muscles chasse le venin.

L'étude de l'action du venin a donné lieu à des travaux très intéressants que j'ai déjà signalés.[1] Je n'en retiendrai ici que les résultats essentiels. Le venin de nos vipères est très actif et son effet doit être combattu énergiquement et rapidement. Lorsque le venin ne tue pas il laisse des traces de para lysie dans le membre atteint. Le vipereau est venimeux dès la sortie de l'œuf. Le venin desséché conserve son action. Une piqûre faite par la dent d'un animal conservé depuis longtemps en alcool est dangereuse. Il est donc utile d'être prudent lorsqu'on étudie les vipères des collections

Les vipériens sont généralement nocturnes. Dans le jour on les voit rarement. Aussi est-il imprudent de traverser les broussailles pendant la nuit sans être guêtré haut.

---

(1) Voir page 28.

Les vipères doivent être impitoyablement détruites.

Les oiseaux de proie et les cigognes en font disparaître un certain nombre. Le hérisson ne les craint pas. Mais c'est le cochon qui est le plus grand destructeur de cette maudite engeance. C'est grâce à cet animal que la région d'Arzew a été débarrassée en grande partie des vipères lébétines qui y pullulaient.

Il paraît que dans le Sud le varan mange la vipère à cornes. Il serait utile de contrôler ce fait et, s'il est exact, de protéger le varan.

Les vipères de la Berbérie peuvent être réparties dans trois genres dont voici le tableau :

Vipéridées. — TABLEAU DES GENRES

Urostèges simples. Régions sus-orbitales nullement saillantes sur les
yeux. Œil bien visible. 11-13
lignes parallèles d'écailles carénées sur la région moyenne du
dos. En dessous, sur le milieu
supérieur des flancs, les arêtes
forment des lignes obliques ; les
deux dernières rangées d'écailles
sont longitudinales et très peu
carénées. Les arêtes, tuberculeuses au tiers postérieur, atteignent
finement l'extrémité de l'écaille.
Écailles de la dernière rangée des
flancs en forme de triangle à côtés
légèrement curvilignes, à pointe
arrondie.

Genre **Echis.**

Urostèges généralement doubles (au
moins en partie). Régions sus-orbitales s'avançant sur les yeux.
Œil en partie caché.   **2**

2. {
Écailles dorsales fortement carénées ; carène saillante, souvent très relevée en forme de tubercule à son extrémité, laquelle n'atteint pas le bord de l'écaille. Une forte dépression sur la région frontale par suite de la proéminence des régions sus-orbitales.

Genre **Cerastes.**

Écailles dorsales carénées ; carène fine, non saillante, atteignant l'extrémité de l'écaille. Tête peu ou pas déprimée sur la région frontale. Toutes les rangées d'écailles du dos et des flancs parallèles.

Genre **Vipera.**

Genre VIPERA

CARACTÈRES DU GENRE. — *Tête dépourvue de grandes plaques symétriques, recouverte de petites plaques écailleuses pas plus grandes que celles du cou. Écailles toutes disposées en lignes longitudinales régulières. Dorsales finement carénées sur toute leur longueur. Urostèges généralement doubles. Queue très courte, bien distincte du corps*

Trois espèces de ce genre ont été signalées en Berbérie. En voici le tableau :

G. Vipera. — TABLEAU DES ESPÈCES

1. {
Museau prolongé en une pointe courte et molle. 21 rangées d'écailles dorsales.

V. Latastei.

Museau terminé par une rostrale de forme normale, non saillante.

2

2. {
Narines sur les côtés du museau.
23-27 rangées de dorsales.

V. lebetina.

Narines supérieures, placées sur la crête
qui borde le museau. 29-31 rangées
de dorsales.

V. arietans.

Vipera Latastei Boscà (Pl. XXII, fig. 4, *a*)
Fig. Bull. Soc. Zool. de France, 1878 (Pl. IV)

La vipère de Lataste.

Vipera aspis *Strauch* non *auct.*
V. Latastei *Boscà, Boulenger.*
V. Ammodytes *Latr. var.* Latastei *Boscà, Ern. Olivier.*

Cette vipère est de petite taille. Elle m'est inconnue de la Berbérie. Je ne puis donc en donner la description. MM. Boulanger et de Bedriaga la maintiennent comme espèce tandis que d'autres persistent à n'y voir qu'une variété de la V. *ammodytes.*

Voici les diagnoses que donne M. de Bedriaga (Vipères européennes et circumméditerranéennes).

« La proéminence ou corne charnue est formée par la rostrale, les prénasales et 3 à 6 petites écailles. »

V. Latastei *Boscà.*

« La corne charnue et sa base au-dessus des prénasales et de la rostrale sont formées par 15 ou 20 petites écailles. La rostrale et les prénasales ne dépassent pas la partie basale de la corne charnue. »

V. ammodytes T.

M. Boulenger (*Cat. of Barb.*) distingue V. *Latastei* comme il suit :

« Le museau est relevé et se termine par un appendice court et droit ; rostrale deux fois aussi profonde que large ; grand bouclier

superoculaire séparé de l'autre par 5 à 8 séries d'écailles égales,
2 ou 3 séries entre l'œil et les sus-labiales. 17 rangées de dorsales.
Cette espèce forme le passage complet entre V. *ammodytes* et
V. *aspis.* »

La vipère de Lataste a été signalée à Bône, à Guyotville et au
Maroc. Elle pourrait donc être rencontrée dans la province d'Oran.
La figure que j'en donne d'après celle de Boscà la ferait aisément
reconnaître. Certaine vipère tuée dans les environs de Beni-Saf,
et, dont on m'a parlé, appartenait peut-être à cette espèce.

TAILLE. — 0,470 + 0,060 = 0,530 (Blg.)

48. *Vipera lebetina* L. et var. (Pl. XXII, fig. 5, *a*, *b*)

Fig. Guichenot. *Expl. sc. de l'Algérie.* (Pl. III)
Variété *deserti Anderson* (loc. cit. P. Z. S., 1892) Pl. 1, fig. 6 et 7.

Vipère lébétine.
Vipère minute ; Vipère d'Arzew.   Arabe : *Lefad.*

Vipera lebetina *Forsk., Strauch.*
Echidna mauritanica *Gerv., D. et B., Guichenot.*
Vipera mauritanica *D. et B., Lallemant.*
Vipera brachyura *Schlegel.*
Vipera lebetina *L., Blg., Ern. Olivier.*
Vipera lebetina L., *variété* deserti *Anderson.*

Voici la description d'un individu de taille moyenne :

Crochets implantés à la hauteur des préoculaires. Deux
rangées de 9 dents au palais ; la 3ᵉ dent distante de la 4ᵉ, la
5ᵉ la plus longue. A la mâchoire inférieure une dizaine de
dents de chaque côté ; les antérieures, très distantes les unes
des autres, sont les plus grandes.

Tête triangulaire, presque aussi large en arrière que longue ;
moitié antérieure bien rétrécie. Rostrale verticale, très mince,
couvrant le bout du museau, à peine plus haute que
large, non repliée en dessus. Sur la région apicale se trouvent
deux rangées de trois petites plaques comprises en deux
plaques relativement grandes. Dessus de la tête couvert de
petites écailles, irrégulièrement disposées, lisses ou très peu

carénées. Au milieu, sur la ligne interorbitale il y a, le plus souvent, une plaque hexagonale égalant en surface celle de quatre écailles contiguës. Chaque région sus-orbitale est recouverte par 5-7 plaques de grandeur variable égalant 1 à 3 fois celle des plaques de la région frontale; deux ou trois, plus grandes, bordent l'arcade sourcilière. Occiput couvert d'écailles semblables à celles du dos mais bien plus petites.

Narines très grandes s'ouvrant en éventail entre deux ou trois plaques difficiles à distinguer même chez les jeunes sujets. Avec l'âge les sutures s'anostomosent et les nasales forment un cornet à large ouverture qui est placé entre la 1re sus-labiale, la nasorostrale, la canthale et 3 ou 4 petites plaques situées à l'arrière. Œil entouré par une série complète de 13 petites plaques (17 avec celles de l'arcade sourcilière) imbriquées par les côtés ; contour oblong, presque deux fois aussi long que haut, séparé des labiales par deux lignes d'écailles de même grandeur. Temporales semblables aux écailles des flancs. Labiales : $\frac{11}{13}$; les 4es bien plus grandes que les autres. Une seule paire de plaques inframaxillaires simples, grandes, presque aussi larges que la longueur de la suture en contact avec quatre sous-labiales. Deux petites plaques parallèles semblables entre elles font suite aux inframaxillaires.

Écailles dorsales deux fois aussi longues que larges, subarrondies obtuses à l'extrémité, finement carénées sur toute leur longueur, disposées sur 27 rangées. Corps obtusément triangulaire dans le tiers inférieur. 167 gastrostèges ; anale simple ; 49 rangées d'urostèges (8 doubles + 6 simples + 20 doubles + 2 simples + 2 doubles + 1 simple + 3 doubles + 1 simple + 6 doubles). Mâle du Santa-Cruz d'Oran : 25 janvier 1891.

VARIATIONS. — Chez un grand exemplaire (Musée d'Oran) la plaque nasorostrale est très grande ; sa partie la plus large se trouve dans l'angle formé par la rostrale et la 1re sus-labiale. La nasorostrale quadrangulaire a environ 1 centimètre de plus grande largeur sur 7 mill. de hauteur ; la moitié antérieure de la plaque est unie, la partie postérieure est fortement échancrée par l'ouverture nasale qui est revêtue d'un cornet très mince;

la base de l'ouverture nasale est arrondie et distante de 1,5 à 2 mill. de la 1re sus-labiale ; en haut elle se termine en une fente oblique qui pénètre entre la canthale et la nasorostrale. On peut donc dire que la narine est comprise entre la nasorostrale, la canthale et la nasofrénale.

Le nombre des écailles est aussi variable. On peut compter 23 à 27 rangées de dorsales ; 156-171 gastrostèges (en Berbérie) ; 38-51 sous-caudales, toutes ou le plus grand nombre doubles.

J'ai constaté moi-même les variations suivantes :

	Rangées	Gastrostèges	Urostèges	Taille
Oran (mâle)	27	167	49 rangées	$515 + 85 = 0,600$
Aïn-Temouchent (femelle).	27	166	50 paires	$345 + 55 = 0,400$
Oued Seffioun (femelle) . . .	27	166	52 paires	$626 + 94 = 0,720$
Mécheria	27	171	52 paires	$465 + 75 = 0,540$

Le nombre et la forme des écailles des régions sus-orbitales sont très variables. L'échantillon de Mécheria présente sous ce rapport des différences sensibles mais bien subtiles. Le nombre de 171 gastrostèges est plus intéressant.

COLORATION. — Variable dans le fond mais non dans la disposition des taches. Fond gris ou roussâtre à taches noires ou brun clair. Tête unie en dessus, contournée par une large bande qui passe par les tempes, la région frénale et la rostrale ; cette bande qui, à la hauteur de l'œil, descend derrière l'angle de la bouche, s'étend sur le côté du cou et se continue par une ligne de grandes et longues taches qui parcourt le haut des flancs. Lèvre supérieure blanche avec quelques taches sur les labiales antérieures. Lèvre inférieure et gorge blanches et tachées. Sur le dos de grandes taches alternantes qui se réunissent par leurs pointes internes ; elles forment ainsi une grosse ligne sinueuse assez régulière. Cette bande a au moins 1 centimètre d'épaisseur ; ses bords sont plus foncés que l'intérieur. Parfois la bande dorsale est interrompue par des taches de grandeur double et entières. Sur le haut des flancs se trouve une ligne de taches 3 à 4 fois plus longues que hautes, peu distantes ; ces taches deviennent plus hautes vers le milieu du corps et se prolongent même, en dessous, en bandes qui atteignent les ventrales ; elles alternent avec les sinuosités rentrantes du dos. Une autre ligne de petites taches irrégulières borde le ventre, lequel est ou tout sali de noir ou d'un blanc jaunàtre très sale.

Si le fond de la coloration est grisâtre le système de taches du corps est noir ou noirâtre ; si le fond est roussâtre les taches sont d'un brun roussâtre.

Les jeunes ont la queue jaune serin.

Chez le mâle la queue continue bien le corps. Chez la femelle la région anale se rétrécit brusquement ; elle est bien plus épaisse que la base de la queue.

TAILLE. — Jusqu'à 1ᵐ50. (Mon plus grand exemplaire 0,735 + 0,11 = 0,746.)

DISTRIBUTION GÉOGRAPHIQUE. — (**B** : *T.*, *H. Pl.*, *S.*) — La *V. lebetina* est commune dans la province d'Oran. Elle a été signalée à Oran par Strauch (Coll. Gaston) et à Nemours (Ern. Olivier). Je l'ai vue ou eue d'Oran : Planteurs, Santa-Cruz (plateau), Polygone, falaises de Gambetta ; de la Montagne des Lions où elle abonde ; du djebel Kristel (de Lariolle) ; du djebel Orousse, de Saint-Leu, de Misserghin ; de Rio-Salado (P. Pallary) ; d'Aïn-Temouchent (Michaud) ; de Sidi Douma (Lafosse) ; de Beni-Saf, de Sebdou, de Bedeau ; de Méchéria (Hiroux et coll. Moisson, Musée.)

Le Musée d'Oran possède l'échantillon gigantesque de la collection Gaston, cité par Strauch. Voici un aperçu des dimensions de la peau de ce monstre. La tête, bourrée de plâtre et aplatie, est large en arrière de 0,10 ; elle est bien distincte du cou ; la hauteur du triangle qu'elle forme est de 0,060 seulement, en prenant la plus grande largeur pour base. Yeux distants entre eux de 15 mill. ; la ligne qui les joint n'est qu'à 14 mill. de la rostrale. En arrière du triangle formé par la rostrale et les yeux la tête s'élargit d'une façon anormale. Les écailles de la tête, disposées en lignes droites, sont contiguës mais non imbriquées sur le front ; vers l'occiput les lignes s'écartent en éventail ; en arrière de la ligne des angles de la bouche elles sont distantes ; sur le cou elles sont parallèles tout en restant éloignées les unes des autres. Sur le corps les écailles sont grandes et imbriquées. Les rangées sont au nombre de 27, les ventrales de 166 et les sous-caudales de 50 environ.

La longueur totale de la dépouille est de 1^{m}50, la largeur de 0,12 soit à peu près 0,25 de tour. La queue mesure 0,15 à 0,16 de longueur. Arzew (1848).

Le Musée d'Oran possède un autre magnifique échantillon, en alcool, provenant aussi des environs d'Arzew. Il est peut-être aussi long que celui de Gaston, mais il est bien moins gros. La plus grande épaisseur du corps est de 5 centimètres. L'animal étant très bien enroulé dans son bocal je ne l'ai pas mesuré.

Variété **DESERTI** *Anderson* (Pl. XXII, fig. 5 *b*)

Fig. Anderson (*loc. cit.*)

M. Anderson (loc. cit.) a séparé sous ce nom deux exemplaires qu'il a rapportés de Duirat (Tunisie). D'après la description et la figure qu'il en donne, il m'est bien difficile de les distinguer de l'animal d'Oran. Il leur attribue 167 gastrostèges, 51 paires d'urostèges et 27 rangées d'écailles autour du corps. Ces caractères sont absolument ceux des vipères oranaises.

Les plaques de la tête de la variété *deserti* offrent bien quelques légères différences, mais elles sont difficiles à fixer.

ÉTHOLOGIE. — La vipère lébétine habite les lieux rocheux et broussailleux. Les endroits bien secs semblent lui déplaire. Elle voyage surtout la nuit. Le jour, en été, lorsqu'il fait très chaud, on peut la prendre engourdie sous les grosses pierres. Il est plus prudent de la rechercher de bon matin au lever du soleil. Elle sort dès le premier printemps, mais c'est en avril-mai qu'elle est le plus commune. Les petits naissent en mai ou juin. Une femelle prise à Aïn-Temouchent le 24 avril avait un chapelet de 13 œufs (8 mill. sur 3). Cet exemplaire qui n'avait que 0,95 de long mesurait 45 millimètres de diamètres. Il était à fond gris et à taches noires. J'avais cru longtemps que le fond fauve distinguait les femelles. Il n'en est rien.

La morsure de cet animal est très dangereuse. On ne la

combat presque jamais efficacement. Le membre piqué reste longtemps enflé et paralysé si le traitement n'a pas été rapide.

La chasse de cette vipère demande beaucoup de précautions. Une baguette flexible, solide et de fortes guêtres montantes sont indispensables. La meilleure arme à employer est un trident en fer emmanché au bout d'un long bâton.

La région d'Arzew a été longtemps infestée par les vipères et on en trouve encore assez souvent dans les vignes de Saint-Leu, Damesmes, Sainte-Léonie, etc. C'est dans le djebel Orousse et la Montagne des Lions que cette maudite engeance pullule encore. Il n'est pas rare de voir dans ces parages des vipères d'un mètre. J'ai déjà dit que les cochons les dévoraient sans craindre leurs piqûres. Aussi fait-on pacager ces animaux dans les terrains broussailleux que l'on veut défricher.

Vipera arietans Merr. (Pl. XXIII, fig. 1, *a*)

Fig. Wagl. *Icon. Amph.* (Pl. XI)

Vipera arietans *Merr., Boulenge.*

La vipère heurtante.

Cette espèce du grand Sahara n'a été signalée que dans le sud-ouest du Maroc.

Genre CERASTES

Caractères du genre. — *Tête recouverte d'écailles petites, irrégulières, presque toutes carénées ou tuberculeuses. Écailles latérales des flancs disposées obliquement ; dorsales fortement carénées, à carène n'atteignant pas l'extrémité de l'écaille. Urostèges doubles.*

Ce genre se sépare nettement du précédent. Le facies générique des espèces qu'il renferme est caractéristique. En revanche, il n'est pas toujours facile de distinguer les espèces entre elles. Deux se trouvent en Berbérie. En voici le tableau :

G. Cerastes. — TABLEAU DES ESPÈCES

1. Arcades sourcilières surmontées chacune d'une corne dressée bien distincte, aiguë, longue de 6 mill. environ (Pl. XXIII, fig. 3.)

C. cornutus.

Pas de cornes saillantes.

2

2. Régions sus-orbitales très relevées et recouvertes d'écailles tuberculeuses dont une, pyramidale et légèrement proéminente, domine au milieu et au-dessus le bord de l'arcade sourcilière. Écaillure frontale aussi tuberculeuse, bien différente de celle du cou. Tête épaisse ; museau bien plus étroit que le crâne. *Au moins* 29 rangées d'écailles autour du corps. Écailles de la dernière rangée des flancs en forme de triangle curviligne terminé en pointe aiguë.

C. cornutus. *Variété* **mutila.**

Régions sus orbitales peu relevées, recouvertes par des écailles minces, absolument plates, imbriquées, carénées (sauf les 2 ou 3 sourcilières) ; carènes larges, bien nettes ; bords pellucides. Écaillure frontale à éléments plus petits, du même type que ceux du cou. Tête assez plate, peu épaisse, à côtés parallèles régulièrement raccordés avec le contour du museau. 22 rangées d'écailles, *25 au plus.* Écailles de la dernière ligne des flancs à bords latéraux presque parallèles, tronquées arrondies à l'extrémité,

C. vipera.

49.   *Cerastes vipera* L. (Pl. XXIII, fig. 2, *a*, *b*)

Fig. Blg. *Cat. rept. Barb*. (Pl. XVIII, fig. 2. *a*, *b*, *c*.)

Le céraste vipère.

Vipera Avicennœ *Alp., Strauch, Lallemant*.
Cerastes vipera *L., Blg., Ern. Olivier*.
Echidna atricauda *D*. et *B*.

Ne possédant pas d'exemplaire algérien de cette espèce, je
me vois obligé de donner la description d'un sujet d'Egypte :

Tête petite, peu épaisse, brusquement rétrécie en arrière :
longueur 19 mill., largeur 14, épaisseur 7 à 8 ; côtés du crâne
parallèles jusque vers le milieu de la tête, devenant ensuite
obliques vers le museau dont le bout a 4-5 $^\text{m}$/$_\text{m}$ de largeur.
Arcade sourcilière retirée en arrière, laissant voir presque tout
le globe de l'œil. Régions sus-orbitales peu relevées, absolument dépourvues de toute protubérance pyramidale ; écailles
minces, pellucides, celles du bord lisses, les suivantes carénées.
Toutes les écailles du dessus petites, mais du même type que
celles du cou. Œil entouré par 9-11 écailles redressées, ne
présentant que leur bord. 3 rangées d'écailles entre la ligne des
sous-oculaires et les labiales. Une petite cavité sur le museau
à égale distance des yeux et de la rostrale ; deux écailles
carénées, plus grandes que les voisines, la bordent. Narines
mal définies comprises dans une seule plaque ou entre deux.
Rostrale petite, presque sans épaisseur, en anse de panier.
Labiales : $\frac{11}{10}$ $\frac{12}{11}$. petites, subégales. Mentonnière allongée,
aiguë postérieurement ; 1$^\text{res}$ sous-labiales presque aussi larges
qu'elle ; les trois plaques ne s'avançant que très peu ou pas
du tout entre les 2 inframaxillaires. Museau vu de face presque
plan en dessus ; régions nasales peu carénées.

Écailles dorsales relativement grandes, très obtuses, à carène
bien visible, peu tuberculeuse à l'extrémité laquelle est nettement distante du bord de l'écaille. Sur le dos les arêtes et
les écailles forment 9 lignes parallèles; sur les flancs les
écailles sur 3 ou 4 rangées forment des lignes obliques ;

enfin sur la base des flancs il y a 2 ou 3 lignes parallèles d'écailles ; ces écailles, *tronquées arrondies*, distinguent l'espèce. Il y a donc en tout 23 séries d'écailles autour du corps. 111-117 gastrostèges ; anale simple ; 19 à 22 rangées d'urostèges doubles et simples.

Cou très étroit. Dos nettement caréné. Un fort pli de chaque côté des ventrales. Queue très courte portant en dessous des écailles doubles et simples imbriquées comme chez les lézards. Dans la partie postérieure, les écailles sont sur une seule rangée. Un ergot aigu de 2 à 3 mill. termine la queue.

Mes exemplaires présentent :

	rangées	gastr.	urost.		Taille
Mâle..	22	113	22	(7 doubles + 15 simples).	$238 + 32 = 0,270$
—	22	111	22	18 — + 4 —	$265 + 36 = 0,301$
Femelle.	19	117	19	8 — + 11 —	$268 + 24 = 0,292$

COLORATION. — Fond gris ou rouge de sable avec des lignes de taches de grandeur moyenne plus foncées. Parfois les taches se réunissent pour former des bandes transversales irrégulières et incomplètes. Lignes d'écailles parallèles de la base des flancs et ventre d'un blanc sale. Bout de la queue souvent noir. (*Echidna atricauda* D. et B.)

SEXES. — *Mâle*. — Queue large.

Femelle. — Queue fine bien plus étroite que le corps.

TAILLE. — $0,265 + 0,036 = 0,301$.

DISTRIBUTION GÉOGRAPHIQUE. — (**Ai.**, **Ti** : *S*.) — Désert de l'ouest (Schousboë).

OBSERVATION. — Après bien des hésitations, j'ai signalé cette espèce comme existant à Méchéria (Association Française, Congrès de Tunis, 1896), d'après un échantillon de la collection Moisson, aujourd'hui au Musée d'Oran. Maintenant je crois, sans encore oser l'affirmer, que l'individu de Méchéria n'est qu'un jeune *cerastes cornutus* de la variété *mutila*. Ces incertitudes démontrent que la distinction entre les jeunes vipères à cornes de la variété *mutila* et les cérastes vipères n'est pas toujours facile. L'exemplaire en litige, un mâle, présente de 23 à 25 ou 26 rangées de dorsales au milieu du corps, 104 gastrostèges, et 19 rangées d'urostèges toutes doubles. Les caractères des écailles de la tête sont du *cerastes cornutus* variété *mutila*. En résumé, l'échantillon offre des caractères communs aux deux espèces.

ÉTHOLOGIE. — Je ne sais rien de cette espèce désertique.

50.   *Cerastes cornutus* L. (Pl. XXIII, fig. 3, *c*)

La vipère à cornes.   Arabe : *Lefaâ.*

Vipera cerastes *L., Strauch, Lallemant.*
Cerastes cornutus *Forsk., Blg., Ern. Olivier.*
Cerastes cornutus L., *variété* mutila *Nob.*

La vipère à cornes est bien reconnaissable quand les cornes existent. Ces cornes sont de véritables pointes, subarrondies, aiguës, assez molles et portant 3 ou 4 sillons longitudinaux. Elles sont implantées sur la peau et peuvent se plier sur leur base. Leur longueur atteint 5 à 6 millimètres. Assez souvent les cornes manquent même chez les vieux individus. Elles sont remplacées par un petit tubercule pyramidal peu proéminent. Je distingue cette variation sous le nom de *mutila*. Voici la description d'un sujet sans cornes adulte :

Variété **MUTILA** *Nob.* (Pl. XXIII, fig. 3 *a, b*)

Tête très large en arrière, étroite et concave en avant, brusquement rétrécie sur le cou. Longueur : 25 millimètres, largeur entre les tempes 20, en arrière des tempes 17, distance entre les faces concaves du museau 14. Les tempes sont donc saillantes par rapport au museau très obtus. Ce dernier a ses côtés subparallèles, son contour en anse de panier. Tête aplatie, mais relativement épaisse et dominée par les régions sus-orbitales très proéminentes qui sont couvertes de tubercules rendus subpyramidaux par l'épaisseur de la carène. Les tubercules formant l'arcade sourcilière sont en dos d'âne. En arrière, sur la deuxième rangée et au milieu, se trouve un germe de corne en forme de tubercule pyramidal d'un millimètre.

La forme subpyramidale des écailles sus-orbitales, sourcilières et frontales me semble distinguer nettement la *C. cornutus* de la *C. vipera*.

Arcades sourcilières s'avançant sur l'œil qui est peu visible vu en dessus ; elles sont séparées par une distance de 11 mill. Sur le museau il existe une petite cavité à égale distance des narines et des yeux ; deux écailles de près d'un millimètre la bordent. Deux ou trois écailles pyramidales se voient aussi sur la région pariétale.

Narines entre deux plaques ; un cornet sépare la nasale de la postnasale. Rostrale en forme d'anse de panier large de 3 et haute de 1 millimètre. Museau, vu de face, très concave en dessus par suite de l'élévation de la région nasale en forte et large carène. Une protubérance dans la région frénale.

Œil bien plus long que large, écrasé, bordé par des écailles carénées tuberculeuses présentant leur grande surface, au nombre de 13 sur le pourtour de l'œil en comptant celles de l'arcade sourcilière dont les deux médianes se distinguent par leur plus grande dimension. Quatre rangées d'écailles entre la bordure de sous-oculaires et les sus-labiales. Labiales $\frac{12}{13}$; les inférieures assez inégales. Mentonnière aiguë, dépassée par les premières sous-labiales qui pénètrent jusqu'au $\frac{1}{3}$ des deux inframaxillaires. Trois sous-labiales touchant ces dernières.

Écailles dorsales sur 29 à 31 rangées ; celles de la région médiane, grandes, obtuses, très carénées, à carènes fortement tuberculeuses, distantes du bord des écailles et formant 9 lignes longitudinales et parallèles. Sur le milieu des flancs il y a 8 rangées d'écailles disposées en lignes transversales, obliques. Enfin la base des flancs est parcourue par 3 rangées d'écailles planes, cordiformes, à pointe aiguë. 135 ventrales sans plis saillants. Anale simple. 31 urostèges doubles.

Dos très peu caréné. Queue courte portant en dessous une double série d'écailles imbriquées. Un ergot assez gros de 2 mill. la termine. Les sous-caudales sont larges, à bord libre curviligne. Celles du dessus de la queue portent des carènes très saillantes qui forment des lignes parallèles bien visibles.

COLORATION. — Fond d'un rouge de sable éclatant. Des taches d'un brun rougeâtre assez grandes forment deux lignes parallèles sur le dos. Une autre ligne de taches moins foncées se trouve sur le haut de chaque flanc. Parfois les taches se rejoignent et forment des bandes transversales irrégulières.

Ventre gris sale. Bout de la queue portant 3 ou 4 larges anneaux noirs.

SEXES. — Chez le mâle la queue est forte ; elle continue le corps. Chez la femelle elle est étroite et assez fine.

TAILLE. — 0,555 + 0,075 = 0ᵐ630 (Blg.).

DISTRIBUTION GÉOGRAPHIQUE. — (**B** : *H.-Pl., S.*). — La vipère à cornes abonde dans la région désertique. Elle s'avance même sur les Hauts-Plateaux sans pourtant s'éloigner du climat saharien. Elle se trouve dans des bas-fonds humides à une vingtaine de kilomètres au sud-est de Méchéria.

Dans le Sahara oranais elle est commune à Aïn-Sefra (Hiroux); à Tyout; elle pullule à El-Abiod-Sidi-Cheikh, aux Arbaouats, etc.

Strauch a indiqué cette espèce à Saïda où il ne l'a pas prise lui-même. Je n'admets pas cette localité car on ne m'a jamais signalé de vipères à cornes dans toute la région de l'alfa. Elles manquent même dans les dunes du Chott-el-Chergui au Kreider et à Sfissifa-les-Saules.

M. Boulenger cite cette espèce à Géryville d'après Böttger. J'ai séjourné un mois dans cette localité et la vipère à cornes ne peut s'y trouver car les sables du versant saharien ne commencent qu'à 50 kilomètres de Géryville.

On m'a encore signalé cette vipère dans le Tell et même sur le littoral. Son existence ne peut être admise dans ces deux zones.

ÉTHOLOGIE. — La vipère à cornes est la plaie des ksours et des campements dans le Sahara. C'est un animal nocturne qui circule toute la nuit. Il s'introduit partout; il n'est pas rare de le trouver le matin, sous les tapis, dans les tentes et même dans les maisons. Aussi, dans le Sud, est-il toujours prudent de visiter l'intérieur du campement et de soulever les tapis plusieurs fois par jour, surtout le soir. Le matin on doit redoubler de prudence en se levant et bien regarder où l'on pose les pieds. Il n'est pas inutile de visiter ses chaussures.

La vipère à cornes habite les dunes herbeuses et, de préférence, les touffes d'herbes des parties à la fois pierreuses et sablonneuses du Sahara. Elle s'enroule dans un pied d'alfa, de sparte, etc. Gare au naturaliste imprudent qui fouille les plantes sans se tenir sur ses gardes. C'est pourtant dans les touffes qu'on peut la prendre facilement. Il suffit pour cela de se munir d'un bâton fourchu avec lequel on immobilise l'animal sur le sol. Il ne reste plus qu'à le saisir avec précaution.

Il est préférable de rechercher la vipère de bon matin. On la trouve engourdie sous les grosses pierres ; il est alors facile de s'en emparer sans danger.

La morsure de la vipère à cornes produit des effets mortels si elle n'est pas soignée immédiatement. L'ablation immédiate de la partie charnue atteinte peut seule préserver de la mort si on est dépourvu des remèdes indispensables (1).

Cet animal devrait être impitoyablement détruit surtout dans les zones qui, plus tard, sont appelées à être livrées à la colonisation. Une prime devrait être attribuée pour chaque tête de vipère.

Echis carinata Merr. (Pl. XXII, fig. 7, *a*)
Fig. Expédition d'Egypte, Suppl., (Pl. IV, fig. 1)

L'échide carénée.

Vipera carinata *Merr.*, *Strauch*, *Lallemant*.
Echis carinata *Merr.*, *Blg.*, *Ern. Olivier*.

Cette espèce n'a été signalée que du Sahara oriental de la Berbérie. Peut-être se rencontrera-t-elle dans l'Extrème-Sud Oranais. Les caractères du tableau suffiront à la faire reconnaître.

TAILLE : $0,535 + 0,065 = 0^m 600$.

---

(1) Le traitement au permanganate de potassium a fort bien réussi lors de l'expédition d'Igli (Dr Romary).

SOUS-CLASSE DES AMPHIBIENS

CARACTÈRES. — *Animaux à sang froid, à peau nue, respirant par des ouvertures branchiales ou par des branchies pendant le jeune âge, à respiration pulmonaire à l'âge adulte. Développement soumis à des métamorphoses. Ovipares, mais à embryon dépourvu d'amnios et d'allantoïde. Quatre membres. Doigts non onguiculés. Aquatiques, au moins au moment des amours.*

Cette sous-classe est représentée en Berbérie par deux ordres :

Amphibiens. — TABLEAU DES ORDRES

1° *Animaux adultes :*

Corps ramassé. Membres postérieurs bien plus longs que les antérieurs, disposés pour le saut. Pas de queue. (Type : *grenouille*.)

Ordre des **Batraciens.**

Corps lacertiforme. Membres peu inégaux, disposés pour la marche. (Type : *salamandre*.) (Pl. XXVII.)

Ordre des **Urodèles.**

2° *Têtards :*

Corps en massue, formée d'une masse ovalaire, brusquement contractée en arrière et terminée par une queue très étroite. Des trous branchiaux le plus souvent. Tête non distincte. (Pl. XXIV et XXV.)

Ordre des **Batraciens.**

Corps pisciforme atténué de la tête à la queue. Des branchies externes bien développées pendant le jeune âge. Tête distincte du tronc, aplatie.

Ordre des **Urodèles.**

Ordre des Batraciens

Caractères de l'ordre. — *Corps ramassé, large et court, tronqué à l'arrière, dépourvu de queue à l'âge adulte. Peau non écailleuse, nue ou verruqueuse. Tête plate et large, sans trace de plaques. Quatre pattes ; les postérieures bien plus longues que les antérieures et généralement disposées pour le saut. Yeux garnis de paupières, l'inférieure en partie très transparente. Bouche très grande. Dents plus ou moins nombreuses, manquant toujours sur la mâchoire inférieure. Orifice du tympan caché ou visible. Cloaque à ouverture ronde, élastique. Animaux ovipares.*

Pendant le jeune âge, les batraciens respirent par des ouvertures branchiales ; à l'âge adulte, par des poumons ; ils subissent des métamorphoses.

Caractères de classification des Batraciens. — Les caractères de classification sont tirés : 1º De la présence ou de l'absence de dents ; 2º du nombre de séries de ces organes et de leur position lorsqu'ils existent ; 3º de la présence ou de l'absence de la membrane du tympan ; 4º des glandes parotides présentes ou non et de leur forme ; 5º des orteils palmés ou non et de leur forme ; 6º des tubercules des orteils, etc.

Généralités. — Le corps des batraciens adultes est ramassé. Il est pourvu de quatre pattes, les postérieures plus longues que les antérieures. Les doigts et les orteils sont plus ou moins réunis par des palmures. La queue manque. La bouche est grande et ne porte des dents, lorsqu'il en existe, qu'à la mâchoire supérieure et sur le vomer. La langue est large et épaisse, généralement fixe en avant. L'animal la rabat d'arrière en avant pour saisir sa proie. Les narines s'ouvrent à l'intérieur de la bouche de chaque côté du vomer. La respiration est pulmonaire ; mais les poumons sont remplacés par deux grandes poches ou sacs pulmonaires. Le cœur est formé d'un ventricule et de deux oreillettes ; il y a donc mélange du sang rouge et du sang noir.

Le squelette est pourvu des os de l'épaule et du bassin où s'articulent les membres. Le sternum est cartilagineux. Les côtes manquent.

La peau est nue ou verruqueuse. Elle recouvre souvent de nombreuses glandes éparses. Chez certaines espèces ces glandes sont surtout accumulées au-dessus et de chaque côté du cou ; elles forment deux saillies allongées qui portent le nom de parotides. Toutes ces glandes secrètent un liquide laiteux, visqueux, jouissant de propriétés venimeuses, ou tout au moins caustiques.

Sexes et reproduction. — Les batraciens sont ovipares. Les mâles sont dépourvus d'organes copulateurs externes. Ils se séparent difficilement des femelles par leurs caractères extérieurs. Pour bien les distinguer il faut les examiner pendant la période des amours. A ce moment les doigts des mâles présentent des excroissances lichéniformes très colorées, brunes ou noires qui ne tardent pas à disparaître.

Les mâles ont l'ouverture du cloaque placée plus bas que chez la femelle ; mais ce caractère est difficile à saisir si on n'a pas des échantillons des deux sexes.

Le caractère le plus sûr est celui de l'existence, chez le mâle de certaines espèces, d'un ou de deux sacs vocaux placés sous la langue ; ces sacs sont très apparents à l'état de vie. En alcool on ne les voit pas toujours. Ils communiquent avec l'extérieur par une ouverture placée sous la langue ou percée à travers la lèvre inférieure.

Sauf la grenouille qui est à peu près essentiellement aquatique, nos batraciens algériens ne vont à l'eau qu'au moment des amours.

Les individus des deux sexes se recherchent de bonne heure. La grenouille seule est tardive.

Les œufs se développent chez les femelles sans l'intervention du mâle. Lorsque la gestation est avancée, les femelles partent à la recherche des mares, des bassins ou des sources ; les mâles les suivent et le p'us souvent les y précèdent. Parfois les femelles transportent les mâles jusqu'à l'eau.

Les mâles manifestent leur présence par un chant puissant

qui va en diminuant d'intensité et cesse même chez la plupart après la période des amours.

La femelle répond par un léger cri à l'appel du mâle.

Pour l'accouplement, le mâle se cramponne sur le dos de la femelle en lui implantant ses doigts au-dessous des aisselles. Le couple reste ainsi pendant dix à vingt jours. Lorsque la ponte commence le mâle projette la liqueur séminale sur les œufs et les féconde au fur et à mesure qu'ils sont expulsés. La ponte achevée, le père et la mère quittent l'eau et ne se soucient nullement de leur progéniture. Ils s'empressent de réparer par de copieux repas le jeûne prolongé qu'ils viennent de supporter. Si quelques jours après ils trouvent leurs petits ils s'empressent de les dévorer.

Les batraciens ne peuvent s'accoupler dans de bonnes conditions que s'ils ont de l'eau en quantité suffisante. Toutefois l'accouplement peut avoir lieu dans les prairies ou les bas-fonds humides. Rarement il se fait en terrain sec. Dans ces deux derniers cas, les œufs ne peuvent guère éclore.

En Algérie, la période des amours est très variable surtout loin des points d'eau. En général, elle suit une série pluvieuse. Le discoglosse et la rainette pondent après les pluies de l'hiver, le crapaud vert après celles du printemps et le crapaud de Maurétanie après la saison normale de la fin mars. Sur les Hauts-Plateaux, où la sécheresse persiste pendant toute la belle saison, l'accouplement est encore plus irrégulier ; il ne peut avoir lieu que dans les trous d'eau formés par les pluies. Dans ce cas les jeunes têtards meurent le plus souvent avant d'avoir acquis leur développement, car le soleil ne tarde pas à dessécher les flaques d'eau. C'est ce qui explique la rareté des crapauds sur les Hauts-Plateaux. Si le soleil ne tuait pas les têtards et les jeunes, les localités qui possèdent de l'eau seraient inhabitables. C'est ainsi qu'au Kreider lorsque l'année est pluvieuse, comme en 1898, les têtards sont en si grande abondance qu'ils noircissent l'étang ; au bout de leurs métamorphoses ils se répandent autour du chott en quantité tellement grande que leur marche ressemble à une véritable invasion de criquets. Le soleil ne tarde pas à en faire des hécatombes. Les oiseaux aquatiques en font aussi disparaître de grandes quantités.

Les batraciens parcourent de grands espaces pour rechercher l'eau nécessaire au développement des œufs. C'est ce qui explique les pontes tardives que l'on rencontre en été.

Développement des têtards. — Les œufs pondus sont agglutinés entre eux par une masse gélatineuse incolore ou sale, en cordons ou en gâteaux, suivant les espèces. Ils sont déposés dans un endroit généralement peu profond et bien exposé au soleil. Ils ne tardent pas à éclore. Lorsque les têtards naissent, ils ont un aspect pisciforme, mais, au bout de peu de jours, ils prennent la forme en massue. Leur queue se détache nettement. Ils respirent par une ou deux ouvertures branchiales diversement situées. Ils peuvent avoir des rudiments de branchies pendant les premiers jours. Leur développement est assez lent. Les membres postérieurs sortent les premiers ; les antérieurs ne sont mis en liberté que plus tard. Aussitôt que les membres sont libres, la queue se réduit et disparaît. Dès lors, l'animal est à l'état parfait. Sa respiration est devenue pulmonaire. Il quitte l'eau, sans pourtant s'en éloigner, car l'humidité est indispensable à son développement ; s'il en manque, il meurt. Certains batraciens, comme les crapauds, ne reviennent à l'eau qu'au bout de deux ou trois ans pour leurs premières amours.

J'ai dit que les têtards avaient besoin de soleil pour se développer. L'expérience suivante le démontre suffisamment.

Des têtards de crapauds ayant déjà leurs membres postérieurs ont vécu chez moi, dans un bocal, à l'ombre, du mois d'avril au mois de septembre, sans montrer leurs membres antérieurs et sans grossir.

Ceci m'explique pourquoi des têtards trouvés dans une grotte profonde à l'embouchure de l'oued Krémis et de la Tafna, à la fin de septembre, étaient encore tout petits. J'avais d'abord cru à une ponte tardive.

Chant. — Tous les mâles des batraciens ont un chant particulier et peu agréable. Ce chant est réduit à un cri chez ceux qui n'ont pas de sac vocal ; chez ceux qui possèdent cet organe, la voix est très forte et modulée. C'est surtout au moment des amours, que les mâles, réunis ensemble, font entendre un concert étourdissant. Certains chantent aussi en dehors de la saison des amours suivant, pour cela, certaines fluctuations atmosphériques. Il serait intéressant de faire des études sur les périodes et les variations du chant de toutes les espèces. Cette étude n'est pas facile, car le plus souvent plusieurs espèces vivent dans le même lieu. Toutefois on peut trouver dans certaines localités des espèces absolument isolées.

Venin. — Les glandes parotides des batraciens, surtout celles des crapauds, secrètent une humeur venimeuse. Lataste a cité le cas d'un lézard vert qui mourut au bout de neuf minutes après avoir mordu les parotides d'un crapaud. Il est donc toujours prudent de se laver les mains lorsqu'on a manié des crapauds. Il faut surtout éviter de se frotter les yeux avec les doigts. L'œil est de tous les organes externes celui qui, par sa délicatesse, a le plus à craindre l'action pernicieuse du venin.

Pluies de crapauds. — Tel que le vulgaire les comprend on peut les nier. On a désigné sous le nom de pluies de crapauds de subites apparitions de grandes quantités de jeunes batraciens qui, au moment de la pluie, après une chaude journée, sortent de leur retraite. Ce phénomène a été constaté en Algérie. L'invasion du Kreider dont j'ai parlé plus haut en est un exemple. Là, la métamorphose terminée, les jeunes crapauds se sont avancés dans les terres partout où le sol se trouvait humecté par la pluie. En 1900 le même phénomène s'est produit à la Macta. Il doit d'ailleurs se renouveler souvent dans ces deux localités et dans d'autres analogues (1).

De véritables pluies de crapauds peuvent néanmoins se produire. A la suite de phénomènes atmosphériques aspirant l'eau des étangs, les petits animaux aquatiques peuvent être transportés au loin par une trombe. Ce phénomène est très rare. Je ne l'ai jamais constaté.

---

(1) J'ai observé une invasion semblable à Vendôme (Loir et-Cher). Par une pluie fine, la route que je suivais était couverte de petits batraciens. De quelle espèce ? Je l'ignore. Je ne m'occupais pas alors de reptiles.

Mue. — Les batraciens muent plusieurs fois dans l'année. Ils enlèvent leur vieil épiderme comme une chemise et l'avalent.

Faculté de régénération. — Seule la queue amputée des têtards peut repousser.

Hibernation. — En Algérie, l'hibernation est relativement courte. Ce n'est que dans les régions élevées et froides que l'engourdissement peut être de longue durée. La grenouille hiberne le plus longtemps. Le *Bufo viridis* au contraire se trouve toute l'année sur le littoral.

Nourriture. — Les batraciens se nourrissent d'insectes, de vers, de larves, de têtards, de poissons, etc. Ils avalent les aliments. Certains sont végétariens pendant le jeune âge. Leurs dents ne servent qu'à retenir la proie introduite dans la bouche. Ils dévorent souvent leurs petits et leurs congénères. Ils ne boivent pas et l'eau qu'ils ont toujours dans leur abdomen y pénètre à travers la peau.

Chasse. — Sauf pour la rainette qui est rare et se cache dans les hautes herbes ou dans les broussailles ombragées, la chasse des batraciens est facile. On les prend à la main ou à à la ligne. C'est surtout au moment des amours qu'il faut les rechercher. Il sera très intéressant d'observer la date et la durée de l'accouplement, la durée de l'incubation et celle de chaque métamorphose.

Élevage. — Le mieux pour étudier les métamorphoses, est d'élever les têtards. Pour cela, au moment propice, on met dans un bassin un couple d'adultes de l'espèce à étudier ; il est ainsi facile de suivre toutes les phases de la gestation, de l'accouplement, etc. On peut aussi se borner à recueillir du frai ou mieux des œufs prêts à éclore. On place le tout dans un réservoir peu profond ou même dans un bocal. Le développement se fait à peu près normalement. Le plus difficile est de nourrir les têtards. Le mieux est de ne mettre d'abord que dans l'eau des conferves d'eau douce (1).

---

(1) On appelle ainsi ces masses vertes, filamenteuses, qui couvrent les eaux tranquilles.

Les têtards sont en général végétariens jusqu'à la fin des métamorphoses. Certaines espèces deviennent carnivores dès qu'elles ont leurs membres. Il est imprudent de leur donner des aliments animaux. Presque toujours les têtards meurent alors d'indigestion. Il est préférable de déposer au fond du bocal, sans trop troubler l'eau, du sable un peu vaseux.

Les instincts carnivores se développent rapidement chez les têtards adultes ; ils dévorent ceux d'entre eux qui succombent. Aussi, quand les têtards sortent leurs pattes, on peut sans crainte leur donner quelques têtards fraîchement tués.

Bien entendu tous les deux ou trois jours, ou même tous les jours, on fait les observations nécessaires sur le développement des jeunes élèves et on prend des notes.

Il est indispensable de séparer les espèces, car les plus fortes mangent les plus faibles.

Utilité des batraciens. — Les batraciens sont les plus utiles de tous les reptiles ; ils sont les plus précieux auxiliaires de l'agriculture. Les crapauds surtout, qui ont une vie terrestre, rendent des services inappréciables. Aussi devraient-ils être répandus dans toutes les cultures délicates, dans les jardins principalement. Leur élevage devrait être très encouragé et des crapauds adultes pourraient être distribués dans les régions où le manque d'humidité empêche le développement des jeunes générations. Sur le littoral et dans le Tell le discoglosse peut rendre les mêmes services que les crapauds. Il a sur ces derniers le grand avantage d'être plus élégant et bien moins répugnant. La gentille rainette est tout aussi utile, mais comme le discoglosse elle a besoin de se baigner. Un réservoir, un baquet ou même un refuge humide suffit pour retenir ces deux batraciens. La grenouille est aussi un précieux auxiliaire; mais sa vie essentiellement aquatique ne rend pas son utilisation pratique. La grenouille offre un avantage sur les autres batraciens : on peut la consommer et, dans ce but, en faire l'élevage dans les régions marécageuses.

L'ordre des batraciens est représenté en Berbérie par quatre familles dont voici le tableau :

Batraciens. — TABLEAU DES FAMILLES

1.
> Maxillaires supérieurs et palais dé-
> pourvus de dents. Des glandes
> parotides. Membrane du tympan
> visible, irrégulièrement circu-
> laire.
>
> Famille des **Bufonidées.**
>
> Maxillaires supérieurs et palais pour-
> vus de dents. Pas de glandes
> parotides.   2

2.
> Extrémité de chaque doigt terminée
> par une pelote globuleuse, adhé-
> sive.
>
> Famille des **Hylidées.**
>
> Doigts non terminés par une pelote.   3

3.
> Cinq doigts inégaux, le pouce réduit à
> un gros tubercule, les deux sui-
> vants gros et courts.
>
> Famille des **Discoglossidés.**
>
> Quatre doigts bien développés, nor-
> maux : le pouce plus long et plus
> fort que le 2ᵉ doigt.
>
> Famille des **Ranidées.**

17ᵐᵉ Famille. — **RANIDÉES**

CARACTÈRES DE LA FAMILLE. — *Maxillaires supérieurs
armés de dents ; deux mamelons dentés un peu en arrière de la
ligne des arrière-narines et au milieu. Tympan circulaire
distinct. Pas de glandes parotides. Pattes antérieures à quatre
doigts bien développés, tous de forme normale ; pattes postérieures trois fois aussi longues que les antérieures, à 5 orteils*

*largement palmés. Mâles avec deux sacs vocaux dont les
ouvertures se trouvent une de chaque côté, près de l'angle
de la bouche.*

Cette famille est représentée en Berbérie par un seul genre :

Genre RANA

CARACTÈRES DU GENRE. — *Les mêmes que ceux de la famille.*

Une seule espèce en Berbérie :

51. *Rana esculenta* L.

Variété **RIDIBUNDA** *Pallas* (Pl XXIV, fig. 1, *a*)

La grenouille verte.   Arabe (Oran) : *Djeranat.*

Rana esculenta *L., Strauch, Lallemant.*
R. viridis *Rœsel, Guichenot.*
R. esculenta *L.* var. Latastei *Cam. non* R. Latastei *Boulenger.*
R. esculenta *L.,* var. ridibunda *Pallas., Blg., Ern. Olivier.*

CARACTÈRES PRINCIPAUX DE L'ESPÈCE, DU TYPE ET DE LA
VARIÉTÉ. — L'espèce se distingue par les caractères suivants :

Essentiellement aquatique. Dents vomériennes réunies sur
deux mamelons oblongs un peu en arrière de la ligne des
arrière-narines. Langue large, longue, épaisse et fourchue en
arrière, fixe en avant. Museau assez pointu. Pas de tache
foncée apparente entre l'œil et l'épaule. Un gros tubercule
déprimé placé à la base du 1er orteil (interne). Pieds très
palmés. Doigts longs, tronqués ; le pouce, gros et conique,
est séparé du 2e doigt par un pli marqué.

Chez le type, *le tubercule placé à la base du 1er orteil
interne* (métatarsien) *est gros et déprimé.* Il n'a pas été signalé
en Algérie.

Chez la variété barbaresque, *le tubercule du métatarsien
interne est plus petit que chez le type, non déprimé, subova-
laire, très saillant, ressemblant à un orteil atrophié.*

Voici la description d'une belle femelle des environs d'Oran :
Tête forte, à côtés se rapprochant obliquement vers le bout du
museau et offrant les dimensions suivantes : largeur entre les
angles de la bouche, 36 millimètres, longueur de la flèche de
l'arc de la mâchoire inférieure, 23 mill. Narines obliques, à
pourtour clair, distantes entre leurs bords de 5 mill., et du
bord de la lèvre, de 7 mill. Museau arrondi à peu près
sur toute la partie comprise entre les narines. Mâchoire
inférieure bien plus arrondie à l'extrémité que le bout du
museau. Bouche très grande. Langue papilleuse en dessus,
fixée en avant, plus large en arrière, longue, épaisse, divisée
postérieurement en deux longues et larges pointes bien
séparées. Dents maxillaires aiguës. Ouverture des arrière-
narines très grandes, obliques, séparées par deux mamelons
distincts de dents vomériennes. Ces mamelons sont oblongs,
très saillants, épineux et ne touchent pas le bord des
ouvertures ; ils mesurent 2 mill. de longueur, 1,5 mill. de
largeur et autant de hauteur ; ils sont un peu plus étroits que
les ouvertures et forment avec celles-ci un angle obtus très
court, ouvert en avant.

Dessus de la tête lisse. Régions sus-oculaires saillantes, à
peine bordées par un filet clair. Yeux grands plus longs que
hauts (9 mill. sur 7,5), distants de $7^m/^m5$ des narines et de
$3^m/^m5$ du tympan. Ce dernier, grand de $6^m/^m5$, circulaire, très
visible, foncé au centre. Un pli et un repli de la peau partant
de l'angle postérieur de l'œil bordent le tympan en dessus
et descendent en se courbant vers l'épaule. Un fort pli et un
sillon courts et obliques se trouvent en avant de l'épaule.
Entre ce sillon et l'angle de la bouche existe un renflement
courbe et assez large qui est sectionné par un court sillon
transversal.

Dos sillonné, surtout dans la partie antérieure, par une forte
dépression médiane. De chaque côté, le haut des flancs montre
un assez gros pli de la peau, bien saillant.

Peau du dos présentant d'assez nombreuses boursouflures
tuberculeuses bien plus nettes sur la partie antérieure
des flancs. Poitrine et gorge lisses. Cuisses, dans la région

anale, et abdomen rendus finement tuberculeux par un réseau très serré de plis peu profonds.

Les membres, gros et forts, offrent d'importants caractères.

1º *Membres antérieurs.* — Bras assez longs ; lorsqu'ils sont tendus, les poignets dépassent le museau. Doigts longs, atténués mais tronqués à l'extrémité. Pouce à phalange inférieure plus longue que les deux autres, grosse, conique et séparée de la main par un sillon profond (long. extérieure 17^{m}/^{m}). Deuxième doigt un peu plus court que le pouce ; le 4^c un peu plus long ; le 3^c très long. Un tubercule saillant à la dernière articulation inférieure de chaque doigt. Les autres articulations sont peu tuberculeuses ou pas du tout. Doigts à peine membraneux latéralement.

2º *Membres postérieurs.* — Jambes très longues et très fortes. Région métatarsienne très développée ; longueur du grand orteil, 45 mill. 1er, 2^c, 3^c et 4^c orteils croissant régulièrement en longueur, chacun d'eux dépassant, de 1 cent. environ, celui qui le précède. 5^c orteil un peu plus court que le 3^c. Palmure atteignant presque l'extrémité des 1er, 2^c, 3^c et 5^c orteils. Un tubercule saillant, ressemblant à un orteil tuberculeux, se trouve à la base du 1er orteil. Vu de côté, ce tubercule mesure 3 à 4 mill. de longueur et 1,3 de hauteur. Son épaisseur dépasse 1 mill. Son extrémité antérieure est nettement saillante. Un autre tubercule petit (1 mill.) plat ou peu convexe, blanc, se trouve à la base du grand orteil. Les articulations des phalanges, sauf la supérieure, portent un tubercule subaigu.

Coloration. — Très variable. L'échantillon que je viens de décrire (une femelle) est d'un brun noir foncé en dessus. La gorge et la poitrine sont noirâtres et maculées de blanc jaunâtre. Le ventre est blanc jaunâtre pointillé de noir. Les cuisses, de même couleur, sont parsemées de taches noires assez grandes. Sur les flancs on voit des bandes noires bien apparentes. Sur les cuisses se trouvent des bandes semblables mais peu marquées. Les lèvres inférieures sont maculées de noir et de blanc jaunâtre.

Ce mode de coloration n'est pas le plus commun. C'est celui des eaux croupissantes et non exposées au soleil.

Il serait trop long de décrire toutes les variations. Le fond est tantôt d'aspect uni variant du gris brun au brun noir ; tantôt, et c'est le plus souvent, il est vert ou d'un vert jaunâtre avec des bandes longitudinales de diverses couleurs. La coloration la plus commune est celle-ci :

Femelle. — Dos d'un brun verdâtre coupé sur la ligne médiane du dos par un large sillon d'un beau vert doré qui va jusqu'au bout du museau. Le dos est ainsi divisé en trois bandes, les latérales étant trois fois plus larges que la médiane. Extérieurement les latérales sont bordées par un large filet irrégulier, souvent sectionné, qui, à travers l'œil, aboutit au bout du museau en bordant la narine en dessous. Un filet plus étroit et plus sectionné parcourt le bord intérieur des bandes latérales. Celles-ci sont tachées ainsi que les flancs de taches brunes, petites, irrégulières. La région tympanique est d'un brun clair à reflets gris doré ; le tympan est très visible. En dessous, les replis de la peau forment des bourrelets dorés. Du haut du tympan un filet noir descend derrière l'angle de la bouche qu'il contourne ; il est continué par une suite de taches plus ou moins confluentes qui bordent la lèvre supérieure. Le ventre est d'un blanc pur. Les pattes postérieures sont barrées de larges taches brunes. Dessous des pieds d'un gris brun.

Chez de nombreux individus le dessous du corps est marbré de noir et d'un bel effet. Les marbrures se sectionnent avec l'âge.

SEXES. — *Mâle.* — Deux sacs vocaux. De chaque côté, vers l'angle de la bouche, une fente horizontale qui est l'ouverture d'un sac vocal.

Femelle. — Pas de sac vocal. Il n'y a donc pas de fente horizontale de chaque côté de la bouche.

Au moment des amours le mâle présente à la base du pouce une expansion lichéniforme brune.

TAILLE ET DIMENSIONS :   Femelle (La Sénia)

Longueur du tronc.......	0,092
— totale................................	0,220
— du membre antérieur (de l'épaule)........	0,052
Plus grande longueur du coude plié au bout des doigts...............	0,041
— de l'avant-bras replié.......	0,021
—· du poignet plié au bout des doigts......	0,025
Longueur des trois dernières phalanges du grand doigt...........	0,013
Longueur du membre postérieur tendu depuis l'anus..	0,152
Distance entre les genoux, les cuisses sur une même ligne.............	0,089
Plus grande longueur de la jambe repliée...........	0,047
— — du tarse replié...............	0,026
Longueur du métatarse et des doigts...............	0,049
— du grand orteil	0,045

DISTRIBUTION GÉOGRAPHIQUE. — (**B** : *T.*, *H.-Pl.*, *S.*) —
La grenouille se trouve partout, depuis le littoral jusqu'au
Sahara. Sur les Hauts-Plateaux elle est rare ; mais elle s'y
développe si les conditions hydrologiques lui conviennent.
Les points extrêmes où j'ai constaté sa présence sont :
Sebdou, Bedeau, Sidi-Chaïb au sud de Daya, le Kreider,
Géryville, le dj. Ksel, Stitten. Elle existe à Igli (Dr Romary).

ÉTHOLOGIE. — La grenouille est commune pendant la belle
saison. Elle hiberne longuement enfoncée dans la vase. Elle ne
s'éloigne jamais des lieux inondés. L'eau est son élément.
Pourtant la grenouille ne craint pas la chaleur ; elle aime à
recevoir les rayons du soleil et, toute la journée, on la voit
accroupie et immobile sur les bords des oueds, canaux ou
mares. Elle ne se déplace que lorsque l'ombre l'atteint. S'il fait
trop chaud elle monte sur la berge et se cache dans les herbes.
Au moindre bruit suspect elle plonge en poussant un léger cri:
cuic. Elle s'enfonce dans la vase, et, à la faveur de l'eau
troublée, échappe à son ennemi.

La nuit, surtout lorsque la température est douce, les
grenouilles sortent en grand nombre. Elles font alors entendre

leur chant étourdissant et désagréable. Ce chant est dur et criard. Il fait l'effet d'une scie en bois qu'on frotterait sur la tranche d'une planche : *rrra... rrra...* Parfois il offre une importante variante que M. Lataste a traduit par *bré-ké-ké*. Il se réduit aussi à un cri bref : *ouék !*

Les grenouilles s'aventurent loin de l'eau et vont chercher leur nourriture dans les prairies, les champs cultivés, etc.

Les jeunes grenouilles apparaissent dès le mois de février, les adultes en avril. Elles deviennent communes en mai. Les mâles et les femelles se recherchent très tard. L'accouplement n'a pas lieu avant le mois de juin. J'ai vu des têtards presque parfaits en juillet à La Sénia et le 20 septembre à Sebdou. Les têtards de grenouilles sont les plus gros de tous ceux de nos batraciens ; ils atteignent 1 décimètre de longueur. (Pl. XXIV, fig. 1 *a*.)

La grenouille se nourrit principalement de gros insectes et de diptères des régions humides ; elle mange aussi les têtards, le frai de poisson et les jeunes poissons eux-mêmes. Lataste en a pris une qui avait une rainette dans la bouche. Quels que soient ses défauts la grenouille est une grande mangeuse d'insectes ; il est donc utile de la protéger. On ne doit la détruire qu'autour des viviers.

La grenouille est comestible ; on mange surtout les pattes de derrière. C'est un mets délicat dont il ne faut pas abuser. Les grenouilles provenant d'eaux fétides doivent être rejetées. La chasse en est facile. J'ai déjà donné à ce sujet quelques indications générales (1). Les grenouilles destinées à la consommation peuvent être prises au moyen d'une lancette qu'on fixe au bout d'un long et solide roseau. Ce procédé est excellent lorsqu'il fait du vent et que les animaux sont cachés dans les herbes.

---

(1) Voir pages 25 et 26.

18ᵐᵉ Famille. — **BUFONIDÉES**

CARACTÈRES DE LA FAMILLE. — *Pas de dents. Langue épaisse, ovale, fixe en avant, libre et arrondie en arrière. Membrane du tympan assez visible, irrégulièrement circulaire. Des glandes parotides très grandes s'étendant de l'œil à l'arrière des épaules. Quatre doigts, fortement tuberculés en dessous ; cinq orteils palmés pourvus de petits tubercules. Membres postérieurs deux fois plus longs que les antérieurs. Mâles pourvus ou non de sac vocal. Peau très rugueuse, pustuleuse.*

Animaux terrestres n'allant à l'eau que pour l'accouplement et la ponte.

Cette famille est représentée en Berbérie par un seul genre et trois espèces.

Genre **BUFO**

CARACTÈRES DU GENRE. — *Voir ceux de la famille.*

Bufonidées. — TABLEAU DES ESPÈCES

Un pli de la peau saillant sur presque toute la longueur du côté interne du tarse (pli tarsien). (Pl. XXV : **T.**)　　　　2

1. Pas de pli tarsien. Pouce rapproché du 2ᵉ doigt, le dépassant à peine. Régions sus-oculaires tuberculeuses, bordées par un bourrelet formant l'arcade sourcilière.

B. vulgaris.

2. {

Régions sus-oculaires à peu près lisses non bordées par un bourrelet. Pouce et 2ᵉ doigt rapprochés, égaux ou à peu près. Tubercules du grand orteil tous simples. Animal ne devenant pas très gros. Coloration bicolore, verte dans son ensemble.

B. viridis.

Régions sus-oculaires tuberculeuses, bordées par un bourrelet très distinct. Pouce dépassant le 2ᵉ doigt de 2 mill. environ. Grand orteil avec des tubercules doubles. Animal de très grosse taille. Robe bicolore, brunâtre dans son ensemble.

B. mauritanicus.

52.   *Bufo viridis* Laur. (Pl. XXIV, fig. 2, *a*, *b*)

Le crapaud vert.   Arabe (Oran): *Oum gueurgueur.*

Bufo viridis *Laur., Strauch., Lall., Blg , Ern. Olivier.*
Bufo variabilis *Gervais.*
Bufo boulengeri *Lataste.*

CARACTÈRES PRINCIPAUX. — *Taille petite. Un pli tarsien. Tubercules du grand orteil tous simples.*

Cette espèce que divers auteurs ont justement nommee *variabilis* est en effet très variable. Celà tient à son immense aire de dispersion. Il est évident que si l'on compare un individu algérien à un exemplaire du nord de l'Europe, d'Allemagne par exemple, des différences sensibles sautent aux yeux. Lataste en créant son *B. Boulengeri,* qu'il abandonna ensuite, avait essayé d'établir une ligne de démarcation. Il n'y réussit pas.

Voici la description d'un individu d'Oran :

Museau peu obtus ; distance entre les deux angles de la bouche 27 millimètres, flèche de la mâchoire 10 millimètres. Le contour de la mandibule est un arc assez régulier. Le bout du museau est visiblement déprimé dans le sens vertical ; les narines en sont très rapprochées. Les ouvertures nasales sont distantes de la lèvre supérieure de 5 millimètres en hauteur et en largeur.

Régions sus-oculaires très bombées en dessus quand l'œil est ouvert, subglobuleuses. Arcade sourcilière lisse, très peu distincte ; seule sa partie postérieure apparaît bien, relevée qu'elle est en bourrelet.

Yeux grands, très saillants, mais non en dehors du plan vertical passant contre le bord de l'arcade sourcilière. Leur largeur égale au moins une fois et demie la distance de l'angle antérieur à la narine.

Parotides grandes, ovales, oblongues, plus larges en avant qu'en arrière (15 à 20 millimètres sur 8-9); guère plus longues que leur distance au bout du museau.

Tympan bien visible, arrondi ovalaire ; sa grande courbe est située en bas ; la petite, sous l'extrémité antérieure de la parotide.

Corps trapu, deux fois aussi long que large. Peau plus ou moins verruqueuse sur le dos, lisse ou finement réticulée en dessous. De chaque côté, et en arrière de l'angle de la bouche, se trouvent 4-5 tubercules de grandeur régulièrement croissante. D'autres tubercules plus petits, très saillants, se voient aussi sur le bord de l'abdomen et sur les cuisses.

Les membres, relativement longs, offrent des caractères assez saillants.

1° *Membres antérieurs.* — Le pouce de la main dépasse très peu le 2e doigt lequel égale le 4e. Le 3e doigt, le plus long, fait saillie de 2 à 3 millimètres. A la base interne du pouce il y a un tubercule oblong peu saillant ou plat, long de 3 mill. et large au plus de 1,5. A la base de la main se trouve un très gros tubercule subtrièdre, large de 2,5, long de 4 et haut de 1,5. Ses angles sont arrondis mais non usés. La paume est parsemée de nombreux petits tubercules. Le pouce porte au-dessous de la 2e phalange un fort tubercule double ; il y en a un autre simple, plus petit, sous l'extrémité. Les 2e et 3e doigts portent aussi un tubercule double à la base, mais il est moins saillant. Celui du 4e doigt est simple. Sous le 2e doigt il n'y a pas de tubercule intermédiaire, mais il y en a un bien visible sous le 3e ; sous le 4e il est peu apparent. Tous les doigts ont leur extrémité renflée par un tubercule.

2° *Membres postérieurs.* — Un caractère important est donné par le pli tarsien que l'on voit le long du tarse du côté interne. (Pl. XXIV, fig. 2 *b*.)

Tubercule de la base de l'orteil interne très saillant, haut de 1 $^{m/m}$5, long de 3 et large de 2. Tubercule de la base de l'orteil externe, plat, usé, peu saillant, arrondi subtriangulaire, long de 3 mill. sur 2 de largeur. Les autres orteils ne portent pas de tubercule à la base, mais ils en ont un petit, *simple*, sous chaque articulation des phalanges.

Orteils palmés mais à membrane assez échancrée. Mains et pieds très lisses en dessus.

COLORATION. — La coloration n'est pas la même chez les deux sexes.

1° *Mâle.* — Fond d'un gris parsemé, sur tout le dessus du corps, de taches et de bandes larges d'un vert clair qui occupent plus de surface que le gris du fond. Chaque région sus-oculaire est coupée transversalement par une bande verte dont la largeur est égale au tiers de la longueur du mamelon sus-oculaire. Les deux bandes sont symétriques. Les taches des parotides sont irrégulièrement placées. Le dos porte un grand nombre de petits tubercules qui sont plus ou moins rouges suivant l'âge de l'épiderme. La lèvre supérieure est d'un gris ardoisé et tachée en dessus. Les membres sont barrés par de grandes taches vertes légèrement bordées de noir. Le ventre est blanc.

2º *Femelle*. — Chez la femelle le fond est très clair. Les taches et les bandes sont plus petites ; elles sont d'un beau vert foncé et tranchent vivement sur le fond clair qui occupe plus de surface que chez le mâle.

SEXES. — *Mâle*. — Des expansions lichéniformes, rugueuses, aux pouces et sur les 2ᵉ et 3ᵉ doigts au moment des amours. Un sac vocal interne. Parotides petites. Coloration verte dans son ensemble.

Femelle. — Pas d'expansions lichéniformes aux doigts. Pas de sac vocal. Parotides grandes. Coloration vive, nettement bicolore.

TAILLE ET DIMENSIONS :

	Mâle (La Sénia)	Femelle (Méchéria)
Longueur de la tête........ ...	0,021	0,021
Largeur de la tête...........	0,026	0,030
— des épaules..........	0,025	0,030
— du bassin	0,026	0,035
Membre antérieur { bras	0,019	0,022
avant-bras	0,021	0,023
mains..........	0,019	0,023
Membre postérieur { cuisse	0,030	0,036
jambe	0,029	0,032
tarse.	0,020	0,020
pied.	0,029	0,035
Longueur du museau à l'anus..	0,076	0,095
Longueur totale.	0,160	0,186

DISTRIBUTION GÉOGRAPHIQUE. — (**B** : *T., H.-Pl., S.*) — Le *Bufo viridis* se rencontre depuis le littoral jusqu'au Sahara (Blg.) Dans la province d'Oran il n'a été signalé qu'à Oran (Strauch, Lataste, Boulenger). Il y est très commun. Il abonde dans le Tell. Mais au fur et à mesure qu'on s'éloigne de la mer, il est remplacé par le *Bufo mauritanicus*.

Le crapaud vert est rare sur les Hauts-Plateaux. Je l'ai reçu de Méchéria et du Kreider (Hiroux).

Je ne le connais pas du Sahara oranais.

ÉTHOLOGIE. — Le crapaud vert se rencontre toute l'année. Il se réfugie sous une pierre isolée ou dans une courte galerie qu'il se ménage dans le sable ou la terre meuble. Le long des rivières son refuge est situé dans les berges. Il est peu agile et progresse par petits sauts. Ce n'est qu'au printemps, au moment des amours, qu'il sort dans la journée. Pendant les mois d'avril et mai il est commun dans les mares et les flaques d'eau ; aussitôt la ponte terminée il disparaît. Il ne sort plus que la nuit.

Le chant du crapaud vert est tout à fait monotone ; il ressemble à un roulement de tambour électrique : *rrrou... rrrou.*

L'accouplement a lieu dès la fin de l'hiver ; il précède ordinairement de plusieurs semaines celui du crapaud de Maurétanie. Au mois de février les excroissances lichéni-formes commencent à apparaître aux doigts des mâles. Dans la deuxième quinzaine il n'est pas rare de voir les deux sexes à l'eau. Dans le courant de mars l'accouplement est général. Les œufs sont pondus dans le jour en grand nombre et en deux cordons. Ils éclosent au bout de peu de jours. Le développement des larves est relativement lent. Les têtards sont noirs et gros ; leur contour est nettement polygonal ; ils ressemblent assez à ceux du discoglosse dont il est difficile de les distinguer isolément. Ils sont très carnassiers. Le tronc du jeune animal parfait mesure 20 millimètres ; la taille, 62 millimètres.

Le crapaud vert est un animal très utile. Plus petit et plus élégant que le crapaud de Maurétanie il inspire beaucoup moins de répulsion. Il se nourrit d'insectes nocturnes et avale de gros carabides et curculionides : *Scarites, Asida,* etc.

53. *Bufo mauritanicus* Schlegel (Pl. XXV)

Le crapaud de Maurétanie.
Le crapaud panthère. Arabe (Oran) : *Oum gueurgueur.*

Bufo pantherinus *Boje, Guich., Strauch, Lallemant.*
Bufo mauritanicus *Schl., Blg., Ern. Olivier.*

CARACTÈRES PRINCIPAUX. — *Grosse taille. Pouce et 1er doigt très inégaux. Des tubercules doubles sous le grand orteil. Un pli tarsien.*

Voici la description d'une belle femelle vivante :

Museau obtus, semblable à celui du *B. viridis*. Mandibule inférieure large à contour appartenant à un trapèze plutôt qu'à une figure courbe : largeur entre les angles de la bouche 45 millimètres, flèche 20 mill. Les côtés sont à peu près droits ; l'extrémité est très obtuse. Mâchoire supérieure à bords tranchants, séparés au milieu par une petite échancrure où vient se loger un double petit pli de la mâchoire inférieure. Bouche très grande ; langue spatulée, arrondie à l'extrémité, très libre postérieurement. Face du bout du museau verticale ou à peu près. Trous des narines distants entre eux de 5 millimètres et, du bord de la mâchoire, de 8 mill. Régions sus-oculaires peu saillantes, couvertes de petits tubercules, les postérieurs plus grands. Arcade sourcilière formée d'un fort bourrelet peu rugueux, saillant, presque droit, séparé de la surface sus-oculaire par un sillon assez net. Extrémité postérieure de l'arcade obtuse et limitée par un pli. L'arcade sourcilière est très surbaissée. Une forte et large dépression, à fond lisse, se trouve sur le dessus de la tête entre les régions sus-oculaires ; elle s'étend un peu en arrière ; en avant elle se termine en gouttière étroite et anguleuse sur le bout du museau. Œil nullement saillant, guère plus large que haut ; sa largeur dépasse à peine sa distance à la narine.

Parotides grandes ayant la forme d'un haricot, longues de 33 mill., larges de 15 ; extrémités d'égale largeur mais un peu plus étroites que le milieu. La longueur des parotides est égale à leur distance au bout du museau.

Tympan un peu oblong, relativement petit (7 sur 4,5) placé sur l'extrémité antérieure de la parotide.

Corps trapu, long de 135 mill., large de 80 mill., très renflé sur les côtés. Dessus très verruqueux. Verrues très fortes, convexes, subpyramidales, muriquées, de forme régulière sur le haut des flancs ; les plus grandes atteignent 7 mill. de diamètre et 2 mill. de hauteur. Le dos est relativement peu verruqueux.

En arrière de l'angle de la bouche, à 5 mill., se trouve un gros tubercule isolé séparé de l'angle par deux ou trois autres bien plus petits.

Peau du ventre, de la poitrine et de la gorge entièrement tuberculeuse, mais à tubercules très petits, lisses, peu saillants occupant les mailles d'un réseau très fin ; ceux de la gorge sont réduits à des points assez aigus ; ceux de la poitrine sont de même forme mais plus développés ; ceux du ventre sont déprimés, convexes et deviennent verruqueux sur les cuisses.

Membres très gros, bien développés.

1° *Membres antérieurs*. — Le pouce dépasse le 2ᵉ doigt de la longueur d'une phalange ; le 3ᵉ doigt dépasse le 2ᵉ de deux phalanges ; le 4ᵉ est un peu plus long que le 2ᵉ. Les doigts aplatis et élargis sont bordés par un bourrelet parfois bien distinct. A la base de la main se trouve un large tubercule, plus ou moins ovale, assez peu saillant (de 9 mill. sur 7). Un autre tubercule moitié plus petit se trouve à la base du pouce. La paume et les doigts sont fortement tuberculeux en dessous. Les tubercules de la paume sont simples, inégaux, arrondis ou allongés, bien nets et bien saillants. Ceux des doigts sont très gros; les inférieurs sont tronqués en avant, et le plus grand nombre, divisés en deux par un sillon longitudinal. Le pouce et le 2ᵉ doigt portent un tubercule double sur la 3ᵉ phalange ; la 2ᵉ phalange est couverte par un autre tubercule double, allongé et peu saillant; la 1ʳᵉ est boursouflée, épaisse, obtuse arrondie. Le 3ᵉ doigt porte sur la 4ᵉ phalange un tubercule double, mal défini ; un autre double, assez petit, se trouve à l'extrémité de la 3ᵉ; les intervalles sont occupés par un tubercule simple, long et saillant. Le 4ᵉ doigt porte un gros tubercule simple sur la 4ᵉ phalange ; le reste du doigt offre deux tubercules parallèles longs et étroits. Dessus de la main assez lisse.

2° *Membres postérieurs*. — Un fort pli saillant, de même nature que la bordure des orteils, s'étend sur le côté interne du tarse. Ce pli tarsien est attaché au gros tubercule de l'orteil interne. Sa longueur est égale aux deux tiers environ de celle du tarse.

Tubercule de la base de l'orteil interne (le plus court) bien détaché, saillant, ovalaire, long de 8 millimètres, large de 4 ; vu de côté, il présente une hauteur de 4 à 5 mill. ; son extrémité antérieure est libre sur une longueur de 1,5 mill. Un autre tubercule se trouve à la base du pied, sur la ligne du grand orteil ; ce tubercule est plat, usé, peu saillant ; son contour est oblong ou ogival (5 mill. sur 4). Plante des pieds couverte de tubercules simples, peu saillants et de deux grandeurs : ceux qui continuent irrégulièrement la ligne des doigts sont plus gros que les intermédiaires. Les tubercules des orteils sont moins forts que ceux des doigts ; les deux plus gros du grand orteil sont à peu près les seuls doubles ; encore se soudent-ils parfois avec l'âge. Tous ceux de la base des orteils sont simples, arrondis et non tronqués en avant. En résumé, les pieds sont moins tuberculeux que les mains. Le dessus est à peu près lisse.

COLORATION. — *Femelle.* - Fond d'un roux olivâtre avec de grandes taches chocolat très apparentes et assez symétriques sur la tête ; ces taches sont séparées par des bandes du fond plus ou moins larges. De chaque côté du museau, entre l'œil et la narine, se trouve une tache très apparente ; les deux taches se rapprochent l'une de l'autre vers le sillon médian du museau, mais sans l'atteindre. Une grande bande, concave en avant, joint les régions sus-oculaires. En arrière se trouvent deux grandes taches ; plusieurs autres entourent ou couvrent en partie les parotides. Sur le dos les taches sont nombreuses, subarrondies ou irrégulièrement allongées. Les lèvres supérieures et les membres portent aussi des taches de même couleur mais moins foncées. Ventre d'un blanc jaunâtre sale.

Mâle. — Les taches de la tête sont disposées à peu près de même, mais leur coloration est bien moins vive. Sur le dos elles sont peu nombreuses, moins grandes et d'un brun verdâtre.

SEXES. — *Mâle.* — Un sac vocal. Coloration à fond non nettement bicolore. Des expansions lichéniformes sur le pouce et les doigts pendant la période des amours.

Femelle. — Pas de sac vocal. Coloration nettement bicolore, à grandes taches marron se détachant sur un fond clair. C'est cette robe qui a valu à l'espèce le nom de crapaud panthère

TAILLE ET DIMENSIONS :

	Mâle
Longueur du tronc	0,125
— totale	0,277
— du membre antérieur (de l'épaule)	0,082
Plus grande longueur du coude plié au bout des doigts	0,056
— de l'avant-bras replié	0,033
— du poignet plié au bout des doigts	0,032
Longueur des 3 phalanges du grand doigt	0,014
— du membre postérieur tendu, depuis l'anus	0,152
Distance entre les genoux, les cuisses sur une même ligne	0,100
Plus grande longueur de la jambe repliée	0,052
— du tarse replié	0,035
Longueur du métatarse et des orteils	0,054
Longueur du grand orteil (4 phalanges)	0,029

DISTRIBUTION GÉOGRAPHIQUE. — (**B** : *T.*, *H.-Pl.*) — Le crapaud de Maurétanie est répandu dans tout le Tell. Rare dans la région de l'alfa, il devient assez commun dans la région montagneuse des Hauts-Plateaux. J'ignore s'il se trouve dans le Sahara oranais.

Il est rare à Oran où on le trouve pourtant dans les jardins maraîchers. Dans les environs il est assez commun partout où il y a de l'eau. Il n'est pas rare à La Sénia. Il abonde dans les plaines du Sig, de Perrégaux, de La Macta, etc. Je l'ai vu à Terny, à Saïda et à Géryville.

ÉTHOLOGIE. — Le crapaud de Maurétanie a à peu près les même mœurs que le crapaud vert. Il ne circule que la nuit pour quêter sa nourriture. Dans le jour, il reste caché dans les trous humides, sous les grosses pierres, dans les tuyaux, etc. S'il fait trop sec ou trop froid, il ne sort pas. Le long des cours d'eau fortement encaissés, il habite des galeries dans les berges alluvionnaires. Là, lorsqu'il fait sec, il est souvent retenu prisonnier dans sa retraite ; la pluie et le soleil ayant rétréci l'ouverture de son trou, il est obligé d'attendre qu'une nouvelle ondée vienne ramollir l'entrée de son logis.

Même pendant la période des amours, le crapaud panthère

circule rarement dans le jour ; il se tient au fond de l'eau toujours cramponné sur sa femelle ; le soir le couple vient sur le bord de l'eau recevoir les rayons du soleil couchant ; il passe la nuit à moitié immergé.

Le chant ordinaire du crapaud de Maurétanie est très grave ; il peut se traduire par un roulement de la voix *crrrr.... crrr* ; au moment des amours, par *rrr.... rrra.... ratoès*.

L'accouplement a lieu à des périodes variables qui ont les plus grandes relations avec les saisons de pluies. C'est ainsi que les pontes peuvent commencer le 1er avril, si la saison est favorable, tandis qu'elles peuvent être retardées jusqu'au 15 mai, ainsi que j'ai pu le constater, si les pluies sont trop précoces ou trop tardives. Je ne parle pas des pontes isolées qui ont lieu durant tout l'été, mais de la ponte générale dans une région.

Les œufs, très nombreux, sont pondus en quatre cordons. Ils sont assez gros : leur diamètre est de 1^m/^{m}5 ; une moitié est d'un gris sale, l'autre, noirâtre. Le volume des œufs pondus est de 150 à 200 centimètres cubes.

La ponte a lieu le plus souvent la nuit et presque toujours au bord de l'eau. Les œufs éclosent très vite. Les têtards sont les plus petits de ceux de nos batraciens ; leur longueur totale ne dépasse pas 3 centimètres. Ils se reconnaissent à leur corps tout parsemé de points dorés. Au bout des métamorphoses l'animal parfait n'a que 10 à 11 mill. de long. Les jeunes *Bufo viridis* sont bien plus forts, 20 millimètres.

Les têtards sont herbivores ; dans les marais salés ils rongent les salicornes. La durée des métamorphoses est d'environ 45 jours.

Le crapaud de Maurétanie est un animal très utile. Ayant besoin d'une abondante nourriture, il dévore de grandes quantités d'insectes. Aussi serait-il avantageux de le répandre dans les jardins potagers, les cultures arrosées, les vignes, etc. Il faudrait surtout l'importer sur les Hauts-Plateaux. On le conserverait en lui ménageant dans les jardins des refuges sous les bassins ou dans des tuyaux enterrés. Il est mieux constitué que le crapaud vert pour résister au climat du Sud.

54.   *Bufo vulgaris* Laur. (Pl. XXIV, fig. 3)
Fig. Albert Granger, *Hist. nat. de la France*, p. 154

Le crapaud vulgaire.

Bufo vulgaris *Laur., Strauch., Lall., Blg., Ern. Olivier.*

Caractères principaux. — *Grosse taille. Pas de pli tarsien. Pouce et 1ᵉʳ doigt rapprochés presque égaux. Tubercules doubles sous le grand orteil.*

Ne possédant pas cette espèce d'Algérie, je me borne à en donner les principaux caractères d'après un petit exemplaire d'Europe.

Aspect du *Bufo mauritanicus.* Langue elliptique, assez étroite, un peu en pointe. Régions sus-oculaires à tubercules obtus, mal définis. Arcade sourcilière formant un bourrelet arrondi, lisse, mais non bordé par un sillon. Parotides assez petites, en forme de haricot, très saillantes. Doitgs à côtés non parallèles, atténués. Le pouce rapproché du 2ᵉ doigt l'égale ou à peu près. Tubercules inférieurs des doigts doubles mais peu saillants. Orteils peu tuberculeux, sauf le grand dont les tubercules sont doubles. Peau portant plutôt des renflements que des tubercules, mais bien moins nombreux que chez *Bufo mauritanicus.*

Les tubercules sont épineux sur les pattes. De là le nom de crapaud épineux qui a été donné à cette espèce.

Coloration. — D'après Lataste (*Faune de la Gironde*) : « Le mâle a les faces supérieures d'un roux olivâtre, pouvant passer au brun, au verdâtre, au rougeâtre, toujours uniformes, à peine marquées de quelques taches peu claires parfaitement fondues.

« La femelle a les faces supérieures toutes marbrées de taches brunes, jaunes et blanc sale, l'ensemble paraissant plus ou moins clair ou plus ou moins foncé suivant les circonstances.

« Les faces inférieures sont d'un blanc jaunâtre sale, uniforme chez le mâle, très légèrement marbrées de taches d'un gris très pâle chez la femelle.

« Tubercules métatarsiens ou métarcarpiens rougeâtres. »

SEXES. — Des plaques lichéniformes sur les doigts du mâle pendant la période des amours.

TAILLE. — Museau à anus 0ᵐ13 (Blg.)

D'après la description ci-dessus on voit que le *Bufo vulgaris*, surtout par sa taille, a l'aspect du *Bufo mauritanicus*. Rien d'impossible à ce qu'on ait confondu les deux espèces en Algérie. L'absence du pli tarsien ne permet pourtant aucune confusion.

DISTRIBUTION GÉOGRAPHIQUE. — (**M., Ai** : *Haut-Tell.*) — N'a été signalé qu'à Tlemcen par Böttger. Je ne l'ai pas rencontré de Tlemcen à Sebdou où je n'ai vu que son congénère. A été signalé à Bône et au Maroc.

ÉTHOLOGIE. — Le crapaud vulgaire est, d'après Lataste, « solitaire ». C'est là ce qui expliquerait sa rareté. En France, d'après le même auteur, il s'accouple dès la fin du mois de février. Il doit donc être encore plus précoce en Algérie.

19ᵐᵉ Famille. — HYLIDÉES

CARACTÈRES DE LA FAMILLE. — *Des dents vomériennes sur deux petits mamelons subglobuleux. Langue molle, à peu près entièrement fixe. Bouts des doigts élargis en un disque portant en dessous une pelote adhésive.*

Un seul genre en Berbérie :

Genre HYLA

CARACTÈRES DU GENRE. — *Orteils palmés. Des dents maxillaires et vomériennes. Langue un peu libre en arrière et légèrement échancrée. Membrane du tympan bien distincte, circulaire. Mâle avec un grand sac vocal externe placé sous la gorge.*

Une seule espèce en Berbérie :

55.   *Hyla arborea* L. var. (Pl. XXVI, fig. 1, *a*)

Fig. Albert Granger (*loc. cit.*), p. 130

La *var.* Boscà in *Ann. Soc. Esp.* 1881, pl. ii, f° 7-10 (d'après Blg.)
Héron-Royer, *Bull. Soc. Zool. France.* 1884, pl. IX

La rainette.

Hyla arborea *L., Strauch, Lall., Blg., Ern. Olivier.*
Hyla viridis *Guichenot.*
Hyla Perezi *Boscà*, in *Ann. Soc. Esp. Hist. nat.* IX, p. 181
    et X, t. II, f° 7-10.
Hyla arborea *L.* variété meridionalis *Böttger.*
Hyla barytonus *Héron-Royer*, in *Bull. Soc. Zool. France,*
    IX, p. 220, pl. 9.

La rainette de Berbérie a été rapportée à la variété *meridionalis* par Böttger lui-même. Voici, d'après M. de Bedriaga qui a fait une étude spéciale des diverses variétés de la rainette, les caractères distinctifs de notre variété :

« *La bande foncée liserée de blanc des côtés de la tête ne se prolonge pas le long du haut des flancs et des jambes ; elle ne dépasse pas l'épaule. Pied plus court que le mollet lequel est plus court que la cuisse.*

« *Chez le type la bande colorée liserée de blanc fait pour ainsi dire le tour du corps. Elle s'élargit de chaque côté du bassin en une belle tache. Le pied est souvent aussi long que le mollet lequel est un peu plus court que la cuisse.* »

Ces caractères sont loin d'être stables et certains échantillons sont intermédiaires aux deux formes extrêmes.

Voici maintenant la description d'une femelle vivante d'Oran :

Tête petite non séparée du tronc. Museau à contour anguleux obtus. Mandibule inférieure assez ogivale : largeur 17 millimètres, flèche 13.

Lèvres supérieures à bord assez émoussé, non échancrées à leur jonction. Bouche grande. Langue presque arrondie, un peu tronquée en arrière, fixe sur la majeure partie, libre sur une étendue à peu près égale au $\frac{1}{3}$ de la largeur. Arrière-narines petites, séparées par deux petits mamelons de dents vomériennes placées sur la même ligne. Aussi des dents sus-maxillaires.

Face du bout du museau verticale, un peu convexe avec une légère pointe au milieu. Trous des narines distants entre eux et de la lèvre de 3 millimètres. Régions sus-oculaires lisses, assez proéminentes, dépourvues de bourrelet.

Œil très saillant, aussi large que haut, distant de 4 mill. de la narine. Tympan petit (2,5) subcirculaire mais un peu plus long que haut, distant de l'œil de 1^m/^{m}1 et de la lèvre de 1 mill. Pas de parotides. Dessus de la tête présentant entre les régions sus-oculaires une large dépression plane.

Corps relativement long (45 millimètres) et étroit (25 millimètres au plus dans la région abdominale) ; absolument lisse en dessus ; rugueux, tuberculeux sur le ventre et sous les cuisses. Gorge lisse ou à peu près. (Chez le mâle elle est recouverte par un grand sac vocal externe, jaunâtre et pellucide). Membres grêles, les postérieurs très longs.

1º *Membres antérieurs.* — 4 doigts inégaux ; le pouce qui est le plus court (7 mill.), est conique dans la moitié inférieure ; il est limité, à la base, par un léger sillon ; le 2ᵉ doigt dépasse le pouce de 3 mill. ; le 3ᵉ, le plus grand, dépasse le 2ᵉ de 3,5 ; le 4ᵉ dépasse le 2ᵉ de 1 mill. Articulations portant chacune en dessous un tubercule simple un peu en pointe arrondie. Tous les doigts, comme les orteils, sont pourvus à leur extrémité d'une pelote adhésive jouant le rôle de ventouse. Un assez gros tubercule se trouve sur la base du pouce.

2º *Membres postérieurs.* — Orteils croissant régulièrement du 1ᵉʳ au 4ᵉ ; le 5ᵉ un peu plus court que le 3ᵉ. Un tubercule simple sous chaque articulation. Un tubercule oblong, saillant (2 mill.) au-dessous du 1ᵉʳ orteil.

Les jambes très longues et grêles permettent à l'animal de faire des sauts énormes.

COLORATION. — *Mâle.* — D'un vert d'herbe très clair, parfois un peu terne sur le dos, sur les avant-bras, sur les cuisses et sur les jambes. Une large bande brunâtre de la largeur du tympan s'étend de l'œil à l'épaule. Cette bande se bifurque obscurément en arrière ; parfois la branche supérieure parcourt le haut des flancs en bordant le vert du dos. La branche inférieure s'arrête vers l'épaule. La bande brune se fond sur le ventre. Des yeux à la narine une étroite bande brune va, en diminuant de largeur, de l'arrière à l'avant. Museau argenté au bout ; parties latérales vertes jusqu'à l'épaule. Aisselles, bras, dessous des avant-bras, dessus des mains et des pieds d'un gris doré argenté. Ventre, dessous des mains, des cuisses, des jambes et des tarses couleur chair. Des traits argentés à reflets dorés bordent les parties vertes de tout le corps. Les parties vertes des jambes sont bordées extérieurement par un filet blanc qui est lui-même parallèle et contigu à une bande étroite, fondue, d'un brun noirâtre comme sous le tarse et le pied. Sac vocal d'un jaune safran couvrant la gorge et y formant plusieurs plis.

Cette coloration a été prise le 17 mars après l'éclosion des œufs.

Femelle décrite ci-dessus. — Coloration générale du dessus identique à celle du mâle : du vert sur les mains, des taches sur les doigts ; tarses et pieds verts comme la jambe. Dessous du ventre blanc, légèrement jaunâtre ; gorge lisse, plus blanche que le ventre, portant, entre les aisselles, un pli qui est bien net lorsque la tête est relevée. Membres gris en dessous. Parties des aines et des jambes en contact à vifs reflets d'un jaune d'or. Dans l'eau le vert du dos devient olive très sombre et même d'un brun noirâtre.

Une autre variation offre une robe à fond gris brun pointillé de noir. Les grandes bandes persistent.

SEXES. — *Mâle.* — Un sac vocal externe, jaunâtre, très visible sous la gorge.

Femelle. — Gorge unie, blanche. Corpulence plus forte. Plus rare que le mâle.

TAILLE ET DIMENSIONS :

	Mâle (Oran)
Longueur du tronc	0,035^{m}/m
— totale..	0,103
— du membre antérieur.........	0,026
Plus grande longueur du coude plié au bout des doigts.....	0,021
— du coude au pli du poignet	0,010
— du pli du poignet au bout des doigts ..	0,0115
Longueur du membre postérieur tendu, depuis l'anus.......	0,068
Distance entre les genoux, les cuisses sur une même ligne...	0,040
Plus grande longueur de la cuisse repliée.	0,0225
— de la jambe repliée.	0,021
— du tarse replié.....	0,013
Longueur du métatarse et des orteils.....	0,018

DISTRIBUTION GÉOGRAPHIQUE. — (**B**: *T.*) — La rainette doit être répandue dans tout le Tell. Elle ne paraît pas monter sur les Hauts-Plateaux. Je l'ai prise à Oran, La Sénia, Bou-Sfer. M. Anderson l'a signalée à Tlemcen.

ÉTHOLOGIE. — La rainette est le plus élégant de nos batraciens. Aussi n'inspire-t-elle pas le dégoût que l'on a pour le crapaud. Elle est très agile et fait des sauts énormes. Si on la prend entre les doigts elle glisse comme une anguille.

La rainette n'est pas commune en Algérie. Hors la période des amours, on ne la rencontre que très rarement. Elle habite les lieux frais, mais de préférence les marais où elle trouve un refuge dans les racines ou sur les branches des tamarins. Du mois de février à la fin d'avril on la voit dans la journée accroupie sur les branches des arbustes ou sur les joncs ; aussi est-il toujours difficile de l'atteindre.

Dès la fin d'avril les rainettes deviennent très rares. Elles réapparaissent en automne si la saison est pluvieuse. Les jeunes seules restent en famille autour du point humide où elles sont nées.

Le chant de la rainette n'est guère agréable. Il peut se traduire par *carac... carac*. Au moment des amours, lorsque quelques mâles sont réunis autour d'un point d'eau, ils font, surtout la nuit, un vacarme assourdissant. Par un effet de ventriloquie la voix est multipliée et l'on croirait entendre des centaines de rainettes lorsqu'il n'y en a que quelques-unes.

Les rainettes apparaissent en février. L'accouplement a lieu presque aussitôt si elles trouvent de l'eau. En général il a lieu vers la fin de mars.

Les œufs sont pondus par petits groupes et déposés sur les lits de conferves ou suspendus aux plantes aquatiques. Leur diamètre est de 1,25 mill. de diamètre ; un tiers de la surface est noir ; les deux autres tiers sont blancs. L'éclosion est très rapide, mais l'évolution est très lente et dure environ 2 mois et demi (Roësel). A Oran, des têtards nés en mars ne sont devenus adultes que vers le milieu de mai.

Le têtard de rainette est le plus facile à reconnaître ; sa membrane dorsale monte bien avant sur le dos et s'étale · entre les yeux. Le museau largement obtus arrondi permet aussi de le distinguer aisément.

La rainette se nourrit d'insectes et principalement des diptères, névroptères, lépidoptères qui habitent les lieux marécageux. C'est un précieux auxiliaire dans les jardins. Elle rend surtout des services dans les vergers, car elle cherche sa nourriture jusqu'au sommet des arbres fruitiers.

Depuis longtemps on a attribué à la rainette des propriétés hygrométriques. Emprisonnée dans un bocal contenant de l'eau et dans lequel se trouve une petite échelle, elle plonge si le temps est à la pluie et elle monte lorsque l'air devient sec. Aux approches de la pluie elle chante.

Quoique le père Bugeaud ait fortement contribué à donner quelque notoriété à la rainette, les indications de cet hygromètre vivant sont loin d'être d'une grande valeur scientifique.

La rainette se laisse prendre facilement à la main ; mais on ne la voit pas souvent car elle sait se dissimuler. Grâce à ses pelotes adhésives qui lui permettent de se maintenir sur les surfaces les plus lisses elle se fixe sur une large feuille verte ou sur une branche. Sa peau subit des effets de mimétisme. Comme le caméléon, la rainette fait varier la coloration de sa robe et passe inaperçue.

20me Famille. — **DISCOGLOSSIDÉES**

CARACTÈRES DE LA FAMILLE. — *Dents vomériennes formant deux peignes occupant presque toute la largeur de la bouche en arrière des narines. Langue circulaire, libre sur son pourtour. Pupille anguleuse à la base, ayant presque la forme d'un triangle curviligne. Mâle dépourvu de sac vocal.*

Cette famille ne comprend qu'un seul genre et qu'une seule espèce :

Genre **DISCOGLOSSUS**

CARACTÈRES. — (*Voir ceux de la famille.*)

56. *Discoglossus pictus* Otth. (Pl. XXVI, fig. 2, *a, b, c, d*)

Fig. Lataste. — *Sur le discoglosse.* Bordeaux 1879
Héron-Royer, *Bull. Soc. nat. d'acclim. de France* 1901-1er sem.

Le discoglosse peint.

Rana temporaria *Rozet* non *Linné.*
Discoglossus pictus *Otth., Strauch, Lall., Blg., Ern. Olivier.*
D. sardus *Tschudi.*
D. auritus *H.-Royer* (Bull. Soc. zool. de Fr., 1880, XIII, p. 220).
D. Scowazzi *Camerano.*

CARACTÈRE PRINCIPAL. — *Pouce réduit à un tubercule.*

Espèce très variable. Elle a été subdivisée en espèces ou variétés qui se rapportent toutes à une seule et unique espèce (*D. pictus* Otth.) Deux formes se trouvent à Oran : l'une élancée (*D. auritus* Héron-Royer) ; l'autre trapue, à membres épais, (*D. sardus* Tsch.) Cette dernière est rare.

Voici la description d'un beau mâle de l'*auritus* d'Oran :
Tête assez forte, museau anguleux, subaigu, peu épais. Bout du museau, vu de profil, arrondi ; très saillant en dessous sur la mandibule inférieure (3 à 4 $^m/_m$). Celle-ci épaisse, allongée, mais arrondie antérieurement ; largeur 24 mill., flèche 14 ; débordée dans la moitié antérieure par la lèvre

supérieure et par le museau. Bouche grande moins extensible que celle des crapauds, et surtout que celle de la grenouille. Arrière-narines petites. Dents vomériennes en forme de deux peignes, presque contigus, disposés sur une même ligne laquelle traverse le palais dans toute sa largeur à $1^m/^m5$ en arrière de la ligne des narines. Langue circulaire (10 mill.), peu libre postérieurement et sur les côtés, fixe au milieu et en avant. Régions sus-oculaires très proéminentes, s'avançant peu sur les yeux. Pas d'arcade sourcilière marquée. Région frontale et dessus du museau plans ; la première à peu près de même largeur qu'une région sus-oculaire. Narines distantes entre elles de 5,5, du bout du museau de 4,5, de l'œil de 5,5 et hautes de 4,2. Région occipitale plane. Un sillon assez distinct va de l'œil au-dessous de la narine. Œil circulaire (4,5 de diamètre) bien visible en dessus ; pupille échancrée en bas ; iris d'un brun doré, à partie inférieure traversée par une large bande transversale d'un blanc grisâtre doré.

Membrane du tympan circulaire ou oblongue, alors oblique, plus ou moins visible. (Ce caractère sur lequel on a basé les diverses variétés est de peu de valeur car il est très variable.) Distance de l'angle de l'œil à l'angle de la bouche égale à celle de l'œil à la narine. En arrière de l'angle de la bouche se trouvent plusieurs tubercules de 5 à 6 mill. qui paraissent n'en former qu'un seul linéaire. Dos parcouru par des lignes assez saillantes de tubercules linéaires non contigus. Haut des flancs portant un fort pli de la peau qui va de l'œil jusqu'à la ceinture. Quelques rugosités sur les reins et sur les cuisses. Gorge et ventre lisses mais avec quelques points blancs saillants, épars, bien plus nombreux et plus forts sur les cuisses de chaque côté de l'anus.

Au bas de la gorge existe la trace d'un collier curviligne parfois bien marqué sur les côtés du cou ; le pli n'est pas saillant au milieu, mais on peut le reconnaître.

Membres forts, assez courts, plus robustes chez le mâle que chez la femelle. Épaisseur de l'avant-bras chez le mâle décrit 9 millimètres.

1° *Membres antérieurs.* — Doigts très légèrement réunis par une membrane ; le pouce réduit à un gros tubercule ovalaire

(3 à 4 mill.) ; 2ᵉ doigt aussi large que le pouce, triangulaire, épais, court (4 mill. sur 3,5) ; 3ᵉ doigt un peu plus long, plus étroit (5 sur 2) ; le 4ᵉ le plus long (8 mill. sur 1,5) ; le 5ᵉ égale le 3ᵉ. Un fort tubercule à la base du 5ᵉ doigt et un autre moindre, plus haut placé, à la base du 4ᵉ. Bout des doigts légèrement renflé. Des tubercules simples, peu saillants sous les articulations.

2° *Membres postérieurs.* — Orteils très palmés, augmentant régulièrement de longueur du 1ᵉʳ au 4ᵉ ; le 5ᵉ atteignant le milieu de la distance entre le 2ᵉ et le 3ᵉ. Un tubercule saillant, oblong (2,5 sur 1) à la base du 1ᵉʳ orteil. Des tubercules simples, peu saillants sous les articulations. Pas de pli tarsien.

TAILLE ET DIMENSIONS :

	mâle	femelle
Longueur du tronc......................	0,067	0,066
— totale........................	0,174	0,147
— du membre antérieur (de l'épaule)	0,039	0,031
Plus grande longueur du coude plié au bout des doigts......	0,030	0,025
— de l'avant-bras replié............	0,015	0,013
— du poignet plié au bout des doigts...	0,019	0,014
Épaisseur de l'avant-bras................	0,009	0,0055
Longueur des 3 phalanges du grand doigt..	0,008	0,007
— du membre postérieur tendu, depuis l'anus...	0,110	0,097
Distance entre les genoux, les cuisses sur une même ligne.	0,064	0,058
Plus grande longueur de la jambe repliée..	0,036	0,033
— du tarse replié......	0,023	0,020
Longueur du métatarse et des orteils.......	0,032	0,028
— du grand orteil (4 phalanges)...	0,018	0,016

COLORATION. — Voici la plus commune, celle d'un mâle :

Fond à couleur de grès clair, devenant d'un gris olivâtre à l'ombre, de teinte uniforme en dessus ; Dos orné de petites taches noirâtres, très distantes, régulièrement disposées. Chaque tubercule dorsal porte une tache allongée coupée au centre par le sommet roux doré du tubercule. L'ensemble des taches forme comme les tubercules quatre rangées. Les deux rangées médianes sont plus longues : elles comptent 8 à

10 taches (les latérales n'en ont que six); parallèles sur la majeure partie de leur longueur, elles s'écartent sur la tête et leur ensemble forme une espèce de trapèze dont la base curviligne passe par le milieu des mamelons sus-oculaires. Le dessus du museau est clair. En arrière, les deux rangées se rejoignent en une seule tache placée sur l'extrémité coccygienne.

De chaque côté du museau une bande noirâtre va de l'œil au bout du museau en passant par la narine. Lèvre supérieure bordée de noir.

Tympan taché dans la région supérieure et bordé par un large trait d'un beau noir (8 mill.) compris entre le coude du pli longitudinal et l'œil. Plus en arrière, au-dessus de l'épaule et contre le pli longitudinal, se trouve une tache oblongue (6 mill. sur 2) d'un beau noir ; cette tache est bordée par un trait doré qui ressort vivement.

Les flancs sont parsemés de taches plus ou moins obscures. Le pli saillant, qui de chaque côté sépare les flancs du dos et va de l'œil à l'aine, est d'un roux doré.

Les membres sont coupés sur toute leur longueur par de larges taches d'un brun noirâtre qui vont en se rétrécissant vers les extrémités.

Dessus du corps d'un beau blanc, lavé de jaune aux plis des bras et des jambes. Dessous des mains et des pieds d'un gris gélatineux.

VARIATIONS. — La coloration précédente offre quelques légères variations :

1º Le plus souvent le fond devient d'un roux olivâtre et les taches dorsales s'élargissent en devenant obscures.

Une variation plus importante est la suivante :

Les taches oblongues ont 5 à 6 mill. de long sur 3 mill. de large, elles sont d'un noir mat tranchant nettement sur le fond. Le pli latéral est d'un jaune orangé très vif. De larges taches de même couleur se voient sur les membres ; elles semblent former le fond de la coloration.

2º Parfois un filet blanc borde en avant la tache pariétale et un autre la tache tympanique.

3° La variation la plus intéressante est la suivante :

Le fond du dos est coupé par trois larges bandes jaunâtres, claires, parfois presque blanches, qui se détachent très vivement sur le fond olivâtre.

La bande médiane va du bout du museau jusqu'au bas du dos ; large de 67 mill. au milieu, elle se rétrécit en arrière et n'a plus que 1,5 mill. sur le coccyx ; ses bords, quoique symétriques, ne sont ni droits ni parallèles ; ils sont formés par une ligne brisée à éléments plutôt courbes. La partie qui se trouve sur la tête est un peu sombre ; celle qui parcourt le dos est d'un blanc jaunâtre ou orangé, bordé de chaque côté par un filet d'un beau blanc.

La tache occipitale est coupée par la bande longitudinale ; celle de chaque mamelon se continue sur le dos par une large bande noirâtre qui passe au brun olivâtre en arrière; la partie noirâtre se sectionne en deux lignes de taches, chaque tache étant placée sur un tubercule.

A l'extérieur de la grande bande noirâtre s'en trouve une autre de la couleur de la bande médiane, mais qui disparaît vers le milieu des flancs. Cette bande claire est suivie en dessous d'une bande noire formée par deux ou trois longues taches dont la première va de l'œil à l'épaule en s'élargissant sur le tympan qu'elle couvre presque entièrement; la 2ᵉ est celle de l'épaule. Les membres présentent des taches irrégulières noires bordées de clair.

Cette variation se rencontre souvent à la fin des métamorphoses ; mais les sujets adultes qui la présentent sont rares.

4° Enfin une variation tout aussi importante et plus rare est la suivante :

Le fond est d'un rouge de brique uniforme, sans taches en dessus. Il n'y a des taches noires que sur le pourtour du corps.

La tache du tympan et celle de l'épaule sont très nettes, de même que la bande qui va de l'œil au bout du museau. Les taches de la lèvre supérieure sont confluentes et forment une large bande à bord supérieur irrégulier qui s'étend presque jusqu'au dessous du coude. Les flancs sont d'un gris taché de noirâtre. Les taches des membres sont plutôt placées sur les côtés des bras et des jambes ; les tarses les présentent en dessous. Ventre blanc.

Sexes. — *Mâle.* — Un gros tubercule représentant le pouce aussi large ou plus large que le doigt suivant qui est lui-même 2 à 3 fois plus large que les autres. Tubercule du 5ᵉ doigt moitié plus petit que le gros tubercule du pouce.

Au moment des amours le pouce, le 2ᵉ et le 3ᵉ doigts portent chacun, du côté interne et en dessus, une large plaque lichéniforme d'un brun noir. Les palmures des orteils sont aussi bordées d'excroissances de même nature. Enfin une large bordure de points noirs très fins et très serrés contourne la mandibule inférieure. Des points semblables forment une large bande qui coupe la base de la gorge. On en trouve aussi d'autres épars sur la poitrine.

Femelle. — Gros tubercule représentant le pouce pas plus large que les autres doigts et guère plus grand que les autres tubercules. Pas d'excroissances lichéniformes au moment des amours.

Observations. — Les variations du *Discoglossus pictus* ont été séparées par divers auteurs et élevées au rang de sous-espèces et même d'espèces. On trouve en Algérie deux formes principales :

L'une à corps élancé, à membres relativement grêles ; c'est le *D. pictus* dont M. Héron-Royer a fait *D. auritus.* Cette forme est commune à Oran et dans les environs.

L'autre à corps trapu, à membres très robustes, se rencontre rarement sur le littoral. Je ne l'ai vue qu'une ou deux fois à Oran. M. Boulenger (in litt.) rapporte cette forme au *D. sardus* Tschudi. Avec MM. de Bedriaga et Boulenger je réunis toutes ces formes (*D. Scowazzi* Cam. compris) en une seule espèce *D. pictus* Otth. J'ai d'ailleurs de la peine à fixer la variété *auritus* (D. Héron-Royer) créée pour la forme algérienne.

Pour faciliter l'étude de cette question, voici un court

extrait du travail de M. Héron-Royer (*Bull. Soc. nat. d'acclimatation de France*, 1891. 1er semestre, p. 509) (1) :

« *D. pictus* et *D. auritus* sont différenciés par la forme de la tache temporale : étroite chez *pictus*, large chez *auritus*. Le premier a l'oreille dissimulée sous la peau ; chez le second elle est apparente et le tympan se montre circulaire comme chez les grenouilles. (A Oran, le tympan est plus ou moins apparent, parfois très net, d'autrefois il disparaît presque entièrement sous la tache.) Le *pictus* a le corps court et trapu et ses membres postérieurs sont plus épais et plus courts que chez l'*auritus*. Ce dernier atteint une plus grande taille et ses formes sont plus élancées ; son aspect est celui de la grenouille agile, mais sa coloration est beaucoup plus variée : elle présente un ensemble de nuances et de dessins le plus souvent symétriques et très agréables à la vue. »

M. Héron-Royer cite son *D. auritus* d'Algérie, du Maroc, de Tunisie. Le *D. pictus* se trouverait, d'après le même savant, en Espagne, en Portugal, en Corse et en Sardaigne. Que devient alors la variété *sardus* de Tschudi ?

M. de Bedriaga a donné un tableau comparatif intéressant des dimensions de *D. pictus* et *D. sardus* (2) que je reproduis ci-dessous. J'y joins les dimensions de *D. auritus* d'Oran :

	Pictus (femelle) Coïmbra	Sardus (femelle) Corse	Femelle Oran
Longueur totale du tronc...............	56m/m5	54m/m	68m/m
Largeur de la tête au-dessous des yeux.......	13	16	20
Plus grande largeur de la tête....	11	19.5	25
Distance entre les paupières....	3.5	4	5
— de l'œil à la racine du bras.........	10	12	14
— de l'anus au genou..............	24	27	34
Longueur de la cuisse....	26	28	31
— de la racine du tarse au tubercule du talon.	14	15	20
— des tubercules du talon à l'extrémité du grand orteil.....	23	25	28

(1) Voir la description originale, *Bulletin Société zoologique de France*, XIII, p. 20. 1888. — Aussi *Bull. Soc. Angers*, 1880, p. 117.
(2) in *Die Lurchfauna Europa's*. I. Anura, p. 300. 1891.

Ce tableau présente quelques différences saillantes. Chez *D. pictus* la tête est plus petite que chez *D. sardus* tandis que le corps est plus long. Les autres dimensions restent relativement plus grandes chez *D. sardus* que chez *D. pictus*.

Mais si on rapproche les chiffres donnés par M. de Bedriaga des dimensions de la femelle d'Oran, on voit que les proportions vont en augmentant très sensiblement et que la variété algérienne se distingue surtout par ses plus grandes dimensions.

DISTRIBUTION GÉOGRAPHIQUE. — (**B.** : *T.*, *H.-P.*) — Quoique rare, le discoglosse se rencontre dans le Tell, partout où il y a de l'eau. Il monte même par les cours d'eau sur les Hauts-Plateaux. On le trouve à Oran et dans les environs. Je l'ai pris à Kristel, Saint-Cloud, Saint-Lucien, Le Tlélat, Misserghin, Bou-Sfer, le Sig, Aïn-Témouchent, Arlal, dans la vallée de la Tafna près de Sebdou, à Daya et à Saïda. Je l'ai de Marnia, de Tlemcen (P. Pallary). M. Anderson le cite aussi de cette dernière localité.

ÉTHOLOGIE. — Après la rainette, le discoglosse est le plus rare de nos batraciens. On ne le rencontre presque jamais en dehors de la période des amours, du moins sur le littoral. Il ne quitte pas les lieux humides ou arrosés. Il se plaît dans les ruisselets et les petits canaux à bords herbeux.

Les jeunes discoglosses apparaissent les premiers dès le mois de septembre. Les moyens les suivent. Les adultes sortent en automne et, dès le mois de décembre, on peut les trouver dans les canalisations et les bassins des jardins. C'est de février à avril qu'ils sont le plus fréquents, mais on ne les rencontre presque jamais en nombre supérieur à deux ou à trois. Je les ai pourtant rencontrés une fois par centaines, en septembre, le long d'un cours d'eau dans le Haut-Tell.

En été, le discoglosse se réfugie dans les fentes profondes, sous les grosses pierres, non loin des lieux arrosés ; s'il est resté prisonnier dans un trou d'eau, il se tient continuellement au fond, du moins dans le jour.

A Oran il est difficile de se procurer des discoglosses.

Ce n'est qu'en février-mars qu'on peut arriver à découvrir quelques individus dans les bassins, puits et citernes d'Oran. On peut en rencontrer un plus grand nombre en suivant les ruisselets. Le discoglosse se laisse prendre facilement à la main ; mais il glisse entre les doigts comme une anguille.

Ce batracien n'a pas une voix puissante comme ses congénères. Il ne possède que des rudiments de sacs vocaux. On a cru pendant longtemps qu'il était muet. Il pousse de légers cris lorsqu'on le saisit. M. Héron-Royer a surpris le chant du mâle au moment des amours :

« Ce chant, que l'on peut exprimer ainsi : *ra-a, ra-a, ra-a,* par une note haute alternativement suivie d'une note un peu plus basse, est répété sept ou huit fois assez vite sans interruption ; puis, après une pause, le chant recommence plus ou moins élevé, suivant l'impression du moment.

« Ce chant d'amour n'est point bruyant, cependant dans la nuit on peut l'entendre d'assez loin (1). »

Les individus des deux sexes se recherchent dès l'hiver et l'accouplement a lieu de très bonne heure. Les mâles vont à l'eau les premiers. On en trouve souvent plusieurs réunis attendant l'arrivée d'une femelle. Dans le jour ils restent immergés. S'il y a des herbes aquatiques ils se cachent en dessous ne laissant sortir que le bout de leur museau. Les discoglosses ne se plaisent que dans les eaux claires. On ne les trouve dans les eaux croupissantes que lorsqu'ils y sont retenus prisonniers.

La ponte la plus précoce que j'ai observée a eu lieu dans la première quinzaine de février ; la plus tardive fin juin. La ponte générale se fait dans la première quinzaine de mars. L'accouplement a lieu la nuit. La ponte est abondante ; elle est de plus de 500 œufs qui tombent isolément au fond de l'eau. Le diamètre de chaque œuf est de près de 2 mill. ; le tiers inférieur est blanc, le reste est noir à sommet aplati. L'éclosion a lieu au bout de trois jours (Hér. Royer) et l'embryon se développe très vite.

---

(1) Héron-Royer (*loc. cit.*)

Certains caractères des jeunes têtards sont assez saillants :
le museau est d'abord un peu allongé ; plus tard il devient large
et nettement arrondi ; le corps est oblong ; la membrane
supérieure caudale n'atteint pas le milieu du dos ; l'anus
s'ouvre en dessous.

Les têtards du discoglosse sont difficiles à distinguer de ceux
du *Bufo viridis* si on n'a pas ces derniers sous la main :
les premiers ont le tronc oblong de couleur assez claire,
tandis que les seconds ont le tronc nettement polygonal de
couleur noire.

La durée des métamorphoses est de deux mois environ.

Suivant la richesse alimentaire des eaux les têtards sont
plus ou moins gros ; ils peuvent atteindre au moment où les
pattes postérieures sortent $16 + 25 = 41$ mill.

Les métamorphoses terminées l'animal quitte l'eau, sinon
il se noie. Sa taille est à peu près de 10 millimètres du museau
à l'anus ; sa longueur totale de 22. Les jeunes discoglosses
grossissent assez vite. En septembre ils atteignent 36 millimètres et une longueur totale de 91.

Malgré l'abondance de la ponte, peu de têtards réussissent.
D'abord les parents les dévorent le plus souvent ; ensuite
comme les pontes ont lieu dans des bassins, des mares ou des
flaques où l'eau n'est pas à l'état permanent, les jeunes
discoglosses ne trouvant pas l'humidité qui leur est nécessaire
sont desséchés par le soleil.

Dans une ponte, lorsque les métamorphoses sont terminées,
on trouve les diverses variations de coloration. Les individus à
bandes dorsales claires sont alors très nombreux. Leur nombre
diminue très vite. La coloration rouge brique est bien
plus rare.

Le discoglosse est un insectivore dont l'utilité est incon-
testable. Sous ce rapport c'est le plus intéressant de nos
batraciens. Il n'a pas l'aspect repoussant des crapauds et il a
sur la grenouille l'avantage d'être aussi élégant et moins
sauvage. Il a encore sur sa congénère une autre qualité : sa vie
est moins aquatique. Le discoglosse devrait devenir un véritable

batracien domestique. En France, où les crapauds disparaissent, on a tenté de l'acclimater. Les essais ont réussi (1).

En Algérie il devrait être multiplié et les jardins potagers devraient en être abondamment pourvus. L'élevage des têtards est aisé. L'essentiel est de les mettre à l'abri de la gloutonnerie des adultes ou de la rapacité des oiseaux. Pour cela il suffit de recouvrir le bassin d'une toile métallique. Les galeries humides ménagées sous les bassins réservoirs seraient les meilleurs abris pour faciliter la conservation des adultes.

Les discoglosses sont une proie facile pour les couleuvres vipérines. N'ayant pas l'agilité de la grenouille, ils nagent difficilement. J'ai pu constater, au moment des amours, que les discoglosses étaient lestement capturés par des vipérines. On en trouve souvent avec les membres amputés par la dent des couleuvres.

______

(1) On attribue la disparition des crapauds à l'extension qu'ont prise les voies ferrées. On suppose que les crapauds arrêtés par les rails sont souvent écrasés par les trains. Le drainage des terres en desséchant les lieux marécageux contribue aussi à faire disparaître ces précieux auxiliaires du cultivateur.

Ordre des Urodèles

Caractères de l'ordre. — *Corps le plus souvent lacerti-forme, pourvu d'une longue queue à tous les âges. Peau non écailleuse, nue ou verruqueuse. Pas de plaques sur la tête. Bouche pourvue de dents aux deux mâchoires et au palais. Pas de tympan. Quatre membres disposés pour la marche, mais à doigts et orteils élargis pour permettre la natation. Des branchies très visibles pendant la durée des métamorphoses; généralement des poumons à l'âge adulte. Ovipares ou vivipares. Larves pisciformes.*

Caractères de classification des Urodèles. — Les caractères de classification des urodèles sont tirés : 1º de l'organisation de l'appareil respiratoire à l'âge adulte ; 2º de la disposition des dents palatines ; 3º de la présence ou de l'absence d'amas de glandes représentant les parotides.

Généralités. — Les urodèles adultes ont le corps lacerti-forme ce qui, dans l'eau, leur donne l'aspect de lézards aquatiques. Leur bouche est grande et pourvue de dents sur les deux mâchoires et au palais. Les dents palatines sont disposées sur deux rangées parallèles ou obliques entre elles, droites ou courbes. La membrane du tympan manque. Les narines sont placées au bout du museau et non en dessus. La langue n'est libre que sur son pourtour postérieur. L'organi-sation interne ne diffère guère de celle des batraciens adultes. Presque tous les urodèles respirent par des poumons. Tous ont des branchies bien développées péndant les métamorphoses. Le squelette est pourvu de côtes. La peau est nue et finement verruqueuse ; elle secrète une viscosité parfois abondante. Elle peut porter des piquants comme chez *Molge Valtlii*. La mue est très fréquente et a lieu comme chez les batra-ciens. Les urodèles ne chantent pas mais font entendre de légers cris. Presque tous sont soumis à des métamorphoses complètes.

Sexes et reproduction. — Les urodèles s'accouplent par rapprochement des organes génitaux comme les lézards ; mais l'organe copulateur du mâle est de forme spéciale et peu apparent. Il a la forme d'un renflement que recouvrent les lèvres du cloaque relevées en mamelon saillant. Ce mamelon distingue les mâles.

Les femelles pondent en général des œufs fécondés ; mais la salamandre met au monde des petits à peu près parfaits pourvus de leurs quatre pattes.

Les larves ont la forme de petits poissons ; elles respirent par des branchies bien développées qui les font aisément reconnaître. Leurs formes se dessinent rapidement et, peu de jours après leur naissance, les jeunes larves ne sont qu'une réduction de l'animal adulte. Les branchies persistent assez longtemps.

Les urodèles algériens sont à peu près inconnus ; mais comme ils sont bien voisins de ceux d'Europe on peut en conclure qu'ils n'en diffèrent pas par leur organisation générale.

Si on a trouvé les adultes, on ne connaît guère les larves. Il serait précieux de les récolter et de suivre les phases de leurs métamorphoses. On devra les rechercher après les pluies d'automne et pendant l'hiver dans les puits, les citernes, les trous d'eau des carrières abandonnées, les flaques des ravins frais, etc.

Reproduction des membres amputés. — Les urodèles jouissent de l'étonnante faculté de voir se régénérer les membres coupés. Un œil même, enlevé en partie, se reconstitue. Pour qu'une patte se reforme, il faut que la base du membre existe. Ce phénomène est certainement l'un des plus curieux de la vie animale.

Mœurs, habitat. — Nos urodèles sont terrestres. Ils ne vont à l'eau qu'à l'approche de la période des amours. En dehors de cette période, ils sont essentiellement nocturnes ; aussi on n'a des chances de les voir que pendant la saison où ils vivent dans l'eau. On devra les rechercher dans les sources et les ruisseaux des forêts de chênes ; aussi, dans les marécages d'eau douce que forment les oueds dans les plaines.

L'ordre des urodèles est représenté en Berbérie par une seule famille :

21ᵐᵉ Famille. — SALAMANDRIDES

Caractères de la famille. — *Pas de trou branchial sur les côtés du cou à l'état adulte. Paupières horizontales. Quatre membres disposés pour la marche.*

Les espèces barbaresques peuvent être réparties dans deux genres dont voici le tableau :

Salamandrides. — TABLEAU DES GENRES

1° *Adultes.*

Des parotides très développées. Coloration à fond d'un beau noir avec quelques grandes taches d'un jaune orangé, assez souvent mêlées d'autres taches d'un rouge de sang.

Genre **Salamandra.**

Pas de parotides. Coloration à fond roussâtre bariolé de diverses couleurs.

Genre **Molge.**

2° *Larves.*

Branchies courtes atteignant au plus le milieu du bras rabattu le long du corps.

Genre **Salamandra.**

Branchies très longues dépassant le bras.

Genre **Molge.**

Genre SALAMANDRA

CARACTÈRES DU GENRE. — *Des tumeurs glanduleuses réunies en forme de parotides. Langue discoïde, fixe en avant, libre sur son pourtour. Dents palatines sur deux rangées sinueuses, symétriques. Corps lacertiforme ; queue longue. Quatre doigts, quatre orteils.*

Une seule espèce en Berbérie :

57. *Salamandra maculosa* Laur.

Variété **ALGIRA** de *Bedriaga* (Pl. XXVII, fig. 2)
Fig. Blg. *Cat. of Barbary.* (Pl. XVIII, fig. 3)

La salamandre terrestre.

Salamandra maculosa *Laur., Guich., Strauch, Lallemant.*
S. maculosa *variété* algira de *Bedriaga, Blg., Ern. Olivier.*

CARACTÈRE PRINCIPAL. — *Corps grand, noir, à grandes taches jaunes.*

La salamandre terrestre se reconnaît facilement à sa coloration. La variété *algira* spéciale à l'Algérie et au Maroc se distingue du type par ses dimensions plus sveltes, par ses taches moins nombreuses et plus petites.

Grâce au dévouement de M. de Lariolle, j'ai eu en mains sept exemplaires de la forme algérienne. Voici la description d'un beau mâle vivant :

Corps lacertiforme à membres bien constitués. Tête aplatie, plus longue que large ; plus grande largeur 20 mill. un peu en avant de l'angle de la bouche ; distance entre les angles de la bouche 19 mill. ; flèche 15 mill. ; longueur du pli collaire au bout du museau 28 mill. La tête se rétrécit sensiblement jusqu'au pli du cou. Museau et mandibule inférieure à contour ogival arrondi au bout. Extrémité du museau vu de profil convexe. Narines sur les côtés du museau, peu visibles, distantes, entre elles, de 8 mill., du bord de la lèvre, de 2 mill., de l'œil, de 6 mill. Lèvre supérieure débordant peu l'inférieure. Régions sus-oculaires assez proéminentes, séparées par la région frontale bien plus large que l'une d'elles. Arcades sourcilières non en bourrelet. Distance entre les arcades 17 mill. ; entre les bords internes des régions sus-oculaires 7,5. Parotides grandes, oblongues, longues de 14 mill., larges de 7, séparées de l'œil par un pli. Arrière-narines circulaires avec un pli oblique, distantes entre elles de 8 mill. Dents palatines sur deux rangées très longues. La partie visible forme un grand point d'exclamation ; les portions parallèles ne se touchent pas ; au fond de la gorge elles s'écartent de dedans en dehors. Les extrémités antérieures sont distantes de 1,2 mill. et dépassent la ligne du milieu des arrière-narines de 1,5 mill. La longueur totale est de 12 mill. ; le plus grand écartement antérieur, de 1,5 ; celui des branches postérieures, de 4 à 5 mill.

Yeux assez petits ; paupière inférieure épaisse.

Un pli, plus ou moins marqué, se montre de chaque côté du cou ; il se continue en dessous en ligne droite.

Corps cylindrique, à flancs un peu renflés, assez plat en dessous.

Membres bien développés. Dessous des cuisses plissé en réseau. Queue presque aussi longue et même plus longue que le reste du corps, arrondie en dessus, un peu sillonnée vers le bout, *assez comprimée par les côtés* (1), peu convexe en dessous. Chez la femelle il y a deux sillons, l'un supérieur, l'autre inférieur, assez bien marqués.

Flancs parcourus par une dizaine de sillons parallèles, peu obliques, distants de 4 mill. ; les bandes qu'ils limitent portent de petites alvéoles pustuleuses, qui, à la partie supérieure, forment des groupes de 2 ou 3 ayant 1 mill. de diamètre ; ces bandes correspondent aux côtes et sont saillantes arrondies ; parfois les alvéoles y sont remplacées par de fortes rugosités boursouflées. Le milieu du dos est parcouru par deux lignes rapprochées de tubercules allongés bordant un sillon. (Ce caractère semble plus apparent chez les femelles.)

Région cloacale relevée en un fort et large mamelon. Dans mon exemplaire les lèvres sont écartées et forment un cercle ouvert à la base ; le diamètre transversal est de 6 mill. ; la lon-

---

(1) Les auteurs donnent à la salamandre d'Europe comme caractère *générique* « queue ronde ».

gueur jusqu'au bout de la fente est de 9 mill. A l'intérieur se trouve un anneau, fendu en bas. Cet anneau a 5 mill de grand diamètre et 2 mill. de petit ; il est divisé en de nombreux petits rectangles d'un demi-millimètre au plus. Cet organe doit remplir le rôle de ventouse pendant l'accouplement. Si on tire sur la queue il s'allonge et prend la forme d'un fer à cheval ; de même, le contour des lèvres.

1º *Membres antérieurs.* — Mains courtes, à peine plus larges que les bras, concaves en dessous. 1er doigt (interne) court (4 mill. en dehors, 2 en dedans) ; 2e doigt (7 mill. jusqu'à l'angle) ; grand doigt 8 mill. ; 4e doigt (4 mill. intérieurement). Doigts aplatis en dessous, larges de 1,5 à 2 mill. en moyenne au milieu. Extrémité tuberculeuse. Une légère tubérosité à la base des 1er et 4e doigts.

2º *Membres postérieurs.* — Pieds bien plus larges que les mains et que les jambes, plats et plissés en dessous, un peu concaves même. 1er orteil très court (3 mill. en dehors et 2 en dedans) ; 2e orteil (7 et 5 mill.) ; 3e orteil (9 mill.) ; le 4e le plus long (9,5 mill.) Orteils moins aplatis en dessous que les doigts, à bords à peu près parallèles ; extrémités presque en boule. (Chez une femelle d'Autriche les orteils sont sensiblement atténués ; le 1er est conique.)

Coloration. — *Mâle vivant* (colonne nº 1). — Fond d'un noir foncé un peu mat. Corps présentant en dessus plusieurs taches jaunes et rouges sans symétrie dont voici la distribution :

Régions sus-oculaires jaunes en dessus et d'un rouge sang en avant et en arrière. Arcades sourcilières d'un noir rougeâtre. Parotides jaunes en dessus et aussi en dessous postérieurement, entourées de noir en avant ; extérieurement elles sont bordées, depuis l'œil jusque sur le cou, d'une longue et large tache rouge. Seules les taches des régions sus-oculaires et celles des parotides présentent quelque symétrie.

Sur le cou se trouve une grande tache transversale échancrée en avant, à laquelle font suite, sur le dos, quatre taches irrégulières (de 7 mill. sur 3 en moyenne). Ces taches alternent entre elles et touchent la double ligne dorsale de tubercules ; elles sont à peu près à égale distance l'une de l'autre. Près de l'aisselle, sur le bras, il y a une petite tache jaune bordée de rouge ; une ou deux très petites, jaunes et rouges, se voient sur l'avant-bras, et une seule, sur les mains et les pieds. Le fond noir des flancs est parsemé de quelques points rouges.

Membres postérieurs tachés comme les antérieurs. En arrière de la ligne des cuisses, en dessus, commence une tache jaune, longue et étroite qui s'étend en arrière ; elle a 10 mill. sur 2 à 3. Sur la queue on voit cinq séries de taches doubles, rondes, qui se rapprochent l'une de l'autre sur la ligne médiane supérieure ; elles sont jaunes et visiblement bien bordées de rouge, surtout celles placées vers le bout de la queue. Mamelon du cloaque taché de jaune de chaque côté.

Dessous du corps d'un violet noirâtre. Pourtour inférieur de la bouche bordé de taches rouges qui s'étendent sur la gorge.

Autre mâle en alcool (colonne nº 3). — La tache jaune du cou existe, elle est ronde ; celle de chaque membre existe aussi ; celle de la croupe est transversale. Les taches du dos sont au nombre de sept et disposées sans aucune symétrie, la première, en avant, est branchue et très longue. Cet échantillon présente en outre des bandes roussâtres de chaque côté du cou et sur chaque bande costale.

Femelle vivante (colonne nº 2). — *Jeune.* — Coloration plus vive. Sept taches jaunes sur le dos, trois à droite, quatre à gauche. Taches isolées du cou et de la croupe présentes, ce qui porte à neuf le nombre de taches. Ces taches mesurent en moyenne 3,5 mill. sur 2 et 3. La plus longue a 9 mill. sur 2. Taches de la queue éparses.

Femelle pleine en alcool (colonne nº 6). — Tiers et même moitié des parotides de couleur noire du côté externe. Deux taches jaunes sur le cou, distantes ; deux taches en arrière ; une autre, très longue, oblique, irrégulière au-dessous du milieu du dos, coupe la ligne dorsale ; enfin une dernière tache existe sur la croupe. Sur la queue les taches sont éparses.

En résumé, le nombre de taches dorsales paraît moindre chez la femelle que chez le mâle. Ses parotides sont aussi moins jaunes. Ces caractères ont peu de valeur. Peut-être les taches rouges à l'état vivant présentent-elles quelque intérêt.

SEXES. — *Mâle*. — Région cloacale formant un fort mamelon. Lèvre s'écartant naturellement en cercle et laissant voir la couronne de l'organe copulateur.

Femelle. — Fente cloacale longitudinale, simple et fermée.

TAILLE ET DIMENSIONS :	1	2	3	4	5	6	7
	mâle	fem.	mâle	fem.	fem.	fem.	mâle
Longueur totale.	205	120	220	208	192	226	152
Épaisseur du corps.	18	11	23	24	24	28	19
Longueur du museau à l'extrémité antérieure de l'ouverture du cloaque.	107	68	169	110	103	115	82
Longueur de la queue.	98	52	111	93	89	111	70
— du museau au pli collaire.	29	17	28	30	26	31	22
Largeur maxima de la tête.	20	13,5	20	21	19	21	15
Hauteur au niveau des parotides.	8	8	9	10	8	9	7
Longueur du membre antérieur depuis l'épaule	36	22	40	36	31	38	25
— du bras (coude plié).	14	8	16	14	13,5	16	11
— de l'avant-bras (poignet et coude pliés)	13	7	12	12	11	12	9
— de la main.	14	8,5	17	14	12	18	10
— du 1er doigt, 1 phalange. . . .	2	1	2	2	2	2	1,5
— du 2e doigt, 2 phalanges (1).	5	3	6	5	5	5,5	3,5
— du 3e doigt, 3 — . . .	7,5	4	8,5	7	6,5	7,5	5
— du 4e doigt, 2 — . . .	4,5	2,3	5	4,5	4	5	4
Distance entre l'aisselle et la ceinture. .	56	35	56	57	57	62	42
Longueur du membre postérieur	40	23	43	35	35	40	28
— de la cuisse.	13	7	14	11	11	12	9
— de la jambe.	12	7	14	11	11	12	8
— du tarse et du pied.	18	10	18	18	18	19	14
— du 1er orteil.	2	1,2	2	2	2	2	2
— du 2e orteil, 2 phalanges. . . .	5,5	3,2	6,2	5,5	4	6	3,5
— du 3e orteil, 3 —	8,5	5	9,5	8,5	8	9,5	6
— du 4e orteil, 3 —	9	5	10	9	8	9,5	6
— du 5e orteil, 2 —	5	2	5,5	4,5	4,2	5	3

(1) Entre deux doigts il y a, en outre, un ang'e membraneux d'au moins un millimètre de profondeur.

DISTRIBUTION GÉOGRAPHIQUE. — (**M.**, **Ai** : *T.*) — La salamandre n'a été signalée que dans les environs d'Oran par Guichenot. Depuis, elle n'y a plus été retrouvée. Je l'ai cherchée vainement. Je désespérais de la connaître lorsque le 21 novembre 1897 M. de Lariolle m'apporta deux individus vivants qu'il avait recueillis aux mines de Rar-el-Maden près de Montagnac. Au mois de mai 1898 il m'en apporta cinq autres en alcool. Je ne saurais trop remercier ce chercheur infatigable auquel la science oranaise doit plus d'une découverte. En simple amoureux de la Nature, M. de Lariolle emploie ses loisirs à recueillir des matériaux qu'il distribue généreusement aux naturalistes oranais.

ÉTHOLOGIE. — Je ne sais que peu de chose sur la salamandre algérienne. Les échantillons vivants que j'ai reçus de Rar-el-Maden, le 21 novembre 1897, avaient été trouvés en déracinant des arbres. Les autres ont été pris au printemps suivant dans les puits de la localité. Le plus curieux c'est que le point où sont établies les habitations du personnel de la mine est dépourvu de sources et de rivière. Les puits y font plutôt l'office de citernes. La région est donc sèche et les salamandres n'ont de l'eau que lorsqu'il pleut. En revanche l'altitude est élevée et le terrain boisé.

La salamandre est nocturne. Voilà pourquoi elle échappe aux recherches. La meilleure époque pour la trouver est celle de la ponte. C'est donc de mars à mai qu'il faudra surveiller les puits, les mares, les flaques d'eau, etc., principalement dans les régions montagneuses du Tell. On pourra y trouver au moins les larves si on n'y rencontre pas les parents. En été la salamandre se terre et recherche l'humidité qui lui est nécessaire en s'enfonçant entre les racines des arbres, soit le long des cours d'eau, soit dans les forêts humides.

La salamandre est vivipare. Elle met au monde des petits vivants. Je n'ai pu observer sa ponte en Algérie mais j'ai reçu une femelle (nº 6) qui a été probablement mise en alcool au moment de la parturition dans le courant de mai. Il ne restait que 16 larves entièrement développées ; une était même engagée fort avant dans l'utérus. L'expulsion semble donc avoir été interrompue (En Europe la salamandre pond au moins 40 larves.) Chaque larve était pliée en trois ; le premier pli se trouvait à la ceinture ; le 2ᵉ vers le milieu de la queue. Le corps était logé dans une enveloppe grise, transparente et peu résistante. Voici la description de la plus grande :

Tête oblongue, très obtuse, presque tronquée, plane en dessus, lisse, portant de grands yeux situés sur les côtés ; ces yeux sont oblongs (1,5 de long sur 1,2 de hauteur). Au centre ils présentent un point blanc ; tout le reste est noir. Les bords internes des paupières sont distants entre eux de 2ᵐ/ᵐ5 et l'angle antérieur est à 2,3 du bout du museau. Branchies molles atteignant le milieu du bras rabattu le long du corps. Membres bien développés ; 2ᵉ et 3ᵉ doigts bien visibles mesurant 1,3 et 1,5 ; orteils aussi bien distincts, le 3ᵉ et le 4ᵉ longs de 1ᵐ/ᵐ5. Queue haute (2 mill. au milieu), aiguë, bordée par une large membrane (1 mill.) qui part de l'anus, contourne le bout de la queue, parcourt tout le dessus et va se terminer en filet sur les reins.

La main étant ramenée en avant le grand doigt atteint la moitié de la distance de l'œil au bout du museau.

Corps roussâtre, maculé de noirâtre. La taille (39 mill.) est à peu près celle des larves d'Europe (40 mill.). Avec les larves j'ai trouvé dans le ventre deux chapelets d'œufs. Chacun d'eux était composé de 10-11 œufs globuleux de 2 millimètres de diamètre, d'une dizaine de 1 mill. et d'un grand nombre de très petits ovules réduits à des points.

DIMENSIONS :

Longueur totale.	39ᵐ/ᵐ
Museau à anus.	23
Queue.	16
Largeur du ventre	3
Hauteur du corps.	4,5
Distance du museau à la ligne des épaules.	8
Plus grande largeur de la tête.	6
Distance entre la ligne des épaules et la ceinture.	12
Membre antérieur.	7
— postérieur.	7

Une autre femelle (n° 4) avait 17 œufs de $5^m/^m5$; une autre (n° 5) en avait 23 de 4 mill. et un très petit nombre de $1^m/^m2$. La parturition devait avoir eu lieu. Y aurait-il deux portées dans l'année ? (1).

La salamandre est très utile car elle consomme des insectes et des escargots. J'ai retiré de l'estomac de la femelle décrite : trois larves de coléoptères, un staphylin, un jeune bulimus decollatus de 12 mill. et deux jeunes helix de 10 mill. *avec leur coquille*, un cloporte, une pierre de 6 à 7 mill. cubes. Une autre avait un petit coléoptère et une petite scolopendre. On voit par cette observation que la nourriture de la salamandre est variée. Cet animal est donc à protéger.

Venin. — Les parotides et les pores de la salamandre secrètent un liquide visqueux qui est un poison assez violent. Il peut tuer très vite de petits animaux, souris, oiseaux, lézards, grenouilles, etc., si on le place sur leur langue. D'après M. Phisalix, une injection sous cutanée produit des effets encore plus rapides. Sur un chien le poison agit aussi très activement. La salamandre elle-même n'est pas réfractaire à son propre venin. Le poison frais dialyse assez rapidement ; les larves peuvent l'absorber par les branchies. Le venin de l'animal vivant ne peut se diffuser dans l'eau ; mais

______

(1) J'ai eu l'occasion d'observer chez moi la parturition d'une salamandre provenant de Vienne (Autriche). Comme cet acte a été rarement observé en Europe je crois bon de publier les quelques notes que j'ai prises. Elles ne seront pas inutiles si on arrive un jour à faire des observations sur la variété *algira*.

Le 27 juin je recevais de M. de Bedriaga une belle salamandre. Je la plaçai dans un grand bocal plein d'eau. Quel ne fut pas mon étonnement lorsque le lendemain matin, à 9 heures, je la vis expulser une larve mort-née. A 11 heures 8 larves étaient expulsées ; plusieurs étaient mortes. A midi j'en comptai 38 dont 6 mortes. A 1 heure 48 avaient été expulsées. Les nouveau-nées sortaient la queue la première. Beaucoup nageaient immédiatement ; les autres pour se débarrasser de leur enveloppe gélatineuse mettaient 2-3-4 minutes avant de pouvoir nager. Les larves qui étaient trop fortement enveloppées risquaient fort de mourir sans pouvoir se dégager. Deux et trois larves sortaient sans interruption. Les morts-nées sortaient pliées en deux ; elles étaient donc mortes par suite de l'expulsion défectueuse.

La parturition avait duré quatre heures. Les larves mesuraient 25 mill. de longueur. Le 29 elles atteignaient 27 mill. Malheureusement je ne pus continuer mes observations, un accident ayant causé la mort de toute la famille.

après la mort, il passe dans l'eau qui devient toxique (1). Aussi est-il prudent de ne pas laisser des salamandres mortes dans les puits.

Lorsqu'on manie une salamandre vivante il est prudent de la tenir loin des yeux car, en se débattant, elle lance l'humeur venimeuse à distance.

Incombustibilité. — On a cru pendant longtemps que les salamandres étaient incombustibles. Ce qui a donné naissance à ce préjugé c'est que, jetées dans un brasier, les salamandres résistent pendant un certain temps à l'atteinte de la flamme et cherchent à en sortir. Ce phénomène s'explique facilement. On sait que si l'on frotte la main avec un corps gras, de l'huile principalement, on peut l'exposer pendant quelques instants sur un foyer ; la chaleur n'atteint la main que lorsque l'huile s'est échauffée. C'est le même effet qui se produit chez la salamandre. Le liquide visqueux que secrète sa peau la garantit momentanément et peut lui permettre de se sauver si le foyer n'est pas intense ; mais aussitôt que le liquide est chaud et évaporé la salamandre est grillée comme le serait toute matière animale placée dans les mêmes conditions.

Genre MOLGE

CARACTÈRES DU GENRE. — *Queue comprimée surtout vers l'extrémité. Dos parcouru par une crête saillante plus ou moins développée mais toujours représentée au moins par une ligne saillante. (C'est le cas de nos espèces.) Dents palatines en deux séries parallèles ou obliques. Chaque série est droite sur presque toute sa longueur, elle ne se recourbe que vers l'extrémité antérieure pour rejoindre sa voisine ou s'en rapprocher. Pas de parotides définies. Langue plus ou moins libre sur son pourtour, fixe en avant. Corps grêle, élancé. Coloration à fond jamais noir, jamais uni. Animaux amphibies restant longtemps à l'eau à la saison des amours. Ovipares.*

---

(1) C. Phisalix. — Sur le venin de la salamandre terrestre. — *Bull. Ass. fr. pour l'av. des Sc.* — Congrès de Paris 1889. 1er vol., p. 311.

Les animaux de ce genre sont connus vulgairement sous le nom de tritons.

M. Boulanger a réuni dans le genre Molge toutes les espèces barbaresques. Il a fondu en un seul les genres *Euproctus*, *Glossoliga*, *Triton*, *Molge* des auteurs algériens. A mon avis, il serait préférable de maintenir deux divisions. Toutefois je me rallie à la manière de voir M. de Boulenger qui simplifie la classification des tritons. D'ailleurs M. de Bedriaga, dont la compétence en la matière ne fait de doute pour personne, n'admet aussi que le genre Molge pour les véritables tritons d'Europe.

Le genre Molge paraît être représenté en Berbérie par trois espèces. En voici le tableau :

G. *Molge*. — TABLEAU DES ESPÈCES

1. Animal atteignant une grande taille (0m20), à queue très comprimée latéralement et très haute. Chez le mâle une large membrane natatoire borde la queue en dessus et un bourrelet plus ou moins saillant la parcourt en dessous ; chez la femelle ces expansions existent mais elles sont moins développées. Sous la gorge un fort pli de la peau forme un collier droit. Dents palatines à branches plus ou moins rapprochées, s'avançant, chez le mâle, en avant de la ligne des arrière-narines.

M. Waltlii.

Animaux plus petits. Pas de pli collaire parfait ; tout au plus un sillon plus ou moins défini. Dents palatines ne dépassant pas nettement les arrière-narines,   2

2.

Dents palatines formant un Λ à pointe obtuse, à branches bien rapprochées, s'écartant un peu en dehors postérieurement. Généralement un sillon plus ou moins apparent, non recouvert par un pli de la peau, remplace le collier. Mandibule à contour semi elliptique en avant.

M. Hagenmüllerii.

Dents palatines formant un ∩ à branches distantes, parallèles, ne se touchant pas en avant, droites à leur extrémité postérieure. Pas de sillon collaire en dessous du cou. Mandibule inférieure à contour semi circulaire en avant.

M. Poireti.

OBSERVATIONS. — Cette classification, aujourd'hui admise, pourrait bien être modifiée le jour où l'on aura des matériaux suffisants. Si *M. Waltlii* est indiscutable, les deux autres espèces en comprennent trois : *Euproctus Rusconi* Guich. *non* Gené, *Triton nebulosus* Guich., et *Glossoliga Hagenmülleri* Lat. Le caractère distinctif principal sur lequel est basée la séparation est la disposition des dents palatines. Or ce caractère est loin d'offrir une grande rigueur scientifique. La disposition des palatines varie avec les sexes. La forme de la queue diffère aussi chez les mâles et les femelles, surtout pendant la période des amours.

Tout ceci, non pas pour discuter la classification adoptée, mais pour mettre en garde ceux qui auraient la chance de découvrir des tritons en Oranie. Ils ne devront pas les déterminer précipitamment; ils n'oublieront pas que Guichenot a signalé dans le département d'Oran *Euproctus Rusconi* et qu'il l'a distingué de son *Triton nebulosus* d'Alger.

58. *Molge Poireti* Gervais (Pl. XXVI, fig. 3, *a*, *b*, *c*, *d*, *e*)

Fig. Guichenot. *Expl. scient. de l'Algérie.* Pl. 4, fig. 1 et 2

Le triton de Poiret.

Lacerta palustris *Poiret.*

Euproctus Rusconi *Guich.* non *Gené* (Expl. scient. de
l'Algérie. Pl. 4, fig. 2.) *Strauch.*, *Lallemant.*

Triton nebulosus *Guich.* (loc. cit.) Pl. 4, fig. 1.

Triton Poireti *Gervais.*

Euproctus Poireti *Gerv.*, *Strauch.*, *Lallemant.*

Molge Poireti *Ger.*, *Blg.*, *Ern. Olivier.*

Tous les auteurs depuis Gervais ont réuni en une seule
espèce les *Euproctus Rusconi* et *Triton nebulosus* de Guichenot.
Le dernier n'est connu que par l'individu décrit et figuré dans
l'*Exploration scientifique.*

Voici la description d'une femelle de *Molge Poireti* en alcool
qui provient d'Alger :

Tête plus longue que large ; distance entre les tempes, près
des plis des côtés du cou, 12 mill. ; distance de la ligne des
plis du cou au bout du museau 15 millimètres ; largeur
sur la ligne postérieure des yeux vue en dessus, 12 mill. ;
largeur entre les angles de la bouche 11 mill. ; flèche jusqu'au
bout du museau, 8,5. Museau, en avant des yeux, à contour
appartenant à un trapèze. La face a 4,5 de largeur et porte
de chaque côté les narines. Des yeux au cou les côtés de la
tête sont à peu près parallèles. Le dessus de la tête est plan,
lisse avec une petite dépression longitudinale sur le milieu du
museau. En arrière des yeux et de la région frontale la peau
est granuleuse. Sur chaque côté postérieur, à la place des
parotides, il y a un renflement allongé qui, en arrière, forme
le pli du cou ; ce pli se voit encore en dessous sur une longueur
de 1^m/^{m}5. Les deux plis ne se rejoignent pas et sont distants
de 6 mill. En arrière des plis, sur les épaules, se trouve de
chaque côté un court renflement. Yeux peu visibles en dessus,
placés sur les côtés de la tête, obliques d'arrière en avant ;

régions sus-oculaires étroites, non saillantes, granuleuses, bordées de blanchâtre ainsi que la paupière inférieure ; les arcades sourcilières sont distantes de 8ᵐ/ᵐ5 ; l'œil est oblong ; son orbite mesure 3 mill. de long sur 2 de hauteur ; sa distance à la narine est de 3 mill. ; celle de la base à la lèvre de 1ᵐ/ᵐ2.

Mandibule inférieure ogivale sur les côtés, très arrondie en avant ; la lèvre supérieure la déborde entièrement en avant et légèrement près des angles de la bouche ; relevée, la mandibule présente les dimensions suivantes : largeur 11 mill., flèche 8 mill.

Dents palatines sur deux rangées presque parallèles mais se rapprochant visiblement d'arrière en avant ; extrémités postérieures droites et distantes de 2 mill. ; largeur de chaque série 4ᵐ/ᵐ5 ; distance entre les courbes antérieures 1,5 ; entre les pointes 0ᵐ/ᵐ7 ; pointe dépassant la ligne des arrière-narines d'un demi-millimètre. Langue petite, presque ovale ; largeur dans le $\frac{1}{3}$ postérieur 4 mill., base 2,5, longueur 4 ; distante de 1,3 du bord de la mandibule. Ouvertures des arrière-narines petites, distantes entre elles de 4,5 et de la ligne du museau de 4 mill., placées presque contre les maxillaires verticaux.

Corps arrondi, allant en s'épaississant depuis le cou jusqu'au tiers postérieur du tronc, pour s'abaisser rapidement sur la queue. Le milieu du dos est parcouru par une ligne de tubercules lisses, allongés, peu saillants, séparés par un sillon linéaire peu marqué qui les coupe en deux ; la distance entre les tubercules égale au plus la moitié de leur longueur. Ventre aplati, un peu plus bas que le plan de la gorge. Côtés du dos et flancs chagrinés. Ventre à grains plus fins mais visibles.

Extrémité antérieure de la fente cloacale à 1 millimètre en arrière de la ligne des aines. Fente 3ᵐ/ᵐ5. Largeur de la base de la queue en travers du milieu de la fente 5,5 ; hauteur 4,5.

Queue plus longue que le corps, d'abord presque arrondie, puis s'aplatissant de plus en plus sur les côtés dans les **deux** tiers postérieurs; l'extrémité est très aplatie; les côtés restent convexes. En dessus il n'y a aucune trace de membrane ; seule une ligne claire en marque la racine. Le dessous est **parcouru par un imperceptible sillon. Côtés chagrinés.**

Membres assez bien conformés. Bras moins forts que les jambes.

Mains. — Mains étroites. Quatre doigts à bords parallèles, très aplatis, larges de 3/4 de millimètre.

Pieds. — Pieds moitié plus larges que les mains. Cinq orteils à peine plus grands que les doigts.

Taille et dimensions :

	femelle
Longueur totale	124 $^{m/m}$
Épaisseur du corps..........	13
Longueur du museau à l'extrémité antérieure du cloaque...	58
— de la queue....................	66
— du museau à la ligne collaire.....	15
Largeur maxima de la tête............	12
Hauteur au niveau des parotides......	5
Longueur du membre antérieur depuis l'épaule.......	17
— du bras (coude plié)...........	7
— de l'avant-bras (plié)	4,5
— de la main (pliée)	6
— du 1er doigt (2 phalanges)......	1,8
— du 2e doigt (2 —)......	2
— du 3e doigt (3 —)..... .	3
— du 4e doigt (2 —)......	1,7
Distance entre l'aine et la ceinture......	34
Longueur du membre postérieur.......	19
— de la cuisse...............	6
— de la jambe........	4,5
— du tarse et du pied.........	10,5
— du 1er orteil (2 phalanges)...	1,5
— du 2e orteil (2 —)...	2,5
— du 3e orteil (3 —)...	4,5
— du 4e orteil (3 —)..	4
— du 5e orteil (2 —)...	1,8

Coloration. — En alcool, d'un gris noirâtre mêlé de roussâtre, pommelé de taches éparses plus foncées. Ventre couleur de vieux parchemin. Quelques taches sur les côtés. Mandibule inférieure bordée d'une ligne de larges points.

Voici la coloration qu'indique Guichenot pour les individus de la même localité, Alger :

« *Triton nebulosus*. — Dessus du corps, de la queue et des membres d'un vert bouteille, semé de taches brunes, foncées et irrégulières qui se confondent en nuages ; des points jaunes très petits se montrent en différents endroits de la tête, du dos et de la queue. On voit une teinte jaunâtre sur les flancs. Les carènes de la queue, le dessous des membres et même les doigts sont colorés en minium pâle. Cette couleur, qui paraît dominer sur le ventre et la gorge, est relevée de taches brunes et rondes qui demeurent toujours isolées. »

SEXES. — Le mâle se distingue par les protubérances saillantes qui bordent la fente cloacale.

Au moment des amours il doit présenter sous les bras des brosses copulatrices.

DISTRIBUTION GÉOGRAPHIQUE. — (**Ai.**, **T** : *T.*, *II.-Pl.*?) — Dans la province d'Oran l'échantillon d'*Euproctus Rusconi* cité par Guichenot provient « d'Oran, intérieur des terres. » Cette espèce n'a plus été retrouvée. *Le Molge Poireti* n'est bien connu que d'Alger.

OBSERVATIONS.— Quoique, jusqu'à plus ample démonstration, j'admette la réunion des deux espèces de Guichenot, je crois qu'il n'est pas inutile de faire ressortir les différences que montrent les figures. (On ne peut malheureusement se servir des textes car, pour *Eupr. Rusconi*, Guichenot a eu le tort de copier la description de Gené qui se rapporte à une autre espèce.)

Si on examine les deux figures de l'Atlas de l'*Exploration scientifique* on s'aperçoit facilement des différences suivantes :

La fig. 1 *c* du *Triton nebulosus* présente un pli bien marqué sur tout le dessous du cou ; les dents palatines forment un triangle à sommet arrondi au-dessous de la ligne des arrière-narines. La langue est rectangulaire à angles arrondis ; elle touche la base des palatines probablement à l'état frais, lorsque la mandibule est rabattue.

Taille sur la figure : $0.090 + 0,115 = 0^m 205$.

Tous ces caractères sont bien voisins de ceux correspondants du *Molge Hagenmülleri*. Mais la disposition des palatines, le pli collaire complet et surtout la taille semblent autoriser la séparation.

La figure 2 qui représente *Euproctus Rusconi* ne porte aucune trace de collier sur le milieu du cou ; sur les côtés seulement le pli est assez bien marqué. Les dents palatines sont obliques et se recourbent au sommet sans se rejoindre ; les extrémités paraissent atteindre la ligne des arrière-narines. (La figure est un peu confuse). La langue est en as de trèfle ; elle est bien distante de la base des palatines lorsque la mandibule est abaissée (probablement en alcool). La queue est plus longue que chez le *Tr. nebulosus*. Elle porte un bourrelet membraneux, peu développé. Ce caractère a peu de valeur.

Taille sur la figure : 0,090 + 0,095 = 0^{m}185.

Il est évident que les caractères du collier et des dents palatines ont les plus grands rapports avec ceux correspondants de la femelle de *M. Poireti* dont j'ai donné la description.

Tout ceci démontre qu'il n'est pas facile de séparer sur des bases solides les *Triton nebulosus* Guich., *Eupr. Rusconi* Guich. et *Triton Poireti* Gervais. Les liens de parenté du *Tr. nebulosus* avec *Molge Hagenmüllerii* semblent d'ailleurs démontrer que la distinction spécifique est loin d'être faite. Je donnerai à ce sujet une preuve de plus. M. Boulenger ne cite en Tunisie que *M. Poireti*. Or je possède de ce pays un triton que j'ai toutes les peines du monde à classer ; c'est probablement un *M. Hagenmüllerii*. Pour faciliter les recherches, je le décrirai plus loin avec un autre de Bône.

Molge Hagenmüllerii Lataste (Pl. XXVI, fig. 4, *a*)
Fig. Blg., *Cat. of. Barb.* (Pl. XVIII, fig. 4)

Le triton d'Hagenmüller.

Glossoliga Hagenmüllerii *Lataste* in *Naturaliste* 1881, p. 371.
Molge Hagenmüllerii *Lat.*, *Blg.*, *Ern. Olivier.*

Cette espèce de la province de Constantine n'a pas été signalée en Oranie. Lataste qui l'a décrite a trouvé chez certains individus un lien de parenté avec le triton de Poiret. Néanmoins,

M. Hagenmüllerii présente des caractères d'ensemble qui le distinguent suffisamment.

Voici la description d'une femelle de Bône, de taille moyenne, que je dois à l'obligeance de M. Boulenger :

Tête plus longue que large ; distance de la ligne des plis du cou au bout du museau 11 mill. ; plus grande largeur sur la ligne postérieure des yeux 8,5 ; largeur entre les angles de la bouche 8 ; flèche jusqu'au bout du museau 6,5 ; largeur près des plis des côtés du cou 7,5. Museau, en avant des yeux, à contour formant un trapèze curviligne ; distance entre les narines 3 mill. Les côtés de la tête depuis les yeux jusqu'au cou sont un peu obliques. Le dessus est lisse, luisant, jusque sur les régions pariétales ; les tempes sont chagrinées ; les régions parotidiennes, non marquées, le sont aussi ; de même la partie supérieure du cou qui les joint. Pli de chaque côté du cou très peu marqué mais s'avançant en un léger sillon presque sur toute la moitié du dessous du cou. (Ce sillon doit être plus marqué chez les individus plus jeunes). Renflement en avant des épaules très peu marqué. Yeux peu visibles en dessus lorsqu'ils sont fermés, placés sur les côtés de la tête, obliques d'arrière en avant ; régions sus oculaires très peu saillantes, presque lisses, blanchâtres sur la moitié interne ; paupière inférieure entièrement de même couleur ; distance entre les plis internes 3 millimètres , les arcades sourcilières sont distantes de 6,5. Œil plus long (3 mill.) que haut (2 mill.), dans l'orbite ; sa distance à la narine est de 2,2, celle à la base de la lèvre, de 1 mill.

Mandibule inférieure ogivale, arrondie, subobtuse à l'extrémité ; largeur entre les extrémités des branches, la bouche ouverte, 8 mill., flèche 6 mill. La lèvre supérieure déborde l'inférieure sur son pourtour, surtout en avant (1 mill.)

Dents palatines sur deux lignes, peu obliques, très rapprochées, non recourbées près de la pointe, se touchant en avant et se terminant juste sur la ligne des arrière-narines, longues de 4,5, distantes de 1^m/^{m}8 à la base, de 1 mill. au milieu ; les branches s'infléchissent très legèrement vers l'intérieur, dans la région moyenne, ce qui produit un écartement du 1/3 inférieur des branches, mais les extrémités restent droites.

Langue petite, ovale (3 sur 2,5) fixe dans la région moyenne et en avant, distante du bord de la mandibule de 1 mill. Ouvertures des arrière-narines distantes entre elles de 3,5, du bord des mâchoires de 1,5, de la ligne du museau de 3^m/^{m}5.

Corps peu épais, assez lisse sur la ligne médiane du dos, granuleux sur les côtés et sur les flancs. Ventre sillonné en réseau.

Queue aussi large que haute vers la base, très aplatie vers le bout , très finement bordée dans la moitié postérieure.

Membres grêles. Mains et pieds à extrémités fines.

Taille et dimensions :	Femelle Bône	Mâle Tunisie
Longueur totale	92^{m}/^{m}	106^{m}/^{m}
Épaisseur du corps	6,5	12
Longueur du museau à l'extrémité antérieure du cloaque	42	51
— de la queue	50	55
— du museau à la ligne collaire	11	11,5
Largeur de la tête sur la ligne des yeux	8,5	9
— — en avant des plis du cou	7,5	12
Hauteur au niveau des parotides	3,5	5
Longueur du membre antérieur	13	15
— du bras	5,5	5,5
— de l'avant-bras	4	4
— de la main	5	6
— du 1er doigt (2 phalanges)	1,5	2
— du 2e — (2 —)	2,8	2,5
— du 3e — (3 —)	3	3
— du 4e — (2 —)	2	2,5
Distance entre l'aine et la ceinture	23	30
Longueur du membre postérieur	15	19
— de la cuisse	5	5
— de la jambe	4	4
— du tarse et du pied	8	9
— du 1er orteil (2 phalanges)	1,5	2
— du 2e — (2 —)	2	3
— du 3e — (3 —)	4	5,2
— du 4e — (3 —)	3,8	5
— du 5e — (2 —)	2	2,5

COLORATION. — Sur le vif, d'après Lataste (*loc. cit.*) : « Faces supérieures brun lavé de jaunâtre et de verdâtre, semées de points brun foncé, plus uniformes chez les femelles ; faces inférieures gris clair, également semées de points bruns, ceux-ci gros et nets surtout chez les mâles, presque nuls chez les femelles ; il y a cependant des mâles à ventre concolore. En dessus la tranche de la queue et les extrémités des membres sont jaunes ou orangées, la teinte se poursuivant plus ou moins loin sur l'abdomen ; chez deux sujets mâles elle atteint la gorge. L'iris est doré. »

SEXES. — Le mâle a la région cloacale très renflée. Il porte des brosses copulatrices sous les membres antérieurs pendant la période des amours (Lataste). La femelle ne présente aucun renflement autour de la fente cloacale. Pas de brosses.

Voici maintenant la description d'un mâle adulte que j'attribue au *Molge Hagenmüllerii*. Il provient de Tunisie.

Je l'ai obtenu par l'intermédiaire de M. Pallary qui l'avait acquis du Museum de Marseille :

Tête guère plus longue que large : distance de la ligne du sillon collaire au bout du museau 11,5 ; largeur entre les angles de la bouche 10 ; flèche jusqu'au bout du museau 7,5 ; plus grande largeur entre les régions parotidiennes très renflées 12 ; le bord antérieur des renflements est distant de l'œil de 2 mill. ; la ligne des bords postérieurs est distante du bout du museau de 14,5 ; chaque bord postérieur est fortement plié et distant de l'épaule de 2 mill. ; l'interespace est légèrement renflé.

Museau, en avant des yeux, formant un trapèze à bout légèrement arrondi. Narines placées sur les côtés, distantes entre elles de 3 millimètres. Le contour de toute la mâchoire supérieure est ogival, à bout arrondi et à côtés sensiblement curvilignes. En arrière, les renflements parotidiens sont saillants sur les côtés de près de 1 millimètre.

Des trois tritons que j'ai décrits, celui-ci est le seul chez lequel la plus grande largeur de la tête se trouve en arrière. Ce caractère est offert par la fig. 2 *b* (Pl. 4) de l'*Exploration scientifique.*

Dessus de la tête luisant mais non nettement lisse, même assez rugueux sur la région pariétale. Le reste de la tête, en arrière des yeux et sur le cou, est chagriné. Pli de chaque côté du cou très marqué et se continuant sur toute la largeur par un sillon bien net. Yeux assez grands, à peine plus longs que hauts dans l'orbite (3 sur 2,5), bien visibles en dessus ; distance à la narine 2,7, distance à la lèvre 1 mill. Régions sus-oculaires assez grandes, largement bordées de clair de même que les paupières inférieures ; distance entre les arcades sourcilières, sur la ligne moyenne, 7 mill., entre les lignes internes des régions sus-oculaires 5,5. Mandibule inférieure nettement ogivale, à pointe arrondie ; largeur entre les extrémités des branches 9 mill., flèche 7,5. La lèvre supérieure déborde légèrement l'inférieure en arrière des yeux ; elle fait saillie en avant, de l'épaisseur du museau, 7 millimètres.

Dents palatines formant un angle à branches très rapprochées, presque parallèles dans la moitié moyenne où elles sont distantes de 1 mill. ; les extrémités se rejoignent en pointe en avant et forment une courbe presque droite ; en arrière les branches s'écartent d'abord légèrement, puis se recourbent brusquement vers l'intérieur. Les extrémités sont alors entre elles à une distance de 2,5. Ligne médiane des palatines, 5 millimètres.

La pointe est sur la ligne des arrière-narines ; celles-ci sont distantes entre elles de 3,5, de la lèvre de 1,8, de la ligne du bout du museau de 3,3. Les arrière-narines sont très visibles, l'espace entre chacune d'elles et la lèvre étant courbe. (Ce caractère présente une réelle valeur).

Langue petite (ratatinée en alcool) 3.5 en moyenne, à extrémité distante du bout de la mandibule de 1 mill.

Corps assez épais, large de 12 mill., haut de 10. Dos s'élevant au-dessus du niveau de la tête ; ventre s'abaissant au--dessous de celui de la gorge, la tête n'ayant que 5 mill. au plus d'épaisseur. Arrière du dos descendant insensiblement vers la queue en décrivant une ligne concave.

Queue plus haute que large, forte ; épaisseur 4 mill., hauteur 6 en arrière de la fente cloacale. La hauteur de 6 mill. se maintient jusqu'au $\frac{1}{3}$ inférieur, bordure comprise ; le tiers inférieur s'amincit en glaive jusqu'à la pointe ; l'épaisseur de tout l'organe diminue de la base à l'extrémité. Le dessus de la queue est parcouru, dans la moitié postérieure, par une membrane qui se réduit à un filet sur la moitié antérieure ; le dessous porte un fort bourrelet saillant d'un demi-millimètre environ, arrondi antérieurement ; sur la partie postérieure le bourrelet devient membraneux et atteint au plus 1 mill. à l'extrémité. Le filet supérieur et le bourrelet inférieur atteignent le cercle qui passe par l'extrémité postérieure du cloaque.

Membres postérieurs nettement plus forts que les antérieurs.

Mains. — Les mains sont à peine plus larges que les avant-bras ; les doigts relativement longs et étroits, ont 0,5 de largeur.

Pieds. - Les pieds sont plus larges que les jambes ; les orteils sont longs et étroits ; largeur 0,07.

Taille et dimensions. — Voir page 374.

Distribution géographique. — (C., **T.** : *Γ.*, *H.-Pl.*, *S.*) — Le *Molge Hagenmüllerii* a été découvert à Bône par M. Hagenmüller. Il a été signalé à Constantine et à Biskra. Aussi en Tunisie.

Molge **Waltlii** Michahelles (Pl. XXVII, fig. 1, *a*)
Fig. Bonaparte *(Fauna italica)*

Le triton de Waltl.

Pleurodeles Waltlii *Michahelles.*
Molge Waltlii *Mich., Blg., Ern. Olivier.*

Cette espèce qui se trouve au Maroc entre Tanger, Ceuta et Tetuan pourrait se rencontrer sur le littoral de l'ouest de la province d'Oran. Elle est presque d'aussi grande taille que la salamandre, 0,22. On la reconnaîtra au fort pli qui recouvre le sillon colaire et forme un véritable collier droit, parfois rentrant vers la gorge au milieu. Queue en glaive. Doigts et orteils épaissis.

Observation. — Le mâle présente de grandes différences si on le compare à la femelle. Sa tête est plus courte. La disposition des palatines n'est pas la même et peut conduire à des erreurs dans la détermination. M. Boulenger dit que les dents palatines dépassent la ligne des arrière-narines. Je trouve ce caractère très net chez un mâle de Séville (don Boulenger). Chez une femelle de Mertola (don de Bedriaga), l'extrémité antérieure des palatines ne dépasse pas la ligne supérieure des arrière-narines.

Chez le mâle les branches des palatines sont très rapprochées (1 mill.) ; elles s'écartent dans le $\frac{1}{3}$ inférieur et se rejoignent presque au sommet sans former de courbe. Les extrémités postérieures sont distantes de 2 mill. au plus. La longueur médiane est de 6 mill. En résumé, les palatines forment plutôt un $\wedge$ qu'un $\cap$.

Chez la femelle l'$\cap$ est très net, les branches, parallèles, sont distantes de 2,5 mill., la ligne médiane mesure 6 mill. En avant les branches se recourbent pour se rejoindre un peu en ogive.

Éthologie des tritons. — N'ayant jamais capturé des tritons en Algérie je ne puis en dire grand chose. Leurs mœurs doivent se rapprocher de celles des tritons d'Europe. La femelle dépose ses œufs sur des feuilles nageantes sans l'intervention du mâle. En Algérie il serait intéressant de voir si, dans certaines stations, les tritons ne se maintiennent pas toute l'année dans l'eau.

C'est en hiver, même après les pluies d'automne, qu'il faudra rechercher les tritons dans les trous d'eau situés non loin de grands amas de pierres ou de rochers humides. Les rivières paisibles ne devront pas être négligées. C'est en janvier qu'on prenait jadis à Alger le *Molge Poireti*.

Je n'ai pu faire trouver, ni récolter moi-même des tritons en Oranie. C'est là le seul genre duquel il m'a été impossible de retrouver le moindre exemplaire dans notre province. J'espérais y réussir avant de clore mon travail ; mais, aujourd'hui, je me vois obligé de laisser ce soin à d'autres plus heureux.

Je dois toutefois dire que, d'après certains renseignements, il y aurait des tritons dans la Mina à Tiaret et à Relizane, surtout dans les marais que forme la rivière. Les indigènes d'El-Abiod-Sidi-Cheikh ont dit à M. Pouplier qu'il y avait un lézard d'eau dans les puits.

CONCLUSIONS

Mon travail étant terminé, je puis dresser le bilan du résultat de mes études.

A la faune de la Berbérie j'ai ajouté :

Acanthodactylus Savignyi *Aud.* var. **oranensis** *Nob.*
        —   **Blanci** *Nob.*
Eremias guttulata *Licht.* non *Auct.*
Lygosoma chalcides *L.*
Rhinechis scalaris *Schinz.*

Ce qui porte à 86 le nombre des espèces admises.

A la faune de la province d'Oran j'ai ajouté :

Sphargis coriacea *Gray.*
Varanus griseus *Daud.*
Agama inermis *Reuss*
Acanthodactylus Savignyi *Aud.* var. **oranensis** *Nob.*
Lygosoma chalcides *L.*
Ophiops occidentalis *Blg.*
Coronella amaliœ *Böttg.*
Zamenis algirus *Jan.*
Psammophis Schokari *Forsk.*

Ce qui porte à 58 le nombre des espèces oraniennes.

J'ai décrit, en outre, une quinzaine de bonnes variétés.

J'ai retrouvé ou obtenu des espèces très rares dont la présence, dans la province d'Oran, était douteuse pour la plupart. J'ai ainsi fixé ou élargi l'aire géographique de :

Saurodactylus mauritanicus *D.* et *B.*
Ptyodactylus Oudrii *Lat.*
Lacerta ocellata *Daud.* variété **tangitana** *Blg.*
Lithorynchus diadema *D.* et *B.* variété **Hirouxii** *Nob.*
Psammophis Schokari *Forsk.* (**Ps.** sibilans *Auct.* alg.)
Cœlopeltis producta *Gerv.*
Salamandra maculosa *Laur.* variété **algira** de *Bedriaga.*

Enfin, j'ai étendu le cadre de la dispersion géographique de presque toutes les espèces de l'Oranie. Mais cette partie de mon travail est encore bien incomplète car je n'ai pu parcourir toute la province. Le tableau suivant résume les résultats de mes recherches :

TABLEAU DES REPTILES DE LA BERBÉRIE

ABRÉVIATIONS :

B. (Berbérie), M. (Maroc), A. (Algérie), T. (Tunisie)

L. (littoral), T. (Tell), H.-T. (Haut-Tell), H.-P. (Hauts-Plateaux), Rm. (région montagneuse des Hauts-Plateaux), S. (Sahara.)

NOTA. — La distribution géographique détaillée n'est indiquée que pour les espèces de l'Oranie. Ces dernières sont précédées du numéro qu'elles ont dans le texte.

N° d'ordre	NOMS DES ESPÈCES	CONTRÉES	L.	T.	H.-P.	Rm.	S.
	CHÉLONIENS						
1	TESTUDO ibera *Pallas*	B.	*	*	*	*	
2	EMYS leprosa *Shaw*	B.	*	*	*	*	
	CISTUDO europœa *Guich*	A. T.					
3	CHELONIA caouanna *Schw*	Mer	mer				
4	SPHARGIS coriacea *Gray*	Mer	mer				
	SAURIENS						
5	CHAMŒLEO vulgaris *Daud*	B.	*	*	*	*	*
6	TARENTOLA mauritanica *L.*	B.					
	— — var. facetana		*				
	— — var. deserti *Lat*						*
	— — var. saharœ *Nob*						*
	— — var. mauritanica						
	— — s.-var. gracilis *Nob*		*				
	— — s.-var. atlantica *Nob*			H.-T.	*		
	— — var. lissoïde *Nob*					*	
	— neglecta *Blg*	A.	*				

Nos d'ordre	NOMS DES ESPÈCES	CONTRÉES	L.	T.	H.-P.	Rm.	S.
7	HEMIDACTYLUS turcicus *L*	B.	*	*			
8	PTYODACTYLUS oudrii *Lat*	A.				*	*
	PHYLLODACTYLUS europœus *Gené*	T.					
	GYMNODACTYLUS trachyblepharus *Böttg*	M.					
9	SAURODACTYLUS mauritanicus *D*. et *B*	M.A.	*	*			
	TROPIOCOLOTES tripolitanus *Peters*	T.					
10	STENODACTYLUS guttatus *Cuv*	B.					
	— — var. **mauritanicus**		*	*	*	?	
	— — var. **Hirouxii** *Nob*				*		
	— — var. **Wilkinsonnii**						
11	VARANUS griseus *Daud*	B.					*
12	AGAMA Bibronii *A*. *Dum*	M.A.		*	*	*	*
	— Tournevillei *Lat*	A.					
13	— inermis *Reuss*	A. T					
	— — var. **inermis**				*		*
	— — var. **agilis**						*
14	UROMASTIX acanthinurus *Bell*	B.					*
	— spinipes *Daud*	A.					
15	LACERTA ocellata *Daud*	B.					
	— — var. **pater** *Lat*		*	*			
	— — var. **tangitana** *Blg*			H.-T.		*	
16	— muralis *Laur*	B.	*	*	*	*	
	— — var. **brunnea** *Nob*		*	*	*		
17	— perspicillata *D*. et *B*	A	*				
	— — var. **Guichenotii** *Nob*		*				
18	PSAMMODROMUS algirus *Fitz*	B.	*	*	*	*	
	— — var. **nollii** *J. Fischer*					*	*
19	— **Blanci** *Lat*	A. T.	*	*		*	
	microdactylus *Böttg*	M.					

N° d'ordre	NOMS DES ESPÈCES	CONTRÉES	L.	T.	H.-P.	Rm.	S.
20	**ACANTHODACTYLUS** Boskianus *Daud*.............	A. T.					
	— — var. boskianus *Lat.*					*	
	— — var. asper *Aud.* ..				chott.		*
21	— scutellatus *Aud*.............	A. T.					
	— — var. scutellatus *Lat.*..						
	— — var. exiguus *Lat*.....						*
22	— pardalis *Licht*..............	A. T.					
	— — var. pardalis.........						
	— — s.-v. Bedriagai.......						
	— — s.-v. intermedius *Nob.*		*		*	*	*
	— — var. spinicauda *Nob*...						*
23	— Savignyi *Aud*...............	M. A.					
	— — var. oranensis *Nob*...		*	*			
	— Blanci *Nob*..................	T.					
24	— vulgaris *D. et B*.............	M. A					
	— — v. lineo-maculatus *Auct*..						
	— — s.-v. tingitanus *Nob*...						
	— — s.-v. mauretanicus *Nob*.		*	*	*		
	— — s.-v. ksourensis *Nob*...						*
	— — v. vulgaris *Auct*.......			H.-T.	*		
25	**EREMIAS** guttulata *Litch*..........	A. T.			*	*	
26	— Guichenotii *Nob*........	B.	*	*	*	*	*
27	**OPHIOPS** occidentalis *Blg*..........	A. T.			*		
	OPHISAURUS Koellikeri *Günth*	M.					
	MABUIA vittata *Oliv*............	A. T.					
	EUMECES Schneideri *Daud*..........	T.					
28	— algeriensis *Peters*....	M. A.					
	— — var. algeriensis........		*	*			
	— — var. meridionalis *Nob*.......						*

Nos d'ordre	NOMS DES ESPÈCES	CONTRÉES	L.	T.	H.-P.	Rm.	S.
29	SCINCOPUS fasciatus *Peters*	A. T.					*
30	SCINCUS officinalis *Laur.*	A. T					*
	SPHENOPS sepsoïdes *Aud*	A. T.					
	— boulengeri *And*	T.					
31	GONGYLUS ocellatus *Gm*	B.					
	— — var. typica *Blg*	A. T.			*		*
	— — var. tiligugu *Blg*		*	*	*	*	
	— — var. parallelus *Nob*		*				
	— — var. vittatus *Blg*						
	— — var. polypelis *Blg*						
32	LYGOSOMA chalcides *L*	A.			?		
	SEPS mionecton *Böttg*	M.					
33	— tridactylus *Laur*	A. T.	*	*	*	*	*
	— lineatus *Leuch*	A. M.					
34	HETEROMELES mauritanicus *D. et B*	A.	*				
	ANGUIS fragilis *L*	A.					
35	BLANUS cinereus *Vand*	M. A.		*			
36	TROGONOPHIS Wiegmanni *Kaup*	B.	*	*	*	*	
	OPHIDIENS						
37	ERYX jaculus *L*	A. T.	*	*	*		*
38	CORONELLA amaliœ *Böttg*	M. A	*	*	*		
39	— girondica *Daud*	M. A		*	?		
40	LITHORHYNCHUS diadema *D. et B*	A. T.					*
	— — var. Hirouxii *Nob*						*
41	ZAMENIS algirus *Jan*	A. T.					*
42	— hippocrepis *L*	B.	*	*	*	*	
	— diadema *Schl*	A. T.					
	RHINECHIS scalaris *Schinz*	A.					
43	TROPIDONOTUS viperinus *Lat*	B.	*	*	*	*	*

	NOMS DES ESPÈCES	CONTRÉES	L.	T.	H.-P.	Rm.	S.
	TROPIDONOTUS viperinus var. aurolineatus *Gerv.*	B.	*	*			
	— natrix *L.*	A.					
4	**MACROPROTODON** cucullatus *Geoffr.*	B.	*	*	*	*	*
5	**PSAMMOPHIS** Schokari *Forsk.*	A. T.					*
6	**CÆLOPELTIS** Monspessulanus *Rozet*	B.	*	*	*	*	*
	— — var. **Neumayeri**	A. T.		*			
	— — var. **insignitus**		*		*		
7	— producta *Gerv.*	A. T.					*
	NAIA haie *L.*	B.					
	VIPERA Latastei *Boscà*	M. A.					
8	— lebetina *L.*	B.	*	*	*	*	
	— — var. **deserti** *And.*						
	— arietans *Merr.*	M.					
9	**CERASTES** vipera *L.*	A. T.					*
0	— cornutus *L.*	A. T.			*		*
	— — var. **mutila** *Nob.*						*

BATRACIENS

	NOMS DES ESPÈCES	CONTRÉES	L.	T.	H.-P.	Rm.	S.
1	**RANA** esculenta *L.* var. ridibunda *Pallas*	B.	*	*	*	*	
2	**BUFO** viridis *Laur.*	B.	*	*	*	*	*
3	— mauritanicus *Sch.*	B.	*	*		*	
4	— vulgaris *Laur.*	A. M.		*			
5	**HYLA** arborea *L.* var. meridionalis *Böttg*	B.	*	*			
6	**DISCOGLOSSUS** pictus *Otth*	B.	*	H.-T.			

URODÈLES

	NOMS DES ESPÈCES	CONTRÉES	L.	T.	H.-P.	Rm.	S.
7	**SALAMANDRA** maculosa *Laur.* var. algira *de Bedr.*	M. A.		*			
8	**MOLGE** Poireti *Gerv.*	A.		*			
	— Hagenmüllerii *Lat.*	A. T.					
	— Waltlii *Mich.*	M.					

APPENDICE

Il y a des Colubridées vivipares, même en Algérie, *Coronella* par exemple (Blg. *in litt.*)

En 1899, j'ai mis plusieurs *Agama Bibroni* dans le ravin situé au sud du Polygone d'Oran.

J'ai pris *Saurodactylus mauritanicus* au Coudiat el Abada, à Sidi-Yahia, à 14 kilomètres sud-ouest de Sebdou.

A Sebdou, le discoglosse est désigné sous le nom de grenouille de prairie et consommé.

BIBLIOGRAPHIE. — MM. Anderson et Werner ont publié, vers 1898, sur les *Stenodactyles du nord de l'Afrique* un travail que je ne connais pas.

M. Ernest Olivier a publié, en 1899, *Les Serpents du nord de l'Afrique* (in Manuel pratique de l'Agriculture algérienne, par MM. Rivière et Lecq).

TABLE DES MATIÈRES

Les noms des genres barbaresques sont en caractères gras ; ceux des espèces et variétés en italique.

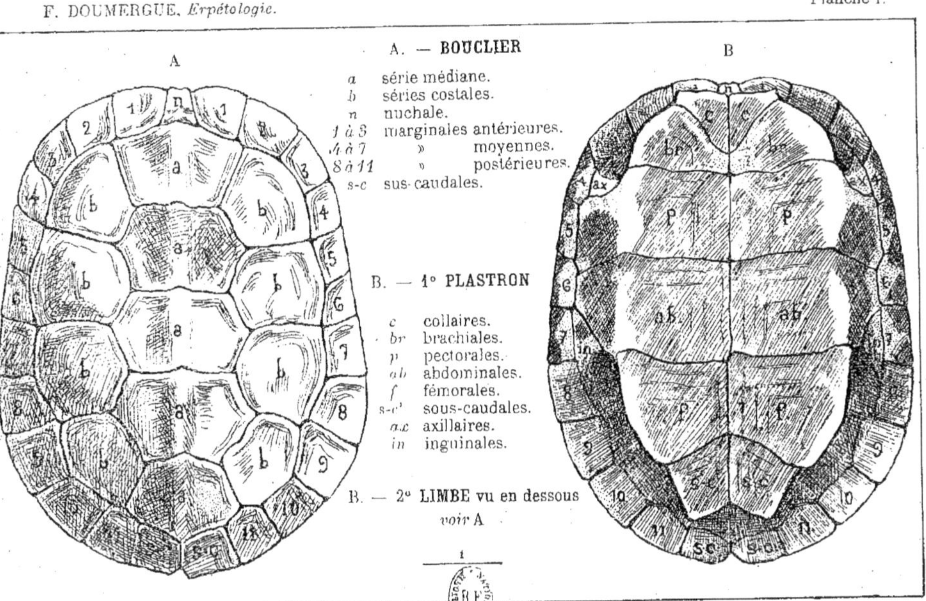

Emys Leprosa (Schw). — Carapace de jeune mâle. Sig.

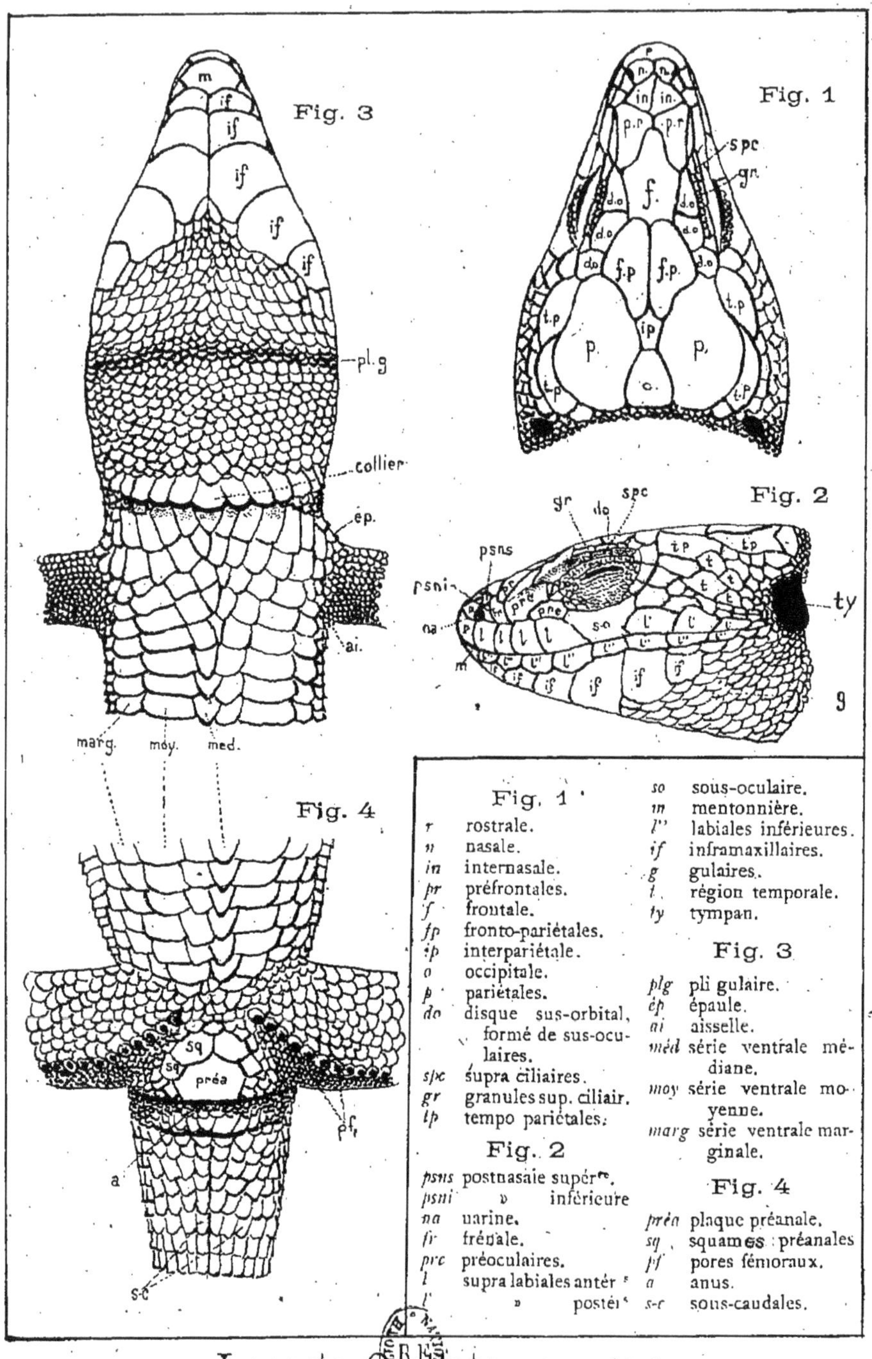

Lacerta Ocellata, var. pater.

Croquis montrant les diverses plaques de l'enveloppe tégumentaire

1. **Tarentola mauritanica** variété **Saharœ** *Nob.* Aïn-Sefra.
2. **Tarentola mauritanica** sous-variété **atlantica** *Nob.* Saïda.

1. **Tarentola mauritanica** var. **lissoïde** *Nob.* Sütten.
2. **Tarentola mauritanica** var. **facetana** (face inférieure d'un doigt).
3. 3 *a*. **T. neglecta** *Strauch* (d'après Strauch), *loc. cit.*
4. 4 *a*. **T. angusticeps** *Strauch* (d'après Strauch), *loc. cit.*
5. **T. Delalandii** *D.* et *B.* (fragment de la peau du dos). Cap Vert.
6. **Hemidactylus turcicus** *L.* (queue repoussée). 6ᵉ Doigt.

1. 1 *a*, 1 *b*, 1 *c*. **Ptyodactylus Oudrii** *Lat.* (peau du dos et doigt vu en dessus). Stitten

2. 2 *a*. **Ptyodactylus lobatus** *Geoffr.* (doigt vu en dessous). Egypte.

3, 3 *a*. 3 *b*. **Gymnodactylus trachyblepharus** (d'après Böttg.), *loc. cit.*

4, 4 *a*. **Phyllodactylus europœus** *Gené* (doigt vu en dessous). Sardaigne.

5. **Saurodactylus mauritanicus** *D. et B.* Mogador.

5 *a*. **Saurodactylus mauritanicus** *D. et B.* Sebdou.

6. **Tropiocolotes tripolitanus** *Peters.* Tunisie.

7, 7 *a*. **Stenodactylus guttatus** *Cuv.* var. **Hirouxii** *Nob.* Méchéria.

1. **Agama Bibronii** *A. Dum. fils.* Saïda. ♂
1 *a*. **Agama Bibronii** (patte postérieure).
2. **Agama inermis** *Reuss.* Kralfallah. ♀

3. **Agama inermis** variété agilis. Arba-Tahtani. ♂
4. **Agama Tournevillei** *Lat.*, d'après *Blg.*
4 *a*. **Agama Tournevillei** (patte postérieure).

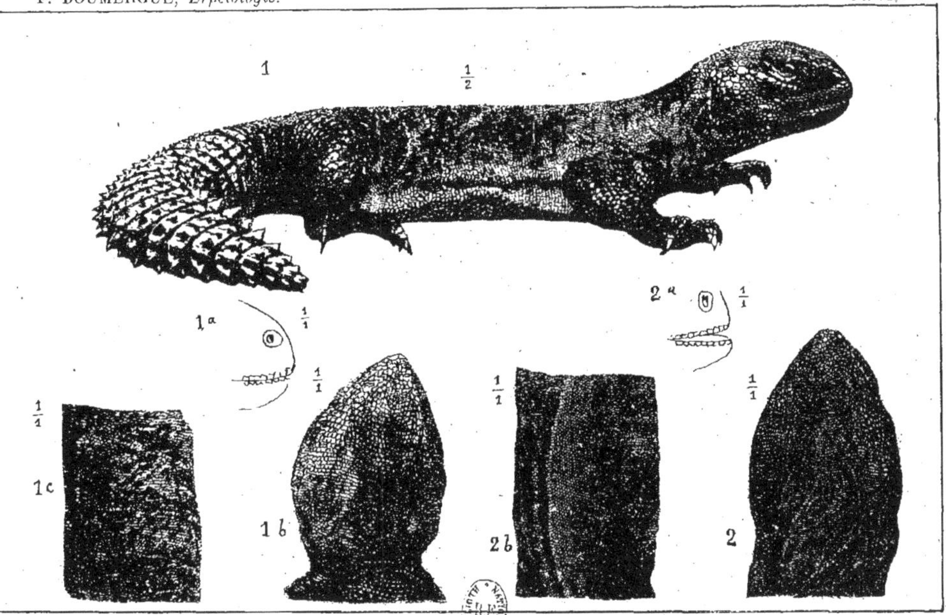

1.   **Uromastix acanthinurus** *Bell.* Aïn-Sefra.
1 *a.* **Uromastix acanthinurus** *Bell.* (plaque nasale).
1 *b.* **Uromastix acanthinurus** *Bell.* (tête vue en dessous).
1 *c.* **Uromastix acanthinurus** *Bell.* (fragment de la peau du dos).

.   **Uromastix spinipes** *Daud.* (tête vue en dessous). Egypte.
2 *a.* **Uromastix spinipes** *Daud.* (plaque nasale).
2 *b.* **Uromastix spinipes** *Daud.* (fragment de la peau du dos).

1-2 Lacerta ocellata variété **pater** *Lat*. Oran.
3-4 Lacerta ocellata variété tangitana *Blg*. Tanger,
5-6 Lacerta ocellata variété tangitana. Djebel Ksel.

7. Lacerta muralis *L*. Tanger.
8. Lacerta muralis variété fusca *Nob*. Mascara.
9. Lacerta perspicillata *D*. et *B*. Oran.
10. Lacerta perspicillata variété Guichenotii. Oran.

1-2. **Psammodromus algirus** *Lat.* var. nollii *Fischer*. Kreider.

3. **Psammodromus algirus** *Lataste*. (Jeune). Oran.

4-5. **Psammodromus Blanci** *Lataste*. Oran.

6-7. **Psammodromus microdactylus** *Böttger*. Tanger.

1. **Acanthodactylus Boskianus** *Daud.* var. asper *Lat.* Kreider.
2-3. **Acanthodactylus Boskianus** var. boskianus *Lat.* Géryville.
4. **Acanthodactylus scutellatus** var. scutellatus *Lat.* Egypte.
5-7. **Acanthodactylus scutellatus** var. exiguus *Lat.* Sud-Oranais.

1, 2, 3, 4, 5. **Acanthodactylus pardalis** *Licht.* var. interme-   à 9. **Acanthodactylus pardalis** var. spinicauda *Nob.* El-Abiod-
dius *Nob.* Kralfallah.   Sidi-Cheikh

Acanthodactylus Savignyi *Aud.* variété **oranensis** *Nob.* — Adultes et jeunes. — Batterie espagnole (Oran)

Acanthodactylus Blanci *Nob*. — Adultes et jeunes. — Hammam-el-Lif (Tunisie)

1 à 7. **Acanthodactylus vulgaris** variété **lineo-maculatus**.
1 à 4.   —   —   sous-variété **mauretanicus** *Nob*. Oran.
  5-6.   —   —   sous-variété **tingitanus** *Nob*. Mogador.
    7.   —   —   sous-variété **ksourensis** *Nob*. Stitten.
    8.   —   —   variété **vulgaris**. Sebdou.

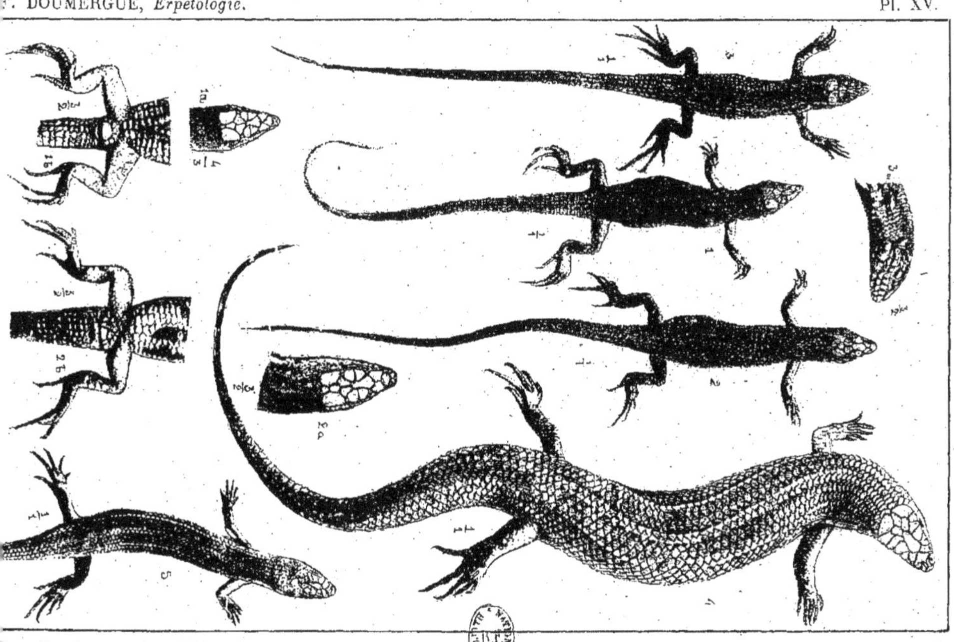

1.   Eremias guttulata *Licht*. Méchéria.
1 a. Eremias guttulata *Licht*.   —   (tête vue en dessus).
1 b. Eremias guttulata *Licht*.   —   (région anale).
2.   Eremias Guichenotii *Nob*. Oran.
2 a. Eremias Guichenotii *Nob*.   —   (tête vue en dessus).
2 b. Eremias Guichenotii *Nob*.   —   (région anale).

3.   Ophiops occidentalis *Blg*. Kralfallah.
3 a. Ophiops occidentalis *Blg*.   —   (tête vue de profil).
4.   Mabuia vittata *Oliv*. (adulte). El-Goléa.
4 a. Mabuia vittata *Oliv*. (jeune). Tunisie.

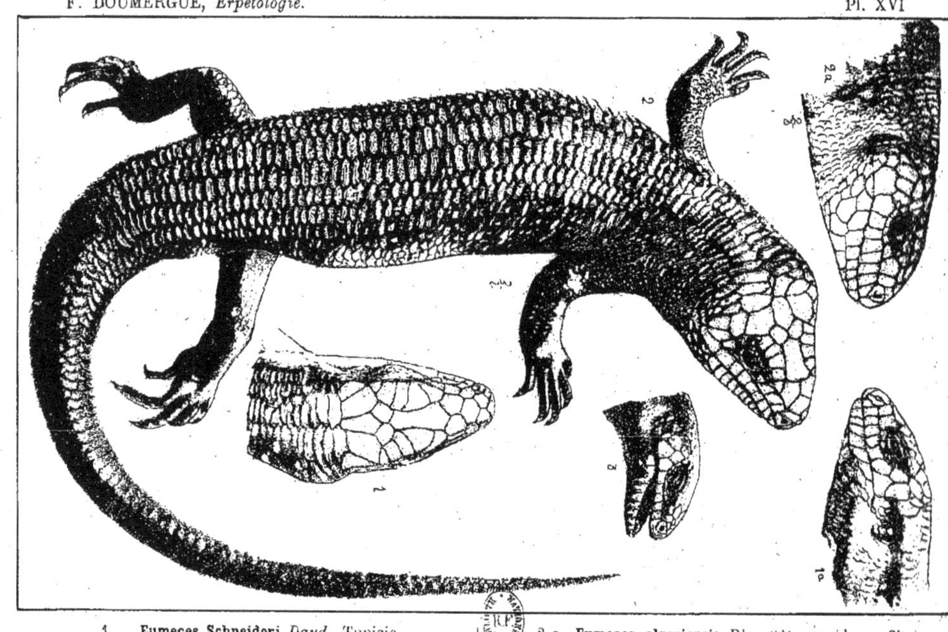

1.   Eumeces Schneideri *Daud*. Tunisie.
1 *a*. Eumeces Schneideri *Daud*.   —
2.   Eumeces algeriensis *Blg*. Oran.

2 *a*. Eumeces algeriensis *Blg*. (tête vue de profil).
3.   Eumeces algeriensis variété meridionalis *Nob*. Aïn-Sefra.

1. **Scincopus fasciatus** *Peters*. Souakim (Nubie).
2. **Scincus officinalis** *Laur*. Grand Erg.
3. **Sphenops sepsoïdes** *Aud*. (tête vue de côté). D'après
   M. Anderson.

4. **Sphenops boulengeri** *Anderson*. Foum-Tatahouïne.

4 a. **Sphenops boulengeri** *Anderson* (tête vue de côté).
   D'après M. Anderson.

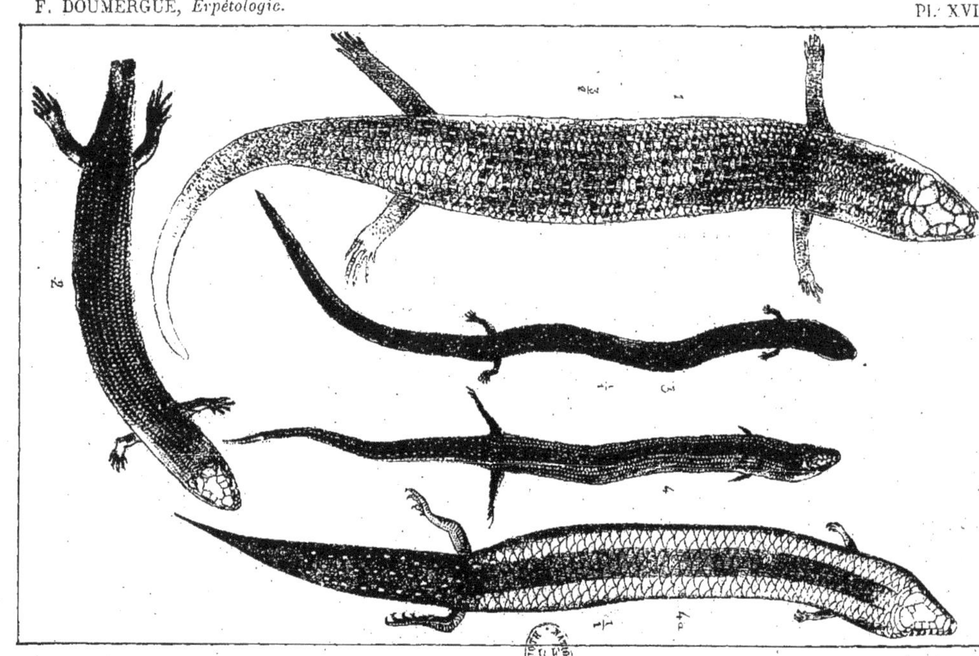

1. **Gongylus ocellatus** *Gmel*. variété tiligugu *Blg*. Oran.
2. **Gongylus ocellatus** *Gmel*. var. parallelus *Nob*. Canastel.
3. **Lygosoma chalcides** *L*. Oranie.
4. Seps mionecton *Böttg*. (jeune). Cap Sim.
4 a. Seps mionecton *Böttg*. (adulte). D'après Böttg.

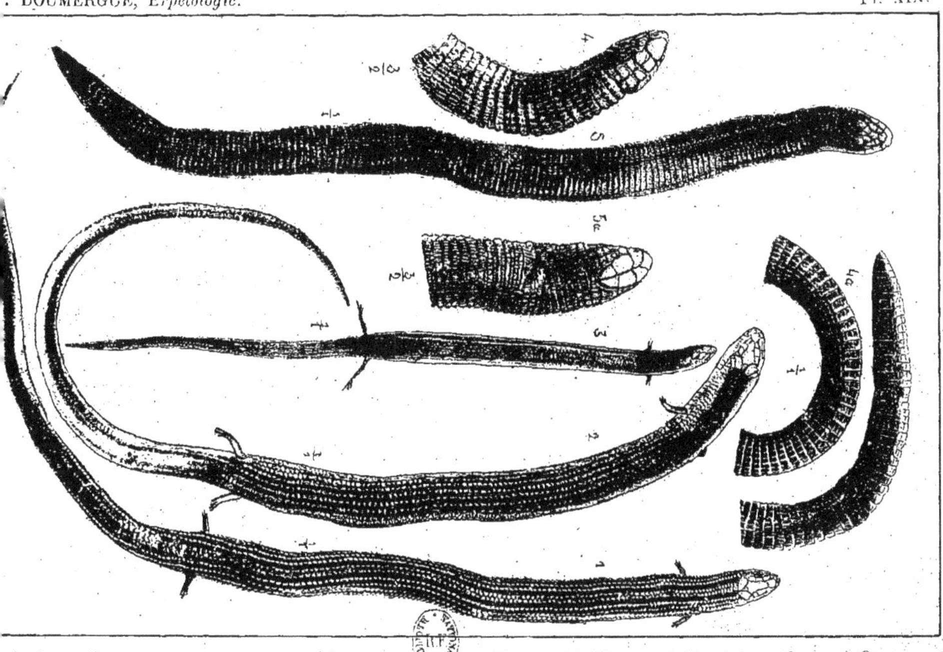

1. **Seps tridactylus** *Laur*. Tunisie.
2. **Seps lineatus** *Leuck*. Nice.
3. **Heteromeles mauritanicus** *D.* et *B.* Oran.
4. **Trogonophis Wiegmanni** *Kaup*. (vu en dessous). Oran.
4 *a*. **Trogonophis Wiegmanni** *Kaup*. (tête vue en dessus).
5. **Blanus cinereus** *Vand*. (tête vue en dessus). Espagne.
5 *a*. **Blanus cinereus** *Vand*. (partie inférieure et queue).

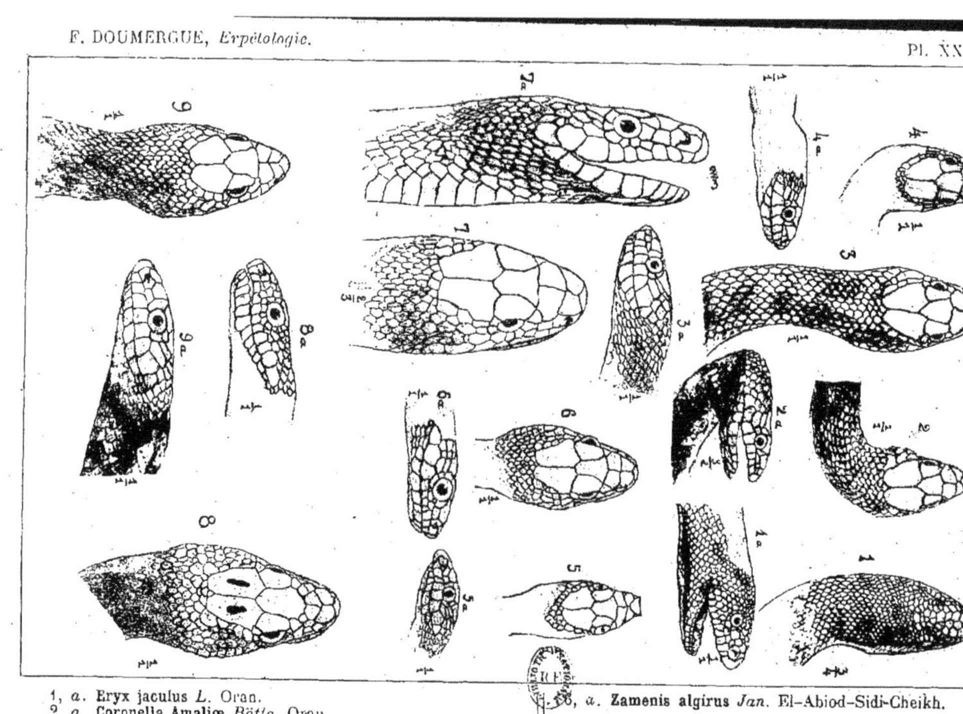

1, *a.* Eryx jaculus *L.* Oran.
2, *a.* Coronella Amaliœ *Böttg.* Oran.
3, *a.*   —   —   — El-Aricha.
4, *a.*   —   *girondica Daud.* Nice.
5, *a.* **Lithorhynchus** diadema *D. et B.* variété **Hirouxii** *Nob.*
        Sud-Oranais.

6, *a.* **Zamenis algirus** *Jan.* El-Abiod-Sidi-Cheikh.
7, *a.*   —   hippocrepis *L.* Oran.
8, *a.*   —   diadema *Schl.* Égypte.
9, *a.* **Rhinechis scalaris** *Schinz.* Sud-Constantinois.

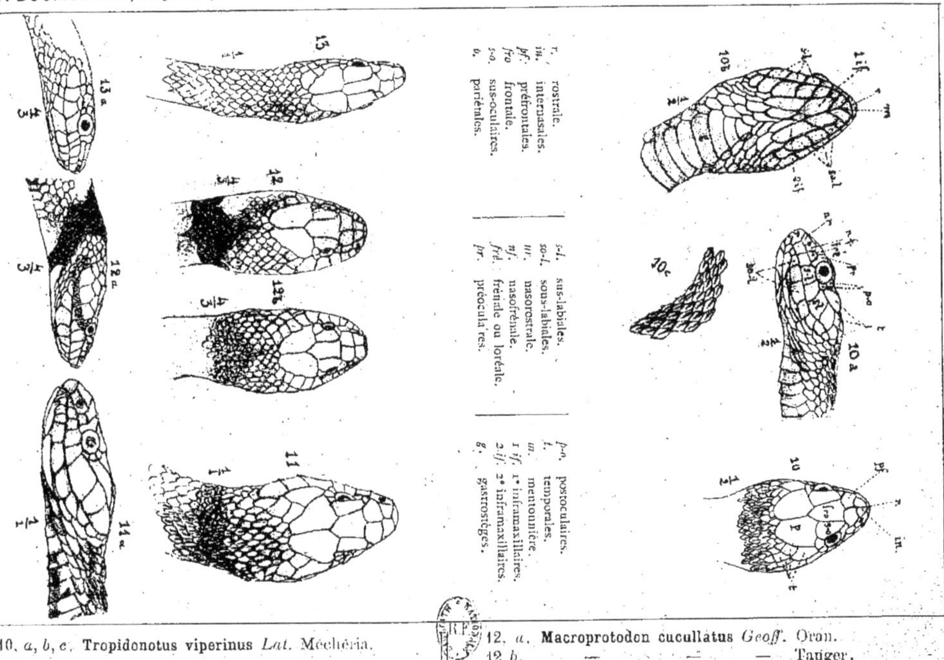

10, *a, b, c.* **Tropidonotus viperinus** *Lat.* Méchéria.
11, *a.*   —   **natrix** *L.* Europe.
12, *a.* **Macroprotodon cucullatus** *Geoff.* Oran.
12 *b.*   — — — Tanger.
13, *a.* **Psammophis schokari** *Forsk.* El-Abiod-Sidi-Cheikh.

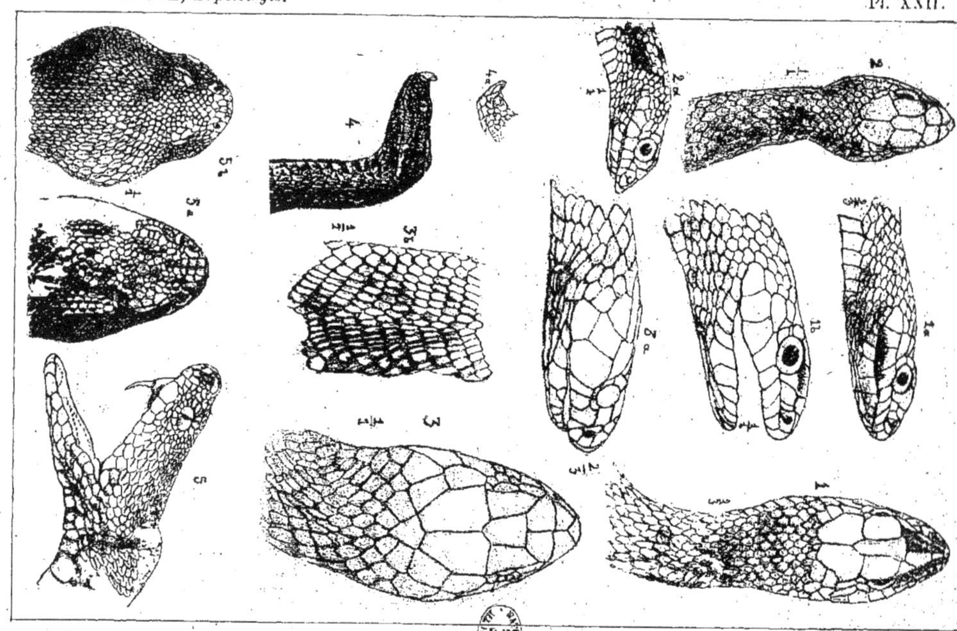

1, *a*. Cœlopeltis Monspessulanus *Rozet.* Méchéria.
1 *b*.　　　—　　　　—　　var. Neumayeri *Nob.* Oued-Seffiouu.
2, *a*.　　　—　　　producta *Gervais.* El-Abiod-Sidi-Cheikh.
3, *a*, *b*. Naia haie *L.* variété annulifera. (Tunisie).
4, *a*.　　Vipera Latastei (d'après M. Boscá).
5, *a*.　　　—　　lebetina *L.* Oran.
5 *b*.　　　—　　　—　　variété deserti (d'après M. Anderso...

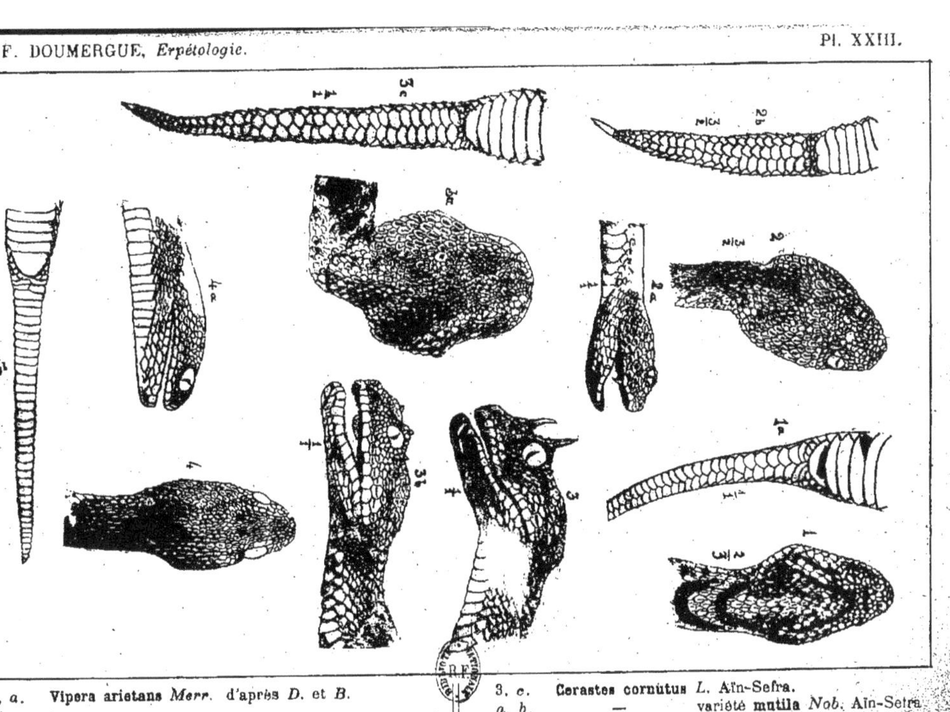

1, *a*. **Vipera arietans** *Merr*. d'après *D*. et *B*.
2, *a, b*. **Cerastes vipera** *L*. Egypte.
3, *c*.   **Cerastes cornutus** *L*. Aïn-Sefra.
a, b.   —   variété **mutila** *Nob*. Aïn-Sefra.
4, *a, b*. **Echis carinata** *Merr*. Maroc.

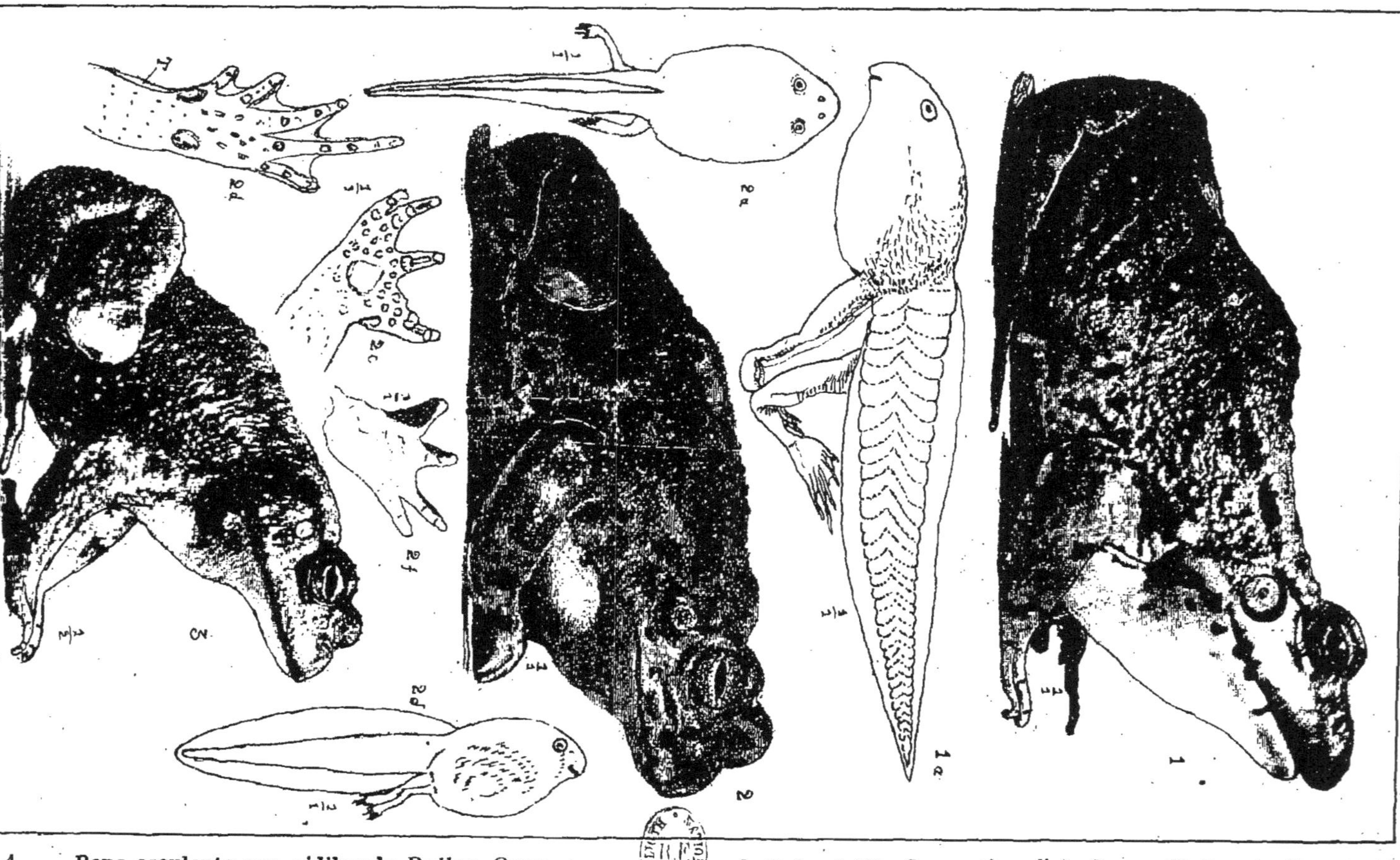

1.   **Rana esculenta var. ridibunda** *Pallas.* Oran. ♀   *c, d.* **Bufo viridis** *Laur.* (femelle), Oran. (Pattes de devant et
1 *a.*   —   —   Têtard. ♀   de derrière.)
2.   **Bufo viridis** *Laur.* Oran.   2 *f*   —   (Patte de devant, mâle en rut.)

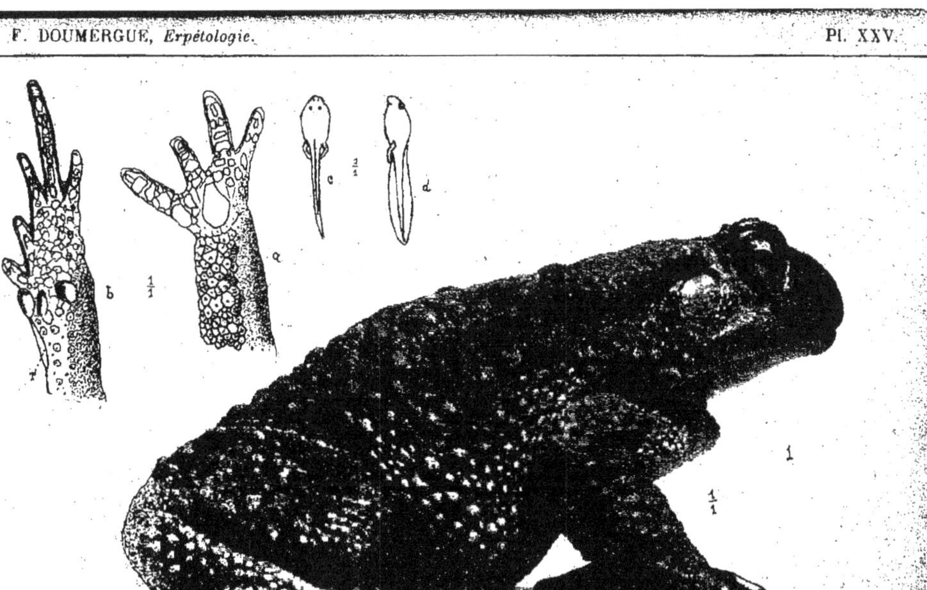

1. Bufo mauritanicus *Sch.* Sig. ♀   δ. Patte de derrière avec le pli tarsien τ.

a. Patte de devant.   c. Têtard vu de dos.

d. — vu de profil.

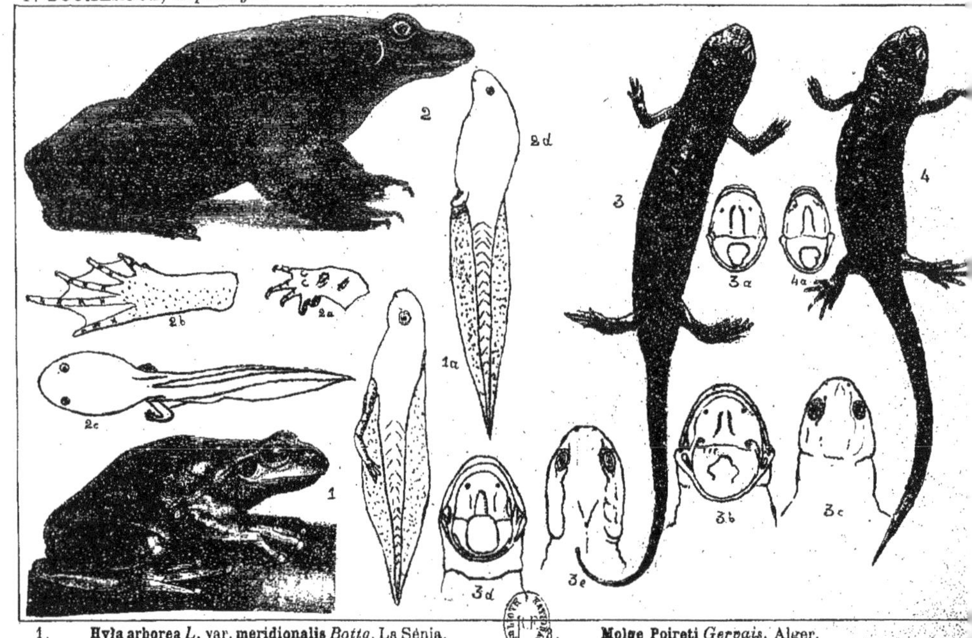

1.   **Hyla arborea** *L.* var. **meridionalis** *Bottg*. La Sénia.
1 *a.*   —   —   (têtard).
2.   **Discoglossus pictus** *Otth*. Oran.
2 *a, b.*   —   (pattes de devant et de derrière).
2 *c, d.*   —   (têtard vu de dessus et de profil).

3.   **Molge Poireti** *Gervais*. Alger.
3 *a.*   —   (bouche).
3 *b, c.*   **Euproctus rusconii**, d'après *Guichenot* (Expl. sc
3 *d, e.*   **Triton nebulosus**
4.   **Molge Hagenmüllerii** *Lat*. Tunisie.
4 *a.*   —   —   (bouche).

1. Molge Waltlii *Mich*. Tanger.
1. *a.* — (tête vue en dessous).
2. Salamandra maculosa *Laur.* variété **algira** de *Bedriaga*. Rar-el-Maden.